DIOS

LA CIENCIA
LAS PRUEBAS

EL ALBOR DE UNA REVOLUCIÓN

© Bruno Gasperini

Michel-Yves Bolloré

es ingeniero informático, tiene un máster en Ciencias y un doctorado en Gestión de Empresas por la Universidad Paris-Dauphine. De 1981 a 1990 participa, junto a su hermano, en la dirección del Grupo Bolloré, encargándose de la rama industrial. En 1990 funda su propio grupo, France-Essor, centrado en la industria mecánica.

© Bruno Gasperini

Olivier Bonnassies

se graduó en la Escuela Politécnica en 1990. Es diplomado en el Instituto HEC, la prestigiosa escuela de estudios superiores de comercio de París, y tiene una licenciatura en Teología por el Instituto Católico de París. También es empresario. Fue no creyente hasta los veinte años. Es autor de más de veinte libros sobre temas vinculados a la fe. También es guionista y documentalista. Colabora habitualmente en la prensa y medios digitales.

El lector puede enviar sus comentarios sobre esta obra a editorial@funambulista.net

Michel-Yves Bolloré
Olivier Bonnassies

DIOS
LA CIENCIA
LAS PRUEBAS

EL ALBOR DE UNA REVOLUCIÓN

Traducción de Amalia Recondo
Revisión de J.M. Lacruz

EDITORIAL
FUNAMBULISTA

www.dioslaciencialaspruebas.com
info@dioslaciencialaspruebas.com
www.facebook.com/dioslaciencialaspruebas

Título original: *Dieu, la science, les preuves - L' aube d'une révolution*
© Guy Trédaniel éditeur, 2021, 2023, 2025
© Michel-Yves Bolloré, 2021, 2023, 2025
© Olivier Bonnassies, 2021, 2023, 2025
© de la traducción: Amalia Recondo, 2023, 2025
© del prólogo: Robert W. Wilson, 2021, 2023, 2025
© del prólogo a la edición española: Elvira Roca Barea, 2023, 2025
© de la presente edición: Editorial Funambulista, en coedición con Ladera Norte, 2025
c/ Flamenco, 26 · 28231 Las Rozas (Madrid)
www.funambulista.net

1ª edición tapa dura - noviembre 2025

IBIC: PDZ
ISBN: 979-13-9903-836-1
Dep. Legal: M-22634-2025

Maquetación de interiores: Caroline Hardouin
Impresión y producción gráfica interiores: Rotografika (Serbia)
Impresión y producción gráfica cubierta: Ayregraf (España)

Sumario

Prólogo

Robert Woodrow Wilson, premio Nobel de Física 1978, fue quien descubrió en 1964, conjuntamente con Arno Penzias, la radiación del fondo cosmológico, verdadero eco del Big Bang. Este descubrimiento planteó la cuestión del inicio del Universo.

Este libro es una muy buena presentación del desarrollo de la teoría del Big Bang y de su impacto en nuestras creencias y en nuestra representación del mundo. Tras haber leído los diferentes capítulos consagrados a la cosmología, pienso que esta obra ofrece una perspectiva particularmente interesante sobre la ciencia, la cosmología y sus implicaciones filosóficas y religiosas.

Según los autores, Michel-Yves Bolloré y Olivier Bonnassies, ambos ingenieros, un espíritu superior podría estar en el origen del Universo; aunque esta tesis general no me aporta una explicación suficiente, acepto su coherencia. Ya que, si bien mi trabajo de cosmólogo se limita a una interpretación estrictamente científica, puedo comprender que la teoría del Big Bang dé lugar a una explicación metafísica. En la hipótesis de un Universo estacionario, sostenida por Fred Hoyle, mi profesor de Cosmología en Caltech, el Universo es eterno y no hay motivo para plantear la cuestión de su creación. Pero si, a la inversa, como lo sugiere la teoría del Big Bang, el Universo tuvo un comienzo, no podemos evitar esta pregunta.

Al inicio de mi carrera, como la mayor parte de mis colegas, pensaba que el Universo era eterno. A mis ojos, el cosmos siempre había existido y la cuestión de su origen ni siquiera se planteaba. Ahora bien, no sabía que estaba a punto de descubrir, por casualidad, algo que iba a cambiar para siempre mi visión del Universo. En la primavera del 1964, mi colega

*Arno Penzias y yo mismo nos preparábamos para utilizar, en las insta-
laciones de los laboratorios Bell, en Holmdel, el gran reflector de veinte
pies para llevar a cabo varios proyectos de radioastronomía. Uno de ellos
consistía en buscar un halo alrededor de la Vía Láctea. Pero, durante las
experiencias preliminares de control, habíamos constatado la presencia
inesperada e indudable de un exceso de «ruido» detectado por la antena.
En esa época, estábamos aún lejos de darnos cuenta de que ese misterioso
«ruido» no podía ser nada menos que el eco de la creación del Universo.
Afortunadamente, uno de nuestros amigos, el radioastrónomo Bernie Burke,
nos señaló en ese momento los trabajos de un joven físico de Princeton,
Jim Peebles. Siguiendo las sugerencias del profesor Robert Dicke, había
establecido por cálculo que la radiación residual del Big Bang podría ser
detectada en el cosmos. Había redactado en ese entonces un artículo aún
inédito sobre esa hipótesis. Inspirados por las perspectivas extraordinarias
de ese artículo (predicciones que, paralelamente a una carrera excepcional
en cosmología, valieron a Jim Peebles el Premio Nobel en 2020), reali-
zamos rápidamente algunos test finales y publicamos nuestras medidas
al mismo tiempo que el artículo de Peebles y Dicke. La única explicación
verosímil de nuestros resultados era que, sin duda, habíamos encontrado
la «radiación fósil» proveniente de una época muy antigua del Universo,
tal como había sido predicho por Dicke y calculado por Peebles.*

*Nuestro descubrimiento hizo añicos la creencia según la cual el Universo
no tenía comienzo ni fin. Lo más sorprendente es que, desde los primeros
microsegundos tras el Big Bang hasta hoy, la evolución del Universo predicha por la física actual corresponda tan bien a nuestras observaciones.
De tal modo que la teoría del Big Bang parece ser una representación fiel
de la manera en que el Universo comenzó y se desarrolló. Pienso que se
trata de una conformidad notable entre la teoría y la observación.*

*Sin embargo, esta imagen confortable presenta dos problemas. El primero
es que actualmente solo conocemos aproximadamente el 4 % de la materia
y de la energía del Universo. La materia y la energía oscuras representan,
respectivamente, un 26 % y un 70 % de lo que contiene el Universo, pero
no sabemos de qué se trata. La resolución de este problema podría hacer
surgir una nueva física, que cambiaría nuestra actual comprensión de la*

génesis y de la evolución de nuestro Universo desde el Big Bang. El segundo problema es quizá aún más serio. En efecto, para que el Universo primordial haya podido evolucionar hacia el que nos ha engendrado y que hoy comprendemos, el Big Bang ha debido necesariamente configurarse de manera ultraprecisa. Diferencias increíblemente pequeñas en la densidad del Universo primitivo habrían provocado o bien una expansión tan rápida que el Sol y la Tierra no se habrían formado nunca, o bien, por el contrario, una expansión breve seguida de una nueva desintegración, mucho antes del nacimiento del Sol, hace aproximadamente 4700 millones de años. Tal como veremos en este libro, la inflación cósmica pudo haber iniciado el Big Bang de la manera requerida. De todos modos, la inflación cósmica está basada en una nueva física que, si bien no está en conflicto con la física del momento, no puede ser corroborada por otras observaciones. Además, no cualquier inflación daría el resultado adecuado. Para ello se necesita una forma de inflación muy específica, en la que los valores de las constantes físicas sean justo los correctos. De hecho, una de ellas, la constante cosmológica de Einstein, que se precisa para el proceso inflacionista, difiere —en lo que los científicos llamarían su valor natural— en 120 órdenes de magnitud. De este modo, aunque la inflación podría haber lanzado el Big Bang como lo conocemos, los requerimientos que necesita no dan explicación en sí del origen del Universo: simplemente lo desplazan un nivel hacia atrás. Una explicación actual a este problema sugiere que somos parte de un multiverso que existe desde siempre y que quizá haya habido un número infinito de Big Bang, cada uno con unas constantes físicas aleatorias. Desde ese punto de vista, nosotros vivimos en el Universo en el que las constantes iniciales eran las adecuadas para que apareciéramos, tal como lo describe el conocido principio antrópico. Nada de todo esto, a mi entender, da una explicación científica satisfactoria de cómo empezó el Universo.

Este libro explora la idea de un espíritu o de un Dios creador —idea que se encuentra en muchas religiones— en relación con los conocimientos científicos actuales. Ciertamente, para una persona religiosa formada en la tradición judeocristiana, no puedo pensar en una teoría científica del origen del Universo que coincida mejor con las descripciones del libro del

Génesis que el Big Bang. Aunque, en cierto modo, esto solo pospone una vez más la cuestión de su último origen. ¿Cómo llegó a existir ese espíritu o Dios, y cuáles son sus propiedades?

A veces, cuando levanto los ojos hacia los millares de estrellas que brillan en la noche, pienso en todas las personas que, como yo, levantaron los suyos hacia el cielo de la misma manera y se preguntaron cómo empezó todo esto. Ciertamente, no conozco la explicación. Pero quizá algunos lectores tendrán la suerte de encontrar el principio de la respuesta en este libro.

Robert W. Wilson,
Universidad de Harvard, 28 de julio del 2021

Prólogo a la edición española

Elvira Roca Barea, ensayista, novelista y profesora, es autora de libros que han sido grandes éxitos de ventas, como *Imperiofobia y leyenda negra*, *Fracasología* y *Las brujas y el inquisidor*. Ha recibido varios premios y distinciones en el ámbito hispánico.

Cuando mi amigo, el editor Max Lacruz, me pidió que escribiese un prólogo para la edición española de este libro, quedé francamente sorprendida, porque mi interés por la historia de las religiones ha sido antropológico e histórico, pero no una cuestión de fe. En cualquier caso, con fe o sin ella, ¿quién no se ha enfrentado alguna vez al asunto de la trascendencia?

El argumento central de esta obra notable es que la ciencia no desmiente la existencia de Dios, sino que más bien la prueba. Lo que significa que los no creyentes estamos abrazando una idea no científica. Hay, sin embargo, un hecho anterior que merece ser destacado aquí y es la antigüedad de siglos que sostiene este debate entre Ciencia y Dios como un tópico genuinamente occidental, y en esa medida también cristiano, puesto que la cultura occidental es cristiana o lo ha sido hasta el presente.

En ninguna parte del mundo más que en Occidente se habría podido concebir un libro como este. Y es una buena noticia que a estas alturas del siglo XXI, cuando atraviesa la que es posiblemente la crisis más profunda de su historia, nuestra civilización sea todavía capaz de producir una obra tan ambiciosa, y lo es en la medida que propone un debate profundo y significativo en la frontera de nuestra capacidad de comprensión, entre la teoría del conocimiento y la metafísica, desafiando con argumentos a quienes no comparten su punto de vista, pero sin insultarlos ni denigrarlos ni cancelarlos. Por eso estoy escribiendo este pequeño prólogo.

El éxito de este libro en Francia ha sido verdaderamente extraordinario. Las cifras de venta son sensacionales, lo que suele ser una buena carta de presentación para un libro en España. En octubre de 2022, apenas un año después de su publicación, había vendido 200 000 ejemplares y suscitado debates intensos y elogiosas opiniones entre personalidades de origen muy diverso: judíos, científicos ateos, científicos creyentes, masones, musulmanes, protestantes y un largo etcétera. Se pueden consultar en la web www.Dioslaciencialaspruebas.com

La obra ha sido publicada en Francia con el prefacio de un agnóstico respetuoso, como yo misma, el premio Nobel Robert Woodrow Wilson. Como científico, Wilson entiende que, al proponer la teoría del Big Bang un origen para el Universo, esta se adecúa sin esfuerzo a la idea de una creación divina. Wilson y Arno Penzias son los que descubrieron en 1964 «el ruido de fondo» que habría dejado aquella magna explosión. Sin embargo, la idea de un Universo eterno y la de un Universo con un comienzo son igualmente turbadoras y difíciles de asimilar para el cerebro humano. Si el Universo ha nacido en un momento dado, ¿qué había antes? ¿La Nada, el No-tiempo? ¿Cómo puede surgir Algo de Nada y el Tiempo del No-Tiempo?

Independientemente de lo difícil que es para nuestro cerebro humano colocarse en el límite de lo que puede asimilar o concebir y no caer en la desesperación o en el absurdo, es destacable aquí la magnífica exposición, comprensible para casi todos los públicos, de las principales teorías que en la actualidad barajan los científicos, algunas de ellas muy complejas y con pocas posibilidades de hallar una explicación lo suficientemente didáctica, sin sacrificar lo necesario. Los autores de este libro han hecho un esfuerzo pedagógico muy notable.

Es posible que la idea de Dios, en cualquiera de sus manifestaciones, se muestre más longeva que el Big Bang y sobreviva al final de nuestra civilización, porque quizás Séneca tenía razón en las Cartas a Lucilio *(XIX, 117, 6) cuando pensaba que* «nec ulla gens usquam est adeo extra leges moresque proiecta ut non aliquos deos credat», *esto es, «que no hay pueblo en ninguna parte, tan alejado de las costumbres y de toda ley y moral, que no crea en algunos dioses».*

Elvira Roca Barea,
Málaga, junio de 2023

Advertencia

Querida lectora, querido lector:

Este libro es el resultado de un trabajo de investigación de más de tres años, conducido con la ayuda de veinte especialistas.

Su objetivo es único: darles los elementos necesarios para reflexionar sobre la cuestión de la existencia de un Dios creador, una cuestión que hoy se plantea en términos completamente nuevos.

Es nuestro deseo que, al término de esta investigación, puedan tener a mano todos los elementos que les permitirán decidir, con total libertad y de manera informada, aquello en lo que les parece más razonable creer.

Aquí damos hechos, nada más que hechos. Este trabajo conduce a conclusiones que contribuirán, tal como esperamos, a abrir un debate esencial.

¡Les deseamos una excelente lectura!

Michel-Yves Bolloré
Olivier Bonnassies

INTRODUCCIÓN

1.

El albor de una revolución

Nunca hubo tantos descubrimientos científicos, tan espectaculares y que hayan aparecido en tan poco tiempo. Estos contribuyeron a transformar del todo nuestra visión del cosmos y han vuelto a poner sobre la mesa, con vigor, la cuestión de la existencia de un Dios creador

La física del siglo XX, como un río en plena crecida, ha desbordado su cauce para chocar con la metafísica. De esta colisión surgieron elementos que muestran la necesidad de una inteligencia creadora. Estas nuevas teorías enardecen desde hace casi un siglo las disputas de los científicos. Es ante todo esa historia la que queremos contar en este libro.

Vivimos hoy en día un momento sorprendente en la historia de los conocimientos. Los avances en matemáticas y física han sido tales que cuestiones que se creían, para siempre, fuera del alcance del saber humano, como el tiempo, la eternidad, el inicio y el fin del Universo, el carácter improbable de los ajustes del Universo y la aparición de la vida, se han vuelto temas de ciencia.

Estos avances científicos surgieron a principios del siglo XX y han supuesto un vuelco completo respecto a la tendencia de los siglos anteriores de considerar el campo científico incompatible con todo tipo de debate acerca de la existencia de Dios.

El choque de descubrimientos revolucionarios

La muerte térmica del Universo es el primero de ellos. Resultado de la teoría termodinámica surgida en 1824 y confirmada en 1998 por el descubrimiento de la expansión acelerada del Universo, esta muerte térmica implica que el Universo tuvo un principio, y todo principio supone un creador.

La teoría de la relatividad, posteriormente, elaborada entre 1905 y 1917 por Einstein y validada por numerosas confirmaciones. Esta teoría afirma que el tiempo, el espacio y la materia están vinculados y que ninguno de los tres puede existir sin los otros dos. Lo que implica necesariamente que, si existe una causa para el origen de nuestro Universo, esta causa no puede ser ni temporal, ni espacial, ni material.

El Big Bang, en tercer lugar, teorizado en los años 1920 por Friedmann y Lemaître antes de ser confirmado en 1964. Esta teoría describe el principio del Universo de manera tan precisa y espectacular que provocó una auténtica deflagración en el mundo de las ideas, hasta tal punto que, en algunos países, los científicos defendieron o estudiaron el Big Bang poniendo en riesgo sus vidas. Dedicaremos un capítulo entero a las persecuciones y ejecuciones, a menudo ignoradas, o bien ocultadas, y que son la prueba trágica de la importancia metafísica de estos descubrimientos.

El ajuste fino del Universo, en cuarto lugar, ampliamente admitido desde los años 1970. Este principio les plantea un problema tan importante a los cosmólogos materialistas que, para evitarlo, se esfuerzan por elaborar modelos puramente especulativos y completamente imposibles de verificar de universos múltiples, sucesivos o paralelos.

La biología, finalmente, que ha evidenciado, al final del siglo XX, la necesidad de un ajuste fino suplementario del Universo: el que permitió que se pasara de lo inerte al mundo vivo. Efectivamente, lo que antes se consideraba como apenas un salto para pasar de un lado a otro de la brecha que separa lo inerte, en su mayor complejidad, de la forma más simple de vida, permitió en realidad franquear un abismo inmenso, muy probablemente sin seguir solo las leyes del azar. Si bien no sabemos actualmente ni cómo se produjo ni, menos aún, cómo replicar tal acontecimiento, sabemos lo suficiente como para evaluar su infinita improbabilidad.

Durante varios siglos, sin embargo, los sucesivos descubrimientos científicos parecían ir en contra de la fe

Desde el fin del siglo XVI, los descubrimientos científicos siempre parecían converger para atacar los fundamentos de la creencia en Dios y socavar los pilares de la fe. He aquí una breve recapitulación histórica:

- La demostración de que la Tierra gira alrededor del Sol, y no lo contrario (**Copérnico**, 1543 - **Galileo**, 1610).
- La descripción matemática de un Universo mecanicista simple y comprensible (**Newton**, 1687).

Copérnico (1473-1543)

Galileo (1564-1642)

Newton (1642-1727)

Buffon (1707-1788)

Laplace (1749-1827)

Lamarck (1744-1829)

Darwin (1809-1882)

Marx (1818-1883)

Freud (1856-1939)

- La edad muy antigua de la Tierra, que no es solo de unos miles de años (**Buffon**, 1787 - **Lyell**, 1830 - **Kelvin**, 1862).
- Los postulados deterministas de un Universo en el que no se necesitaban ángeles para empujar los planetas (**Laplace**, 1805).
- La aparición de la vida gracias a un proceso evolutivo natural que tampoco se cuenta en miles de años, sino más bien en millones o miles de millones de años (**Lamarck**, 1809).
- La idea de que esta evolución se fundaba no en una intervención divina, sino en la selección natural (**Darwin**, 1859).
- La teoría del **marxismo** científico materialista que, como un nuevo albor sumamente seductor, dejaba entrever un mundo de igualdad y de justicia (a partir de 1870).
- Las ideas de **Freud** (hacia 1890) que teorizaban un hombre que ni siquiera domina sus pensamientos, y al que esa nueva ciencia proponía una vida «liberada de sus prejuicios».

Con cierta fatuidad, el psicoanalista de Viena habló de las «tres humillaciones» que el hombre moderno sufría con Copérnico, Darwin y él mismo. Efectivamente, las heridas de amor propio se acumulaban: el hombre moderno perdía su lugar en el centro geográfico del Universo, perdía su soberbia al enterarse de que «desciende del mono» y, finalmente, con la teoría del inconsciente, acababa perdiendo la autonomía y la responsabilidad de sus pensamientos más profundos.

Así es como, durante tres siglos, de Galileo a Freud, pasando por Darwin y Marx, un gran número de conocimientos que constituían el fundamento aparentemente inquebrantable del pensamiento occidental desestabilizaron sus bases, sembrando desconcierto en numerosos creyentes. En el fondo, no había motivo para sentirse tan profundamente turbado por esos nuevos descubrimientos, pues los que eran auténticos no entraban en contradicción con la fe. Pero faltaba distancia y conocimientos necesarios para tomar conciencia de ello. Estos avances científicos fueron recibidos con incredulidad, hasta con hostilidad, ya que abandonar antiguas certezas y modificar el paisaje mental suele requerir un inmenso esfuerzo.

Exactamente lo contrario hicieron los materialistas, que se apropiaron con entusiasmo de estos descubrimientos y se apoyaron en ellos para justificar sus tesis. Su empresa fue ampliamente facilitada por el hecho de que, de manera simultánea, el progreso técnico permitía erradicar en Occidente las hambrunas y las epidemias, curar la mayoría de las enfermedades, prolongar la duración de la vida, suprimir la mortalidad infantil y facilitar a las personas bienes materiales en una proporción sin precedentes. La ciencia hacía retroceder a la religión, mientras que la opulencia material quitaba todo sentido a la necesidad de volverse hacia un dios para resolver los problemas humanos.

Alentado por este contexto tan favorable, el materialismo parecía reinar de manera absoluta en el mundo intelectual de la primera mitad del siglo XX.

En esas circunstancias, muchos creyentes de Occidente abandonaron su fe con mucha facilidad, ya que para gran parte de ellos era solo el reflejo de una actividad superficial y mundana. Y entre quienes mantuvieron su fe, muchos experimentaron un complejo de inferioridad con respecto al racionalismo. Se quedaron al margen de los debates científicos y filosóficos, ateniéndose a su mundo interior, del que no habrían de salir a riesgo de padecer burlas, desprecio u hostilidad por parte de la clase materialista, convertida en intelectualmente dominante.

La segunda mitad del siglo XX ve el crepúsculo de esta tendencia materialista que parecía irresistible

Hasta mediados del siglo XX, la razón humana estaba por tanto encerrada en tres marcos de análisis, que la aislaban de toda aspiración espiritual: el marxismo, el freudismo y el cientificismo. Pero terminaron por aparecer grietas, primeros signos de un desmoronamiento que iba a ser total.

- En la primera mitad del siglo XX, la creencia en un Universo simple, mecanicista y determinista fue aniquilada por la confirmación de la exactitud de los principios de la mecánica cuántica y de sus postulados de indeterminación.
- En 1990, el fracaso y el hundimiento del bloque marxista soviético, así como el abandono en paralelo de esa doctrina económica por el

bloque comunista asiático, resultaron ser la prueba de la falsedad de las tesis materialistas marxistas. Al mismo tiempo, este desmoronamiento reveló los horrores económicos, políticos y humanos que engendraron estos sistemas, así como la existencia de los gulags, en los que los muertos se contaban por millones.

- Esta desilusión ha sido casi concomitante con el cuestionamiento de las teorías freudianas. Publicado en 2005, *El libro negro del psicoanálisis*[1] hace un balance crítico de la vida y del ocaso de ese ídolo intelectual de mediados del siglo XX. Sin embargo, aunque haya caído de su pedestal,[2] el ídolo dejaba detrás de él lo que había engendrado, esencialmente una concepción de la educación muy permisiva y la libertad sexual. Todo esto iba a modelar de manera duradera el Occidente moderno.

Aunque ciertamente la destrucción simultánea de estos tres pilares intelectuales del materialismo no generó un retorno de la fe, sí desvitalizó considerablemente ese sistema de pensamiento, que recibió un nuevo golpe con los descubrimientos cosmológicos citados anteriormente. Estos aportaban argumentos científicos sumamente potentes en favor de la existencia de un Dios creador. Por ese motivo fueron muy mal recibidos por los científicos ateos, que se opusieron a ellos desde los años 1930 y con posterioridad, mientras fue razonablemente posible hacerlo.

Dedicaremos un largo capítulo a esa resistencia de los materialistas, que tomó diferentes formas, desde el apoyo sistemático a las teorías especulativas alternativas —como el Big Crunch o los universos múltiples— para contrarrestar el Big Bang, hasta la deportación e incluso la ejecución de numerosos científicos en la URSS y en Alemania. Lo que dice mucho acerca de la capacidad de los hombres para aceptar tesis científicas que van en contra de sus creencias...

---

1. *El libro negro del psicoanálisis,* dirigido por Catherine Meyer, Sudamericana, Buenos Aires, 2007.

2. Una tribuna publicada en la revista francesa *L'Obs* en otoño del 2009 y firmada por sesenta psiquiatras reclamaba la exclusión de los psicoanalistas de la universidad, del hospital público y de los peritajes judiciales.

Esta evocación de la historia de las ideas era necesaria para situar nuestra reflexión en su contexto histórico e ideológico. Si fue difícil para los creyentes aceptar las teorías de Galileo y Darwin, aunque en el fondo sus descubrimientos no eran incompatibles con la fe, será más difícil aún para los materialistas aceptar y asimilar la muerte térmica del Universo y sus ajustes finos, ya que esos descubrimientos les plantean problemas insuperables. No se trata efectivamente de una simple actualización de su pensamiento, sino de un cuestionamiento radical de su universo interior.

La aceptación de la verdad suele verse impedida por nuestras pasiones

Nuestra capacidad para aceptar una tesis, incluso científica, no depende solamente de las pruebas racionales que la acreditan, sino también de la implicación afectiva vinculada a las conclusiones de dicha tesis.

Es así como, a modo de ejemplo, podemos ver que hoy hay temas científicos emotivamente neutrales, como, por ejemplo, la causa de la extinción de los dinosaurios, el origen de la Luna, la manera en que el agua apareció en la Tierra o la desaparición brutal del hombre de Neandertal, asuntos acerca de los cuales los científicos debaten a veces con vivacidad, pudiendo cada uno sostener tesis diferentes e incluso opuestas, pero cuyas implicaciones intelectuales, sean cuales sean, serán finalmente aceptadas por todos, ya que se trata de temas que carecen de contenido emocional.

Sin embargo, a partir del momento en que se entra en temas sensibles que, incluso cuando son temas científicos, están en parte politizados, como el calentamiento climático, la ecología, el interés de la energía nuclear, el marxismo económico, etc., la inteligencia no se ve tan libre de razonar con normalidad, ya que las opciones políticas, las pasiones y los intereses personales interfieren con el uso de la razón.

El fenómeno es particularmente acusado cuando se aborda el tema de la existencia de un Dios creador. Frente a esta cuestión las pasiones se ven aún más exacerbadas porque lo que está en juego, en ese caso, no es un simple conocimiento, sino nuestra propia vida. Tener que reconocer, al concluir un estudio, que uno podría ser tan solo una criatura procedente y dependiente de un creador es algo que muchas personas consideran como un cuestionamiento fundamental de su propia autonomía.

Ahora bien, para muchas personas, el deseo de ser libres y autónomas, de poder decidir solas sus acciones, de no tener «ni Dios ni amo» prima por encima de todo. Su yo profundo se siente agredido por la tesis deísta y se defiende movilizando todos sus recursos intelectuales, ya no para buscar la verdad, sino para defender su independencia y su libertad, consideradas prioritarias.

Por lo tanto, no es sorprendente que este tema suscite reacciones que suelen ir desde una incómoda indiferencia hasta la burla, el desprecio e incluso la violencia, en lugar de generar una argumentación seria.

Es revelador, por ejemplo, que se prefiera dedicar mucho tiempo y dinero a la búsqueda de eventuales extraterrestres, como en el marco del programa SETI (Search for Extra-Terrestrial Intelligence), en lugar de dedicar un poco de atención a la hipótesis de un Dios creador. Si existe, ¿qué es Dios, en efecto, sino un superextraterrestre? Contrariamente

SETI radiotelescopios en Nuevo México.

a extraterrestres potenciales, su existencia es más probable y mejor admitida, y las huellas de su acción en el Universo son más tangibles. Tal desequilibrio revela al fin y al cabo una forma de miedo. Para un espíritu materialista, captar lejanas señales de vida extraterrestre es, en verdad, emocionante, pero no implica un cuestionamiento existencial; al contrario, tomar conciencia de que Dios existe es algo que se hace corriendo el riesgo de una enorme conmoción interior.

La ideología y las sugerencias pueden por lo tanto ser un obstáculo a la aceptación de la verdad y al examen sereno de las pruebas capaces de revolucionar nuestra concepción del mundo.

En el umbral de este libro, nos parece importante precisar que no tenemos ni el deseo ni la ambición de militar en favor de una religión, tampoco pretendemos adentrarnos en disquisiciones acerca de la naturaleza de Dios o de sus atributos. La intención de este libro es tan solo reunir en un mismo volumen un balance, puesto al día, de los conocimientos racionales relativos a la posible existencia de un Dios creador.

Determinar en primer lugar lo que es una prueba en ciencia

Para establecer claramente el valor de las pruebas que vamos a presentar, en primer lugar estudiaremos qué es una prueba, en general, y en el ámbito científico, en particular.

Determinaremos luego las implicaciones de dos tesis o creencias opuestas: la creencia en la existencia de un Dios creador, por un lado, y la creencia en un Universo puramente material, por el otro, ya que el materialismo es una creencia como cualquier otra. Veremos que las implicaciones que generan estas dos tesis son numerosas y pueden ser validadas o invalidadas, según el caso, si se confrontan con la observación del mundo real.

Primera parte: panorama de las pruebas científicas más recientes

Se trata de los descubrimientos revolucionarios evocados en nuestra introducción, a saber, la muerte térmica del Universo, el Big Bang, el ajuste fino del Universo, el principio antrópico que deriva de él y, por fin, la cuestión del paso de lo inerte al mundo vivo. Cada uno de estos descubrimientos dará lugar a un examen detallado.

Segunda parte: pruebas del ámbito de la razón ajenas al campo científico

En una segunda parte, estudiaremos las pruebas que provienen de otros campos del conocimiento, no científicos, pero que, aun así, tienen que ver con la razón. En ciencia como en historia o en filosofía, siempre resulta fecundo interesarse por las anomalías o las contradicciones; o sea, por los hechos que carecen de explicación racional razonable si no se admite otra realidad que la del Universo material. Forman parte de este campo preguntas como: ¿De dónde vienen las verdades inexplicables de la Biblia? ¿Quién pudo ser Jesús? ¿El destino del pueblo judío puede explicarse así sin más? ¿Qué pasó exactamente en Fátima en 1917? ¿El bien y el mal pueden ser decididos sin límites por el hombre? Etc.

También diremos algo acerca del lugar y del valor actual de las pruebas filosóficas y del interés renovado que matemáticos como Gödel aportaron en este ámbito.

El conjunto proporcionará al lector un amplio panorama de argumentos convincentes.

Tercera parte: para acabar con las objeciones habituales

Concluiremos por fin aportando respuestas a los argumentos que sirvieron en el pasado, y siguen siendo utilizados hoy, para considerar como imposible —o al menos indecidible— la existencia de un Dios creador. Argumentos como: no existe ninguna prueba de la existencia de Dios, pues, de lo contrario, se sabría; Dios no es necesario para explicar el Universo; la Biblia solo es un conjunto de leyendas primitivas llenas de errores; las religiones solo engendraron guerras; si Dios existe, ¿cómo explicar la existencia del mal en la Tierra? Etc.

Si bien estas preguntas están trilladas, las examinaremos seriamente aportando explicaciones tan claras como sea posible.

Un signo de los tiempos

El lector notará que la gran mayoría de los conocimientos que fundamentan las pruebas que vamos a presentar a continuación son posteriores al comienzo del siglo XX. No se trata de una elección nuestra, sino de la confirmación de que los tiempos cambian y de que estamos propiamente en el albor de una revolución intelectual.

Un proyecto fundado ante todo en la razón

La composición de este libro tal vez parezca inhabitual, y algunos podrán sorprenderse de encontrarse a la vez ante conocimientos científicos modernos, reflexiones acerca de la Biblia o incluso el relato de un milagro en Portugal.

Pero todo esto tiene su lugar en nuestro libro, ya que la teoría que pretende que «No existe nada fuera del Universo material» implica necesariamente que tampoco existan los milagros, y que todas las historias, incluso las más sorprendentes, tengan siempre que poder ser explicadas sin recurrir a hipótesis sobrenaturales. De hecho, verificar la existencia de milagros y la insuficiencia probada de toda explicación natural es la prueba perfecta de la falsedad de dicho supuesto y, por tanto, de la veracidad de lo contrario.

En definitiva, Dios existe o no existe: la respuesta a la pregunta acerca de Dios existe independientemente de nosotros; y es binaria. Es sí o es no. Esto ha sido un obstáculo por la falta de conocimientos hasta ahora. Pero la exposición de un conjunto de pruebas convergentes, a la vez numerosas, racionales y procedentes de diferentes campos del saber, independientes unas de otras, aporta una luz nueva y tal vez decisiva sobre esta cuestión.

EL GRAN

Cinco siglos de descubrimientos

Copérnico (1543) ○ Heliocentrismo

Galileo (1610) ○ Confirmación del heliocentrismo

Newton (1687) ○ Teoría de la gravedad

Buffon (1787) ○ Descubrimiento de la edad de la Tierra

Laplace (1805) ○ Determinismo

Lamarck (1809) ○ Teoría de la evolución

Darwin (1859) ○ Selección natural

Marx (1870) ○ Marxismo

Freud (1896) ○ Psicoanálisis

1500

VUELCO

en el origen del crecimiento y luego del declive de las ideas materialistas

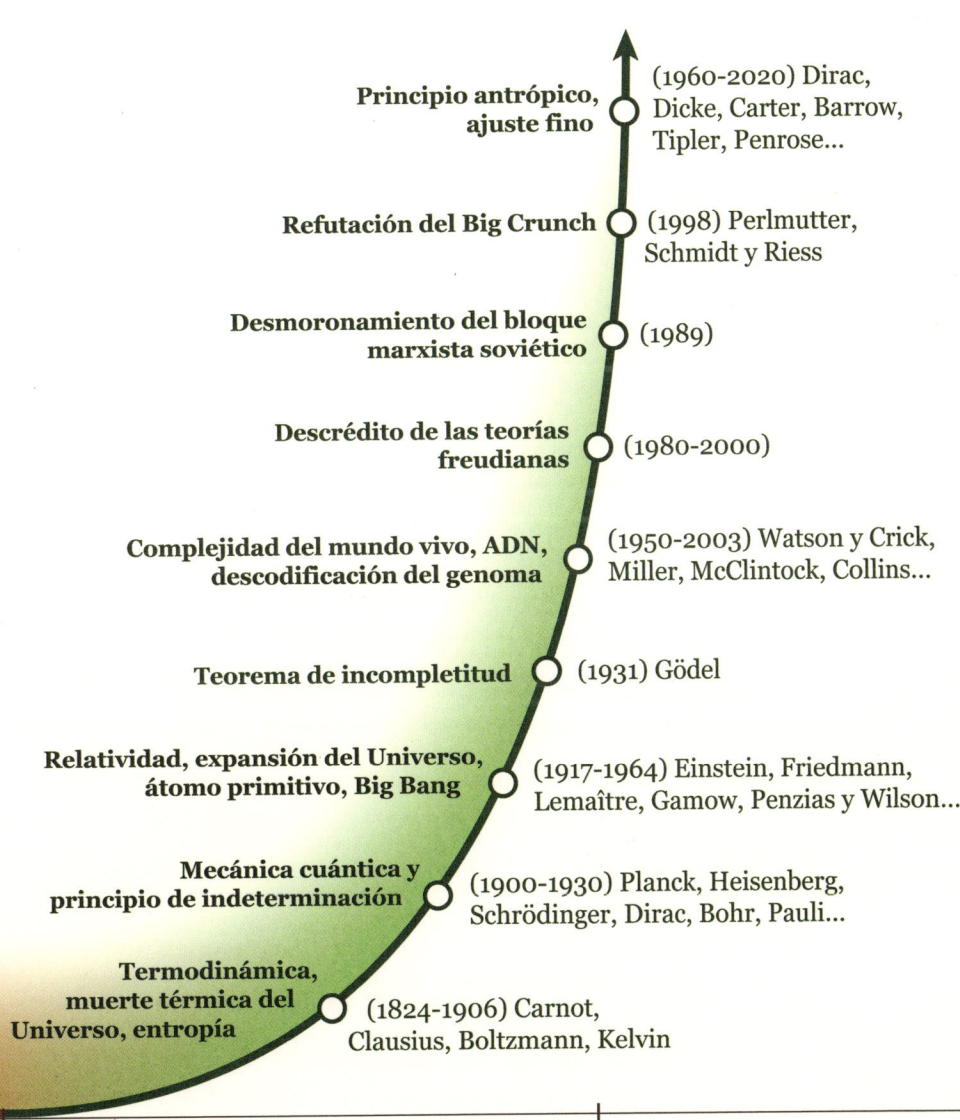

Principio antrópico, ajuste fino — (1960-2020) Dirac, Dicke, Carter, Barrow, Tipler, Penrose...

Refutación del Big Crunch — (1998) Perlmutter, Schmidt y Riess

Desmoronamiento del bloque marxista soviético — (1989)

Descrédito de las teorías freudianas — (1980-2000)

Complejidad del mundo vivo, ADN, descodificación del genoma — (1950-2003) Watson y Crick, Miller, McClintock, Collins...

Teorema de incompletitud — (1931) Gödel

Relatividad, expansión del Universo, átomo primitivo, Big Bang — (1917-1964) Einstein, Friedmann, Lemaître, Gamow, Penzias y Wilson...

Mecánica cuántica y principio de indeterminación — (1900-1930) Planck, Heisenberg, Schrödinger, Dirac, Bohr, Pauli...

Termodinámica, muerte térmica del Universo, entropía — (1824-1906) Carnot, Clausius, Boltzmann, Kelvin

1900　　　　　　　　　2000

2.
¿Qué es una prueba?

Presentar un panorama de las pruebas de la existencia de Dios privilegiando aquellas que provienen de los descubrimientos recientes de la Ciencia:[3] tal es el objeto de este libro.

Si todos tenemos una visión bastante clara de la definición de las palabras «Dios» y «ciencia», de lo que significan y cubren,[4] tal vez no ocurra lo mismo con la palabra «prueba», que se emplea en dos sentidos bastante diferentes, lo que podría crear un malentendido acerca de la naturaleza y del alcance de las pruebas que vamos a presentar más adelante. Por lo tanto, es necesario aportar precisiones.

El presente capítulo, al ser independiente de los siguientes, puede ser dejado de lado por los lectores que lo consideren demasiado arduo.

I. Qué es una prueba en general

Según el diccionario de la Real Academia Española, una prueba es *«la razón, argumento, instrumento u otro medio con que se pretende mostrar y hacer patente la verdad o falsedad de algo»*; según Wikipedia, *«una prueba científica es lo que sirve para sostener o refutar una teoría o una hipótesis»*. En todos los casos, los diccionarios están de acuerdo en decir que una prueba es *«lo que sirve para establecer que una cosa o una teoría es verdadera»*. Esta definición resulta perfecta para nuestro

---

3. Dado que, en el pasado, la ciencia pudo parecer el principal discurso opuesto a la idea de la existencia de Dios, es importante valorar el vuelco que conoció a lo largo de los cien últimos años.

4. La definición de las palabras «Dios» y «ciencia» figuran en el glosario de este libro.

estudio, cuyo objetivo es establecer cuál de estas dos tesis es verdadera, a saber: *«el Universo fue realizado por un Dios creador»*, o lo que resulta ser casi lo contrario, *«el Universo es exclusivamente material»*,[5] en el sentido de excluir toda existencia fuera del Universo físico.

En general, la palabra «prueba» se emplea acerca de argumentos que no son demostraciones absolutas, si bien dejan un cierto lugar a la duda. Por ello, están abiertas a la contestación, pueden variar con el tiempo y no implican necesariamente una adhesión unánime. Por otro lado, también estamos familiarizados, desde que descubrimos las matemáticas, con el otro sentido de la palabra, que es el de *«prueba absoluta»*. Ambos sentidos no se oponen: se diferencian por su campo de aplicación y por la fortaleza de sus resultados. Las pruebas absolutas constituyen por lo tanto un subconjunto de la palabra «prueba», un caso particular que solo se aplica a algunos ámbitos.

Vamos a empezar por el concepto de «prueba absoluta», porque es el más simple.

II. Las pruebas absolutas, pruebas del ámbito formal

El ámbito formal, o ámbito teórico, es el de la abstracción lógica y de los universos limitados. Incluye las matemáticas, los juegos, la lógica

---

5. Estas dos teorías opuestas no abarcan totalmente el campo de lo posible. En su frontera se sitúan creencias bastante difundidas acerca de «espíritus» o «fuerzas espirituales» que no procederían necesariamente de un Dios creador. Se trata, sobre todo, de religiosidades primitivas (animismo, chamanismo, etc.), de las religiosidades y filosofías asiáticas (budismo, hinduismo, brahmanismo, etc.), del New Age...

Pero estas creencias nunca se ven «teorizadas» de manera racional, y no dicen nada acerca de la naturaleza y del origen de esas supuestas fuerzas espirituales o de esos espíritus: permanecen incomprensibles e incluso sus propios adeptos son incapaces de presentar una exposición lógica al respecto. En esas condiciones, resulta imposible incluirlas en una reflexión basada en la razón.

Buda, por ejemplo, asume claramente la elección de una renuncia a la razón ante estos temas, ya que según su enseñanza *«el origen del mundo es imposible de conjeturar, no hay nada que conjeturar sobre ello, y solo aportaría locura y vejaciones a quien lanzase conjeturas. ¿Y por qué estos temas son tan imposibles de declarar para mí? Pues porque no están vinculados a la meta y no son fundamentales para una vida santa. No conducen al desengaño, a la ausencia de pasión, al cese, a la tranquilidad, al conocimiento directo, al despertar de uno mismo, a la liberación. Por eso no declaro nada al respecto».* (Ver sobre este tema *An Introduction of Buddhism: Teachings, History and Practices*, Peter Harvey, Cambridge University Press, 2013, pp. 32-38: «Rebirth and Cosmology»).

pura, la metafísica y algunos razonamientos filosóficos, así como todos los campos caracterizados por el hecho de que las reglas y la lista de hechos iniciales se encuentran fijados de antemano y en número limitado.

En este ámbito, se parte de axiomas, de principios y de hipótesis en número finito, lo que excluye todo tipo de imponderables: nada puede interferir en el razonamiento.

Por eso, en el ámbito formal, un razonamiento justo aplicado a datos correctos conduce siempre a una conclusión justa, indiscutible y definitiva.

Así pues, se puede demostrar que, en la geometría euclídea, un triángulo cuyos lados son iguales tiene tres ángulos idénticos, que el cuadrado de la hipotenusa de un triángulo rectángulo es igual a la suma del cuadrado de sus dos otros lados, o que, en una situación dada, en el juego del ajedrez, un jaque y mate en tres jugadas es absolutamente imparable.

Las pruebas en el campo formal son pruebas absolutas, y, por lo tanto, se hablará más bien de «demostración». Cuando son conocidas y se han verificado, concitan la convicción de todos, porque son universales y definitivas en el tiempo y en el espacio. Son absolutas, aun cuando el número de razonamientos sucesivos utilizados para alcanzarlas sea muy elevado.

Las ciento veinticinco páginas de razonamientos que fueron necesarias al matemático inglés Andrew Wiles para demostrar el célebre teorema de Fermat son la perfecta ilustración de ello. Para demostrar dicho teorema (según el cual $x^n + y^n = z^n$ es imposible si n es superior o igual a 3), Andrew Wiles trabajó durante años, encadenando razonamientos que recurrían a diferentes ramas de las matemáticas, antes de publicar su demostración en 1995. Una vez verificado cada razonamiento por matemáticos competentes, en cada uno de los campos utilizados, la exactitud de la demostración de este teorema fue aceptada sin discusión ni excepción alguna por toda la comunidad científica. Sin embargo, la prueba experimental de la exactitud del teorema sigue siendo imposible, lo que constituye, sin duda, un hecho notable.

En matemáticas, hablaremos de demostración para referirnos a una prueba absoluta. Tales pruebas absolutas implican el asentimiento general y no pueden conocer ningún tipo de variación en el tiempo.

Sin embargo, las pruebas absolutas no existen en lo real, llamado habitualmente «ámbito empírico». A continuación, vamos a ver por qué.

III. Las pruebas del ámbito empírico

En el ámbito empírico, que es el de nuestro mundo concreto, un razonamiento justo aplicado a datos correctos no lleva necesariamente a una conclusión exacta. Ignorar esta verdad, que es, sin duda, sumamente contraintuitiva, lleva a menudo a los dirigentes a cometer graves errores cuando hay que decidir.

Efectivamente, para estar seguro de acertar hay que tener en cuenta el conjunto de todos los datos y parámetros que intervienen en el problema. Ahora bien, en el mundo real, difícilmente podemos ser exhaustivos y recabar todos los datos disponibles. Y aun cuando así fuera, su magnitud sería demasiado grande como para poder ser tomada en consideración.

Por consiguiente, en el ámbito empírico, las pruebas absolutas no existen, o, al menos, generalmente no están a nuestro alcance. Solo existen pruebas de fuerzas variables cuya suma puede, no obstante, conducir a una íntima convicción más allá de toda duda.[6]

Una historia trágica y real ilustrará esta sorprendente realidad.

En los años 1950, la cosecha de trigo en China fue mala. Los responsables agrícolas informaron a Mao Tse-Tung de que los gorriones se comían gran parte de las semillas sembradas, lo que era verdad. Mao realizó un razonamiento justo, a saber: si se mataba a los gorriones, esa gran porción de semillas no iba a ser comida por los pájaros en cuestión, lo que era exacto, y que por ende las cosechas iban a aumentar en proporción, lo cual resultó ser falso. La decisión de hacer desaparecer a los

---

6. Contrariamente a las pruebas absolutas, las pruebas ordinarias requieren *in fine* ser juzgadas, o sea, requieren un salto intelectual.

gorriones fue aplicada en 1958, en la época del «*Gran Salto Adelante*», sin experimentación previa, de manera inmediata y en todo el país. Esto provocó una gran hambruna, que generó millones de muertos. Resulta que había un elemento que intervenía en este problema, elemento que no fue tomado en cuenta por Mao y sus consejeros: si bien los pájaros se comen efectivamente parte de las semillas, devoran sobre todo lombrices e insectos, que, a su vez, comen y destruyen de manera aún más notable las cosechas. Como lo vemos con esta trágica historia, un único dato que no fue tomado en cuenta condujo al resultado inverso que el razonamiento inicial hacía esperar.

La campaña de las cuatro plagas.

En el ámbito empírico, o sea, en nuestro mundo, una prueba es más que un argumento, pero menos que una demostración matemática.

Como las pruebas comunes del mundo empírico no son absolutas, se procura por lo general aumentar su número y diversificar sus orígenes, para establecer de la manera más sólida posible la verdad de la tesis que supuestamente sostienen. Por ello, en el campo empírico, se habla por lo general de «pruebas» en plural, mientras que, en el ámbito formal, se habla de «prueba» o de «demostración» en singular, ya que basta, por definición, con una sola prueba o demostración.[7]

Empecemos por ilustrar, gracias a dos ejemplos familiares, el carácter no absoluto de las pruebas del ámbito empírico corriente y la necesidad que se deriva de ello, a saber, el disponer de una pluralidad de pruebas procedentes de diversos horizontes.

---

7. Por ese motivo, este libro se titula *Dios, la ciencia, las pruebas* y no *Dios, la ciencia, la prueba*.

Tomemos el ejemplo de un juicio en el marco de un caso criminal. El fiscal tendrá que aportar las pruebas de la culpabilidad del acusado. Dichas pruebas podrán ser materiales, o no. Tendrán, según el caso, una fuerza variable. Podrá tratarse de huellas ADN, del grupo sanguíneo de eventuales manchas de sangre, de huellas dactilares que corresponden a las del acusado o de huellas de pasos en el suelo. También deberá probarse el móvil del crimen y, por fin, aportar testimonios que acrediten la presencia del acusado en el lugar de los hechos. Los testimonios tendrán un valor más o menos importante según la personalidad del testigo, su edad, su profesión o incluso su reputación. Los testimonios convergentes de varios testigos independientes, o sea, que no se conocen entre sí, tendrán más importancia que los que provienen de un mismo grupo familiar. Cabe decir que ninguna de esas pruebas podría considerarse como absoluta, ya que hasta la presencia de una prueba material podría ser el resultado de un complot bien tramado. No obstante, si las pruebas son a la vez numerosas, fuertes, convergentes e independientes, los miembros del jurado podrán adquirir una íntima convicción, más allá de toda duda razonable, lo cual les va a permitir tomar una decisión acerca de la culpabilidad del acusado.

Otro ejemplo: si los habitantes de un pueblo descubren por la madrugada animales de su rebaño degollados, pueden sospechar la presencia de un oso en los alrededores y buscar pruebas para confirmarlo. Analizarán pues toda una serie de indicios posibles: presencia de mordeduras en las víctimas, huellas de pasos, restos de comida o, incluso, presencia de deyecciones. Por fin, interrogarán a una serie de testigos, directos o indirectos: al hombre que vio al hombre que vio al oso. El conjunto de estas pruebas, más o menos convincentes y de naturaleza bien distinta, les permitirá forjarse una opinión y tomar las medidas adecuadas.

Estos dos ejemplos ilustran el hecho de que, en el campo empírico, como ocurre en una investigación, es necesario disponer de un conjunto de pruebas, de la mayor cantidad posible de pruebas convergentes e independientes, para alcanzar una convicción más allá de toda duda razonable.

Desde esta perspectiva, este libro no pretende aportar la demostración de la existencia de Dios, sino un conjunto de pruebas racionales, numerosas, convergentes y que provienen de diferentes ámbitos, y, por lo tanto, independientes. Lo que en sí es mucho. Agrupadas, estas pruebas tendrían que ser capaces de ganarse la convicción del lector. Sin embargo, en última instancia, el lector juzgará por sí mismo.

IV. Las pruebas del ámbito empírico en ciencia

Las ciencias de la naturaleza forman parte del ámbito empírico: las pruebas absolutas tampoco existen en este campo. En las ciencias experimentales, los pasos habituales consisten en partir de la observación para construir una teoría que tenga predicciones observables en el mundo real.

Así pues, según Karl Popper, *«en las ciencias empíricas, que son las únicas capaces de dar informaciones acerca del mundo en el que vivimos, las pruebas no existen, si se entiende la palabra "prueba" como un hecho que establece de una vez por todas la verdad de una teoría».*[8]

En ciencia experimental, la validez de una tesis se construye sobre el encadenamiento de dos etapas, al menos, de las cuatro posibles que citamos a continuación:

- **La primera etapa** consiste en la creación de una teoría elaborada a partir de una observación. La teoría tiene como objeto crear un universo simple y manejable que sea una representación o una analogía del Universo real. Este universo teórico incluye una lógica interna que genera normalmente una serie de «conclusiones, implicaciones o predicciones». Estas predicciones son imprescindibles para poder establecer la validez de la teoría en cuestión.

- **La segunda etapa** consiste luego en comparar estas predicciones con las observaciones en el Universo real. Si, una vez verificadas, las observaciones están en desacuerdo con las predicciones, entonces la teoría es falsa; ahora bien, si concuerdan, la teoría puede ser verdadera.

---

8. Karl Popper, *La sociedad abierta y sus enemigos*, Paidós, 2010.

Por otro lado, cuanto más numerosas son las implicaciones y cuanto más precisas, tanto más la teoría puede ser considerada como sólidamente establecida.

Estas dos primeras etapas constituyen la base mínima de toda teoría científica. En muchos casos, afortunadamente, se puede ir más lejos.

* **La tercera etapa** consiste, cuando sea posible, en crear un modelo matemático del universo teórico, luego operar con él y estudiar los resultados y predicciones que se derivan de ello. Resultados y predicciones que luego compararemos con la realidad. Si el modelo corresponde a la realidad, el nivel de la prueba se verá reforzado, sobre todo si el modclo prevé consecuencias inesperadas que luego se revelan exactas.

* **La cuarta etapa**, finalmente, cuando esta se puede realizar, tiene un valor demostrativo aún más fuerte; esta etapa consiste en la posibilidad de repetir la experiencia. Si la teoría puede ser verificada experimentalmente de manera repetida, el nivel de prueba conferido por esta cuarta etapa es entonces sumamente elevado.

Ilustración con la teoría de la gravedad de Newton

Para ilustrar estas etapas, la teoría de la gravitación, que todos conocemos, resulta ideal. Constituye un ejemplo perfecto de encadenamiento de las cuatro etapas. Según se suele contar, fue observando una manzana al caer como Isaac Newton se preguntó por qué caía de manera perpendicular al suelo.

* **Primera etapa**, la teoría: a partir de la observación inicial, Newton imagina una teoría según la cual los cuerpos son atraídos por una fuerza quc solo es función de sus masas y de la distancia que los separa.

* **Segunda etapa**, las predicciones: como primeras consecuencias verificables de su teoría, constata que efectivamente la manzana cae al suelo, y no lo contrario, porque la manzana es pequeña y porque la Tierra es grande. Por otro lado, una manzana del hemisferio sur caerá siempre sobre la tierra, aunque el manzano y los habitantes se encuentren «cabeza abajo», desde el punto de vista de un observador

La teoría de la gravitación, imaginada por Newton, se reveló conforme a la realidad.

del hemisferio norte. Las implicaciones de la teoría resultan conformes a la realidad.

- **Tercera etapa**, el modelo matemático: Newton desarrolla un modelo matemático de su teoría postulando que la fuerza de atracción entre dos cuerpos es proporcional a su masa e inversamente proporcional al cuadrado de la distancia que los separa, según una fórmula de tipo $F = G m_1 m_2 / d^2$. A partir de ese modelo, logra calcular la órbita de los planetas, llegando a formas elípticas que ni Copérnico ni Galileo habían podido imaginar, pero que Kepler había adivinado al observar el curso del planeta Marte. Finalmente, desarrollando su modelo, obtiene un calendario predictivo de los eclipses de Luna y de los planetas.

- **Cuarta etapa**, la experimentación: el calendario y las predicciones en cuestión, que son verificables por todos en aquel entonces, se verifican y se revelan exactos. La comparación con la realidad funciona; mejor aún, la dimensión predictiva, inesperada, se confirma. La teoría se encuentra por lo tanto probada y la comunidad científica se adhiere a ella con prontitud.

Ulteriormente, la teoría de la gravitación de Newton fue remplazada por la teoría de la relatividad de Einstein, lo que no significa que la teoría de Newton sea errónea. Simplemente, se ha pasado de una buena aproximación de la realidad a una aproximación superior. Son teorías convergentes.

Las teorías científicas pueden ser clasificadas en grupos que corresponden a niveles de prueba diferentes

La validez de una teoría depende, por lo tanto, del número de etapas a las que ha podido ser sometida con éxito.

Así, según sea confirmada por dos, tres o cuatro de las etapas enunciadas anteriormente, su nivel de fuerza podrá ser clasificada en grupos diferentes, que van del grupo 2, el más fuerte, al grupo 6, el más débil, ya que reservamos el grupo 1 para la prueba absoluta.

- **Grupo 1: prueba absoluta del campo teórico o formal.**

- **Grupo 2: teorías que pueden ser cotejadas con la realidad, que se pueden modelizar (en el sentido matemático) y experimentar.**
  Este grupo incluye una gran cantidad de ciencias, como la mayoría de los campos de la física, la mecánica, la electricidad, el electromagnetismo, la química, etc. Para este grupo, las pruebas son tan fuertes que se aproximan a pruebas absolutas y son difícilmente discutibles, incluso cuando puedan ser refinadas en el futuro gracias a nuevos modelos convergentes.

- **Grupo 3: teorías cotejables con la realidad, que se pueden modelizar pero no experimentar.**
  Este grupo incluye numerosas ciencias como la cosmología, la climatología (particularmente las investigaciones sobre el calentamiento climático), la econometría, etc. Aunque no sean experimentables, estas teorías se pueden modelizar y las predicciones que resultan del modelo pueden ser verificadas. En este grupo, el nivel de prueba es alto.

- **Grupo 4: teorías cotejables con la realidad, experimentables, pero que no se pueden modelizar.**

  Este grupo incluye la mayoría de los campos de las ciencias como la fisiología, la farmacología, la biología, etc. Estas teorías también son poderosas porque, aunque no se puedan modelizar, la repetición de la experimentación aporta un nivel de verificación elevado y, por lo tanto, altamente probatorio. En este grupo, como en el anterior, si bien por motivos diferentes, el nivel de prueba es elevado.

- **Grupo 5: teorías cotejables con la realidad, pero que no se pueden modelizar ni experimentar.**

  Este grupo de teorías es más débil en términos de fuerza probatoria que los anteriores. Incluye, no obstante, numerosos campos que nadie imaginaría eliminar de la esfera científica. En este grupo se encuentra el evolucionismo darwiniano, que no se puede modelizar ni experimentar (o en todo caso, no fue posible hacerlo durante un siglo). Incluye también numerosas cuestiones científicas, como la paleontología (por ejemplo, la extinción de los dinosaurios, la desaparición del hombre de Neandertal, etc.), el origen de la vida en la Tierra, el origen de la Luna, el origen del agua en nuestro planeta, etc.

  En este grupo, las teorías no se pueden modelizar ni experimentar, se verifican solamente gracias a la confrontación de sus conclusiones con lo que puede ser observado en el mundo real. A este grupo pertenecen las teorías antagónicas, a saber, *«existe un Dios creador»* y *«el Universo es únicamente material»*. Efectivamente, estas dos teorías no se pueden modelizar ni experimentar, pero sus conclusiones lógicas, que son numerosas, como lo veremos, pueden ser cotejadas con la realidad exactamente como las otras teorías del mismo grupo.

- **Grupo 6: teorías que no se pueden cotejar con la realidad, ni modelizar, ni experimentar.**

  Este grupo se limita a teorías especulativas, como la teoría de los multiversos o universos llamados «paralelos». Dado que estas teorías no generan ninguna implicación observable, no son sino totalmente hipotéticas y sin verificación posible.

Tipo de campo	Tipo de razonamiento				Fuerza de la prueba
Campo Teórico					
Grupo 1: matemáticas, juegos, lógica, algoritmia	Demostración				Prueba absoluta
Campo real	Posibilidad de teorizar	Confrontación con la realidad	Posibilidad de modelizar	Posibilidad de experimentar	
Grupo 2: física (mecánica, mecánica cuántica, electricidad, electromagnetismo), química	Sí	Sí	Sí	Sí	Prueba muy fuerte, cercana a lo absoluto
Grupo 3: cosmología (Big Bang, muerte térmica del Universo, principio antrópico, etc.), climatología, etc.	Sí	Sí	Sí	No	Prueba fuerte
Grupo 4: fisiología, farmacología, medicina	Sí	Sí	No	Sí	Prueba fuerte
Grupo 5: teoría de la evolución, paleontología, origen de la vida en la Tierra, origen de la Luna, origen del agua, existencia de un Dios creador	Sí	Sí	No	No	La fuerza de la prueba depende de la calidad y del número de correspondencias entre las implicaciones de la teoría y la realidad observable
Grupo 6: universos paralelos, multiversos, antes del Big Bang	Sí	No	No	No	Prueba nula; pura especulación

Cuadro que resume el posicionamiento de los seis grupos de pruebas

En el cuadro adjunto, resumimos los dos campos y los seis grupos de pruebas, que van de la prueba absoluta del ámbito formal a la prueba nula del último grupo, tal como nos parece posible clasificarlas.

Esta metodología a la que nos adherimos es análoga a la del filósofo de las ciencias de origen austríaco Karl Popper (1902-1994). Según Popper, la condición para que una tesis pueda ser considerada como científica es que proceda de una teoría, que a su vez provenga de una observación, y que esta teoría sea potencialmente refutable; en otras palabras, que tenga suficientes predicciones observables que puedan ser contrastadas, y, eventualmente, rechazadas. Para él, la refutabilidad es la verdadera clave que permite decir que una teoría o una tesis es científica o no.

Notemos que, según esto, las tesis de los multiversos no serían tesis científicas, ya que carecen de realidad observable; y que, a la inversa, la de la no existencia de Dios cumple con todos los requisitos para poder serlo.

Al respecto, hay que saber que cierto número de científicos y de filósofos comparten la opinión de que la tesis de la existencia de Dios o la de su inexistencia son tesis científicas. Es el caso, por ejemplo, de Richard Dawkins, uno de los jefes de fila del ateísmo contemporáneo, quien, en su exitoso libro *El espejismo de Dios*,[9] afirma lo siguiente: *«La hipótesis de Dios es una hipótesis científica sobre el Universo que hay que analizar con el mismo escepticismo que cualquier otra»*; *«O bien existe, o bien no existe. Es una cuestión científica; tal vez se conozca un día la respuesta, pero, mientras tanto, podemos pronunciarnos con fuerza acerca de su probabilidad»*; *«Contrariamente a Huxley, diré que la existencia de Dios es una hipótesis científica igual que cualquier otra. Incluso si es difícil de verificar de manera práctica, pertenece a la misma categoría [...] que las controversias acerca de las extinciones del Pérmico y Cretáceo»*.

---

9. Richard Dawkins, *El espejismo de Dios* (Madrid, Booket, 2013).

Finalmente, dado que ninguna prueba es absoluta fuera del campo formal,[10] lo que puede y debe convencer es la existencia de un conjunto de pruebas independientes y convergentes. Por ello, este libro no se limita a las pruebas que proceden del campo de la ciencia, sino que también presenta las que derivan de la filosofía y de la moral, así como las que proceden de los enigmas históricos para los cuales no existe ninguna explicación materialista aceptable.

Así pues, los capítulos de la segunda parte de este libro abordarán cuestiones relativas a la historia, la Biblia, la existencia de Jesucristo y un milagro en Portugal. Si estos capítulos pueden ser considerados por algunos como incursiones fuera del campo científico que no vienen al caso, no constituyen desbarres, sino que son el resultado de una decisión perfectamente justificada por la necesidad de reunir pruebas procedentes de diversos horizontes.

Una vez aclarado el tema de la naturaleza de las pruebas, la búsqueda de las implicaciones de las dos tesis, *«el Universo fue realizado por un Dios creador»* y su casi contrario, *«el Universo es exclusivamente material»*, va a ser el propósito de nuestro siguiente capítulo.

---

10. Ante esta teoría, cabe precisar que pueden existir pruebas opuestas de manera simultánea, ya que las apariencias a veces son engañosas. Los dos ejemplos históricos evocados a continuación permiten recordarlo. En la época de la controversia acerca de la rotación de la Tierra sobre sí misma, que acompañaba la de la rotación de la Tierra alrededor del Sol, algunas personas presentaban pruebas bastante serias de que la Tierra no giraba sobre sí misma. Efectivamente, señalaban que, si fuese el caso, un arquero que tirase una flecha a la vertical tendría que verla caer al oeste de sus pies y no a sus pies. Esta experiencia fue realizada entonces, y la flecha caía a los pies del arquero. Por el mismo motivo, dos cañones apuntando en sentido contrario, uno hacia el oeste y otro hacia el este, tendrían que haber enviado dos balas de cañón idénticas a distancias diferentes. Ahora bien, tampoco era el caso. Evidentemente, por aquel entonces se ignoraba el principio de inercia y, por ello, esas pruebas de no rotación de la Tierra, si bien eran falsas, pudieron inducir a error, al menos durante cierto tiempo.

3.

Implicaciones que derivan de las dos teorías: «existe un Dios creador» *versus* «el Universo es exclusivamente material»[11]

Acerca del Universo, dos teorías se enfrentan: una teoría materialista, según la cual este es exclusivamente material, y otra que postula la existencia de un Dios creador. Al no poder ser modelizadas ni experimentadas, solo se puede establecer la solidez de estas dos teorías opuestas gracias al examen de sus implicaciones respectivas, tal como hemos visto en el capítulo anterior.

Pero ¿acaso existen esas implicaciones?

En efecto, es bastante corriente considerar que no existiría ninguna consecuencia observable de la existencia o inexistencia de un Dios creador. Sin embargo, esta opinión es tan frecuente como errónea.

Este capítulo tiene como objeto mostrar que esas implicaciones existen y que incluso son numerosas. Algunas de ellas, como *«el Universo tuvo un comienzo»* o *«las leyes del Universo no deben poder ser constatadas como muy favorables a la vida»,* predicciones que durante mucho tiempo se creyeron fuera del alcance del conocimiento humano, se han vuelto temas sobre los cuales, actualmente, los científicos están en condiciones de debatir.

---

11. «Exclusivamente material» en el sentido en que no existe nada fuera de la materia: nada fuera del Universo físico, constituido por el espacio-tiempo y la materia o la energía.

En el cuadro siguiente aparecen las implicaciones de cada una de estas dos teorías:

Si el Universo es solo material (en el sentido de los materialistas), entonces:*	Si el Universo procede de un Dios creador, entonces:
1. El Universo no puede tener un **comienzo**.	1. Podemos esperar que el Universo tenga una **finalidad**.
2. El Universo no puede tener un **fin** del tipo muerte térmica, porque un fin de ese tipo supone un comienzo.	2. Se puede esperar que el Universo tenga **un orden** y sea **inteligible**.
3. Las leyes de la naturaleza derivan solamente del azar y, por consiguiente, es sumamente improbable que sean **favorables a la vida**.	3. Se puede esperar que el Universo tenga un **principio**.
4. No puede haber **milagros**.	4. Los **milagros** son posibles.
5. No puede haber **profecías** ni **revelaciones**.	5. Las **profecías** y las **revelaciones** son posibles.
6. El **bien** y el **mal** se pueden decidir democráticamente, sin límite alguno.	
7. Los «**espíritus**» no existen, ni el diablo, ni los ángeles, ni los demonios.	

---

*En este cuadro, nos hemos limitado a siete implicaciones, pero existen otras, tal vez no tan fuertes, pero no desprovistas de interés. Así pues, si no existe nada fuera del Universo material, se deben asumir otras posiciones problemáticas, como las siguientes:

- La ley de **conservación** de la energía y de la materia no fue respetada en el momento del Big Bang.

- La ley de **entropía** creciente no fue tampoco respetada antes de dicho inicio.

- El mundo de las **matemáticas** es una invención del hombre y no puede preexistir independientemente de nuestro Universo.

- La **conciencia** es necesariamente un producto de la materia, no puede existir independientemente de la actividad del cerebro; todas las «experiencias de muerte inminente» (EMI) son, por lo tanto, ilusiones.

- La **belleza** es necesariamente subjetiva ya que, si fuera objetiva y resultase de armonías racionales, seria improbable, y no se podría explicar la opinión general que considera que la naturaleza es casi universalmente bella.

Ante las dos columnas que se ven en el cuadro, destacan claramente tres hechos relevantes:

En primer lugar, el número de implicaciones observables es elevado, lo que es muy favorable para decidir entre las dos teorías. En efecto, cuantas más implicaciones observables y cotejables con la realidad existan, más sólidamente fundada resultará ser la decisión final acerca de la veracidad de una u otra teoría.

En segundo lugar, las implicaciones que derivan de las dos teorías no son simétricas. La teoría de un Universo exclusivamente material genera muchas más implicaciones que la de un Universo procedente de un Dios creador. Sobre todo, sus implicaciones son mucho más tajantes y precisas que las que implica la teoría opuesta. Por eso, el camino más directo para validar la existencia de un Dios creador pasa por la demostración de la imposibilidad de un Universo puramente material.

En tercer lugar, si bien no se pueden modelizar ni experimentar, estas dos teorías forman parte del grupo 5 de nuestra clasificación de pruebas, ya que tienen importantes implicaciones contrastables con la realidad. Recordemos que en ese grupo las teorías pueden verse validadas o invalidadas gracias a la confrontación de sus implicaciones con el mundo real. Así es como las dos teorías, *«el Universo es únicamente material»* y *«el Universo procede de un Dios creador»*, se sitúan en el mismo plano que las otras teorías científicas del grupo 5, al que pertenece, por ejemplo, la teoría de la evolución, teoría que a nadie se le ocurriría excluir del campo de la ciencia.

Cada una de estas implicaciones será ahora el objeto de un análisis más detenido, con el fin de determinar sus razones de ser y su alcance.

I. Estudio de las implicaciones de la tesis *«el Universo es exclusivamente material»*

Si el Universo es exclusivamente material, entonces:

1. El Universo no puede tener un comienzo

Efectivamente, y por dos motivos, uno de ellos filosófico y el otro científico:

a. Filosófico, ya que, como Parménides expuso en el año 450 a. C., *«de la nada absoluta no puede salir nada»* [12] y ningún filósofo serio cuestionó, nunca, esa evidencia lógica. [13]

b. Científico, ya que una de las leyes del Universo mejor establecidas indica que *«nada se pierde y nada se crea»* [14] y que la materia y la energía son equivalentes, dando un total estable. Por consiguiente, toda variación del total masa-energía es imposible. [15] Y una aparición de masa-energía a partir de nada al principio del Universo violaría esa ley.

Esta primera implicación es capital para nuestro estudio, ya que es binaria y ofrece solamente dos posibilidades. Por lo tanto, si se admite como verdadera la afirmación: *«si el Universo es solamente material, no puede tener un inicio»*, dicha afirmación tiene como corolario la siguiente: *«si el Universo tuvo un inicio, existe un creador»*. Dicha afirmación, harto conocida, carecía anteriormente de valor argumentativo porque era indecidible y considerada como totalmente fuera del alcance del conocimiento humano. Actualmente, cosa extraordinaria, la cuestión del comienzo del Universo se ha vuelto científica y puede ser decidida, hasta

---

12. En *Parménides. Le Poème, Fragments*, Marcel Conche, Épiméthée, PUF, Paris, 1996, *Fragmento VIII*. Ver también el artículo de B. Brunor en sus *Índices pensables*: *«Es el gran Parménides, hacia el año 500 antes de nuestra era, quien tuvo esa idea propiamente genial. Se dijo a sí mismo: —En realidad, cuando uno lo piensa, nunca existió la nada absoluta. —¿Por qué afirmas esto, Parménides?, preguntan sus interlocutores. —Porque, si hubiese existido la nada absoluta, seguiría existiendo, y no habría nada»* (en *Le hasard n'écrit pas de messages*. Tomo III: http://www.brunor.fr/PAGES/Pages_Chroniques/25-Chronique.html).

13. Con excepción de algunas personas que intentaron sostener lo contrario, como John L. Mackie y Peter Atkins.

14. *«Nada se pierde, nada se crea, todo se transforma»* es una cita apócrifa de Antoine Lavoisier acerca de la conservación de las masas durante el cambio de estado de la materia; ver al respecto *Traité élémentaire de chimie*, París, Cuchet, 1789. Dicha afirmación es muy cercana a la del filósofo Anaxágoras, que escribió en sus Fragmentos (siglo V a. C.): *«Nada nace y nada muere, pero las cosas que ya existen se combinan, y se vuelven a separar»*. Einstein confirmará la exactitud de este principio con la ley de conservación del total de la masa y de la energía.

15. La conservación de la energía puede no ser del todo exacta en un Universo en expansión como el nuestro. Pues a medida que el espacio se amplía por efecto de la expansión, la energía inherente al espacio (energía oscura) aumenta. Al mismo tiempo, la energía de las radiaciones disminuye, ya que las longitudes de onda de los fotones se estiran en el espacio que está en expansión. Existen, por lo tanto, leves variaciones que hay que tomar en cuenta: los dos efectos contrarios no se compensan del todo.

diríamos zanjada, especialmente desde los descubrimientos recientes de la muerte térmica del Universo y de la cosmología del Big Bang.

No nos sorprenderemos de que dichas afirmaciones sean rechazadas por los eruditos materialistas. Para ellos se trata de una necesidad, porque no pueden admitir la consecuencia que derivaría de un comienzo del Universo, a saber, la existencia de un Dios creador. Por ese motivo siempre van a preferir sostener cualquier otra hipótesis, aunque carezca de fundamento.

2. El Universo no puede tener un fin (muerte térmica), ya que un fin implica un inicio

El segundo principio de la termodinámica definido por Clausius a partir de los estudios de Carnot establece que, sin aporte exterior de información o de energía, todo sistema cerrado se desgasta y ve crecer su entropía.[16] Pasa con el Universo lo mismo que con una vela que va consumiéndose poco a poco; si miramos hacia el futuro, tarde o temprano se acabará. Al mismo tiempo, si miramos hacia el pasado, la entropía disminuye, o sea, que el orden crece, pero no puede crecer de manera infinita, lo que implica que un sistema cerrado que se degrada y se consume desde la eternidad sea inconcebible. Como ya lo habían notado los materialistas, como Ernst Haeckel,[17] en reacción a estos descubrimientos, si el segundo

---

16. Ver «entropía», como los demás términos técnicos, en el glosario al final del libro.

17. Ernst Haeckel (1834-1919) escribía: «*Considero como la suprema ley de la naturaleza, la más general, la verdadera y única ley fundamental cosmológica, la ley de substancia. [...] La ley química de la conservación de la materia y la ley física de la conservación de la fuerza forman un todo indisoluble. Desde toda eternidad, el Universo infinito fue, es y seguirá siendo sometido a la ley de substancia. El espacio es infinitamente grande e ilimitado. Nunca está vacío, sino en todas partes lleno de substancia. Del mismo modo, el tiempo es infinito e ilimitado, no tiene ni comienzo ni fin, es la eternidad. La substancia se encuentra en todas partes y en todos los tiempos en un estado de movimiento y de cambio ininterrumpido. El movimiento eterno de la substancia en el espacio es un círculo eterno, con fases de evolución que se repiten de manera periódica. Si esta teoría de la entropía fuera exacta, sería necesario que a ese fin del mundo que se admite correspondiese también un inicio, un mínimo de entropía en el cual las diferencias de temperatura de las partes, distintas del Universo, hubiesen alcanzado su máximo. Estas dos ideas, según nuestra concepción monista y rigurosamente lógica del proceso cosmogenético eterno son, una y otra, totalmente inadmisibles. Ambas están en contradicción con la ley de la substancia. El mundo no ha comenzado y tampoco terminará. Del mismo modo que el Universo es infinito, seguirá estando en movimiento de manera eterna. La segunda propuesta de la teoría mecánica del calor contradice la primera y debe ser sacrificada*» (*Los enigmas del Universo*, Iena, 1899).

principio de la termodinámica es verdadero, dicho principio entraña un comienzo del Universo, ya que, si el Universo existiera desde siempre, se encontraría desgastado desde la eternidad.

Convencido por el carácter evidente de ese razonamiento, el célebre filósofo marxista Friedrich Engels le escribió a Karl Marx el 21 de marzo de 1869: *«El estado de gran calor original a partir del cual todo se enfría es absolutamente inexplicable; es incluso una contradicción y esto presupone la existencia de un Dios».*[18] Por lo que llegó a sostener que el segundo principio de la termodinámica tenía que ser falso, ya que aceptarlo llevaba a reconocer un comienzo del Universo y, por lo tanto, un creador, hipótesis incompatible con el materialismo dialéctico.[19]

3. Las leyes deterministas se aplican de manera general y las cosas se distribuyen según las leyes de azar

Si no hay Dios y si el Universo es exclusivamente material, entonces tiene que ser regido por leyes fijas e inmutables, excluyendo todo tipo de finalidad. Por lo tanto, todos los procesos en acción en el Universo solo pueden ser fruto del azar, que se convierte así, necesariamente, en el único motor de la evolución de las cosas. Por consiguiente, debe descartarse que las leyes del Universo son muy favorables al ser humano (salvo en el caso de la teoría especulativa de los multiversos). El ajuste fino del Universo y el principio antrópico, en ese caso, son imposibles.

4. No pueden existir los milagros

Si las leyes del Universo material se aplican siempre y en todos lados de manera determinista, los milagros son imposibles y los hechos que se cuentan solo pueden ser puras invenciones o errores de apreciación.

---

18. Friedrich Engels, *Cartas sobre las ciencias de la naturaleza y las matemáticas*, carta n.° 68.

19. Ver *La dialéctica de la naturaleza*, primera parte, 1875.

5. No pueden existir las profecías ni las revelaciones

Por los mismos motivos, no puede haber profecías, o sea, descripciones claras de un acontecimiento improbable e imprevisible en un lejano porvenir, y dichas profecías solo pueden derivar de la credulidad o de una forma de confabulación. Del mismo modo, toda revelación es imposible.

6. El bien y el mal no existen de manera absoluta, se pueden determinar de manera democrática, sin límites.

7. El mundo de los espíritus —diablo, ángeles, espíritus malignos, posesiones, exorcismos— no existe.

II. Estudio de las implicaciones de la tesis «existe un Dios creador»

A la inversa, si el Universo proviene de un Dios creador, entonces:

1. Se puede esperar que el Universo tenga un objetivo, una finalidad

Si la creación del Universo procede de una intención inteligente, es lógico que la evolución del Universo se entienda como un orden y se desarrolle en una dirección predeterminada.

2. Se puede esperar también que el Universo presente un orden y sea inteligible

Si el Universo ha sido creado por un dios perfecto e inteligente, si fue concebido para que surja la complejidad en general y el hombre en particular, es lógico que exista un orden y sea inteligible.

3. Se puede esperar que el Universo tenga un comienzo

Si procede de un creador, es lo más natural.

4. Los milagros son posibles

Ya sea por las causas primeras (cuestionamiento de las leyes corrientes del Universo), ya sea por las causas segundas (coincidencias providenciales).

5. Las profecías y las revelaciones son posibles

Un Dios creador, omnisciente, conoce el futuro: las profecías por lo tanto son posibles, del mismo modo que las revelaciones.

III. Lo que un materialista coherente tendrá que considerar como verdadero

Ante las implicaciones que hemos evocado, un materialista coherente no podrá contentarse con creer exclusivamente en la materialidad del Universo, o sea, en la inexistencia de un dios, de un diablo y de las almas, creencias que son finalmente fáciles de sostener.

Si quiere ser lógico y coherente, tendrá también que creer y sostener simultáneamente todas las afirmaciones evocadas a continuación, afirmaciones que son concretas, analizables y exigentes.

- El Universo carece de comienzo.
- El Universo no se dirige hacia su muerte térmica, contrariamente a lo que se acepta hoy, de manera general.
- El Universo es ciertamente favorable al hombre (ajuste fino del Universo), pero, ya que se trata de algo estadísticamente imposible, deben existir necesariamente miles de millones de millones de universos, aunque se trate de una mera hipótesis de la que no se tiene hoy prueba alguna.
- Algunas leyes de la física, entre las más importantes, admitidas como universales e inamovibles, han sido transgredidas en algunos momentos de la historia del Universo (por ejemplo, el principio de conservación de masa-energía en el momento del comienzo del Universo).
- En el campo filosófico y moral, el bien y el mal, al no tener un carácter absoluto, carecen de límites y se pueden decidir democráticamente.
- Todos los hechos de milagros, profecías y revelaciones conocidos no son sino ilusiones y charlatanismo.

Vamos a empezar por examinar las dos primeras creencias que fundan el materialismo, a saber, que el Universo no puede haber tenido un comienzo y que no se dirige hacia su muerte térmica: estas dos afirmaciones son falsas, como lo vamos a ver.

LAS PRUEBAS VINCULADAS
A LA CIENCIA

4.

La muerte térmica del Universo: historia de un final, prueba de un comienzo

Del hogar a los astros: una analogía para entender la muerte térmica del Universo

El Universo es como el fuego que arde en la chimenea. Sometidos a las leyes de la termodinámica, ambos han de consumirse en un tiempo finito.

Si miro el fuego que chispea, veo que la leña arde y se consume en el tiempo: los leños van a apagarse lentamente, uno tras otro. Puedo deducir que, de aquí a unas horas, no habrá más que cenizas frías en el hogar.

Pero puedo sacar también otra conclusión, igual de importante, o incluso más: y es que ese fuego no arde desde siempre, ya que se consume a una velocidad que se puede medir. Si existiese desde siempre, ya se habría agotado, se habría acabado.

Deduzco de ello que, en el origen de este fuego, hubo necesariamente un cargamento de leña y alguien que lo encendió.

Lo mismo ocurre con el Universo que se consume a una velocidad observable: si existiese desde siempre, ya se habría agotado, habría llegado a su término. Por eso la muerte térmica del Universo supone que tuvo un principio absoluto.

Introducción

Si bien es un tema candente, incluso explosivo, la cuestión de la muerte térmica del Universo, paradójicamente, no ha suscitado tantas discusiones apasionadas como la del Big Bang, fuente de numerosos debates y polémicas. ¿Acaso será más angustiante, tal vez inconscientemente, estudiar la muerte del Universo que investigar acerca de su comienzo? Sin embargo, el descubrimiento de dicha muerte térmica acarrea conclusiones de un alcance esencial y constituye una de las pruebas más poderosas de que el Universo tuvo un comienzo. Y hace intervenir la noción compleja de entropía, vinculada al carácter irreversible del tiempo, noción que va a constituir la línea directriz de este capítulo.

¿Y si, para entender mejor su origen, empezáramos por hojear el guion que sigue el Universo, empezando por su desenlace?

¿Qué futuro para nuestro Universo?

Después de dos siglos de progresos en este tema, hoy se admite de manera casi unánime que el Universo entero terminará con una inevitable muerte térmica. Nuestro Sol, que existe desde hace 4500 millones de años, brillará aún durante un tiempo equivalente, antes de transformarse en una gigante roja (que va a englobar a la Tierra y Marte) y luego en una enana blanca, antes de apagarse, irremediablemente. Del mismo modo, todas las estrellas terminarán por apagarse, en todos lados, por falta de combustible, como los leños que terminan por consumirse en el hogar de una chimenea.[20] Este descubrimiento tan importante, realizado en la segunda mitad del siglo XIX, tardó varias décadas en imponerse y ha sido confirmado por todas las teorías y observaciones recientes. Y nos lleva lógicamente a cambiar en profundidad nuestra visión del mundo.

I. Historia del descubrimiento de la muerte térmica del Universo

Sadi Carnot funda una nueva disciplina, la termodinámica (1824)

Todo empieza en 1824, en París: al publicar, a los 27 años, su única obra, *Reflexión sobre la potencia motriz del fuego y sobre las máquinas aptas para desarrollar esta potencia*, Sadi Carnot funda una disciplina totalmente nueva, la termodinámica. Por entonces, no existía la palabra. Fue William Thomson, conocido luego bajo el nombre de Lord Kelvin, quien la inventó a mediados del siglo XIX, pero efectivamente fue Sadi Carnot quien estuvo en el origen de esta ciencia tan fundamental desde el punto de vista teórico como fecunda en aplicaciones prácticas. A él se le debe la exposición razonada del motor térmico, que es la base

Sadi Carnot (1796-1832).

del funcionamiento de los automóviles y de todo motor de reacción. Sin embargo, morirá muy joven, a los 36 años, en 1832, dejando una obra fundamental y prometedora, aunque inconclusa.

---

20. Todas las estrellas consumen hidrógeno y lo transforman, de manera irreversible, en helio. Tal es el caso del Sol, que, cada segundo, consume 620 millones de toneladas de hidrógeno y las transforma en 615 millones de toneladas de helio. Los 5 millones de toneladas perdidos constituyen la energía que el Sol emite en el espacio.

Rudolf Clausius retoma dicha investigación y define el segundo principio de la termodinámica (1865)

Retomando la «caja de herramientas» que dejó en herencia Carnot y confirmando sus trabajos sobre las máquinas térmicas, beneficiándose por otro lado de los aportes de Lord Rumford (el trabajo de una fuerza produce calor) y de Hermann von Helmholtz (principio de conservación de la energía, incluyendo el calor como forma de energía), Rudolf Clausius postula en 1865 una ley universal. Dicha ley afirma que, sin aporte exterior de información o de energía, todo sistema aislado ve crecer, de manera irreversible, lo que Clausius llama su «entropía» (del griego «transformación») durante la evolución que lleva de un estado de equilibrio inicial hacia un estado de equilibrio final. Por consiguiente, todo retorno al estado inicial es imposible.[21] El postulado de Clausius es audaz. Pronto va a ser llamado «el segundo principio de la termodinámica»,[22] y se planteará la cuestión de la demostración a la vez de la validez y de la universalidad de dicha ley.

Ilya Prigogine, premio Nobel de Química en 1977, es sin duda el científico moderno que más reflexionó sobre el segundo principio y sus consecuencias profundas. Es así como comenta este momento decisivo: *«A la eternidad dinámica se opone por lo tanto el "segundo principio de la termodinámica", la ley de crecimiento irreversible de la entropía formulada por Rudolf Clausius en 1865; al determinismo de las trayectorias dinámicas, el determinismo igualmente inexorable de los procesos que nivelan las diferencias de presión, de temperatura, de concentración química y que llevan irreversiblemente un sistema termodinámico aislado a su estado de equilibrio, de entropía máxima. [...] No obstante, sería un error pensar que el segundo principio de la termodinámica generó solamente pesimismo y angustia. Para algunos físicos, como Max Planck y sobre todo Ludwig Boltzmann, fue también*

---

21. Se trata de una imposibilidad práctica, ya que infinitamente improbable, y no de una imposibilidad absoluta.

22. El primer principio de la termodinámica es el de la conservación de la energía en toda transformación, definido en 1847 por Hermann Helmoltz a partir de los estudios de Robert Mayer y de Joule.

un punto de inflexión simbólico decisivo. La física podía por fin describir la naturaleza en términos de futuro; iba a poder, como las otras ciencias, describir un mundo abierto a la historia». [23]

Dicho de otro modo, la noción de entropía resulta valiosa para dar un nuevo impulso, una nueva perspectiva, a la manera de encarar el fin del Universo.

Ludwig Boltzmann modeliza la entropía gracias a sus ecuaciones y llega a conclusiones importantes (1878)

A partir de los trabajos de Clausius y de sus propias investigaciones sobre la teoría cinética de los gases, Boltzmann muestra que existe una función que caracteriza todo sistema cerrado, función creciente a lo largo del tiempo. Modeliza de este modo la función S, que crece entre dos estados de equilibrio: [24] $S = k \ln W$.

Ludwig Boltzmann (1844-1906).

S es la entropía; k, es la «constante de Boltzmann»; W, es la miríada de estados posibles de todos los elementos atómicos o microscópicos.

Esta fórmula, grabada sobre la tumba de su inventor, fue declarada por Einstein, según parece, *«la fórmula más importante de la física».* [25] De hecho, es una idea revolucionaria que prueba que el desorden que caracteriza tal o cual objeto no puede sino aumentar, estadísticamente. Nunca puede ser de otro modo. Nunca puede ser lo contrario.

---

23. Isabelle Stengers e Ilya Prigogine, *La Nouvelle Alliance. Métamorphose de la science*, París, Gallimard, 1979 (nueva edición «Folio Essais»), capítulo IV, p. 4.

24. La entropía fue bautizada «S» por Clausius en homenaje a Sadi Carnot.

25. *«Cuando se le preguntaba a Einstein cuál era según él la ley más importante de la física, contestaba: "El segundo principio de la termodinámica"»*, citado en Encyclopédie de l'Agora: http://agora.qc.ca/ dossiers/Entropie. Al respecto, ver: A Einstein, *Eine Theorie der Grundlagen der Thermodynamik, Annalen der Physik*, ser. 4, XI, 1903, pp. 170-187 (CP 2, pp. 77-94).

Helmholtz (1854) y Lord Kelvin desarrollan entonces la idea de la «muerte térmica» del Universo

En un artículo de 1854, el científico prusiano Hermann von Helmholtz[26] va a lo
esencial: según él, el Universo tiene un solo
desenlace posible, la *«muerte térmica»*.[27]
Explica que las estrellas se van a ir apa-
gando, una por una, y que la temperatura
del conjunto del cosmos bajará hasta que
*«todo sea condenado a un descanso eter-
no»*. Lord Kelvin va a argumentar la idea
de la *«muerte térmica»* del Universo unos
años más tarde.[28]

Lord Kelvin (1824-1907).

Arthur Eddington resume el concepto al mostrar que hay una «flecha del tiempo» (1928)

El segundo principio de la termodinámica impone la existencia de una
«flecha del tiempo». Hemos visto en efecto que, en un sistema cerrado,
la entropía va en aumento. Por lo tanto, basta con medir la entropía del
sistema en dos momentos diferentes para saber cuál es el que precede
al otro, y, por lo tanto, en qué sentido se orienta la flecha termodinámica del tiempo. Si se aplica a la escala del Universo,[29] se habla entonces
de «flecha cosmológica del tiempo». Este descubrimiento constituye
un cambio profundo y radical que de pronto se ofrece a todos y genera
grandes implicaciones metafísicas y filosóficas. Contradice todas las
visiones cíclicas del mundo, los mitos del eterno retorno, particularmen-

---

26. Es quien va a enunciar por primera vez en 1847 el principio de la conservación de la energía.

27. Poco a poco, las condiciones termodinámicas van a homogeneizarse, los sitios más calientes van a
perder su energía, y el Universo entero se va a acercar al cero absoluto.

28. En *«On the Age of the Sun's Heat»*, por sir William Thomson (Lord Kelvin), *Macmillan's Magazine*,
vol. V (5 de marzo de 1862), páginas 388 a 393 (consultable en línea: https://zapatopi.net/kelvin/
papers/on_the_age_of_the_suns_heat.html). Las ideas de Helmholtz en *The Heat Death of the
Universe* (1854) fueron luego desarrolladas durante el decenio siguiente por Kelvin.

29. Considerando nuestro Universo como un sistema único y cerrado, por supuesto.

te las metafísicas de la antigüedad o las hindúes, teorías actualmente superadas. Esta novedad y sus clarísimas consecuencias explican las reticencias y las oposiciones naturales suscitadas por la gran ley del Universo. A pesar de su pertinencia, tardó más de cincuenta años en ser reconocida y aceptada por el conjunto de la comunidad científica. ¡Es que sus consecuencias son tales que no pueden sino quebrantar las certezas más consabidas!

Primera consecuencia metafísica explosiva: el Universo tiene forzosamente un comienzo

En una óptica materialista, el Universo es un gigantesco sistema cerrado, ya que representa todo lo que existe, y que nada existe fuera de él. Pero pasa con el Universo como con un fuego en la chimenea o como con una vela que se consume poco a poco; si miramos hacia el futuro, tarde o temprano se va a consumir del todo. Siguiendo esta lógica, por el contrario, si se mira hacia el pasado, el Universo tuvo forzosamente un comienzo, ya que es imposible imaginar un sistema cerrado que se consume desde la eternidad; de lo contrario, estaría consumido desde la eternidad. Sea cual sea el tiempo T finito que se sustraiga al infinito, nos sigue quedando el infinito. O sea, que si el Universo utilizase su energía útil desde un tiempo infinito, tendría que haberla agotado desde un tiempo infinito. Ahora bien, no es el caso: ¡por lo cual, el Universo tiene necesariamente un inicio!

Dicho comienzo absoluto del Universo requiere una causa transcendente a su existencia, ya que, según el argumento del *kalam*:[30]

• Todo lo que tiene un comienzo tiene una causa.
• El Universo tiene un comienzo.
• Por lo tanto, el Universo tiene una causa.

---

30. Las ideas del filósofo cristiano, comentador de Aristóteles, Juan Filópono (Egipto, siglo VI) acerca de la imposibilidad de un tiempo infinito en el pasado (*De Aeternitate Mundi contra Proclum*, ediciones H. Rabe, reprint Olms, Hildesheim, 1984) van a ser desarrolladas por los musulmanes Al Kindi (siglo IX) y Al Ghazali (siglo XII) y luego por san Alberto Magno y san Buenaventura (siglo XIII), y son conocidas hoy bajo el nombre árabe de *kalam* (que significa «debate»).

Segunda consecuencia, aún más revolucionaria: en su origen, el Universo estaba organizado según un orden notable

Como lo entendería Boltzmann desde 1878, la entropía del Universo debía tener inevitablemente un valor sumamente bajo en el origen. Boltzmann tuvo esa intuición de manera inmediata. Mucho más tarde, los trabajos de Roger Penrose lo confirmaron. Pero una entropía mínima para el Universo quiere decir que, en el comienzo, desde el primer instante, todo, absolutamente todo en el cosmos primordial estaba calculado de manera fantástica. Ordenado. ¿Gracias a qué prodigio? Por más que Boltzmann se agotara investigando, no logró aportar la prueba formal de ello, y habrá que esperar más de un siglo para que se vuelva a oír hablar de la idea del «ajuste fino» del Universo. Boltzmann tuvo razón demasiado pronto y algunos ataques de sus colegas científicos fueron tan violentos que su debilitada psiquis no resistió: se suicidó ahorcándose en 1906.

Ante los descubrimientos de Boltzmann, se activa una miríada de opositores ilustres

- **Henri Poincaré**

    Las premisas del cálculo de Boltzmann introducen de manera implícita la noción de irreversibilidad. Ahora bien, según Poincaré y la mayoría de los científicos de la época, era imposible que la dinámica pudiese llevar a la irreversibilidad.

- **Ernst Mach**

    El gran científico austriaco Ernst Mach, que había tenido que ceder a Boltzmann la cátedra de Filosofía e Historia de las Ciencias de Viena, se había prometido a sí mismo *«hacer callar al pequeño investigador cuyas ideas son peligrosas para la física».*[31] Materialista militante,

---

31. Ver al respecto: «The Mach-Boltzmann Controversy and Maxwell's Views on Physical Reality», V. Kartsev, en *Probabilistic Thinking, Thermodynamics and the Interaction of the History and Philosophy of Science - Proceedings of the 1978 Pisa Conference on the History and Philosophy of Science*, volumen II. Ver, además, «Une philosophie de crise: Ernst Mach» en Dominique Lecourt, *La philosophie des sciences*, Que Sais-Je?, París, 2010, cap. V, pp. 24-33.

apoyó a la Comuna de París, no aceptó los trabajos de Boltzmann y lo atacó sistemáticamente en todas sus intervenciones públicas.

• Ernst Haeckel

Otros científicos habían tomado nota de que este nuevo concepto suponía un comienzo del Universo, lo que ponía en tela de juicio sus convicciones más profundas. Así es como el gran biólogo Ernst Haeckel terminó por decretar que el segundo principio de la termodinámica no podía ser verdadero, y se esforzó en demostrarlo durante buena parte de su vida.

• Friedrich Engels

Friedrich Engels, cofundador del marxismo, sostenía la teoría de un tiempo circular. Combatió con todas sus fuerzas esta idea que ponía en cuestión el materialismo dialéctico.

• Svante Arrhenius

En su libro *La evolución de los mundos*, el gran químico sueco, laureado con el Premio Nobel en 1903, deja entrever sus presupuestos filosóficos cuando escribe: *«¡Si las ideas de Clausius fueran exactas, esa muerte calorífica ya tendría que haber ocurrido desde los tiempos infinitos en que existe el mundo! No se puede suponer que haya habido un comienzo, ya que la energía no se puede crear. Por consiguiente, es totalmente incomprensible».*[32]

¡Posición sorprendente por parte de un gran científico, y, además, premio Nobel de Química! Su prejuicio acerca de la inexistencia de Dios lo lleva a afirmar que, ya que nada puede ser creado, el Universo no puede haber tenido un inicio y que, por consiguiente, los descubrimientos de la termodinámica son incomprensibles. La hipótesis de que un dios pueda existir y haber creado el Universo se topa con un rechazo, por principio...

• Marcellin Berthelot

El célebre químico francés Marcellin Berthelot se suma a esta larga lista de ilustres detractores. El propio Berthelot había establecido una

---

32. Svante Arrhenius, *L'évolution des mondes* (trad. francesa. T. Seyrig), Béranger Éditions. París, 1910. cap. IV, «La fuerza repulsiva», p. 103.

teoría mecánica de la reacción química basada en las energías y se
opuso enérgicamente a Pierre Duhem, quien proponía, en colaboración
con Willard Gibbs, una teoría de la reacción química basada en los
dos primeros principios de la termodinámica. Como las conclusiones
de Duhem entraban en conflicto con las de Berthelot, este último, por
entonces ministro de Instrucción Pública, se opuso a que defendiera
su tesis. Duhem se vio obligado a elegir otro tema de estudio. Pero,
más tarde, Berthelot tuvo que reconocer su error.

- **Albert Einstein, al principio**
Albert Einstein también se opuso durante mucho tiempo a la idea de
irreversibilidad del tiempo así como a la de idea de expansión del Universo, pero cambió de opinión sobre estos dos temas y no pudo sino
reconocer la evidencia. Al principio del siglo XX, Planck había utilizado
el segundo principio para explicar la radiación del cuerpo negro; y
Einstein, que en 1905, gracias al estudio del efecto fotoeléctrico, había
interpretado esos paquetes de energía como *quanta*, terminó decla-
rando que el segundo principio de la termodinámica era *«la primera
ley de toda la ciencia»*.[33]

Otras consecuencias de la emergencia del segundo principio

A fines del siglo XIX, conscientes de las implicaciones filosóficas
existenciales del descubrimiento de Carnot y Clausius, varios científicos habían terminado por compartir un pesimismo radical acerca
del destino del cosmos, que parecía pues aparentemente condenado
a una lenta e irremediable descomposición. Pero otros lo veían de
manera más positiva, ya que la flecha del tiempo y la imposibilidad
de los ciclos eternos significaban que nuestra historia fuera mucho
más interesante.

---

33. A. Einstein, «Una teoría sobre los fundamentos de la termodinámica» (*«Eine Theorie der
Grundlagen der Thermodynamik»*), *Annalen der Physik*, ser. 4, XI, 1903, pp. 170-187 (CP 2,
pp. 77-94).

El segundo principio de la termodinámica termina por ser reconocido de manera unánime

El principio de la entropía creciente del mundo físico que evoluciona globalmente en un solo sentido nunca fue refutado en su fundamento por argumentos serios. Hasta se puede decir que hoy es una de las leyes de la física establecidas con mayor solidez. Gracias a las matemáticas estadísticas, de hecho, es posible demostrar que la probabilidad de una marcha atrás es infinitamente débil, tanto más cuando el sistema es grande. El eminente astrofísico Arthur Eddington es célebre por los comentarios categóricos que formuló muy pronto sobre el tema: *«Pienso que la ley que supone que la entropía siempre aumenta ocupa una posición superior entre las leyes de la naturaleza. Si alguien le demuestra que la teoría que desarrolló se encuentra en desacuerdo con las ecuaciones de Maxwell [...], entonces, pues qué importan las ecuaciones de Maxwell. Pero, si su teoría contradice el segundo principio de la termodinámica, no puedo concederle a usted ninguna esperanza».*[34] Esta charada revela la convicción absoluta de Eddington.

Curiosamente, el descubrimiento de la entropía no fue tomado en consideración por la gran mayoría de los científicos del momento, convencidos como estaban de la eternidad del Universo

Resulta extraño que no se hayan sacado las consecuencias lógicas del descubrimiento y de la aceptación del segundo principio de la termodinámica. La convicción general seguía siendo que el Universo era eterno, y no hubo grandes discusiones sobre la hipótesis teórica de un comienzo. ¿Cómo explicarlo? Se debe a los *a priori* filosóficos de los científicos, por supuesto, pero también a que en los años 1915-1925 la cosmología no se consideraba aún como una ciencia. La anécdota siguiente resulta reveladora: Ernest Rutherford, uno de los físicos más brillantes por entonces, prohibía toda discusión acerca de cosmología

---

34. S. Pinker, *En defensa de la Ilustración*, Paidós, Barcelona, 2018 (cap. II, «Entropía, evolución, información»).

en su laboratorio, so pretexto de que se trataba de una pseudociencia.[35] Fue necesario que Hubble descubriera otras galaxias en 1924 y que se publicaran los primeros trabajos del abad Lemaître sobre la expansión del Universo en 1927, a partir de la teoría de la relatividad general de Einstein, para que el campo de la cosmología fuera ganando reconocimiento, pero durante mucho tiempo ningún cosmólogo fue candidato al Nobel. Friedmann, Lemaître, Hoyle o Gamow lo habrían merecido, pero el comité Nobel no reconocía la cosmología como una ciencia. Esto empezó a cambiar tan solo en 1953, año de la muerte accidental de Hubble, tras un accidente cerebrovascular, el año en que había sido propuesto para el Premio Nobel. Por otro lado, entre 1931 y 1965, los debates apasionados acerca de la hipótesis del Big Bang ocultaron una idea muy diferente de abordar el tema; de modo que, durante todos esos años, las consecuencias del segundo principio de la termodinámica no generaron debates, y la idea de un comienzo del Universo seguía siendo inimaginable para la casi totalidad del mundo científico.

Edwin Hubble (1889-1953).

La idea de un comienzo del Universo no es del dominio exclusivo de los especialistas de la entropía

En realidad, quienes teorizaron la entropía no son los únicos en haber imaginado un comienzo del Universo. Muchos otros lo habían hecho,

---

35. El profesor Steven Weinberg, de la universidad de Harvard, premio Nobel, explica al respecto que «en el decenio de 1950, el estudio del Universo primitivo era considerado en general como algo a lo que no debía dedicar su tiempo un científico respetable. [...] sencillamente no había fundamentos adecuados, de observación y teóricos, sobre los cuales construir una historia del Universo primitivo» (Steven Weinberg, *Los tres primeros minutos del universo*, Alianza, Madrid, 2016, cap. primero).

como el astrónomo Heinrich Olbers[36] en 1823, el escritor Edgar Allan Poe en su fascinante texto *Eureka,* publicado en 1848, el astrónomo François Arago, el matemático Bernhard Riemann en 1854, los astrónomos Vesto Slipher (que fue profesor del abad Lemaître) o Willem de Sitter, pero sus hipótesis se consideraban fantasiosas, sueños sin consistencia ante el peso de las certezas y de los *a priori.*

Cuando el Big Bang se confirma, a partir de 1964, los defensores de un Universo eterno formulan la hipótesis de un Big Crunch para descartar la idea de un principio absoluto del Universo

Cuando la hipótesis del Big Bang se confirma y se prueba a partir de 1964, gracias al descubrimiento de la radiación cósmica de fondo, que correspondía de manera tan precisa a las previsiones de Gamow y de sus amigos,[37] los defensores del Universo eterno se sienten desestabilizados. ¿Qué soluciones quedan para rechazar que el Big Bang es el comienzo absoluto del Universo? Es durante esos años cuando se imagina la teoría del «Big Crunch» o del «Gran Colapso», que es el doble invertido del Big Bang. Según las ecuaciones de la relatividad de Einstein, la velocidad y la aceleración de la expansión del Universo dependen de su densidad, de su presión, de su curvatura espacial y del valor de la constante cosmológica. Si la densidad del Universo es suficientemente grande, después de un periodo de inflación y de expansión, el Universo llegará a un periodo de contracción y de reflujo. Durante decenios, esa hipótesis va a parecer la más sólida para conservar la idea de un Universo eterno, postulando una sucesión repetida de ciclos. Todo el mundo anticipaba naturalmente una deceleración de la expansión del Universo, y se intentaban calcular de manera bastante precisa los valores críticos, más allá de los cuales el Big Crunch era inevitable.

---

36. Autor de la célebre paradoja epónima que se interroga acerca de la noche negra, porque si el Universo hubiese sido estable e infinito, como se creía, entonces cada dirección de observación tendría que desembocar en la superficie de una estrella, por lo que el cielo nocturno tendría que ser brillante...

37. Ver capítulos 5 y 8.

Pero, sin previo aviso, en 1998 se descubre que la expansión del Universo se acelera y la hipótesis del Big Crunch se desmorona

Finalmente, contrariamente a lo que se esperaba, Saul Perlmutter, Brian Schmidt y Adam Riess probaron en 1998 que la expansión del Universo se acelera actualmente en lugar de decelerar, como se había imaginado.

En 2011, dicho avance capital les valió el Premio Nobel de Física a sus autores. Desde entonces, sus trabajos se vieron ampliamente confirmados gracias a la medida de la curvatura espacial muy débil del Universo, realizada por las misiones de observación WMAP (2001) y Planck (2009). Por lo tanto, actualmente, la hipótesis de un Big Crunch ha perdido todo fundamento. El fenómeno de la expansión acelerada se explica perfectamente gracias a las ecuaciones de la relatividad general, si se acepta la idea de una constante cosmológica permanente; también corresponde a las observaciones, que parecen indicar que la expansión no acabará nunca.[38]

Las necesarias hipótesis de la materia oscura y de la energía oscura con efecto repulsivo

La descripción de la evolución del Universo, como sistema físico, se funda en la teoría de la relatividad general. Según las ecuaciones correspondientes, la tasa de expansión del Universo es función de la densidad de energía media del Universo, así como de una de sus propiedades geométricas, a saber, su curvatura espacial, y de la famosa constante cosmológica ya evocada. ¿Cómo determinarlas? Los astrofísicos han observado que la estructura y el movimiento de las galaxias no corresponden a lo que se podría esperar de las medidas de sus masas. Parece faltar gran parte de la masa necesaria para explicar el movimiento de las galaxias. Esta paradoja ha hecho pensar que la mayor parte de la masa de las galaxias existe bajo la forma de «materia oscura». Y para explicar

---

38. Incluso si el Universo se contrajese y saltase a un nuevo periodo de expansión, no podría ser eterno. La segunda ley de la termodinámica estipula efectivamente que cada nuevo ciclo en el tiempo aumenta la entropía, lo que provoca ciclos cada vez más largos. Por consiguiente, remontando el tiempo, los ciclos habrían sido más cortos hasta el caso límite (un ciclo que no puede ser más corto) que marca el inicio del Universo. Ver Alan H. Guth y Marc Sher, «The impossibility of a Bouncing Universe», *Nature*, 302, 1 de abril de 1983, pp. 505-506.

la aceleración de la expansión del Universo, que también se observa, fue necesario admitir la existencia de la constante cosmológica. Así pues, se pudo calcular que el Universo estaría compuesto de un 4 % de materia conocida, constituida de átomos, que se pueden observar, y de un poco menos de 26 % de esa «materia oscura», una forma de materia misteriosa que explicaría la atracción gravitacional «en exceso», mientras que los 70 % restantes están constituidos de una «energía oscura» igualmente misteriosa (o «energía del vacío»); esta energía corresponde a la famosa constante cosmológica y actúa como una fuerza repulsiva opuesta a la gravedad, lo que explica la aceleración de la expansión del Universo. La existencia de esta materia oscura y de esa energía oscura parece segura, a partir de medidas y de cálculos que permiten definirlas, pero su naturaleza sigue siendo totalmente desconocida. Sin cuestionar las conclusiones de la observación de la expansión, esto ilustra el hecho de que una parte importante del Universo nos es aún desconocida.

La muerte térmica del Universo: un desenlace que parece inexorable

A pesar de la incertidumbre que subsiste acerca de la naturaleza de la materia y de la energía oscuras, según todos los datos coherentes de los que disponemos actualmente, si las leyes de la naturaleza no cambian con el tiempo, el único final posible es la muerte térmica del Universo. ¿Qué supone dicha perspectiva? Todos los soles se van a apagar, toda fuente de energía va a consumirse y, por constante dilatación y expansión, el Universo va a enfriarse constantemente para tender hacia el cero absoluto y llegar, por otro lado, a un estado de entropía máxima en el cual toda reacción termodinámica será imposible. Se estima que se alcanzará ese «periodo oscuro» total («Dark Era») después de 10^{100} años, aproximadamente, pero que no habrá ya energía suficiente como para que siga existiendo una forma de vida a partir de 10^{30} años. Pueden existir ciertas variantes a ese desenlace, como la hipótesis especulativa del «Big Rip» («Gran Desgarramiento»), imaginada en 2003 por tres investigadores estadounidenses, con un punto final previsto solamente dentro de veintidós mil millones de años, pero globalmente, un final oscuro, frío, disperso, parece a muy largo plazo inevitable.

Conclusión

El principio del siglo XX marca un giro decisivo en el conocimiento del Universo. Empieza con las dos ideas fulgurantes generadas por la termodinámica: sí, el Universo tiene un comienzo, y sí, ese comienzo debe corresponder a una entropía muy baja, o sea, a un orden muy elevado, a un ajuste sumamente fino. Esas ideas revolucionarias se deducen de los principios de la termodinámica que serán verificados posteriormente, y que nunca se han puesto en tela de juicio. Ahora bien, una vez franqueada esta etapa crucial, los grandes científicos, curiosamente, se resisten a sacar la conclusión que, sin ser propiamente científica, no deja de ser totalmente racional: si el Universo tiene un comienzo en el tiempo es porque también hay una causa que lo precede...

II. La hipótesis que hoy recaba el consenso más amplio

La expansión acelerada del Universo se ha visto confirmada por la observación, y es actualmente un hecho ampliamente admitido

Se estima hoy en 93 000 millones de años luz el diámetro del Universo observable, que existe desde hace 13 800 millones de años, y su expansión se acelera, tal como lo han probado las observaciones realizadas a partir de 1998 por Saul Perlmutter, Brian Schmidt y Adam Riess, laureados con el Premio Nobel de Física en 2011.

La mayoría de los cosmólogos aceptan ese proceso de expansión y el hecho de que se encuentre solamente en sus comienzos, si se considera la continuación natural del desarrollo del Universo tal como la imaginan los astrofísicos.

A partir de ahí, hay un consenso casi general acerca de la futura muerte térmica del Universo

La muerte térmica del Universo es una consecuencia de la aplicación del segundo principio de la termodinámica a un espacio cuya expansión se realiza de manera continua e indefinida. No existe hoy ninguna teoría científica coherente con el conjunto de las observaciones que proponga una alternativa a esta explicación, si bien las modalidades de realización y las estimaciones temporales del fenómeno han de ser aún afinadas.

Dentro de 10^{30} años: el fin de las estrellas y de toda forma de vida

Se estima que entre 4 y 5 estrellas se forman cada año en nuestra galaxia, lo que corresponde más o menos a 300 000 nuevas estrellas por segundo en los 2 billones de galaxias del Universo observable.

Dentro de 4500 millones de años (10^9 años), la Tierra será destruida cuando nuestro Sol se vuelva temporalmente una gigante roja cuyo diámetro crecerá hasta el planeta Marte, antes de apagarse, al haber consumido la totalidad del hidrógeno que contiene.[39]

Dentro de 1 000 000 de millones de años (10^{12}) todas las galaxias situadas fuera del cúmulo local (que estará entonces compuesto de una sola galaxia llamada *Milkomeda*, contracción de *Milky-Way* y *Andrómeda*) pasarán del otro lado del Horizonte, a causa de la aceleración de la expansión del Universo. Una civilización que viviese en ese lugar creería estar sola en el Universo.[40]

Dentro de 1 000 000 a 100 000 000 de millones de años (10^{12} a 10^{14} años) será el fin de la formación de toda estrella, luego se apagarán, debido al agotamiento de la reserva de gas necesaria a su actividad.

Dentro de 100 000 000 de millones de años (10^{14} años) todas las estrellas se habrán apagado: todas las enanas blancas y todas las estrellas de neutrones se enfriarán completamente, lo que implicará el fin de toda forma de vida.

Dentro de 10 000 millones de miles de millones de años (10^{22} años) el agujero negro central de la galaxia va a absorber a las estrellas muertas.

---

39. Eric Betz, «Here's What Happens to the Solar System When the Sun Dies», *Discover*, 6 de febrero de 2020.

40. Ver Paul Gilster, «What will astronomers see a trillion years from now?» («¿Qué verán los astrónomos dentro de un billón de años?»), *Gizmodo*, 16 de abril de 2011 (se llama «Horizonte» al límite de toda observación posible, ya que la luz que proviene de más allá de ese límite, al ir menos rápida que la expansión del Universo, no puede alcanzarnos).

Dentro de 1 millón de millones de miles de millones de años (10^{30} años) se prevé que el Universo estará constituido por 90 % de estrellas muertas, 9 % de agujeros negros supermasivos formados por el derrumbe de las galaxias, y 1 % de materia atómica, principalmente de hidrógeno.

Dentro de 10^{30} a 10^{38}: la probable desintegración de los protones provocaría la desaparición de los neutrones

Dentro de 1 a 10 millones de miles de millones de miles de millones de años, según la física de las partículas, los protones van a desintegrarse,[41] dejando solo los neutrones, que se desintegrarán rápidamente en protones, al ser su duración de vida autónoma solamente de 15 minutos. Liberarán positrones, de modo que el espacio se llenará de un gas tan enrarecido que la distancia entre un electrón y un positrón será aproximadamente la misma que el diámetro de nuestra galaxia actual.

Dentro de 10^{100} años: sin duda, el fin de los agujeros negros

Dentro de 10^{68} a 10^{102} años algunos científicos piensan que los agujeros negros se van a disipar. Esta hipótesis sorprendente del fin de los agujeros negros fue propuesta por Stephen Hawking a partir de sus investigaciones en mecánica cuántica. John Wheeler fue uno de los primeros en examinar más detenidamente la noción de entropía en cosmología, lo que lo llevó a trasladar el problema al marco de la física de los agujeros negros. Estimulados por sus reflexiones, Jacob Bekenstein y Stephen Hawking llegaron a la siguiente conclusión: un agujero negro posee una entropía proporcional al cuadrado de su masa y emite, no obstante, una radiación, por el efecto túnel, lo que terminará por provocar su evaporación.[42]

---

41. Stephen F. King y otros, «Confronting SO(10) GUTs with Proton Decay and Gravitational Waves», *Journal of High Energy Physics*, n.°10, 28 de octubre de 2021, pp. 1-38.

42. Fred Adams y Greg Laughlin, *The Five Ages of the Universe: Inside the Physics of Eternity*, Simon & Schuster, 1999, pp. 107-152.

Más allá de 10^{100} años: advenimiento final de un «periodo oscuro» («Dark Era») antes de la muerte térmica completa

Más allá de 10^{100} años tendría lugar la muerte térmica completa del Universo. Sumamente dilatado, en el marco de una expansión que no habría de detenerse, llegaría a alcanzar un estado de entropía máximo y sería el fin de toda actividad termodinámica. Comenzaría entonces lo que se llama, en el sentido pleno, el «periodo oscuro» *(«Dark Era»)* en que habría, sin duda, solamente fotones en un espacio gigantesco que no haría sino enfriarse y tender hacia el cero absoluto.

5.

Una breve historia del Big Bang

La emergencia del concepto de Big Bang en la historia de las ciencias se sitúa a contracorriente del fenómeno que describe: no hubo ninguna iluminación única y definitiva, ninguna explosión inmediata de entusiasmo, ni espíritus deslumbrados por la evidencia, sino que se asistió a un largo y laborioso recorrido de la idea, marcado en sus inicios por el desprecio, luego por sus vueltas y revueltas, las vacilaciones y la búsqueda incesante de hipótesis alternativas, como si algunos científicos temieran las implicaciones metafísicas de esta singularidad inicial.

No obstante, lo primero que el Big Bang hizo estallar en pedazos fue el caparazón de certezas y de ideas preconcebidas que rodeaban la representación de nuestro Universo.

I. El Big Bang y el nacimiento de la cosmología en el siglo XX

El nacimiento de la cosmología al principio del siglo XX

Como hemos visto, antes de Einstein, y hasta los años 1915-1925, la cosmología, simplemente, no era una ciencia y no podía presumir de la más mínima legitimidad científica. A comienzos del siglo XX, no había nada que debatir: la mayor parte de los científicos consideraban el Universo como fijo, inmutable, inmenso, sin límites en el tiempo y en el espacio, y el hecho de haber podido ser sometido a importantes cambios ni siquiera se postulaba como hipótesis. Esta certeza se verá pronto pulverizada por los descubrimientos de un joven científico.

Einstein y el salto conceptual de la relatividad: un paso gigantesco en la comprensión del Universo

Para Albert Einstein, joven desconocido, miembro de la Oficina de Patentes de Berna, 1905 fue el *annus mirabilis*, el año milagroso, en el que fluyen teorías innovadoras. Ese año, publica cuatro artículos en la revista *Annalen der Physik*. El tercero de ellos, titulado «Acerca de la electrodinámica de los cuerpos en movimiento», postula que la velocidad de la luz es una constante y un absoluto insuperable en nuestro Universo y que, por el contrario, el tiempo y el espacio son relativos, ya que pueden contraerse o dilatarse en función del sistema de referencia estudiado. Se trata de una revolución conceptual inmensa. Einstein completa finalmente sus trabajos en 1915 al presentar su *«teoría de la gravitación»* llamada relatividad general, que corrige, engloba y sustituye a la teoría de la gravitación universal de Isaac Newton al teorizar que el espacio, el tiempo y la materia están vinculados, y que la presencia de materia o de energía deforma la trama del espacio-tiempo. Es así como, en lenguaje relativista, los planetas no «giran» alrededor del Sol, sino que avanzan «hacia adelante», solo que lo hacen en un espacio localmente curvado por el campo gravitacional del Sol.

La relatividad frente a las pruebas experimentales

El mundo científico queda conmocionado por esas teorías audaces y del todo estupefacto al constatar que las pruebas experimentales las confirman. La primera medida de la curvatura del espacio es efectuada por el gran astrónomo sir Arthur Eddington, quien, durante un eclipse solar en 1919, observa la alteración de la posición aparente de las estrellas visualmente vecinas al Sol. Está en condiciones de verificar, con una gran precisión, que dicha alteración, dada la masa del Sol, se efectúa exactamente según el ángulo predicho por la teoría de Einstein.

La distorsión del espacio-tiempo será comprobada en1954, un año antes de la muerte de Einstein, por relojes atómicos embarcados en un avión a reacción concebido para volar muy por encima de la Tierra, a gran velocidad, y en un campo gravitacional atenuado. Al término del vuelo, se constató que dichos relojes habían avanzado de algunos millonésimos de segundo con respecto a los relojes situados a nivel del suelo, demostrando así la validez de la idea y de los cálculos relativos a la contracción, es decir, a la desaceleración local del tiempo en un campo de gravitación.

Ciertas experiencias realizadas a principios de los años 1960 permitieron verificar que, desde el punto de vista de un observador exterior, el tiempo local de un objeto que se desplaza a muy alta velocidad se dilata, se estira y dura por lo tanto más tiempo, o bien decelera, como lo prevé la teoría de la relatividad restringida de Einstein. Así pues, las partículas provenientes de los rayos cósmicos secundarios en la alta esfera, que tienen una duración de vida tan corta que son inobservables si no se desplazan, pueden efectivamente ser observadas, ya que se desplazan a una velocidad cercana a la de la luz con respecto al observador. En otros términos, para el observador inmóvil con respecto al centro de gravedad de la Tierra, la duración de vida de las partículas es más larga que para un observador que se desplaza a la misma velocidad que la partícula.

Einstein es testarudo, los hechos también lo son, y todos tienden a confirmar la teoría de la relatividad. La cosmología puede entonces desarrollarse sobre bases absolutamente nuevas, pero sólidamente establecidas.

Una constante cosmológica sin justificación

En 1921, la fama de Einstein crece más aún cuando recibe el Premio Nobel de Física por sus estudios sobre el efecto fotoeléctrico; además, sus hipótesis acerca de la relatividad ya están parcialmente confirmadas. Pero si seguimos las implicaciones de su

Para Einstein, la idea de un Universo en expansión es inconcebible. Postula entonces la constante cosmológica para que se sostenga el modelo de un Universo estático.

teoría llegamos a un Universo a priori inestable, lo que para Einstein era inconcebible. En 1917, agrega pues en sus ecuaciones una «constante cosmológica», parámetro que permitiría mantener un Universo estacionario.

Esta famosa constante es como una muleta para sostener la idea de un Universo estable, ya que, para Einstein, ninguna otra hipótesis era concebible. Ya había osado postular un enorme salto conceptual con sus nuevas teorías, pero no estaba en absoluto dispuesto a imaginar el salto siguiente, según el cual el Universo podría estar en expansión. Fue necesaria la audacia de un joven investigador ruso para ayudarle a franquear dicho paso.

Alexander Friedmann *versus* Einstein: duelo en torno a la expansión del Universo

Muy rápidamente, ya en 1922, Alexander Friedmann, un joven cosmólogo ruso de 33 años, cuestiona la necesidad de dicha constante cosmológica. Basándose en los trabajos del propio Einstein, publica la primera teoría de un Universo en expansión. Y envía su artículo, por correo, al autor de la teoría de la relatividad.[43] En privado, Einstein reacciona muy mal: *«¡Esta circunstancia de una expansión me irrita! ¡Admitir tales posibilidades parece insensato!»*. Einstein replica con una carta lacónica publicada en

Alexandre Friedmann (1888-1925).

la revista de física teórica más importante de la época, *Zeitschrift für Physik*, denunciando errores de cálculo: *«Los resultados relativos al Universo no estacionario contenidos en el trabajo de Friedmann me parecen muy sospechosos. En realidad, resulta que la solución propuesta no satisface las ecuaciones de campo»*.[44]

---

43. A. Friedmann, «Über die Krümmung des Raumes» («Sobre la curvatura del espacio»), *Zeitschrift für Physik*, 29 de junio de 1922, vol. X (1), pp. 377-386.

44. En A. Einstein, *Zeitschrift für Physik*, 18 de septiembre de 1922, vol. XI, p. 326. Ver sobre este tema

Friedmann se vio muy afectado por esta respuesta, que no entendía, y tomó nuevamente la pluma para preguntarle a su ilustre corresponsal dónde estaba el error: no obtuvo respuesta. Afortunadamente, uno de sus amigos, Yuri Krutkov, logró, con la ayuda de su antiguo profesor de Física, Paul Ehrenfest, gran amigo de Einstein, someterle nuevamente el problema al año siguiente, en 1923. Entonces, Einstein reconoció que se había equivocado: pues no, Friedmann no había cometido error alguno. Sin admitir, no obstante, la idea de un Universo en expansión, Einstein publicó muy honradamente una retractación de su propio artículo, reconociendo que los cálculos de Friedmann eran exactos y que abrían *«nuevas vías de investigación»*. Lamentablemente, Friedmann no pudo explorarlas, ya que murió de manera prematura dos años más tarde.

Georges Lemaître (1927): sacerdote, cosmólogo y visionario

Unos años más tarde, en 1927, otro joven científico, igualmente poco conocido, emprenderá esas «nuevas vías de investigación». Se trata de Georges Lemaître, doctor del MIT, que, por otro lado, era sacerdote católico. También estudió Lemaître los trabajos de Albert Einstein, y pensó que era necesario extraer todas sus consecuencias. Lemaître publicó su tesis en los *Anales de la sociedad científica de Bruselas*, tesis cuyo título era «Un universo homogéneo de masa constante y de radio creciente que da cuenta de la velocidad radial de las nebulosas extragalácticas», y en la que

Georges Lemaître (1894-1966), sacerdote y cosmólogo, de quien Einstein y algunos colegas se burlaron. Más tarde, estos tuvieron que aceptar la veracidad de sus teorías acerca de la expansión del Universo.

---

el artículo reciente de J. P. Luminet, accesible en línea, «Indispensable constante cosmologique», trabajo publicado en la revista *Pour la Science* (06-01-2020): https://www.pourlascience.fr/sd/cosmologie/indispensable-constante-cosmologique-18617.php

expuso su teoría de la expansión del Universo. Calculó con mucha precisión la ley de proporcionalidad entre la velocidad de escape y la distancia de las otras galaxias. Esta predicción se verá confirmada en 1929 por Edwin Hubble[45] gracias al nuevo telescopio del observatorio del monte Wilson, provisto de un espejo de 2,54 metros, con mucho el más grande del mundo por aquel entonces.

Instalado en 1917, el telescopio Hooker del monte Wilson, de un diámetro de 2,54 metros, fue el telescopio más grande del mundo hasta 1949.

Este artículo de Georges Lemaître tuvo mucha repercusión. Albert Einstein lo leyó maravillado, aunque seguía atrapado en sus prejuicios contra la idea de la expansión del Universo: *«Sus cálculos son exactos, pero su intuición física es abominable»*[46] le respondió en 1927, durante uno de los famosos congresos Solvay que reunían en Bruselas a la flor y nata de

---

45. Siguiendo la recomendación hecha por la Unión Internacional de Astrónomos en 2018, ahora se habla de la «ley Hubble-Lemaître».

46. Intercambio relatado por George Smoot en su libro *Arrugas en el tiempo,* Plaza y Janés, 1994.

la física de la época.[47] *«Física de curas»*, ironizaba incluso en privado.[48]

Y, como él, casi la totalidad de los científicos de la época rechazaba esta hipótesis. Sir Arthur Eddington, antiguo profesor de Georges Lemaître, estimaba que la expansión del Universo era *«tan absurda e increíble»* que se sentía casi *«indignado de que alguien pudiera creer en ello»*.[49]

El telescopio del monte Wilson.

Vesto Slipher (1912) y Edwin Hubble (1929): la observación decisiva

En 1929, el astrónomo americano Edwin Hubble hizo un descubrimiento que cambió las cosas: después de Vesto Slipher, advirtió que la luz proveniente de las galaxias lejanas quedaba sistemáticamente desviada

---

47. Ver el enfoque de J. P. Luminet en su introducción a la obra *A. Friedmann, G. Lemaître: Essais de Cosmologie*, Le Seuil, colección «Sources du Savoir», París, 1997: *«Del 24 al 29 de octubre de 1927, se celebra en Bruselas el Quinto Congreso Solvay de Física [...] dedicado a la nueva disciplina de la mecánica cuántica, cuyos problemas perturban a numerosos físicos. Entre ellos, Einstein. Para Lemaître es la ocasión de hablar con el padre de la relatividad. Él mismo refirió más tarde este encuentro: "Mientras paseaba por los senderos del parque Léopold, [Einstein] me habló de un artículo, que había pasado casi desapercibido, que yo había publicado el año anterior, acerca de la expansión del Universo y que un amigo le había dado a leer. Después de algunas observaciones técnicas favorables, concluyó diciendo que, desde el punto de vista de la física, le parecía completamente abominable"».*

48. Ver el reciente artículo de Y. Verdo en el diario francés *Les Échos* (07/08/2018) «Georges Lemaître, prêtre et premier théoricien du Big Bang», disponible en línea: https://www.lesechos.fr/idees-debats/sciences-prospective/georges-lemaitre-pretre-et-premier-theoricien-du-big-bang-136269, o el libro de Dominique Lambert, *Itinéraire spirituel de Georges Lemaître*, Lessius, París, 2008.

49. Ver J. Stachel «Eddington and Einstein», en E. Ulmann-Margarit (editor) *The Prism of Science*, Dordrecht y Boston, D. Reidel, 1986. La revista *Nature* de febrero 2014 cita al respecto: *«Otros investigadores de primer plano, como el eminente astrónomo de Cambridge Arthur Eddington, desconfiaban también de la teoría del Big Bang, porque sugería un momento místico de la creación».* Ver https://www.nature.com/articles/506418a

hacia la parte roja del espectro electromagnético. Ese desplazamiento hacia el rojo no puede ser sino un efecto Doppler, lo que indica que las fuentes de luz retroceden con respecto a nosotros. La universalidad de la ley de velocidad de alejamiento de las galaxias, velocidad que no depende sino de la distancia, lleva a Hubble a postular que las galaxias se alejan unas de otras. Esta extraordinaria observación confirma la expansión del Universo, tal como la habían predicho Friedmann en 1922 y Lemaître en 1927, sobre la base de la teoría de la relatividad general de Einstein: *«De todas las grandes predicciones que la ciencia haya podido hacer a lo largo de los siglos* –proclama John Wheeler– *¿hubo acaso una predicción más importante que esta: predecir, y predecir correctamente, y predecir contra todo pronóstico, un fenómeno tan fantástico como la expansión del Universo?».*[50]

Einstein en el monte Wilson con Hubble, en 1931.

Ante la evidencia, los grandes científicos aceptan las ideas de Lemaître

Esta observación tan precisa aporta una confirmación de la expansión tan convincente que conducirá, en algunos años, a un vuelco completo entre los científicos. Einstein, para convencerse de ello, viaja al monte Wilson, donde conversa con Edwin Hubble en 1931. Sale conquistado y confiesa que la introducción de la constante cosmológica en sus cálculos

50. J. Wheeler, «Beyond the Black Hole», en *Some Strangeness in the Proportion: A Centenial Symposium to Celebrate the Achievements of Albert Einstein*, p. 345, bajo la dirección de H. Woolf, Reading, Addison-Wesley, 1980. Ver al respecto el artículo en línea de Lydia Jaeger «La volonté de tout expliquer: John Wheeler et l'Univers comme "circuit auto-excité"». http://flte.fr/wp-content/uploads/2015/09/ThEv2010-3-Volonte_tout_expliquer_John_Wheeler.pdf

a causa de sus *a priori* filosóficos fue *«el mayor error de [su] vida»*...[51] Sir Arthur Eddington cambia de manera igualmente radical y aplaude al genio, proclamando ante el mundo que ha nacido por fin la primera cosmología seria de la expansión del Universo. Georges Lemaître conoce entonces la gloria y las recompensas. En 1933, los periódicos norteamericanos lo cubren de elogios. Considerado a partir de entonces como el líder de la nueva física cosmológica, recibe en 1934 el Premio Francqui, la mayor distinción científica belga. Pero, pese a la adhesión general al principio de la expansión actual del Universo, la idea de un comienzo del Universo, muy al contrario, no concitaba en absoluto la unanimidad. Sin embargo, si se rebobina la película de los acontecimientos, ¿acaso no aparece el Big Bang como una consecuencia lógica?

La teoría del átomo primitivo socava esa reciente unanimidad: ¡las grandes mentes científicas se rebelan una vez más!

La expansión del Universo, reconocida a partir de entonces, tiene sus consecuencias respecto a las investigaciones relacionadas con su origen. Lo cual no escapó a Georges Lemaître, cuyo descubrimiento es de doble acción. Después de haber teorizado la expansión del Universo, formula en 1931 una hipótesis[52] que se revelará aún más imposible para poder ser admitida por los científicos de la época. Según sus investigaciones, el Universo tendría un comienzo y provendría, en el origen, de un «átomo primitivo». Dicho átomo, que apareció repentinamente, habría concentrado toda la materia y toda la energía del Universo, creando de este modo el espacio y el tiempo. Habría entrado, luego, en una fase de expansión:

---

51. Al respecto, ver el artículo en línea del periódico *Marianne*, «Einstein et la constante gravitationnelle: La plus grande bêtise de ma vie» («Einstein y la constante gravitacional: La mayor tontería de mi vida»), artículo de Alexandre Gefen (30-07-2016): *«Imagina entonces, durante algunos meses, soluciones alternativas que permitan justificar su idea de un Universo estático, antes de renunciar en 1932 y de reconocer, ante su amigo George Gamow, según la leyenda, que se trataba de "la mayor tontería de [su] vida". No solo se había visto obligado a falsear arbitrariamente sus ecuaciones, sino que su obsesión le había impedido predecir, decenios antes de que se observara concretamente, la expansión del Universo».* https://www.marianne.net/societe/einstein-et-la-constance-gravitationnelle-la-plus-grande-betise-de-ma-vie

52. Ver artículo en la revista *Nature* «The Beginning of the World» https://www.nature.com/articles/127706b0

«Podemos concebir que el espacio comenzó con el átomo primitivo y que el comienzo del espacio condujo al comienzo del tiempo».[53] ¡Lo que provocó gran revuelo!

¡Revuelo, versatilidad, incredulidad!

Lo habían tildado de genio por haber descubierto la expansión del Universo, pero la idea del átomo primitivo tuvo como consecuencia que lo trataran de loco.

La nueva teoría expuesta por Georges Lemaître parecía tan escandalosa que el reconocimiento que había obtenido fue puesto en entredicho. Nadie aceptaba la idea del átomo primitivo. Ante esta idea revolucionaria, los científicos se parapetaron en la obstrucción, chocando contra una barrera conceptual que se negaban a franquear. *«Filosóficamente, me resulta repugnante la noción de un comienzo al orden presente de la naturaleza»*[54] explicaba Arthur Eddington, quien calificaba de «tediosa» la hipótesis de Lemaître. Cada vez que oía hablar del átomo primitivo, el propio Einstein exclamaba: *«No, eso no, ¡sugiere demasiado la creación!».*[55]

Georges Lemaître tuvo también que padecer las consecuencias de su vocación de sacerdote, que algunos le opusieron como prueba de su parcialidad. Se sospechaba que fuese concordista, es decir, de querer que correspondiese, a toda costa, la teoría de los orígenes con el relato bíblico de la creación *ex nihilo «a partir de nada»*,[56] y tal como se describe en el Génesis. ¡Un proceso de intenciones... que olvida demasiado pronto que Nicolás Copérnico, que teorizó el heliocentrismo, así como Gregor

---

53. Ver *L'hypothèse de l'atome primitif - Essai de cosmogonie*, prólogo de Ferdinand Gonseth, colección «Les problèmes de la philosophie des sciences», Neuchatel, Éditions du Griffon, y París, Dunod éditeur, 1946.

54. A. S. Eddington, «The End of the World: from the Standpoint of Mathematical Physics», revista *Nature*, volumen CXXVII, pp. 447-453, 1931. Ver también: *Qu'est-ce que la gravité? Le grand défi de la physique*, Etienne Klein, Philippe Brax, Pierre Vanhove, colección Quai des Sciences, Dunod, mayo de 2019.

55. Georges Lemaître, «Rencontres avec A. Einstein», en *Revue des Questions Scientifiques*, 129, 1958.

56. La expresión se encuentra en el segundo libro de los Macabeos, capítulo 7, versículo 28.

Mendel, padre de la genética, fueron respectivamente canónigo y monje católicos! ¡El hábito no hace al monje, pero el estado eclesiástico tampoco deshace al científico! Sin embargo, para los ateos, la teoría del Big Bang se transformó rápidamente en el enemigo que había que derrocar.

A partir de 1947, el portaestandarte de la resistencia a la teoría del átomo primitivo es Fred Hoyle, famoso astrofísico inglés. Se opone a todo lo que podría evocar un acto creador y defiende la tesis del Universo llamado «estacionario». Infinito, eterno y en lentísima expansión, el Universo conservaría siempre la misma densidad, ¡porque aparecerían nuevas galaxias, átomo a átomo «a partir de nada»! Hoyle se lanza a una campaña de desacreditación mediática, en el *Times* y en la BBC para contrarrestar y ridiculizar las tesis de Georges Lemaître.

La radiación del fondo cósmico: una teoría que respalda las tesis de Lemaître, pero que permaneció mucho tiempo en la sombra

En 1933, George Gamow, uno de los numerosos discípulos de Alexander Friedmann, logró salir de la URSS para instalarse en los Estados Unidos gracias a un congreso científico. Continuó sus investigaciones y publicó en 1948, junto con su alumno Ralph Alpher, un artículo fundamental en el que explicaba que los átomos de hidrógeno, de helio y de deuterio no habían podido ser creados sino en los primerísimos instantes del comienzo del Universo. Pequeña anécdota: Gamow había asociado a este artículo a Hans Bethe, futuro premio Nobel de Física, quien, en realidad, no había participado en el trabajo. Pero este nombre les permitía firmar con tres patronímicos evocadores de las primeras letras del alfabeto griego: α, β, γ... ¡Humor de científicos!

Siguiendo el camino de sus investigaciones con Gamow, Ralph Alpher, con la ayuda de otro estudiante, Robert Herman, llegó a la conclusión de que la primera luz liberada por el Universo, tras volverse transparente unos 380 000 años después del Big Bang, corresponde a una radiación electromagnética emitida por un cuerpo negro en equilibrio térmico a 3000 °C, y que esta debía ser detectable aún hoy, en todo punto del Universo, a una temperatura 1000 veces inferior, ya que el Universo es

hoy 1000 veces más grande.[57] Finalmente calculó esta radiación a 5 kelvin (en la gama de frecuencia de las microondas). Gamow presentó sus
conclusiones en un libro titulado *La creación del Universo*, pero pocos
atendieron a esta predicción sensacional y la mayoría de los cosmólogos
no le dio importancia.

El término «Big Bang» (1949): una expresión forjada para denigrar el concepto

Como ya hemos dicho, Fred Hoyle, presidente de la Royal Astronomical
Society, sería uno de los más encarnizados opositores a las teorías de
Alexander Friedmann y Georges Lemaître, completadas más tarde por
George Gamow. Si inventó la expresión Big Bang, fue para ridiculizarla.
Utilizó por primera vez la expresión en un programa de la BBC en 1949,
y la retomó a menudo, por ejemplo, para referirse al sacerdote Georges
Lemaître, cuando este llegaba a un coloquio en Pasadena en 1960: *«He
aquí el hombre del Big Bang»*.[58] El término tuvo un éxito fulgurante y
logró, en un primer momento, ridiculizar la idea.

El Big Bang momentáneamente relegado al olvido por la ciencia (1953)

Durante muchos años, la idea del Big Bang cayó en el olvido. La fuerza
de los *a priori* de quienes eran reconocidos en el mundo científico terminó por doblegar la tenacidad de los pocos investigadores que defendían
el concepto. En 1953 la batalla parecía perdida: desanimados, los tres
pioneros abandonan sus investigaciones sobre el Big Bang. George
Gamow se apartó poco a poco de la física. Ralph Alpher, decepcionado,
dejó la universidad, herido por las burlas despectivas de sus colegas.

---

57. Artículo «Remarks on the evolution of the Expanding Universe» (1949): http://www.ymambrini.com/My_World/History_files/AlpherHerman49.pdf

58. Ver el comentario de Jean-Pierre Luminet en su artículo «Les commencements de la cosmologie moderne», *Études*, enero de 2014, n.°1, pp. 67-74: *«Fue a mediados de los años 1960 cuando se descubrió finalmente la radiación cósmica de fondo, vestigio enfriado del "Átomo primitivo" re-bautizado irónicamente "Big Bang" por su adversario más encarnizado, el astrofísico británico Fred Hoyle»* (artículo en línea: https://www.cairn.info/revue-etudes-2014-1-page-67.htm)

Robert W. Wilson y Arno Penzias descubren por casualidad en 1964 la radiación del fondo cósmico que George Gamow había predicho en 1948.

Robert Herman también dejó atrás sus investigaciones y terminó entrando en la industria del automóvil. ¿La expansión? Casi nadie cree en ella. ¿El Big Bang? Una hipótesis delirante, sin la menor prueba. Es verdad que las galaxias se desplazan en el espacio. ¿Pero el propio cosmos? ¡Qué idea!

Un renacimiento inesperado gracias al descubrimiento fortuito de la radiación del fondo cósmico (1964)

Pese a la desgracia en que había caído la tesis del Big Bang, algunos investigadores tenaces creyeron útil, no obstante, examinar las hipótesis de Gamow. Era el caso de Robert Dicke y de Jim Peebles, investigadores en Princeton (New Jersey, costa este de los Estados Unidos), quienes intentaron detectar esa famosa radiación del fondo cósmico anunciada por Gamow. Un buen día de 1964, mientras trabajaban, recibieron una llamada telefónica de dos ingenieros de los laboratorios Bell, Arno Penzias y Robert Wilson (¡antiguos alumnos de Fred Hoyle!), quienes,

a unos cincuenta kilómetros de allí, trataban de poner en marcha la
mayor antena direccional de la época. Al intentar mejorar la recepción
de las señales de los primeros satélites, detectaron una señal extraña,
un «parásito» proveniente de todas las direcciones del Universo a 2,7
kelvin. Concienzudamente, habían buscado eliminar una por una todas
las causas posibles de ese parásito, incluso habían escalado la inmensa
antena cónica para expulsar a una pareja de palomas que la habían elegido como domicilio, y que sospechaban ser la causa de la perturbación.
Penzias y Wilson, sin tener la menor idea y sin haberlo buscado, acababan
de descubrir la presencia residual de la señal electromagnética emitida
por el Big Bang. Esto les valió el Premio Nobel de Física en 1978. George
Gamow tuvo la satisfacción de conocer ese resultado tres años antes de
morir. En cuanto a Georges Lemaître, se enteró pocos días antes de su
muerte, en 1966, gracias a su amigo Odon Godart, del descubrimiento de
esta sorprendente radiación que él llamaba *el resplandor desaparecido
de la formación de los mundos».*[59] Transportado dos semanas antes al
hospital, aquejado de una leucemia, tuvo una reacción sencilla: «*Estoy
contento ahora, al menos se tiene la prueba».*[60]

Aceptación unánime, pese a algunos enclaves de resistencia

Ante esta observación experimental, pronto totalmente confirmada, y
ante la gran cantidad de pruebas que se acumulaban,[61] la mayor parte de
los científicos terminó por rendirse a la evidencia. No obstante, durante
tres décadas, de 1950 a 1980, la oposición a la existencia del Big Bang

---

59. Citado en J.-P. Luminet, «Les commencements de la cosmologie moderne». *Études*, enero de
    2014, n.°1, pp. 67-74. *«La evolución del mundo puede compararse con un fuego artificial que
    acaba de terminar. Algunas mechas rojas, cenizas y humo. De pie, subidos a una carbonilla ya
    fría, vemos apagarse poco a poco los soles y procuramos reconstituir el resplandor desaparecido
    de la formación de los mundos».*

60. Citado en *Forme et origine de l'Univers: Regards philosophiques sur la cosmologie*, Daniel
    Parrochia, Aurélien Barrau, Dunod 2010, p. 38.

61. En los años 1960, también se analizó la composición de las nubes de gas más antiguas del Universo
    y la «medida de las abundancias» correspondía exactamente a las previsiones (75 % de hidrógeno,
    25 % de helio con la presencia de trazas de deuterio y de litio): fue una segunda confirmación ma-
    gistral de la teoría del Big Bang.

no disminuyó. Encontraba aparentemente su origen en una gran desconfianza ante las cuestiones existenciales planteadas por el Big Bang. Incluso en 1963, el titular de la cátedra de Física Cósmica del Collège de France en París, Alexandre Dauvillier, habría dicho con respecto al Big Bang: *«Es una idiotez. El Universo no tuvo un comienzo, ya que pensar que el Universo tuvo un comienzo no es física, es metafísica»*.[62] En la misma línea, el astrónomo sueco Hannes Alfvén, premio Nobel de Física, comparaba todavía en 1976 el modelo del Big Bang al sistema mítico de Ptolomeo, y precisaba: *«la actitud predominante consiste en ignorar todas las objeciones a la teoría del Big Bang»*.[63] Hoy la teoría del Big Bang es aceptada de manera unánime. Ironías del destino, hasta su feroz detractor, Fred Hoyle, terminó por moderar sus críticas y, tras años de ateísmo, terminó sus días siendo deísta. Alexander Friedmann, Georges Lemaître y George Gamow tenían finalmente razón: ¡hubo realmente un Big Bang semejante a un comienzo absoluto!

«El rostro de Dios» (1992)

En las décadas siguientes se acumulan las confirmaciones que validan lo que hoy se llama el *«modelo estándar del Big Bang»*. Los satélites COBE, WMAP y Planck permitieron establecer, de manera cada vez más precisa, la imagen del Universo en el momento de la liberación de la primera luz medida hoy por el CMB (que corresponde al inglés *Cosmic Microwave Background*), que muestra un Universo en equilibrio térmico casi perfecto, con ínfimas variaciones que están en el origen de todos los desarrollos futuros del Universo. Georges Smoot fue el primero en publicar esta imagen en 1992. Recibió por ello el Premio Nobel en

---

62. Citado por Claude Tresmontant en su libro *Comment se pose aujourd'hui le problème de l'existence de Dieu*, Seuil, París, 1966, p. 20.

63. Alfvén Hannes, «La cosmologie: mythe ou science?», revista *La Recherche* (69-1976), p. 610: *«Se construyó así un "nuevo Big Bang", muy recompuesto con respecto al antiguo, mucho menos simple y que parece justificado, a expensas de una física que personalmente encuentro abusivamente arbitraria, justificado por razones de elegancia, un poco como la física pitagórica, los epiciclos de Ptolomeo o los poliedros de Kepler…».*

2006, y en su discurso de recepción utilizó esta fórmula, dirigida a sus colegas de la Sociedad Americana de Física, mientras proyectaba en una pantalla la fotografía de la primera luz cósmica: *«Es como ver el rostro de Dios»*.

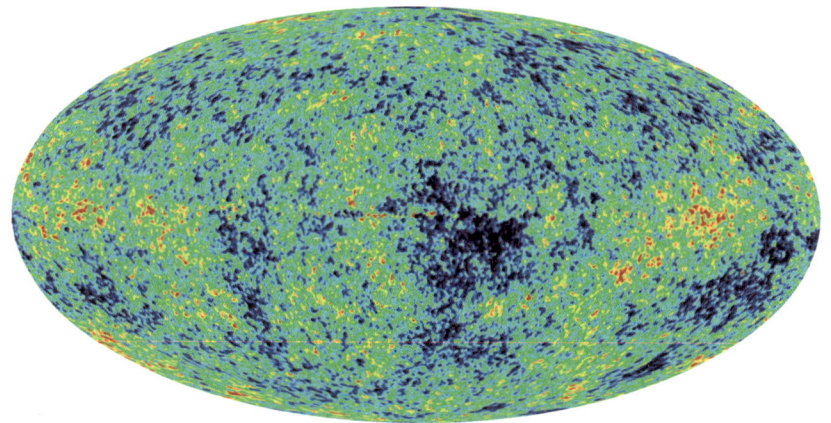

Imagen de la «radiación cósmica de fondo», la primera luz liberada por el Universo, 380 000 años después del Big Bang. Este mapa, estudiado en todos los sentidos, es la fuente principal de todo lo que se sabe acerca del Big Bang.

El fracaso de todas las teorías alternativas confirma la gran solidez del modelo clásico del Big Bang

Medio siglo después de la confirmación del modelo clásico del Big Bang por el descubrimiento del CMB, se sigue, en vano, esperando una teoría alternativa (ver al respecto el capítulo 6) que pudiese justificar un inicio de observación experimental.

El fracaso de todas las teorías alternativas condujo al apologeta americano William Lane Craig a concluir en 2008, en su libro *Fe razonable*: *«La historia de la cosmogonía del siglo XX ha sido, en cierto sentido, una serie de intentos fallidos de elaborar modelos aceptables no estándar del universo en expansión, de tal forma que se evite la idea del comienzo absoluto predicho por el modelo estándar. La constatación clara de esos fracasos repetidos puede ser confusa para el profano,*

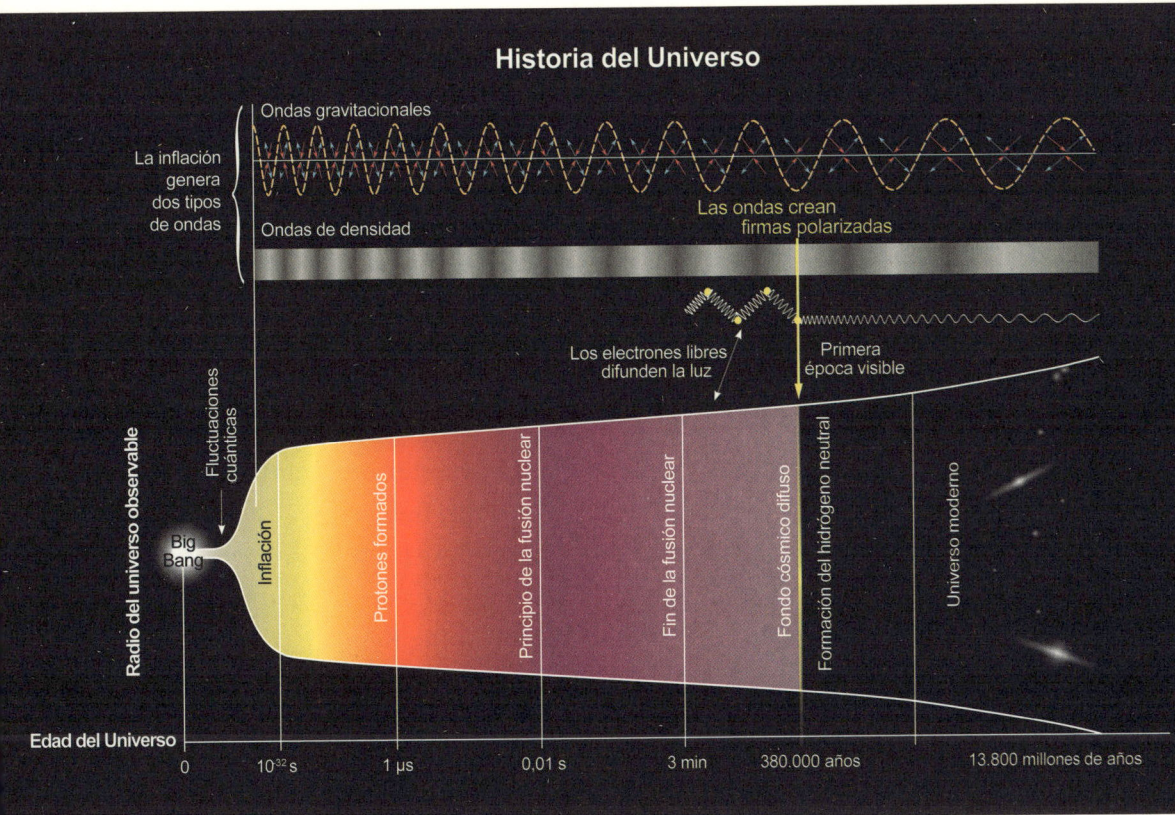

El Big Bang es en realidad un despliegue sumamente organizado en varias fases. No tiene nada de explosión fortuita, desordenada o azarosa.

lo que le lleva a deducir erróneamente que el campo de la cosmología está en constante cambio, a medida que nuevas teorías del origen del universo aparecen y desaparecen continuamente, sin ningún resultado probatorio. De hecho, no es así: la predicción del modelo estándar de un comienzo absoluto ha persistido a través de un siglo de asombroso progreso en la cosmología teórica y observacional, y sobrevivió a toda la avalancha de teorías alternativas. Cada vez, el Universo predicho por el modelo estándar se vio corroborado. Se puede decir con confianza que ningún modelo cosmogónico ha sido verificado tan repetidamente en sus predicciones y tan confirmado por los intentos de su refutación, ni ha resultado tan concordante *con los descubrimientos empíricos y tan filosóficamente coherente y sencillo como el modelo estándar del Big Bang».*[64]

II. Al comienzo fue el Big Bang

Un término polémico, que se hizo popular

Al forjar la expresión «Big Bang» en 1949, Fred Hoyle no logró su propósito: con ese vocablo cercano a la onomatopeya, intentaba desacreditar las ideas de Lemaître sobre el átomo primitivo. «Big Bang». ¡Qué menos científico que esos dos monosílabos casi infantiles! Pero, ironías del destino, ¡aquello que debía revelar el carácter *amateur* de la idea contribuyó, por el contrario, a su éxito! «Big Bang». ¿Qué expresión podría ser más fácil de memorizar? Una vez que las tesis de Lemaître y Gamow fueron validadas, el término se impuso y se hizo familiar tanto para los científicos como para los profanos: «Big Bang».

Pero esta familiaridad es casi tan perjudicial a la idea del comienzo del Universo como los sarcasmos de Hoyle: en efecto, el Big Bang es, en realidad, un despliegue sumamente organizado en varias fases. No tiene nada de una explosión fortuita, desordenada o aleatoria. Corresponde a un proceso muy cuidadosamente ajustado, a través del cual todos los elementos que hoy constituyen nuestro Universo aparecen progresivamente.

Un momento imposible de visualizar

En lo que se llama «el modelo clásico del Big Bang» no hay ni tiempo, ni espacio, ni materia «antes» del acontecimiento. Todo el espacio físico y todos los elementos del Universo, o, más exactamente, lo que los precede, emerge en un «átomo primitivo» que entra en expansión, se extiende y se estira. Para tratar de representárselo, se pueden imaginar las partículas de materia y de energía iniciales, o las galaxias de hoy, tal como pastillas pegadas en la superficie de un globo, alejándose unas de otras a

---

64. En *Fe razonable, apologética y veracidad cristiana* de William Lane Craig, Publicaciones Kerigma, 2018, pp. 145-146.

medida que se infla el globo, a una velocidad proporcional a la distancia que las separa. Y esas velocidades están en constante aumento: cuanto más crece el globo, más se alejan las pastillas rápidamente entre ellas.

Se trata, según el modelo estándar, del comienzo del espacio, del tiempo y de la materia

Dicho de otro modo, desde el punto de vista de la física y de la concepción estándar del tiempo, no hay un antes del Big Bang, porque el tiempo físico —el que medimos con los relojes— se crea en ese momento, tal como lo comprendió y explicó Georges Lemaître desde 1931.[65] Tampoco hay un «fuera de», un exterior, a partir del cual sería posible mirar el acontecimiento del Big Bang: el único espacio físico existente es el nuestro, emergió al mismo tiempo que el tiempo y la materia (en aquel entonces bajo forma de energía), siendo en su origen sumamente denso. Efectivamente, en la lógica de la teoría de la relatividad general de Einstein, el espacio, el tiempo y la materia están íntimamente ligados, y uno de ellos no puede existir sin los otros dos. Así pues se debe hablar de espacio-tiempo, un espacio-tiempo que surge de manera repentina, con la energía que va a generar la materia.

Este punto es capital, porque, si la ciencia confirma que el tiempo, el espacio y la materia tuvieron un principio absoluto, queda claro entonces que el Universo proviene de una causa que no es ni temporal, ni espacial, ni material, o sea, que procede de una causa no natural, trascendente, en el origen de todo lo que existe y en el origen, como lo vamos a ver, del ajuste sumamente fino de los datos iniciales del Universo y de las leyes de la física y de la biología, lo que es indispensable para que los

---

65. Georges Lemaître describe de este modo el primer instante: «*Este origen desafía nuestra imaginación y nuestra razón oponiendo una barrera que ambas son incapaces de franquear. El espacio-tiempo aparece para nosotros como un corte cónico. Se progresa hacia el futuro siguiendo las generadoras del cono hacia el borde exterior del vaso. Cuando se remonta con el pensamiento el curso del tiempo, nos acercamos al fondo de la copa, al instante único que no tenía un ayer, porque en el ayer no había espacio. Inicio natural del mundo, origen para el cual el pensamiento no puede concebir una preexistencia, ya que es el espacio mismo que comienza, y que no podemos concebir nada sin espacio. El tiempo parece poder ser prolongado a voluntad hacia el pasado y*

átomos, las estrellas y la vida compleja tengan la posibilidad de existir y de evolucionar.

Un proceso fantástico, reglado como una partitura

Este acontecimiento extraordinario, iniciado hace 13 800 millones de años, se desarrolla según diferentes fases cronológicas muy pautadas, cuyas etapas principales son las siguientes:

- **El instante del Big Bang es imposible de describir a partir de las leyes de la física (t = 0).** Durante lo que se llama «la era de Planck», o sea, hasta 10 potencia -43 segundos (10^{-43} s) —una duración diez millones de miles de millones de miles de millones de miles de millones de miles de millones más pequeña que un segundo, mucho más breve con respecto a un segundo que la duración de un rayo en relación con 13 800 millones de años de vida del Universo—, las cuatro interacciones fundamentales (electromagnetismo, interacción débil, interacción fuerte y gravitación) están unificadas, o sea, que se aplican al mismo tiempo; nuestros modelos son incapaces de describirlos, ya que la relatividad general o la física cuántica son teorías incompletas y solo pueden aplicarse cuando la gravitación y los efectos cuánticos pueden ser estudiados por separado.

Lo que podemos añadir es que el instante de Planck es el elemento de tiempo más pequeño que tiene un sentido físico. Por eso, las nociones y las leyes de la física ordinaria de nuestro Universo no permiten describir el instante cero. Por ese motivo, ese ínfimo intervalo, antes de la «era de Planck», es a priori inaccesible para la física actual. Hay quienes piensan que permanecerá inaccesible siempre al conocimiento científico directo.

¿Significaría esto que no se puede decir nada al respecto? Sí y no...

---

hacia el porvenir. Pero el espacio puede comenzar, y el tiempo no puede existir sin espacio, por lo que se puede decir que el espacio estrangula el tiempo e impide extenderlo más allá del fondo del espacio-tiempo» (Acta Pontificae Scientarium, 1948).

No, porque como ya lo hemos visto, es posible para la ciencia afirmar que la causa del Big Bang es no espacial, no temporal y no material, ¡lo que en sí ya es mucho! Basándose en el principio de causalidad,[66] que es parte integrante de la ciencia, se puede llegar a la conclusión de manera muy científica de la incompletitud de nuestro Universo. La ciencia, en este caso, se sitúa en una lógica «apofática», o sea, que habla de realidades que no se pueden deducir sino de manera indirecta, y que solo se pueden calificar de manera negativa, sin tener el más mínimo conocimiento de los fenómenos que actúan.[67]

Por lo tanto, a priori, no se puede tener conocimiento directo del «antes del Big Bang», y ese estado anterior al espacio-tiempo se encontrará sin duda para siempre fuera del campo de la ciencia experimental.[68] Pero esto no impide que los más grandes físicos intenten imaginar ese «algo» que existía antes del muro de Planck. ¿Un ejemplo? La teoría desarrollada desde hace una decena de años por sir Roger Penrose, de la Universidad de Oxford, premio Nobel de Física en 2020. Este antiguo compañero intelectual del célebre físico de Cambridge Stephen Hawking escribió una serie de artículos científicos y un libro apasionante, titulado en la edición inglesa: *¿Qué pasó antes del Big Bang?*[69] Por su parte, a pesar del escepticismo obstinado de sus colegas, el astrofísico George Efstathiou, director del prestigioso Instituto

---

66. Sin el principio de causalidad, que enuncia que todo efecto tiene una causa racional que se debe buscar, la ciencia deja de existir. Negar ese principio equivale a negar la ciencia y optar por la magia.

67. Si se analizan huellas de pasos en la arena, se puede afirmar, dentro de la ciencia física, que hay una causa respecto a esas huellas que no proviene de las interacciones naturales de las fuerzas físicas. Del mismo modo, cuando la experiencia de Alain Aspect concluye que hay un entrelazamiento entre dos partículas que están a 14 metros de distancia una de otra y que dialogan instantáneamente, se demuestra dentro de la ciencia física que existe otro nivel de realidad, fuera de nuestro espacio-tiempo. Sigue siendo el caso cuando Gödel, dentro de la lógica y de las lógicas matemáticas, concluye que existen necesariamente verdades no demostrables que remiten a un exterior de las matemáticas. El mismo tipo de razonamiento «apofático» se aplica al Big Bang, dentro mismo de la ciencia cosmológica.

68. En el estado actual de la ciencia y de la técnica, incluso todo lo que ocurre antes de 10^{-11} segundos después del Big Bang queda fuera de la ciencia experimental, porque las energías actuantes son demasiado elevadas e imposibles por ahora de reproducir, incluso en los extraordinarios aceleradores de partículas del CERN en Ginebra.

69. Roger Penrose, *Ciclos del tiempo: Una extraordinaria nueva visión del universo*, Madrid, editorial Debate, 2010.

de Cosmología de la Universidad de Cambridge, no dudó en declarar en marzo de 2013: *«Es perfectamente posible que el Universo haya conocido una fase antes del Big Bang, que haya existido realmente, y que se pueda seguir la historia del Universo remontando hasta ese periodo que precede el Big Bang»*. Ya en 1993, trece años antes de recibir el Premio Nobel, George Smoot había corrido el riesgo de formular en su libro *Arrugas en el tiempo* esta pregunta profética: *«¿Qué había antes del Big Bang? ¿Qué había antes del inicio del tiempo?»*.[70]

¡Excelente pregunta, por supuesto! Pero ¿qué se puede decir al respecto?

Es en este punto que nuestra investigación se vuelve apasionante. Efectivamente, ya que queda claro para todos que el espacio, el tiempo y la materia nacen de manera conjunta, esto significa que, con anterioridad al instante de Planck, el tiempo, el espacio y la materia, tal como los conocemos en nuestro Universo, no existían todavía. Esta conclusión perfectamente lógica es la que comparten todos los científicos adeptos del modelo estándar en física. Llevando el razonamiento un poco más lejos, se llega por lo tanto a la deducción de que, en lugar del tiempo, solo podía existir algo intemporal. Del mismo modo, en lugar de la materia, se va a encontrar «antes del Big Bang» una entidad inmaterial. Pero ¿cómo entender esa realidad intemporal e inmaterial? ¿Qué tipo de entidad podríamos postular que posea tales atributos? ¿La existencia de un Dios creador inmaterial situado fuera del espacio y del tiempo no será la explicación más natural?

Algunos científicos pensaron que se podían esbozar ciertas respuestas...

Empecemos por el tiempo. ¿A qué podría parecerse antes del Big Bang? La respuesta que da en concreto Stephen Hawking en los años 1980 es sorprendente: ¡para él, antes del Big Bang, el tiempo no era real, sino tal vez «imaginario»! El tiempo de todos los días, el que medimos con los relojes, se mide gracias a números que los matemáticos llaman «reales», o sea, números que son positivos al cuadrado. Por ejemplo, 2 o -2 tienen,

---

70. Georges Smoot, *Arrugas en el tiempo*, Plaza y Janés, 1994.

ambos, un cuadrado igual a 4. En cambio, las matemáticas postularon números que siempre son negativos al cuadrado. Ya desde el siglo XVII, el filósofo Descartes llamó a esos números diferentes números «imaginarios». En el siglo XXI, algunos científicos, como Stephen Hawking, intentaron invocar ese concepto de tiempo imaginario para eliminar un comienzo cósmico o una singularidad temporal. Sin embargo, la utilización del tiempo imaginario por Hawking no alcanza esa meta. El tiempo imaginario tan solo es una herramienta de cálculo para resolver una de las ecuaciones de Einstein, ocultando momentáneamente la singularidad temporal. Pero cuando, en una etapa intermedia, los números imaginarios se vuelven a convertir en números reales, tal como tienen que serlo para que la ecuación describa la realidad, la singularidad vuelve a aparecer. En todo caso, no es absurdo pensar que, antes del Big Bang, el tiempo era diferente, de otra naturaleza, y eventualmente medible gracias al equivalente de números imaginarios. En ese caso, la materia tampoco podía existir tal como la conocemos. ¿Qué podemos imaginar en su lugar? Tal vez algo inmaterial, que podría ser la información. Antes del Big Bang —más exactamente en el instante cero—, el tiempo aún sería, en ese caso, puramente imaginario, y la realidad no existiría en esta etapa, sino bajo la forma de una información pura, una especie de código de esencia matemática.

Una información primordial, pues, que habría *«programado»*, con una precisión que desafía la imaginación, el nacimiento del Universo en el momento del Big Bang y luego su evolución a lo largo de miles de millones de años. Razonamientos que remiten una vez más a la pregunta evidentemente legítima: si existía una información matemática antes del Big Bang, ¿quién es el fabuloso «programador» que se encuentra detrás de semejante código? Se trata de una pregunta que se vuelve a plantear, de manera repetida, y que volveremos a encontrar más adelante.[71]

- **Después de 10^{-43} segundos (tiempo de Planck)** podemos empezar a imaginar la evolución del Universo, con la teoría de la inflación (que, si

71. Esencialmente en el capítulo 9.

bien no tiene aún confirmación formal, es aceptada por una mayoría de cosmólogos), con la teoría de la relatividad general en lo que se refiere a la fuerza de gravitación, y con el modelo estándar de la física de las partículas para las tres otras fuerzas. En un espacio ínfimo de 10^{-35} metros, a una temperatura de 10^{32} kelvin y con una energía de 10^{19} GeV, no hay ninguna materia estable. Este espacio sumamente denso solo contiene una forma de energía pura. A partir de ese instante, en que surgió de golpe, la cantidad de masa-energía se encuentra fijada y ya no va a variar, salvo bajo el efecto de la expansión del Universo (leve aumento con la energía del vacío del espacio creado por la expansión y disminución con la pérdida de energía vinculada al desplazamiento hacia el rojo de las emisiones de fotones).

- **Después de 10^{-35} segundos (era inflacionaria)**, debido a la separación de la fuerza nuclear fuerte de las otras dos interacciones, la formidable energía contenida en un campo hipotético llamado «inflatón» hace que el espacio entre en expansión acelerada. El Universo se dilata hasta 10^{26} veces (por lo menos) durante 10^{-32} segundos, inaugurando un período inflacionario que conduce a un vertiginoso descenso de la densidad de energía del Universo y a un enfriamiento rápido. Durante este periodo, la fuerza nuclear fuerte se separa de la fuerza electrodébil, que a partir de entonces va a dominar.[72]

- **Después de 10^{-12} segundos (era de los quarks)**, la fuerza electrodébil se divide en interacción electromagnética e interacción débil. Es probablemente la interacción débil la que creará la ínfima rotura de simetría entre la materia y la antimateria, que perdura hasta nuestros días. Las cuatro fuerzas fundamentales están entonces definitivamente separadas. El Universo está lleno de un plasma quark-gluones caliente y denso, que contiene quarks, electrones y otros leptones, así como sus antipartículas.[73]

---

72. Los diferentes modelos inflacionarios varían en su cronología. Ver Louis Lessenger, *«Comment pouvons-nous déterminer que l'inflation s'est produite de 10^{-35} à 10^{-32} seconde après le Big Bang, et que l'Univers a grandi de 10^{26} pendant cette période?»*, Astronomy, febrero 2019, https://www.astronomy.com/magazine/ask-astro/2019/01/inflation

73. Johann Rafelski, «Connecting QGP-Heavy Ion Physics to the Early Universe», *Nuclear Physics B – Proceedings Supplements*, 243-244, 1 de octubre de 2013, pp. 155-162.

- **Después de 10^{-11} segundos (diferenciación de las cuatro fuerzas)**, la fuerza electrodébil se escinde en interacción electromagnética e interacción débil; esta última va a crear, probablemente, una ínfima ruptura de la simetría entre la materia y la antimateria. Las cuatro interacciones fundamentales quedan, de esta manera, separadas definitivamente.

- **Entre 10^{-6} y 10^{-4} segundos (era de los hadrones)**, los quarks se combinan para formar definitivamente el conjunto de los hadrones, es decir, los protones y neutrones que constituirán los elementos fundamentales de toda la materia. Los neutrones, que son inestables y cuya duración no va más allá del cuarto de hora, deben asociarse rápidamente a protones en núcleos estables. En efecto, después de esta corta fase de los hadrones, la creación de nuevos protones y neutrones nunca más será posible en el Universo.[74]

- **A un segundo (desaparición de la antimateria)**, la leve disimetría que aparece entre materia y antimateria conduce a la destrucción casi total de la antimateria.

- **Entre un segundo y 15 minutos después del Big Bang (primera nucleosíntesis)**, se efectúa definitivamente la nucleosíntesis de todos los elementos ligeros: hidrógeno (que constituye en ese momento 75 % de la masa del Universo), helio (25 %), deuterio y litio (en cantidad mucho menor), que no podían ser creados sino en las condiciones extremas de los primeros minutos del Big Bang.

- **Al cabo de 15 minutos (materia)**, la composición de la materia del Universo queda prácticamente establecida. Está compuesta mayormente de núcleos de hidrógeno (92 % en número), de núcleos de helio (8 %), de vestigios de deuterio (0,002 %) y de litio en cantidad infinitesimal (1 sobre 10^{12}). La temperatura desciende por debajo de mil millones de grados y, a partir de ahí, el número de esos núcleos ligeros queda fijo y limitado para siempre.

---

74. Edward W. Kolb, *The Early Universe*, 1994.

- **Entre 15 minutos y 380 000 años (era de los fotones)**, el Universo continúa su expansión rápida, dominada por la agitación de los fotones, muy energéticos. Estos obstaculizan la constitución de átomos, ya que impiden la asociación estable de los electrones a los núcleos existentes.

- **A los 380 000 años (formación de los primeros átomos y primera luz)**, la temperatura bajó hasta 3000 kelvin, y los fotones ya no tienen energía suficiente como para quebrar los átomos que se forman cuando los núcleos existentes capturan electrones. El Universo se vuelve entonces transparente y, por lo tanto, observable, ya que los fotones pueden en adelante viajar libremente en línea recta por el espacio. Esta liberación de la primera luz visible produce la primera radiación, emitida desde todos los puntos del Universo en todas las direcciones. Constituye la famosa radiación del fondo cósmico (CMB, por Cosmic Microwave Background, en inglés) descubierta en 1964 por Penzias y Wilson. Aún hoy, convivimos con esas partículas venidas del Big Bang, puesto que, en cada centímetro cúbico de nuestro espacio se encuentran 411 fotones provenientes de la CMB. Cabe mirar de otro modo la «nieve» que parasita un televisor de tubo catódico: efectivamente, ¡un pequeño porcentaje de esos parásitos se remontan a la CMB! Dado que el Universo aumentó 1000 veces su volumen desde la liberación de la primera luz visible, la temperatura disminuyó de manera equivalente y los fotones del CMB tienen ahora una temperatura de 2,725 kelvin.

- **Entre 380 000 y 1000 millones de años (primera edad oscura y primeras estrellas)**, el Universo entra en una primera edad oscura, pero las leves diferencias de densidad de materia (anisotropía del orden de 1/100 000 solamente) conducen poco a poco a la producción de cúmulos que, al concentrarse, después de 150 a 200 millones de años, van a permitir alumbrar las primeras estrellas, agrupadas en las primeras galaxias (detectadas hoy en forma de cuásares).[75]

- **Después de 3000 a 5000 millones de años (formación de los elementos pesados)**, las primeras generaciones de estrellas terminan su vida en

---

75. David H. Lyth, *The History of the Universe*, 2015.

supernovas, creando las condiciones de formación de todos los elementos pesados de la tabla periódica de Mendeléiev.[76] De este modo, aparte del hidrógeno, del helio, del deuterio y del litio ya formados, todos los átomos que constituyen los componentes de nuestro planeta, de nuestro cuerpo y de todos los objetos que utilizamos a diario, provienen de esos «polvos de estrellas».

- **Después de 9000 millones de años (Sol)**, el Sol empieza a constituirse, como una estrella de tercera generación. Así pudieron finalmente nacer, al término de una historia de casi 13 800 millones de años, el sistema solar, nuestra Tierra, la vida y cada uno de nosotros...

El «modelo estándar del Big Bang»: una teoría muy sólida, continuamente reforzada y confirmada por la observación

En conclusión, este modelo se ve confirmado por toda una serie de observaciones probatorias y los cosmólogos las aceptan unánimemente en sus grandes líneas. Describe con gran precisión un Universo que se constituyó en el albor del tiempo. Ese Universo no es eterno en el pasado, sino que, por el contrario, surge en un pasado finito. El origen del Universo que sugiere este modelo es un origen absoluto, con un cambio conceptual radical que corresponde valorar en toda su magnitud: no solo la materia y la energía, sino que también el tiempo y el espacio vinieron a la existencia en el instante de esta «singularidad» cósmica inicial... ¿Cómo no interrogarse entonces acerca de la posibilidad de un gesto creador en el origen de esa singularidad?

¿Y Dios en todo esto?

El Big Bang nos pone ante este interrogante. Para decirlo sin rodeos, estamos obligados a encarar la idea de Dios. El comienzo absoluto del

---

76. El núcleo del átomo de hierro es el más estable. Los elementos químicos menos pesados que él (helio, carbono, oxigeno, cloro, potasio, calcio, titanio, silicio...) se forman en las reacciones de fusión nuclear dentro de las estrellas, pero los elementos más pesados que el hierro (níquel, cobre, zinc, plata, estaño, platino, oro, plomo, uranio...) solo pueden formarse en las condiciones extremas de la explosión de las supernovas que marcan el final de las estrellas masivas.

Universo aparece como un punto de encuentro entre la física y la causa creadora, exterior al Universo. Gracias a las investigaciones de los científicos, estamos en condiciones de imaginar cómo se desarrolla ese comienzo a partir del instante de Planck, obligándonos a formular la pregunta del antes y del por qué.

Para los defensores de la tesis de la creación del Universo, hay teóricamente dos posibilidades:

- o el Universo es estacionario, y surge de repente tal como es hoy;
- o el Universo se crea no estacionario, conoce una evolución a partir de un comienzo absoluto del espacio, del tiempo y de la materia. En este caso, cabe imaginar que todo empieza en un punto.

Ahora bien, sabemos hoy con certeza que el Universo no es estacionario y que se despliega de manera extremadamente precisa y organizada, al igual que una planta, un animal o un hombre se desarrolla a partir de una célula inicial. Las leyes y los parámetros iniciales del Universo estructuran y sustentan el desarrollo y el despliegue futuro de todas las cosas.

En resumidas cuentas, el Big Bang corresponde perfectamente, atrevámonos a decirlo, a la idea que nos hacemos de una creación del Universo por Dios. El hecho de que no se pueda pensar en el antes del Big Bang, ya que las categorías de tiempo, espacio y materia no se conciben fuera de esa singularidad inicial, conforta la idea de un gesto creador.

Señalemos, además, que los descubrimientos de los científicos son dignos de admiración: ¡ser capaces de imaginar nuestro Universo a 10^{-43} segundos de vida y describirlo de manera precisa a partir de 1 segundo![77] Resolvieron de manera brillante la cuestión de saber cómo se formó nuestro Universo; y esta descripción corresponde perfectamente al por qué fundamental postulado por los creyentes: una voluntad creadora hizo surgir el Universo de la nada.

---

77. En el CERN de Ginebra hoy se pueden reconstituir las energías que existían un segundo después del Big Bang, lo cual permite verificar la exactitud de las teorías sobre ese periodo gracias a ciertas experimentaciones. Antes de un segundo, las teorías no se verifican y, antes de 10^{-43} segundos, no se tiene y tal vez nunca se tenga una teoría...

Algunas citas al respecto:

- *«Para ser coherentes con nuestras observaciones, debemos comprender que no solamente hay creación de la materia, sino también creación del espacio y del tiempo. Los mejores datos de los que disponemos, pero dicho estudio fue criticado, son exactamente aquellos que habría predicho si solo hubiera tenido a disposición los cinco libros de Moisés, los Salmos y la Biblia en su conjunto. El Big Bang fue un instante de brusca creación a partir de nada»;*[78] *«Se trata de una creación a partir de nada. La aparición, a partir de nada, de nuestro Universo»*[79] (Arno Penzias, premio Nobel de Física, 1978).

- *«Se dice que un argumento es lo que convence a los hombres razonables, y que una prueba es lo que hay que desarrollar, como esfuerzo, para convencer incluso a un hombre no razonable. Con la prueba establecida, los cosmólogos no pueden seguir escondiéndose detrás de la posibilidad de un Universo con un pasado eterno. No hay más escapatoria, tienen que encarar los problemas de un comienzo cósmico»*[80] (Alexander Vilenkin, físico de la Universidad de Tufts, Massachusetts, coautor con Arvind Borde y Alan Guth del famoso teorema de cosmología que confirma que el Universo tiene un inicio absoluto).

- *«Toda la materia encuentra su origen y existe solamente sobre la base de una fuerza. Debemos suponer, detrás de esa fuerza, la existencia de un espíritu consciente e inteligente»*[81] (Max Planck, premio Nobel de Física, 1918).

---

78. A. Penzias, «The Origin of Elements», de las *Nobel Lectures, Physics* 1971-1980. Editor Stig Lundqvist, World Scientific Publishing Co., Singapur, 1992. Disponible en línea https://www.nobelprize.org/prizes/physics/1978/penzias/lecture/. Ver al respecto: Steven Weinberg (traducción en español de N. Míguez): *Los tres primeros minutos del universo*, Alianza Editorial, 2016.

79. Ver «On the Genealogy of Cosmology», A. A. Penzias, R.W. Wilson (1965), en «A Measurement of Excess Antenna Temperature at 4080 Mc/s.», in *The Astrophysical Journal*, 142 y el artículo de la revista francesa *Le Point*, «Le code secret de l'Univers», 20/05/2010, https://www.lepoint.fr/societe/le-code-secret-de-l-univers-20-05-2010-1273788_23.php

80. *Many Worlds in One*, New York, Hill and Wang 2006, p. 176. Edición española: *Muchos mundos en uno: La búsqueda de otros universos*, Ediciones Alba, 2009.

81. Conferencia sobre la naturaleza de la materia, Florencia 1944 (Lecture «Das Wesen der Materie» [The Essence/Nature/Character of Matter]. *Archiv zur Geschichte der Max-Planck-Gesellschaft, Abt. Va, Rep. 11 Planck, Nr. 1797. Excerpt in Gregg Braden, The Spontaneous Healing of Belief: Shattering the Paradigm of False Limits*, 2009, pp. 334-35). Ver «Max Planck. Biographical» de las *Nobel Lectures, Physics* 1901-1921, Elsevier Publishing Company, Ámsterdam 1967.

- *«Pero, entonces, si la singularidad en el origen del Universo está bien establecida científicamente, ¿por qué suscita tantas pasiones, por no decir tantos rechazos? Sin duda porque nos obliga a una elección imposible: entre un Universo sin causa, por un lado, y, en el otro extremo [...]: el rostro de Dios»*[82] (Igor y Grichka Bogdanov).

Como se puede imaginar después de la lectura de estas citas, la idea de un principio que postula la teoría del Big Bang no podía sino contrariar a los materialistas, y una de las opciones para esquivar el problema era la creación de teorías alternativas. Es efectivamente lo que ocurrió, como lo vamos a ver en las páginas siguientes.

---

82. *Le Visage de Dieu*, Grasset, París, 2010, p. 117.

6.

Intentos de alternativas al Big Bang

**El modelo estándar del Big Bang, aunque haya sido comprobado y estable-
cido de manera sólida, incomoda fuertemente a ciertos científicos,** como
un guijarro metafísico en su zapato materialista. ¿Cómo desembarazarse
de él? ¡Elaborando teorías alternativas! Sin embargo, ninguna resistió a la
prueba de los hechos ni de las verificaciones. O bien fueron invalidadas o
bien no rebasan el nivel de construcción intelectual a la que es imposible
aportar un principio de confirmación.

**He aquí un rápido panorama de las teorías alternativas más co-
nocidas**

1. **En 1929, la teoría de la luz cansada, o «cansancio de la luz»,** intentaba
   negar la expansión del Universo deducida por Hubble y Lemaître a
   partir del desplazamiento hacia el rojo de las galaxias lejanas, prueba
   de un efecto Doppler indicativo de que las fuentes de luz retroceden con
   respecto a nosotros. El astrónomo suizo-estadounidense Fritz Zwicky
   contradijo esta teoría, postulando que el desplazamiento hacia el rojo se
   debía a una pérdida de energía de los fotones que atravesaban enormes
   distancias; de allí el nombre de «luz cansada» propuesto por Richard
   Tolman en 1929. Esta teoría fue sostenida hasta 1978 por el francés
   Jean-Claude Pecker, miembro de la Academia de Ciencias y de la Unión
   Racionalista. Él perseveró en ello largo tiempo, pese a los hechos, e incluso firmó en 2004 una carta contra el modelo estándar del Big Bang.
   Pero las observaciones realizadas en los años 1990 por el satélite COBE
   permitieron invalidar de manera definitiva la teoría de la luz cansada.

2. **Hacia 1940, la teoría del estado estacionario** suponía la existencia de un fenómeno de creación continua de la materia, permitiendo imaginar un Universo en expansión que fuera eterno e invariable. Propuesta por Fred Hoyle, Thomas Gold y Hermann Bondi, esta teoría fue debatida en los años 1960, pero también terminó por caer en el olvido.

3. **En 1957, la teoría de los «universos múltiples»** intenta explicar el fenómeno cuántico de la «reducción del paquete de ondas», según el cual, una vez medido, un sistema físico ve reducido su estado a aquello que se midió. Ahora bien, lo que llamamos «realidad» posee una infinidad de estados posibles cuando no se mide. Para resolver esta dificultad, Hugh Everett imagina los universos múltiples. Postula que a cada instante y para cada medida se crean universos paralelos, que luego evolucionan de manera separada. Esta tesis no va a ser tomada en serio, si bien la idea de universos paralelos se difundió ampliamente en el campo de la ciencia ficción.

4. **Hacia 1960, la teoría del Universo plasma** se presenta como una teoría alternativa al Big Bang. Esta teoría considera que los fenómenos electromagnéticos desempeñan un papel más importante que la fuerza de gravedad a la hora de explicar la estructuración del Universo. Esta teoría postula también que la expansión existe en una pequeña parte del Universo. Pese a la notoriedad de su principal defensor, el premio Nobel sueco Hannes Alfvén, esta teoría, que retoma ciertas ideas de la «luz cansada», será rápidamente abandonada.

5. **En los años 1970, la teoría del Big Crunch** se popularizó tras el descubrimiento de la radiación fósil, que confirmaba el Big Bang. Preveía una deceleración de la expansión del Universo seguida por una fase de contracción, hasta un regreso al tamaño del «átomo primitivo». Friedmann lo había imaginado en 1922, Lemaître siguió sus pasos ideando un «Universo fénix» que encadenaría expansión y contracción. En esa misma vía, ciertos científicos imaginaron la posibilidad de «Big Bounces» («grandes rebotes») cíclicos, pero esta hipótesis fue abandonada. Efectivamente, se constató que la curvatura espacial del Universo era insuficiente y, sobre todo, se descubrió en 1998 que la

expansión estaba en aceleración. El teorema de Borde-Guth-Vilen-kin, publicado en el 2012, cuestionó profundamente la teoría del Big Crunch, confirmando de nuevo y de otra forma la imposibilidad de una inflación perpetua en un pasado infinito.[83]

6. **En 1980, la teoría de la inflación cósmica** propone una hipótesis de expansión muy rápida del Universo en su comienzo para explicar por qué es tan sorprendentemente plano, homogéneo e isótropo. Se trata de una explicación interesante, que disfruta hoy de la aprobación de una mayoría de cosmólogos. La primera de estas teorías, desarrollada por Alan Guth, postula igualmente, no obstante, que el tamaño del Universo es por lo menos 10^{23} veces superior al del Universo observable, y que habría de este modo una infinidad de universos burbujas que se desarrollarían permanentemente con leyes físicas diferentes. Siguiendo los pasos de Alan Guth, se imaginaron y aún continúan imaginándose más de cincuenta otras variantes de la teoría de la inflación, sin confirmación experimental hasta la fecha de hoy.

7. **En 1983, la teoría del Universo sin borde** es propuesta por James Hartle, de la Universidad de California en Santa Bárbara, y Stephen Hawking. Según ese modelo, el Universo, a pesar de no ser infinito en el espacio ni en el tiempo, carece de límites temporales y, por lo tanto, tal vez carezca de inicio. Este modelo describe el Universo como la superficie de una esfera, que no tiene punto de partida claro. Para defender dicha teoría, a veces llamada «cosmología cuántica», Hawking y Hartle resolvieron la ecuación de Wheeler-DeWitt, que describe los universos posibles que podrían existir o surgir de la singularidad cosmológica.[84] A pesar de que los populares estudios de Hawking sugieran que su utilización del tiempo imaginario en los cálculos matemáticos podría eliminar la necesidad de invocar semejante singularidad, los

---

83. Ver *MIT Technology Review* del 24 de abril de 2012.

84. J. B. Hartle y S. W. Hawking, «Wave Function of the Universe», *Physical Review* D 28, n.º 12, 15 de diciembre de 1983, pp. 2960-2975. Además, el cosmólogo Alexander Vilenkin mostró que el enfoque que consiste en utilizar el tiempo imaginario para resolver la ecuación cosmológica pertinente es defectuoso, porque no lleva a una solución no ambigua.

artículos técnicos escritos en colaboración con Hartle presuponen la realidad de una singularidad, pero que nunca eliminan.[85]

8. **En 1984, una primera teoría de cuerdas** toma el relevo de las investigaciones comenzadas en los años 1970 para intentar resolver el problema fundamental de la «gravedad cuántica». ¿De qué se trata? Algunos científicos ambicionan unificar por un lado la relatividad general de Einstein, que describe la fuerza de gravitación, y por el otro la mecánica cuántica, pertinente para las tres otras interacciones fundamentales a nivel microscópico. Estas investigaciones tienen como objetivo una mejor comprensión de las leyes físicas que rigen las «singularidades», que son el Big Bang y los agujeros negros, a la vez infinitamente masivos y pequeños.

9. **En los siguientes veinte años, se van a elaborar otras cuatro versiones de la teoría de cuerdas o supercuerdas** recurriendo a modelos matemáticos sumamente complicados que entrañan la necesidad de imaginar partículas «supersimétricas» y un Universo con diez dimensiones: el tiempo, las tres dimensiones conocidas del espacio y seis otras dimensiones hipotéticas invisibles que estarían «replegadas sobre sí mismas». Las teorías de cuerdas fueron viento en popa en las últimas décadas, pero se revelan sumamente complejas y altamente especulativas. Algunas de sus predicciones especificas fueron refutadas por experiencias realizadas en el Gran Colisionador de Hadrones (GCH) de Ginebra, otras son imposibles de verificar a escala de la duración de la humanidad. Actualmente, el número de investigadores que creen y trabajan en ellas disminuye.

10. **Hacia 1990, la teoría del estado casi estacionario** postula nuevamente la idea de que el Universo crea materia a lo largo del tiempo, pero innova con la idea de la expansión que conduce a una historia cíclica.

Esta tesis, sostenida por Jayant Narlikar, Fred Hoyle y Geoffrey Burbidge, fue desacreditada por el análisis de la radiación cósmica en 1992.

---

85. Alexandre Vilenkin y Masaki Yamada, «Tunneling Wave Function of the Universe», *Physical Review* D 98, n.° 6, 6 de agosto de 2018.

Su falta de simplicidad y de poder predictivo hizo que se terminara por rechazar del todo. El descubrimiento de la aceleración de la expansión del Universo en 1998 le asestó el golpe final.[86]

11. **Aproximadamente en la misma época, un nuevo modelo llamado «inflación caótica»** emitía la hipótesis de que, en diferentes puntos de un universo existente, pueden aparecer nuevos universos de manera espontánea. Estos, a su vez, podrían engendrar naturalmente otros universos, de manera eterna, ya que el proceso no tendría límites. En este modelo, defendido por Andréi Linde, científico ruso que, tras la caída de la Unión Soviética, trabajó en la Universidad de Stanford, se pensaba inicialmente que la inflación caótica se había producido de manera eterna en el pasado. Por consiguiente, el Universo podría no haber tenido comienzo alguno. Pero esta posibilidad fue refutada por el teorema de Borde-Guth-Vilenkin, el cual demostró que las cosmologías inflacionistas, así como todo tipo de cosmología realista, podían ser eternas en el futuro, pero no en el pasado, ya que el proceso debía tener un inicio absoluto.[87]

12. **En 1995, la teoría M** fue elaborada por Edward Witten para intentar unificar las cinco versiones diferentes de la teoría de cuerdas. En este caso, la letra «M» significa «magia, misterio, madre, monstruo o membrana... según se elija».[88] La teoría introduce membranas bidimensionales que vibran en un espacio de once dimensiones. Para sus partidarios, la teoría presenta la ventaja de ser conceptualmente simple y coherente desde el punto de vista matemático, pero es inextricable en el plano de los cálculos, inconclusa y sin ninguna confirmación hasta el día de hoy.[89]

---

86. Helge Kragh, «Quasi-Steady-State and Related Cosmological Models: A Historical Review», 17 de enero de 2012.

87. Arvind Borde, Alan Guth y Alexandre Vilenkin, «Inflationary Spacetimes Are Incomplete in Past Directions», *Physical Review Letters* 90, n.° 15, 15 de abril de 2003.

88. Ver https://es.wikipedia.org/wiki/Teor%C3%ADa_M

89. John Horgan, «Por qué la teoría de cuerdas hoy ni siquiera es falsa», *Scientific American*, 30 de abril de 2017.

13. **A partir de finales de los años 1980, la teoría de la gravedad cuántica de bucles** (LQG, por sus siglas en inglés) intenta igualmente avanzar hacia la teorización de la famosa «gravedad cuántica» unificando la relatividad general y la mecánica cuántica. Fue iniciada por Abhay Ashtekar, un investigador de física teórica de la India, y modeliza el espacio como una red o un tejido de granos minúsculos de tamaño finito. Esta cuantificación del espacio limita el tamaño del Universo y elimina las singularidades espaciales llevando a un «rebote» cuando, en una contracción del Universo de tipo «Big Crunch», se alcanza cierta densidad insuperable (5×10^{96} kg/m^3). No obstante, esta teoría no es sino una tentativa que carece actualmente de confirmación y, aunque su desarrollo haya avanzado a lo largo de las últimas décadas, no elimina la singularidad temporal; deja sin respuesta la cuestión del origen último del Universo.

14. **En el 2005, el célebre cosmólogo Roger Penrose imagina la teoría de la cosmología cíclica conforme** (CCC). Esta teoría postula que, aproximadamente, al cabo de 10^{100} años, cuando todos los agujeros negros se hayan evaporado, el Universo volverá a nacer bajo la forma de un nuevo universo en un acontecimiento de tipo Big Bang, en el marco de un proceso eternamente cíclico. Al final de cada ciclo, permanecen solo los fotones y las partículas sin masa, flotando en el mismo espacio eterno en el cual comenzó el ciclo, y en el que también comenzará el próximo. Penrose intentó verificar esta tesis analizando la radiación de fondo cósmico, pero la mayor parte de los cosmólogos la rechazaron a causa de diversos problemas y de la ausencia de elementos que justifiquen que se la estudie de manera seria.[90]

15. **En el 2010, en su último libro** *El gran diseño*, Stephen Hawking sostuvo *«que, a causa de la gravedad, el Universo puede crearse por sí mismo, a partir de nada».*[91] Sin embargo, este anuncio mediático no

---

90. Ethan Siegel, «No, Roger Penrose, We See No Evidence of a "Universe Before the Big Bang"», *Forbes,* 8 de octubre de 2020.

91. *«Because there is a law like gravity, the universe can and will create itself from nothing»* en *The Grand Design*, cap. I, «The Mystery of Being», L. Mlodinow y S. Hawking, Ediciones Bantam, 2010. Ver también «Nuestra visión del Universo» en *Breve historia del tiempo*, capítulo 1, S. Hawking,

convencerá a nadie en la comunidad científica, ya que, por definición, la gravedad solo existe en el Universo...[92] La declaración de Hawking revela un tipo de confusión clásico acerca de las leyes de la naturaleza y de lo que implican. Como lo explica el filósofo de las ciencias Stephen Meyer en su libro *Return of the God Hypothesis*, *«las leyes de la naturaleza son nuestras descripciones, generalmente formuladas en términos matemáticos, de lo que la naturaleza suele hacer. [...] No tienen existencia objetiva en el Universo, independientemente de nuestra mente... y aún menos se encontrarían en el origen del propio Universo. Decir que existen es como decir que las líneas de longitud y de latitud en el mapa explican cómo surgieron las islas Hawái en medio del océano Pacífico».*[93]

16. En el 2012, Lawrence Krauss publicó *A Universe from Nothing*, libro en el que propone que el Universo pueda ser el resultado de una *«nada profunda»*. El libro fue aprobado por el ateo militante Richard Dawkins por haber suprimido, supuestamente, la necesidad de un Dios creador para explicar el Universo. Pero el modelo de Krauss era en realidad la vulgarización de un modelo cosmológico desarrollado por Alexander Vilenkin, en el cual este intentaba mostrar que el Universo es el resultado de una ley física preexistente.[94] El modelo de Vilenkin era similar al de Hawking y Hartle, ya que no explicaba cómo el Universo vino de la nada, sino cómo emergió de una ley matemática preexistente o, más precisamente, de una descripción matemática preexistente de los universos que podrían existir. Sin embargo, ni Vilenkin ni Hawking

Madrid, Crítica, 2019, y el artículo del periódico francés *Le Figaro* del 6/09/2010: «"L'univers est né sans Dieu". Hawking crée la polémique», consultable en línea: https://www.lefigaro.fr/sciences-technologies/2010/09/06/01030-20100906ARTFIG00757-l-univers-est-ne-sans-dieu-hawking-cree-la-polemique.php

92. Esta sorprendente posición de Stephen Hawking le valió un comentario mordaz de su colega de Oxford John Lennox: «Una absurdidad sigue siendo una absurdidad, aun cuando provenga de científicos mundialmente célebres» (véase: https://www.youtube.com/watch?v=gS72Pf2MK7c a 6'38).

93. Stephen Meyer, *Return of the God Hypothesis*, HarperOne, 2021, pp. 372-375. Como Hawking, quien formuló el problema de manera memorable: *«¿Qué es lo que enciende el fuego de las ecuaciones y les da a estas un Universo al que poder describir?»*.

94. Alexander Vilenkin, *Muchos mundos en uno*, Barcelona, Alba, 2009.

explicaron nunca cómo ese ámbito de abstracción matemática podía provocar el nacimiento de un Universo real.[95]

———

Las teorías que acabamos de examinar no carecen de imaginación, pero algunas han demostrado ser inexactas y las otras siguen siendo especulaciones no confirmadas hasta el día de hoy.[96]

Si bien estas investigaciones presentan un interés intelectual y científico, no podemos más que señalar la increíble cantidad de materia gris y de tiempo que se movilizó para tratar de eliminar o eludir una teoría simple, verificada y documentada, al recurrir a alternativas complicadas y desprovistas de argumentos concluyentes. Este es un nuevo argumento indirecto que permite afirmar que el modelo estándar del Big Bang forma parte de las pruebas de la existencia de un Dios creador. La multiplicación de teorías alternativas ha tenido como consecuencia el crear una cortina de humo que enturbia este arranque de interrogación metafísica. Pero en el campo de la comprensión del Universo, el Big Bang sigue siendo el Big Boss.

---

95. S. Hawking, *Brevísima historia del tiempo*, Madrid, Crítica, 2015.

96. Se debe insistir en el hecho de que estas teorías tienen tres cosas en común que las diferencian radicalmente del modelo estándar del Big Bang: 1: son meras especulaciones provenientes de científicos imaginativos; 2: carecen del más mínimo principio de confirmación científica; 3: carecen de todo consenso científico...

7.

Las pruebas convergentes de un principio absoluto del Universo

La convicción creciente de que el Universo tuvo un principio absoluto no solo deriva de la confirmación del Big Bang, que no es más que un elemento de ello, sino de la convergencia de varios descubrimientos procedentes de diversos ámbitos del conocimiento. El objetivo de este capítulo es presentar el conjunto de esos motivos y su historia, para mostrar su fuerza y su coherencia, sin volver, no obstante, a lo que ya hemos expuesto de manera detallada.

Cinco ámbitos diferentes del pensamiento y de la ciencia llevan hoy a reconocer que no se puede eludir un principio absoluto del Universo:

1. La termodinámica

Si nuestro Universo se dirige hacia su muerte térmica y si dicha muerte no se ha producido todavía, es porque el tiempo en el pasado no es infinito (este punto fue desarrollado de manera detallada en el capítulo 4).

2. La cosmología

La expansión del Universo y el Big Bang apuntan naturalmente hacia un inicio del Universo. Numerosos científicos ponen la idea en tela de juicio, pero su posición se ha vuelto particularmente difícil de sostener después de los trabajos de Borde, Guth y Vilenkin. Estos últimos, prolongando los estudios de Penrose y Hawking acerca de las singularidades, demostraron en 2003 que todo universo que estuvo, globalmente, en expansión a lo largo de su historia, no puede ser infinito en el pasado y, por lo tanto, debe tener un límite en su espacio-tiempo pasado. Entonces, aunque haya podido anteriormente conocer otras *«singularidades»* (o sea, otros «Big Bang»), el Universo, que está en expansión, no puede ser infinito en el pasado, y debe haber tenido un comienzo (ver cap. 5 y 6).

3. La filosofía

En el siglo VI, en Egipto, Filópono, comentador cristiano de Aristóteles, es el primero en afirmar que un tiempo infinito en el pasado es imposible.[97]

Su razonamiento es simple, pero perfectamente válido. Consiste en decir que se puede imaginar un infinito en el futuro, pero que siempre será un *«infinito potencial»*. Efectivamente, si contamos 0, 1, 2, 3... sin parar nunca, vamos a tender, efectivamente, hacia el infinito, pero nunca lo podremos alcanzar. La cantidad contada estará en crecimiento, sin fin. De manera simétrica, del mismo modo que no se puede alcanzar el infinito en el futuro partiendo del hoy, no se puede provenir del infinito en el pasado para alcanzar nuestro tiempo. No se puede atravesar una extensión infinita, del mismo modo que no se puede provenir de un lugar al que no se puede ir. Y una travesía que no puede efectuarse en un sentido tampoco puede efectuarse en el otro. Un tiempo infinito en el pasado es por lo tanto racionalmente imposible (ver cap. 22, apartado III).

Esos razonamientos fueron desarrollados por los musulmanes Al Kindi (siglo IX) y Al Ghazali (siglo XII). Hoy se conocen bajo el nombre árabe de *kalam («debate»)*. Luego fueron completados en el siglo XIII por san Buenaventura y por san Alberto Magno. Sin embargo, en la Edad Media, al cabo de mucho debatir, santo Tomás de Aquino no los contempló. Por ello mismo, no se beneficiarán de un reconocimiento importante en Occidente.

Para santo Tomás de Aquino, el infinito real no puede existir;[98] no obstante, sostiene que un tiempo infinito en el pasado no implica un

---

97. *De aeternitate mundi contra Proclum*, Hildesheim: Olms, 1963 (Teubner, Leipzig, 1899).

98. *Suma teológica*, Ia, cuestión 7: *«Nada, fuera de Dios, puede ser infinito»* (artículo 2); *«Nada es infinito en magnitud»* (artículo 3); *«No es posible que una multitud infinita exista en acto»* (artículo 4).

infinito real, algo que luego se cuestionará.[99] Efectivamente, si hubiese un tiempo infinito en el pasado, el número de horas pasadas sería un número realmente infinito, lo que resulta imposible.[100] Es por lo tanto imposible afirmar que el pasado infinito no implica la existencia de un infinito real, sino solo la de un infinito potencial.[101] En resumen, el infinito real no existe, solo existen los infinitos potenciales. Ahora bien, un infinito potencial es un infinito hacia el cual se tiende por crecimiento sucesivo, sin alcanzarlo nunca. Pero, ya que el pasado está detenido, su crecimiento es imposible. Por lo tanto, no puede haber en el pasado ni infinito real ni infinito potencial.

4. Las matemáticas

El célebre matemático Georg Cantor (1845-1918) desarrolla una aritmética transfinita manipulando conjuntos infinitos, entre los cuales algunos son infinitamente más grandes que otros. Pero esta idea de infinito abstracto, que funciona en matemáticas, no puede trasladarse al mundo real, tal como lo confirmaron David Hilbert y los matemáticos del congreso de la Sociedad Matemática de Westfalia, en junio de 1925: *«Nuestro resultado principal es que el infinito no existe por ningún lado en la realidad. Es*

---

99. Se podrá leer una defensa de Buenaventura contra santo Tomás de Aquino por Fernand van Steenberghen en «Le mythe d'un monde éternel», *Revue philosophique de Louvain*, n.º 30, 1978, pp. 157-179.

100. Ver todas las paradojas mencionadas por Matthieu Lavagna en su libro *Soyez rationnel, devenez catholique!*, Association Marie de Nazareth, París, 2022, pp. 46-57.

101. En la cuestión de la Suma teológica (Prima, cuestión 46, artículo 2), en la que resume su posición, parece que santo Tomás la defiende con argumentos cuestionables. Sobre todo en la respuesta a la objeción n.º 6. La afirmación *«En sentido contrario»* se basa en un principio mal fundamentado. La respuesta argumenta lo siguiente: *«No se puede por lo tanto demostrar que el hombre, el cielo o la piedra no hayan existido siempre»*. Ahora bien, es falso. La solución número 4 afirma: *«Los defensores de la eternidad del mundo sostienen que todas las partes de la tierra se han vuelto sucesivamente habitables o inhabitables un número infinito de veces»*, lo cual también resulta insostenible y falso. Por fin, en la respuesta a la objeción n.º 6, dice: *«Todo paso se entiende desde el punto de partida al punto de llegada. Ahora bien, sea cual fuere el día pasado que se toma como punto de partida, desde ese día hasta hoy existe un número finito de días que pueden ser recorridos. Mientras que la objeción supone que entre dos extremos hay un número infinito de intervalos»*. Sobre este argumento, el hecho de que cada punto en el pasado se sitúe a una distancia finita del presente implica que el pasado en su totalidad puede ser recorrido. Lo que es evidentemente falso, ya que, incluso si cada porción del pasado [-n; 0] pudo ser recorrido sea cual sea n, esto no implica en absoluto que la totalidad del pasado infinito pudo ser recorrida. Es un sofisma de composición que denunciaba William Lane Craig en 1979 en su tesis sobre *el kalam* (*The Kalam Cosmological Argument*, MacMillan, Londres, 1979).

solamente un concepto matemático. No constituye una base legítima para el pensamiento racional. El papel que le toca desempeñar es solamente el de una idea».[102] De lo contrario, se llega a ciertas absurdidades, como la del famoso hotel de Hilbert, que dispone de un numero infinito de habitaciones: cuando todas las habitaciones del hotel están ocupadas, sigue habiendo una infinidad de habitaciones libres.[103]

5. La física

Cada vez que se encuentran ante ecuaciones divergentes y tienden hacia el infinito, los físicos dicen: «No, no es física. Hay que revisar los modelos». Sus intuiciones van a ser confirmadas en el siglo XX en varios ámbitos:

- En lo infinitamente grande, la teoría de la relatividad llega a la conclusión de que no hay velocidad infinita: la velocidad de la luz no se puede superar.

- En sentido inverso, en lo infinitamente pequeño, no es posible dividir un segmento de manera infinita: los cuantas aparecen como un límite.

- Probablemente tampoco haya un tiempo infinito en el pasado: el modelo estándar del Big Bang, que se basa en la teoría de la relatividad de Einstein, sugiere que el tiempo, el espacio y la materia tuvieron un inicio conjunto.

- Finalmente, si bien muchos cosmólogos no están aún convencidos de ello, no puede ser que el Universo tenga un borde o sea infinito. Es forzosamente esférico, en 4 dimensiones. Por analogía, se puede destacar que la misma cuestión pudo plantearse en el pasado con la Tierra, que a primera vista parecía plana: ¿se extiende hasta el infinito o tiene un borde? Ni lo uno ni lo otro, en realidad: es esférica y no podía ser de otro modo, ya que el infinito real no existe y que la idea de bordes carece de sentido. Ahora bien, lo mismo ocurre, a su

---

102. P. Benacerraf y H. Putnam, *Philosophy of Mathematics: Selected Readings*, Cambridge University Press, 1984, pp. 183-201.

103. Basta con pedir a cada ocupante que pase a la habitación cuyo número es el doble de la suya. De este modo, se liberan una infinidad de habitaciones: todas las que tienen un número impar.

vez, con el Universo. No puede pues tener bordes ni ser infinito: el espacio-tiempo es necesariamente esférico en 4 dimensiones, o sea, que, si se pudiese avanzar en línea recta a una velocidad infinita, se terminaría por volver al punto de partida, por detrás.[104] Solo los modelos que omiten tomar en cuenta todos los elementos de la realidad pueden imaginar lo contrario, pero un Universo plano (curvatura nula) o hiperbólico (curvatura negativa) carecen de sentido en física.[105]

Estos diferentes motivos independientes muestran que es sumamente difícil sostener de manera coherente la tesis de un Universo eterno.[106]

Resumen de la historia de la cuestión y de su alcance filosófico

Con excepción notable y sorprendente de los lectores de la Biblia, todo el mundo o casi creyó siempre que el Universo era infinito en el tiempo,[107] y esto por dos razones:

- Primero, porque esa idea es intuitiva, y es la que se impone. Efectivamente, lo que el hombre percibe es que la Tierra es plana, que el Sol gira alrededor de la Tierra y que el Universo parece infinito en el espacio y en el tiempo, porque no se ve cómo podría tener un límite. Desgraciadamente, a veces, las intuiciones nos engañan. Se van a necesitar grandes científicos y descubrimientos importantes para mostrar que las intuiciones en cuestión estaban equivocadas.

---

104. Las últimas medidas del satélite Planck confirman la idea de una curvatura espacial del Universo, muy pequeña pero levemente positiva, y de un Universo esférico. Ver https://es.wikipedia.org/wiki/Forma_del_universo

105. En cosmología, nos acercamos a la verdad cuando los modelos físicos, las ecuaciones matemáticas, las experimentaciones y las observaciones concuerdan. De otro modo, las teorías son parciales o son defectuosas.

106. La etimología abunda en la idea de que el infinito es imposible, ya que *«infinito»* significa *«no finito»*, o sea, *«no determinado»*, casi *«no real»*: el infinito se define con respecto a la realidad del Universo material de manera negativa, temporal y espacial.

107. Históricamente, la mayoría de los pueblos, civilizaciones y científicos imaginaron un Universo eterno y cíclico. Es efectivamente lo que nos viene a la mente, de manera natural, cuando se observa la estabilidad del mundo y el ciclo de las estaciones. Aristóteles, por ejemplo, y todos los filósofos que se inscriben en su perspectiva, creían en un Universo eterno sin comienzo ni fin. Einstein y la mayoría de los grandes científicos pensaban lo mismo hace apenas cien años.

• Segundo, admitir un principio absoluto del Universo equivale, *ipso facto*, a admitir la existencia de un Dios creador, porque, según la famosa fórmula de Parménides, retomada por Lucrecio, *«ex nihilo nihil»* («de la nada absoluta nada puede salir»). Queda por lo tanto claro que nunca hubo una nada absoluta, que forzosamente algo existió siempre. Entonces quedan dos posibilidades: o bien es el Universo,[108] o bien es un dios trascendente, exterior al Universo, del que es su creador.

Se entiende, por lo tanto, que los materialistas de todos los tiempos hayan defendido con constancia la idea de la eternidad del Universo, porque no tenían, literalmente, otra opción.[109] Tanto Parménides, Heráclito, Demócrito, Epicuro y Lucrecio como Marx, Engels, Lenin, Mao y Hitler, pasando por Nietzsche, Schopenhauer, Feuerbach, Hume, Sartre, los filósofos ateos del siglo XIX, o aun Espinoza, Auguste Comte, Mach, Arrhenius, Haeckel, Berthelot, Russell, Crick, etc., todos se han visto obligados a afirmar que la materia era, de un modo o de otro, eterna en el pasado y que el Universo nunca había comenzado.

Este panorama histórico y la descripción de su alcance filosófico permiten entender mejor por qué los regímenes ateos del siglo XX reaccionaron con una violencia increíble, por razones exclusivamente ideológicas, como lo vamos a ver en el próximo capítulo.

---

108. Esta hipótesis, de hecho, no contradice de manera directa la idea de Dios.

109. Heráclito, *«El mundo no ha sido creado por uno de los dioses ni por un hombre: siempre fue, es y será»*. Citado por Georges Minois en *Histoire de l'athéisme: les incroyants dans le monde occidental des origines à nos jours*, París, Fayard, 1998, pp. 40-42.

8.

La novela negra del Big Bang

Teorías a las que destruir

¿Quién habría imaginado que la historia de ciertas teorías científicas, elaboradas en el estudioso silencio de los laboratorios, iba a terminar más tarde, para algunos científicos, en el gélido anonimato del gulag o en las amargas rutas del exilio? Landáu, Kózyrev, Bronstein, Frederiks, Hausdorff, Stern... Vidas destruidas o maltratadas. ¿Por qué la tragedia hizo acto de presencia en la vida de aquellos hombres tranquilos, inmersos en sus ecuaciones y a mil leguas de los cálculos políticos?

Para entenderlo, hay que remontarse al descubrimiento de la muerte térmica del Universo. Esta teoría, derivada del segundo principio de la termodinámica, comportaba evidentes consecuencias metafísicas que, pese al carácter científico del asunto, no habían pasado desapercibidas para los filósofos y los ideólogos.

La muerte térmica suponía un comienzo del Universo, lo que, a su vez, implicaba un Dios creador. Tales conclusiones minaban los cimientos de las ideologías materialistas, y, la primera de todas, la del marxismo. La expansión del Universo, descubierta poco más tarde, iba en el mismo sentido. Poco después, el descubrimiento y la datación del Big Bang acabaron completando la demostración.

El estudio de la persecución ideológica de los científicos del Big Bang es instructivo: revela hasta qué punto esta prueba, relativa al comienzo, era percibida como poderosa y amenazadora

La reacción de los materialistas acérrimos estuvo a la altura del peligro que esas nuevas teorías representaban para ellos. Había que acallar, a toda costa, a los científicos que las exploraban y difundían. Por eso el relato de estas persecuciones presenta un interés tan grande. Jamás habría habido tal desenfreno de violencia contra los teóricos de la expansión del Universo y del Big Bang si los ideólogos materialistas no hubieran pensado que allí había una prueba de una gran fortaleza de la existencia de Dios. El uso de la violencia es, aquí más que nunca, un reconocimiento.

La Rusia soviética y la Alemania nazi representan dos casos tristemente emblemáticos de esa «caza de brujas» científica, en la que los mejores estudiosos estaban acorralados entre el terror rojo y el terror pardo. Incluso después de 1945, el Big Bang siguió dividiendo a la comunidad científica, y la violencia ideológica contra sus defensores siguió amenazante, bajo una forma más insidiosa.

En estas páginas de historia poco conocidas, la realidad a menudo supera la ficción. Encontramos en ellas denuncias, ejecuciones sumarias, amenazas, intentos de evasión, todo esto con, a modo de telón de fondo, una serie de descubrimientos científicos y sabias demostraciones.

El lector entenderá que, para contar esta novela negra del Big Bang, había que cambiar el estilo de los cuatro capítulos anteriores, más académicos. En las páginas que siguen, la escritura se hará más palpitante, acercándose a veces a la novela de espionaje. Pero esto no debe hacer olvidar el carácter trágico de los acontecimientos evocados, ya que todos ellos son, desgraciadamente, auténticos.

I. Los soviets contra los pioneros del Big Bang

1. «¡Dios ha muerto!»

Seca como un latigazo, la frase fue lanzada por primera vez por Nietzsche, en 1882, en *La gaya ciencia*. Entre todos los pensamientos del gran filósofo alemán, este habría de tener una enorme influencia sobre un joven estudiante, que fue admitido en 1891, primero como candidato libre —con la nota máxima en todas las materias— al examen de ingreso de la Universidad de San Petersburgo.

Innokenti Balanovski (1885-1937)
Encarcelado, luego, fusilado

Evgueni Perepelkine (1906-1938)
Encarcelado, luego, fusilado

Vsevolod Frederiks (1885-1944)
Muerto tras 6 años de Gulag

Lev Landáu (1908-1968)
Encarcelado, torturado, luego rehabilitado. Premio Nobel 1962

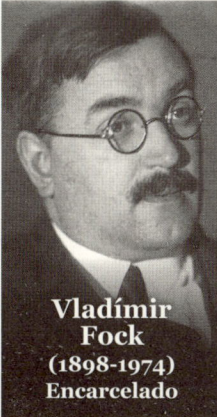

Vladímir Fock (1898-1974)
Encarcelado

Científicos perseguidos o asesinados porque sus estudios implicaban un origen del Universo

Matvéi Bronstein (1906-1938)
Torturado y fusilado

Maximilian Musselius (1884-1938)
Dimitri Eropkine (1908-1938)
Borís Númerov (1891-1941)
Encarcelados durante 10 años, luego fusilados

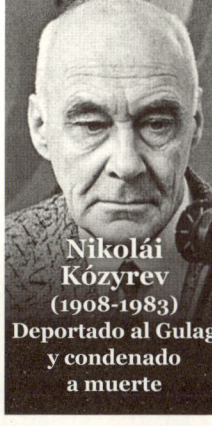

Nikolái Kózyrev (1908-1983)
Deportado al Gulag y condenado a muerte

Leonid Plyushch (1939-2015)
Encarcelado en un hospital psiquiátrico

George Gamow (1904-1968)
Jacob Tamarkin (1888-1945)
Escapan huyendo a los Estados Unidos

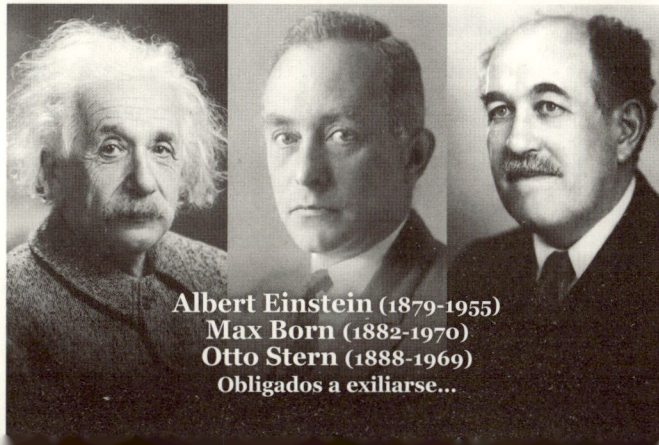

Albert Einstein (1879-1955)
Max Born (1882-1970)
Otto Stern (1888-1969)
Obligados a exiliarse...

¿Su nombre? Vladimir Illich Ulianov, llamado Lenin

Con apenas 21 años, el estudiante de Derecho está todavía muy lejos
de las barricadas humeantes de la Revolución de Octubre. Aún está en
busca de sus ideas, pero ya ha leído de cabo a rabo las obras que preparan al Gran Momento, como las mil páginas de *El capital* de Karl Marx.
Además, tiene a quien parecerse: su hermano mayor, Alexander, anar-
quista afiliado al grupo terrorista La Voluntad del Pueblo, fue ahorcado
en 1887 a los 21 años por haber intentado asesinar al zar Alejandro III.
Obsesionado por los cantos religiosos y las plegarias que acompañaron
su ejecución, Lenin adquiere progresivamente la convicción de que la
religión es el opio del pueblo y de que el nacimiento de un nuevo orden
social pasa por la destrucción de la idea de Dios. El joven contestatario
aún lo ignora, pero ese anatema se encontrará más tarde en un lugar
central de la ideología bolchevique, y trazará un camino de hierro y de
sangre en la Rusia de los años 1930. ¿En nombre de qué? Del célebre
«materialismo dialéctico», santificado no por el propio Marx —quien
nunca utilizó dicha expresión—, sino claramente por Lenin y sus suce-
sores, con Stalin a la cabeza.

La materia y nada más

Esta nueva corriente filosófica consiste en reubicar la realidad en el marco
de un materialismo dialéctico riguroso. Según lo que los intelectuales
comienzan a llamar el «marxismo-leninismo», la realidad reposa únicamente sobre la materia y carece de cualquier otra dimensión, sobre todo
de dimensión «espiritual». Más precisamente, el materialismo dialéctico
de Marx y Lenin consiste en el empleo del método dialéctico para analizar la realidad en el marco del materialismo, teniendo como axioma la
eternidad de la materia. El pensamiento materialista se inspira, pues,
en la dialéctica de Hegel (despojada de su dimensión «idealista») para
representar la transformación eterna de la realidad, sin comienzo ni fin.
¿El espíritu? Una invención. ¿Dios? Cuando se lo preguntan al inicio de
la revolución a Lenin, que, con el desmantelamiento del orden zarista,
tiene otras prioridades, se limita a encogerse de hombros.

No obstante, desde principios de los años 1900, la ciencia da lugar a una descripción de la realidad totalmente diferente. En efecto, el gran físico austríaco Ludwig Boltzmann demostró que la entropía del Universo aumenta a medida que pasa el tiempo. Esta constatación (que implica, por ejemplo, que el café se enfríe en una taza) conduce necesariamente en un futuro remoto a «la muerte térmica» del Universo. La consecuencia de este fenómeno es que el Universo no es eterno.

Ahora bien, ya en 1917, los ideólogos de la Revolución de Octubre con Plekhanov y Lenin a la cabeza, perciben el peligro de este avance científico. Lenin explica a quien quiera oírlo que, si la materia no es eterna, algunos —incluso sin tener fe— pueden pensar que fue creada por esa causa transcendente que se conoce como Dios. En adelante, el enemigo que hay que abatir es el visitante de las iglesias. Los bolcheviques, alentados por su nuevo maestro, no se andan con chiquitas. Perseguidos sin descanso por la GPU, la temible Policía Política creada en 1922, los popes y los obispos se ven, de la noche a la mañana, enviados a la cárcel, deportados a Siberia, llevados al paredón para ser fusilados. Hasta el 21 de enero 1924. Ese día Lenin desaparece, ahogado en la sangre de un ataque cerebral.

No obstante, la lucha contra Dios y la religión está lejos de haber finalizado con la desaparición del padre de la Revolución de Octubre. Muy al contrario: va a tomar un cariz aún más aterrador y violento. A partir de 1925, quien maneja los hilos se convertirá en uno de los dictadores más sanguinarios de la primera mitad del siglo XX. El apodo que se dio a sí mismo lo describe tal como es: *Stalin*, el hombre de hierro.

Para el hombre de hierro —que, no obstante, en su juventud, estuvo a punto de ser ordenado sacerdote después de cuatro años en el seminario de Tiflis— las cosas son simples: Dios no existe. Lo buscó durante cuatro años, no lo encontró; esa ilusión dañina debe ser expulsada de la vida de los hombres. A partir de 1925, los sacerdotes son hostigados como nunca, los monasterios, incendiados, y las iglesias, destruidas.

El 15 de mayo de 1932 el Gobierno soviético adopta incluso un «plan quinquenal del ateísmo», centrado en un slogan apabullante: *«¡Ya no existe Dios en 1937!»*. Para lograr este verdadero *«deicidio»*, el medio propuesto por el propio Stalin es de los más radicales: *«liquidar al clero reaccionario del país»*.[110]

Pese a la destrucción planificada de todo lo que, directa o indirectamente, concierne a la religión, los ideólogos del partido se ven progresivamente confrontados a un nuevo enemigo. Poco importa que los ideólogos del partido hayan desmantelado los lugares santos, asesinado a sacerdotes por todas partes, forzado a culatazos a los «camaradas» a seguir cursos obligatorios de ateísmo: la idea de creación del Universo sigue ardiendo en el rescoldo de las cenizas. ¿Por qué? Porque desde los inicios de los años 1920, algunos científicos comienzan a hacer correr la voz en las universidades de que puede que el Universo no sea fijo. Estaría creciendo a cada instante, es decir, en «expansión». De ser cierto, esto significaría que, inevitablemente, el cosmos tuvo un comienzo, muy lejos, en el pasado. Y que tal comienzo tiene, inevitablemente, una causa transcendente, que algunos no dudan en llamar Dios.

«La luz de Alexander Friedmann»

Todo empezó en 1922 en la Universidad de San Petersburgo. ¿El responsable? Un matemático por entonces desconocido, Alexander Friedmann. Pero ese científico discreto, que trabaja silenciosamente en el centro meteorológico de San Petersburgo, tiene dos formidables ases en la manga. Para empezar, supera ampliamente en matemáticas a casi todos sus contemporáneos (de hecho, escribió y publicó con un compañero suyo de escuela secundaria, Jacob Tamarkin, un primer artículo sobre la teoría de los números en los *Anales de las matemáticas,* con apenas 17 años). Además, habla y lee con fluidez varios idiomas, en especial el alemán. Por consiguiente, es uno de los primeros científicos rusos

110. Citado en https://www.egliserusse.eu/blogdiscussion/Un-plan-quinquennal-athee-commencait-en-URSS-il-y-a-80-ans_a2418.html. Para profundizar: «Le pouvoir soviétique et l'Église orthodoxe de la collectivisation à la Constitution de 1936», Nicolas Werth, *Revue d'études comparatives Est-Ouest*, 1993, 24 (3-4), pp. 41-49.

en descubrir en versión original, en el otoño de 1917, la monumental teoría que iba a revolucionar el mundo: la relatividad general. Y es casi sin esfuerzo, recorriendo rápidamente el panel de las ecuaciones, como advierte que Einstein no ha ido hasta el final de la lógica inducida por sus propias ecuaciones.

Volvamos a 1916. Por aquel entonces, como ya hemos visto, Einstein estaba firmemente convencido de que el Universo es fijo desde siempre. Que jamás tuvo un comienzo y que existirá eternamente. Por eso es muy bien recibido por los bolcheviques, que, sin haber leído ni una línea de sus trabajos, lo ponen por las nubes.

Sin embargo… Bien miradas y de cerca, las ecuaciones de la relatividad no dicen en absoluto que el Universo es fijo, ¡todo lo contrario! Por más que Einstein se obstine y retome sus cálculos de arriba abajo y por enésima vez, no hay nada que hacer: la solución indica obstinadamente que el Universo está en expansión. Pero, a sus ojos, ¡ese resultado es absurdo!

Para recuperar sus certezas y volver a hallar un Universo fijo, encuentra solo un medio: introducir a mano en los cálculos una constante, que Einstein llama la «constante cosmológica». Le atribuye el valor preciso necesario para equilibrar la fuerza de la gravedad, para poder representar el Universo como estático, o sea, sin expansión ni contracción. La jugada se lleva a cabo en 1916.

Hasta 1922, nadie detecta la superchería. Nadie, salvo Friedmann. A simple vista, advierte que esta famosa constante no tiene la más mínima razón de ser, y que obliga las ecuaciones a decir algo que no deberían decir. Muy contrariado y firmemente decidido a conocer la verdad, el matemático copia en su cuaderno una por una las interminables líneas algebraicas y luego, de un plumazo, suprime página tras página la tan molesta constante cosmológica. Por fin puede libremente sumergirse a sus anchas en el corazón de las ecuaciones. Los cálculos son abrumadoramente largos y complicados. Pero, con la ayuda de sus amigos de siempre, el brillante matemático Jacob Tamarkin y el talentoso Yuri Krutkoff, termina por encontrar la solución: las ecuaciones de la relatividad general conducen naturalmente a la posibilidad de un Universo dinámico.

Friedmann es el primero en descubrir que, a menos que la constante cosmológica no se fije de manera arbitraria con un valor muy específico e improbable, ¡las ecuaciones del campo darían soluciones que conducen a un Universo dinámico y no estático![111]

¡Un Universo en expansión!

La conclusión es insólita. Sin escuchar a ciertos colegas de la universidad, que preferirían enterrar para siempre este descubrimiento a contracorriente de todo lo que machaca el régimen, Friedmann decide publicar los resultados, como ya lo hemos recordado, el 29 de junio de 1922 en *Zeitschrift für Physik*, la revista más leída de la época. Escrito en un estilo muy directo, el artículo deja a sus lectores pasmados de asombro. Una mañana, Einstein recibe la revista en cuestión y da con el artículo de Friedmann. ¡Ese ruso de quien nunca ha oído hablar da a entender que sus cálculos son falsos! Furioso, publica el 18 de noviembre de 1922, en la misma revista, una respuesta mordaz: *«Los resultados sobre el Universo no estacionario contenidos en el trabajo de Friedmann me parecen muy sospechosos. En realidad, resulta que la solución propuesta no satisface las ecuaciones de campo».*

———

Para Friedmann, el golpe es duro. Ya sentía entre algunos de sus colegas afiliados al Partido Comunista una sorda hostilidad hacia sus ideas. Pero si el mismo Einstein, que acababa de ser coronado con el Premio Nobel, se revuelve a su vez contra su teoría, nunca logrará hacerse escuchar. En la tarde del 6 de diciembre de 1922, Friedmann pide auxilio a uno de sus alumnos, Vladímir Fock. Fock tiene a quien parecerse, ya que su

———

111. Como ya se ha mencionado, la constante cosmológica es el resultado natural de las matemáticas que han permitido establecer las ecuaciones de la relatividad general. Einstein le había dado el valor preciso necesario para mantener un Universo estático. Después de haber reconocido que el Universo estaba en expansión, la suprimió de sus ecuaciones. Más tarde, los cosmólogos llegaron a la conclusión de que la constante cosmológica era necesaria para tener en cuenta lo que se llama actualmente energía oscura. Esta energía impregna todo el espacio vacío y está en el origen de la aceleración observada en la expansión del Universo.

director de tesis no es otro que Krutkoff, fiel apoyo de Friedmann. Juntos redactan el texto siguiente: *«Considerando que la posible existencia de un Universo en expansión tiene cierto interés, me permito presentarle mis cálculos… Si los encuentra correctos, ¿tendría, por favor, la gentileza de informar a los editores de* Zeitschrift für Physik*? En tal caso, quizá podría rectificar su nota o bien publicar parte de esta carta».*[112] Esta misiva surte su efecto, sobre todo porque, a comienzos de mayo de 1923, Krutkoff se lanza en búsqueda de Einstein, a quien encuentra en los Países Bajos. El 7 de mayo de 1923, retomando los cálculos paso a paso, termina por convencerlo (con la ayuda del imprescindible teórico Paul Ehrenfest, amigo de Einstein desde siempre) de que el enfoque de Friedmann es el que corresponde. Y a su regreso a Berlín, el 21 de marzo de 1923, el padre de la relatividad escribe a la revista *Zeitschrift für Physik* esta nota que se ha vuelto histórica: *«El señor Krutkoff y una carta del señor Friedmann me convencieron, mi objeción se basaba en un error de cálculo. Reconozco los resultados del señor Friedmann como correctos. Aportan un nuevo enfoque».*[113]

¡Un error de cálculo! El reconocimiento es contundente. La nota se publica el viernes 29 de junio de 1923. Con estas pocas líneas acababa de nacer la cosmología moderna.

El triunfo del pionero del Big Bang

Friedmann saborea por fin su victoria. Sin esperar, publica el mismo año, con la ayuda de Vsevolod Fredericks, una obra titulada *El Universo como espacio y tiempo*. Estupefactos, sus lectores descubren que el Universo habría conocido un comienzo, hace miles de millones de años. ¿Cómo era nuestro cosmos en aquel entonces? ¡La respuesta de Friedmann es

112. V. Fock, «The researches of A. A. Friedman on the Einstein theory of gravitation», *Soviet Physics Uspekhi*, vol. VI (4), 1964, pp. 473-474. Ver también Krutkov Yu. A. y Fock V., «Über das Rayleighsche Pendel» [Acerca del péndulo de Rayleigh], *Zeitschrift für Physik*, 1923, vol. XIII, n.°3, pp. 195-202.

113. «Quantentheorie des Strahlungsgleichgewichts» [Teoría cuántica del equilibrio de la radiación], revista *Zeitschrift für Physik*, 1923, vol. XIX, pp.301-306.

sorprendente! En el principio de los tiempos, el Universo entero, con sus miles de millones de estrellas, estaba contraído *«en un punto (de volumen nulo) y luego, a partir de ese punto, había aumentado de radio»*.[114]

Una conclusión simplemente intolerable para los bolcheviques, sobre todo desde que el propio Einstein parece reconocer su validez. De hecho, los rumores que, poco a poco, empiezan a difundirse más o menos abiertamente en los pasillos de la Universidad de San Petersburgo albergan motivos para hacer temblar a los partidarios del marxismo-leninismo. Porque en lo que escribe ese científico, respetado hasta entonces por las autoridades, no hay una sola línea que no se encuentre en contradicción frontal con el materialismo dialéctico, según el cual el Universo es fijo, existe desde la eternidad y jamás tuvo un comienzo. Para los nuevos amos del régimen, la solución es simple: hay que terminar de una vez por todas con el mito de la creación y con quienes lo propagan.

Destruir el mito de la creación

De ahí en adelante, la consigna es eliminar, entre los científicos, a todos aquellos de los que se pueda sospechar que violan, en mayor o menor medida, las leyes del materialismo dialéctico. ¿De qué los acusa el régimen? De hacer propaganda antisoviética. Esos supuestos *«enemigos del estado bolchevique»* están pues condenados a desaparecer en lo más remoto de Siberia o perecer ante un pelotón de ejecución.

El acoso implacable comienza en el invierno de 1923. Se toman las primeras medidas contra Friedmann para asegurarse de que el científico se quede callado. Algunos de sus seminarios y de sus cursos son «inspeccionados» de improviso por agentes de la Policía Política, que irrumpen en las salas de clase armados hasta los dientes. Pero esas maniobras de intimidación no son suficientes para hacer callar al matemático. Sus estudiantes, por su parte, están dispuestos a plantar cara a los bolcheviques, en particular cuatro jóvenes prodigios que están casi

---

114. Friedmann A. A, *Mir kak prostranstvo i vremya [El Universo como espacio y tiempo]*, Moscú, ediciones Nauka, 1965 [1923].

siempre juntos y que se conocen en todo Leningrado como *«los cuatro mosqueteros»*.[115] El más joven es un genio del cálculo y se llama Lev Landáu. Obtuvo el bachillerato a los 13 años y en 1924 es aún un adolescente. Su mejor amigo, George Gamow, conoce la relatividad como nadie. Matvéi Bronstein, por su parte, ya comienza a escribir un libro sobre el nacimiento de la materia.[116] En cuanto a Dimitri Ivanenko, es experto en lo que se empieza a llamar «las ecuaciones de Friedmann».

Brillantes matemáticos, difunden con entusiasmo por doquier la formidable noticia según la cual el Universo no es fijo, y, por lo tanto, tuvo un comienzo. En anfiteatros repletos, aplauden con entusiasmo cuando Friedmann deja caer en voz baja: *«Por esto, señores, el Universo no existe desde siempre. Tuvo un comienzo, hace miles de millones de años, en una época lejana en la que no era más grande... ¡que una mota de polvo!»*.[117]

El éxito resulta arrollador, incluso entre los no científicos. Pero en absoluto para los dirigentes del partido.

A partir de 1924, Félix Dzerjinski, el temible jefe de la Policía Política, ordena que lo sigan. En la primavera de 1925, los dirigentes de la universidad afiliados al partido tratan de impedirle enseñar su teoría de la expansión cósmica. Y el pionero del Big Bang desaparece brutalmente.

El joven George Gamow está convencido de que su maestro ha sido víctima de un complot. Es lo que confiesa una tarde del otoño 1925 al matemático

---

115. Expresión citada, por ejemplo, en *Le mystère du satellite Planck: Qu'y avait-il avant le Big Bang?*, Igor y Grichka Bogdanoff, Eyrolles, 2013, capítulo 1: «Le Big Bang a-t-il laissé une trace dans le ciel?», p. 30. https://www.eyrolles.com/Chapitres/9782212557329/Chap-1_Bogdanov.pdf

116. Ver su artículo en inglés de 1933: Matvéi Bronstein, «On the Expanding Universe», *Physikalische Zeitschrift der Sowjetunion*, 1933. Bd. 3., pp. 73-82.

117. En su artículo seminal del 29 de junio de 1922, «Acerca de la curvatura del espacio» («Über die Krümmung des Raume». *Zeitschrift für Physik*, vol. X (1), pp. 377-386), A. Friedmann franquea el paso que Einstein no se había animado a dar. Escribe, por ejemplo: «El Universo, al contraerse en un punto (de volumen nulo), y luego, a partir de dicho punto, al aumentar de radio hasta cierto valor máximo, disminuyendo luego nuevamente para seguir siendo un punto, y así sucesivamente». Jean-Pierre Luminet (op. cit.) precisa: «Por primera vez en la historia de la cosmología, los problemas del comienzo y el fin del Universo se plantean en términos científicos, pero Friedmann no puede abstenerse de ver una implicación metafísica: "Se puede también hablar de la creación del mundo a partir de nada"». Ver https://www.cairn.info/revue-etudes-2014-1-page-67.htm

Jacob Tamarkin, el más fiel camarada de Friedmann. Tamarkin no ha olvidado esas noches en que los dos camaradas demostraron juntos que el espacio-tiempo conoció inevitablemente un instante creador (que el premio Nobel ruso Andréi Sájarov llamará en los años 1970 «la singularidad de Friedmann»).

Indirectamente, durante su conversación clandestina con Gamow, Tamarkin comprende que, habida cuenta de sus ideas «altamente sospechosas» y de sus amistades con el grupo de Friedmann, corre el riesgo de ser la próxima víctima de la lista negra de la Policía Política. Pocas horas después, toma una decisión: se irá de la Unión Soviética. El año 1925 ve pues desaparecer a dos de las más brillantes joyas de la ciencia: Friedmann, arrebatado por una sospechosa fiebre tifoidea al volver de su luna de miel, y su amigo de siempre, Tamarkin, emigrado clandestinamente a los Estados Unidos, donde comienza una nueva vida.

———

Desgraciadamente, Gamow no tuvo esa suerte. Como tampoco los otros discípulos de Friedmann, particularmente los más cercanos. Fieles al pensamiento del maestro, también sentirán abatirse sobre ellos la garra de hierro del régimen. Pero no inmediatamente.

En efecto, con la desaparición de Friedmann, la represión contra los científicos defensores de la creación del Universo conoce un receso durante algunos años. En primer lugar, porque su jefe de filas se ha callado, y porque sus discípulos, conscientes del peligro, mantienen un perfil bajo. Luego, porque el régimen soviético ha tenido que digerir —con gran dificultad— dos acontecimientos espectaculares que tienen repercusión en el mundo entero. El primero sucede en 1927, con la sensacional publicación, bajo la pluma del abad Lemaître, de una nueva teoría sobre la expansión cósmica. Los científicos afiliados al régimen descartan de un plumazo el artículo del canónigo belga. ¡De nada les sirve! Dos años más tarde, en 1929, la expansión del Universo es efectivamente observada por el astrónomo norteamericano Edwin Hubble con la ayuda del gran telescopio del monte Wilson. ¡Esta vez, se tiene por fin la prueba de que Friedmann no se equivocó! Pero Stalin y sus lugartenientes reaccionan inmediatamente, tachando al fantástico descubrimiento de ser «propaganda americana» y amordazando a los partidarios de la expansión.

Resultado: los astrofísicos rusos, con Gamow a la cabeza, no pueden hacerse oír. Con ayuda de su segundo, el temible Molotov, Stalin toma poco a poco las riendas del gigantesco aparato de Estado de la Unión Soviética. Al mismo tiempo, el combate contra las ideas que puedan amenazar el sacrosanto materialismo marxista se hace cada vez más brutal. En 1926, Viatcheslav Menjinski sucede a Félix Dzerjinski al frente de la Policía Secreta, y no duda en lanzar a sus milicias sanguinarias contra los supuestos disidentes.

Mientras tanto, Stalin, se consolida en su puesto. Prepara bajo cuerda los grandes juicios y las ejecuciones masivas que, a partir de los años 1930, terminarán por reducir al silencio a quienes se llama entonces «los secuaces de Lemaître».

2. Los crímenes en masa contra los cosmólogos

Estamos a principios de los años 1930. Bajo el impulso de quien se ha comenzado a apodar «el padrecito de los pueblos», la máquina de eliminar a científicos vuelve a ponerse en marcha y se embala.

Un ejemplo particularmente impactante de la represión masiva que se anuncia está relacionado con un caso criminal de siniestra memoria: «el caso Púlkovo».[118] Una larga serie de asesinatos de Estado, organizados en los años 1930, de astrónomos y astrofísicos que, en su mayoría, estuvieron en contacto estrecho con Alexander Friedmann y que estaban firmemente convencidos de que el Universo no es eterno.

No es casual que esta represión asesina se concentre en Leningrado. En primer lugar, es la ciudad de Friedmann, allí donde propagó sus ideas. Pero hay más. En 1934, uno de los fieles de Stalin, Andréi Zhdánov, es

---

118. El caso Púlkovo tuvo lugar a partir de 1935: un grupo de científicos fue acusado por la NKVD soviética de «participar en la organización terrorista nazi Trotsky-Zinoviev».

nombrado secretario general del Partido Comunista de Leningrado. Ideólogo autoproclamado del régimen y organizador metódico de las grandes purgas estalinistas, el hombre resume las posiciones soviéticas respecto al Big Bang en pocas y virulentas palabras: *«¡Los falsificadores de la ciencia quieren hacer revivir el cuento de hadas del origen del mundo a partir de la nada!»*. ¿Su objetivo? Buscar y perseguir sin piedad *«a los agentes del abad Lemaître»*.[119] Aquellos que tienen la desgracia de decir o escribir que el cosmos está en expansión son sistemáticamente eliminados.

Volvemos a encontrarnos con Gamow y sus amigos en 1931, en Moscú. Saben que, en Occidente, se habla de un posible comienzo de la materia y están decididos a hacer lo mismo en Rusia. Pero los nuevos amos del imperio soviético —los Stalin, Molotov, Bujarin, Beria— no piensan lo mismo. Para ellos, la materia sigue siendo eterna y ¡nadie (aún menos los antiguos discípulos de Friedmann) puede decir lo contrario!

Gamow es el primero en darse cuenta del peligro. En 1931, se le confisca el pasaporte y los muros de su patria se cierran sobre él como una cárcel. En la primavera de 1932, intenta en vano atravesar el mar Negro en kayak con su esposa, para llegar a Turquía. Unos meses más tarde, trata de huir a Noruega y está al borde del naufragio. Todo parece perdido, cuando, en 1933, milagrosamente el régimen le concede un visado pedido por Niels Bohr y Paul Langevin para que pueda asistir al famoso congreso Solvay en Bruselas. Nunca regresará a Rusia. Inmediatamente declarado *«traidor al régimen»*, es condenado a muerte. Pero, gracias a Marie Curie, la pareja abandona definitivamente Europa en 1934 para instalarse en Estados Unidos.

Veremos más adelante que, desgraciadamente, Landáu, Ivanenko y Bronstein no siguieron el mismo camino y caerán entre las garras de la represión.

---

119. Andréi Zhdánov, *Against Idealism in Modern Physics*, 1948. Citado en el artículo en línea: https://www.balcanicaucaso.org/eng/Areas/Russia/Stalin-the-big-bang-and-quantum-physics-176560

El trágico caso Púlkovo

Llegamos, al final de un largo invierno, a marzo de 1935.

Es de noche, pero un hombre trabaja desde hace buen rato. ¿Su nombre? Vladímir Fock. Este brillante físico matemático viene de una buena estirpe. Es el hijo de Alexander Fock, el geómetra e ingeniero jefe de los Recursos Hídricos y Forestales de la URSS. Pero no acaba aquí la cosa. Estudiante de Física en la Universidad de Leningrado, fue un fiel alumno de Alexander Friedmann.

Pese a ese padrinazgo, que huele a azufre para los bolcheviques, Fock se abrió camino en la Universidad de Leningrado y terminó por asumir la dirección del departamento de Física Teórica en 1934. Ese año, dio una serie de conferencias en el célebre observatorio astronómico de Púlkovo, considerado como el primer centro astronómico de la Academia de Ciencias soviética.

Su detención por los milicianos de la Policía Política ocurre en plena noche: Fock es acusado de alta traición y de complot contra la ideología del Estado. Después de tres días de aislamiento sumamente duros, pasados sin comer, le informan de que forma parte de los conjurados de Púlkovo. Aquellos traidores al Estado que proclaman que el Universo tuvo un comienzo, miles de millones de años atrás. Para sus torturadores, el materialismo dialéctico corona el triunfo de la razón. El Universo existe desde siempre. Y para siempre.

Si el Universo hubiese tenido verdaderamente un comienzo, entonces, ¿quién habría encendido la mecha? Fock se da cuenta de que se le quiere hacer confesar algo, hacerle decir que Dios creó todo lo que existe. Pero el físico conoce el precio de tal confesión: un crimen que se castiga con la pena de muerte.

Al término de un simulacro de juicio, los bolcheviques le anuncian que va a ser fusilado. Su crimen consiste en haber sido discípulo de Friedmann, y en pensar como él que el Universo se encuentra en expansión. Que en un pasado lejano no era más grande que una mota de polvo. Se le acusa de haber pervertido los cálculos hasta encontrar, después de

Friedmann, una solución infame a las ecuaciones de campo de la relatividad general. Ante el horror mezclado al absurdo de la situación, el peso de la incredulidad se abate sobre los hombros de Fock.

Cuando el día de la ejecución se acerca, un milagro acontece. Y tiene nombre: Piotr Kapitsa. ¿Quién es? Un científico fuera de lo común en la URSS. Futuro premio Nobel de Física en 1978, el mismo año que Penzias y Wilson, los descubridores de la radiación del fondo cósmico, la huella dejada por el Big Bang en el cielo. Es también el único científico admitido en la Academia de Ciencias que no es miembro del Partido Comunista. Es, además, el único en haberse opuesto a Stalin. Es quien salvará la vida de Lev Landáu, uno de los cuatro discípulos de Friedmann. Es también quien arrancará a Fock del suplicio en 1935. Una vez liberado, el físico reanuda su labor.

Se repite la pesadilla

Una noche glacial de febrero de 1937, Fock vuelve a ser detenido. En vano grita que ya fue juzgado y absuelto. Resulta que han surgido otras «acusaciones». Para empezar, parece ser que ha vuelto al observatorio de Púlkovo, ese santuario astronómico en el que Friedmann y sus discípulos trabajaron con entusiasmo a comienzos de los años 1920, un lugar literalmente maldito a ojos del régimen. Y, además, ¿acaso no es cierto que un espía de la Universidad de Leningrado lo vio dando una conferencia vergonzosa sobre el supuesto origen del Universo en la universidad de Leningrado? Una vez más, Kapitsa vuelve a entrar en acción y logra arrancarle a Stalin la orden de liberación de Fock.

Esta vez sí que la pesadilla se ha acabado.

―――

Evgueni Perepelkine, enviado al gulag y luego fusilado

Pero la mayor parte de los astrónomos no tuvieron esa suerte. En primer lugar, el joven físico Evgueni Perepelkine, quien siguió los cursos de Friedmann a partir de 1922, al tiempo que participaba con entusiasmo en los debates suscitados por el enfrentamiento entre su mentor y Einstein acerca del origen del Universo. En 1934, con apenas 28 años, es nombrado profesor de Astronomía y luego jefe del laboratorio de Astrofísica del observatorio de Púlkovo. Las enseñanzas de Friedmann encontraban una voz con la que hacerse oír. Retomando uno a uno los cálculos de su profesor, el joven Perepelkine demuestra una vez más, sin dar lugar a la menor duda, que la verdadera solución de las ecuaciones de la relatividad general es necesariamente dinámica y no estática, tal como lo pensaba Einstein. Dicho de otro modo, el cosmos no es fijo ni eterno, sino que crece permanentemente, lo que lleva a una conclusión inevitable: tuvo un comienzo en un pasado lejano. De aula en aula, el joven astrofísico reitera pues, ante sus estudiantes, el formidable descubrimiento. Pero no advierte el peligro que pesa sobre su propia persona. El 11 de mayo de 1937, en plena noche, lo sacan brutalmente de la cama y lo arrestan. Lo acusan de ser cómplice de los manejos antisoviéticos de León Trotsky. Al cabo de un juicio despachado con premura, lo condenan a cinco años de cárcel. Pero no era suficiente. Mientras purgaba su pena en un campo de trabajo, el terrible NKVD —ancestro del KGB— decide juzgarlo de nuevo, esta vez por hechos mucho más graves: atacar las bases ideológicas más profundas del régimen, negando que el Universo es eterno (y que la idea de Dios es totalmente inútil). El 13 de enero de 1938, el joven es fusilado.[120] Tenía poco más de treinta años. Le seguirá en su suplicio uno de sus camaradas de estudios que conocía bien y al que admiraba sobremanera: Matvéi Bronstein.

Matvéi Bronstein, torturado y luego fusilado

El joven era uno de los cuatro mosqueteros de Leningrado, discípulo de Friedmann, con Gamow, Landáu e Ivanenko. Con más de medio siglo de anticipación, intentó descifrar esa física aún hoy desconocida, capaz de unificar en un mismo cuerpo teórico lo infinitamente grande con lo

---

120. Perepelkine (1906-1938) observó el movimiento adecuado de las estrellas en relación con la nebulosa extragaláctica. Fue rehabilitado en 1956.

infinitamente pequeño, dicho de otro modo, la relatividad general y la mecánica cuántica. Se ha dado a esta ciencia, que sigue siendo misteriosa en la actualidad, el nombre de «gravedad cuántica». Muy joven, Bronstein se hizo amigo del premio Nobel Andréi Sájarov. Unos años más tarde, escribió maravillosos libros de vulgarización científica para niños. Finalmente, con sus compañeros Gamow y Landáu, proclama alto y claro que el Universo tuvo un comienzo, hace miles de millones de años.

En 1937, mientras trabaja tranquilamente en su casa, unos milicianos se lo llevan en presencia de su esposa. No lo volverá a ver jamás. Condenado a muerte por la Sala de lo Militar del Tribunal Supremo de la URSS, es ejecutado con una bala en la nuca el 18 de febrero de 1938. Tenía apenas 31 años...[121]

Pero la lista negra de los condenados por el régimen no termina ahí.

Dimitri Eropkine, condenado y luego fusilado

El 4 de septiembre de 1936, una vez más en plena noche, detienen al astrofísico Dimitri Eropkine, quien también estaba fascinado por las ideas revolucionarias de Friedmann. El 25 de mayo de 1937 es condenado a diez años de cárcel (sin correo y sin el más mínimo contacto con el exterior). Pero el siniestro NKVD no considera que la sentencia sea suficientemente severa. Solo la muerte puede poner término a esa herejía contagiosa que pretende que un Dios más poderoso que el Soviet Supremo estaría en el origen de todo lo que existe. Acusado de hacer propaganda antimarxista entre los detenidos, es fusilado el 20 de enero de 1938. Tenía solo 29 años.[122]

Borís Númerov, deportado, torturado y fusilado

Un mes después de la detención de Eropkine, le llega el turno a uno de sus mejores camaradas, Borís Númerov. No es un científico cualquiera.

---

121. Ver Igor y Grichka Bogdanov, *Trois minutes pour comprendre le Big Bang*, Courrier du Livre, París, 2014.

122.Dimitri Eropkine (1908-1938) fue rehabilitado en 1955. Acerca del caso Púlkovo: http://www.owlapps.net/owlapps_apps/articles?id=9928572

La prisión Kresty todavía existe en San Petersburgo, la antigua Leningrado.

Es, ante todo, un matemático brillante (un punto en común con Friedmann, a quien conoce desde siempre y con quien pasa largas horas alineando ecuaciones en la pizarra). Desde 1920, todo el mundo utiliza en la universidad el famoso «método Númerov», que permite resolver en un santiamén las difíciles ecuaciones diferenciales de segundo orden. Siempre de buen humor y dispuesto a echar una mano, asciende a toda velocidad y, con apenas 21 años, es presidente de la Sociedad Rusa de Astronomía. Dos años más tarde, se pone al frente del Instituto de Astronomía de Leningrado. Inmediatamente, invita a Friedmann a dar una serie de conferencias. El éxito de Friedmann llega a oídos de Stalin. El hombre de hierro aún no ha entrado en la locura asesina que desatará la terrible ola de las grandes purgas de los años 1930. Pero el padrecito de los pueblos tiene memoria, y la proximidad entre Friedmann y Númerov dejará su huella. Durante la noche del 22 de octubre de 1936, Númerov será detenido y aislado en el pabellón de terroristas de la prisión Kresty, al noreste de Leningrado. No verá más a nadie y saldrá únicamente para ser juzgado, el 25 de mayo de 1937. Ese día es condenado a diez años de trabajos forzados por espionaje y propaganda antimarxista. Pero, una vez

más, el régimen considera que la pena es demasiado leve. En el otoño de
1941, Númerov es llevado, con los ojos vendados, al bosque de Medvedev.
Sus torturadores le quebrarán las piernas a culatazos antes de abatirlo
como a un perro, por orden personal de Stalin.[123]

Maximilian Musselius, condenado, encarcelado y fusilado

A partir de 1937, la represión contra los adversarios de la teoría del Universo eterno se intensifica. El 11 de febrero de 1937, el profesor Maximilian Musselius es detenido y condenado a la pena —que ya ha pasado a
ser habitual— de diez años de prisión. Y, como siempre, esta condena
atrae a los sabuesos del NKVD, que deciden «revisar» el juicio anterior.
Condenado por propaganda antisoviética, el desdichado astrónomo cae
el 20 de enero de 1938 bajo las balas de un pelotón de ejecución.[124]

Vsevolod Frederiks, detenido, condenado, muere después de seis años de trabajos forzados en el gulag

Idéntico trato, tan expeditivo como cruel, se le reserva a Vsevolod Frederiks, uno de los más fieles camaradas de pensamiento de Friedmann.
En los años 1920, creó y animó en la Universidad de San Petersburgo
un seminario sobre la relatividad general, que abarrotaba la sala. Frederiks contribuyó asimismo a los cálculos de la solución dinámica de
las ecuaciones de Einstein. Creía firmemente —apoyado en pruebas
matemáticas— que el Universo tuvo un comienzo, posición que siguió
defendiendo mucho después de la muerte de Friedmann. Acusado de
«creacionismo» en 1937, es condenado como todos los demás acusados a
diez años de reclusión. Milagrosamente, escapa al pelotón de ejecución,
pero, terriblemente debilitado por el hambre y los malos tratos, muere
en 1944, tras seis agotadores años de trabajos forzados.[125]

---

123. Robert A. McCutcheon, «The 1936-1937 Purge of Soviet Astronomers», *Slavic Review* 50, n.º1,
1991, pp. 100-117, y https://es.wikipedia.org/wiki/Bor%C3%ADs_N%C3%BAmerov

124. Maximimiam Musselius (1884-1938) fue rehabilitado en 1957.

125. N. V. Tsvetkov, «Vsevolod Konstantinovitch Freedericksz, The Founder of Russian School of

Innokenti Balanovski, denunciado y fusilado

Uno de sus colegas, Innokenti Balanovski, denunciado al mismo tiempo por su defensa de las ideas de Friedmann, se ve condenado a diez años de trabajos forzados.[126] Según algunas fuentes, habría terminado bajo las balas de un pelotón de ejecución en 1937.

Nikolái Kózyrev, enviado al gulag y condenado a muerte

Nikolái Kózyrev, en un primer tiempo enviado a un campo de trabajos forzados en 1937, también es condenado a muerte, acusado por los milicianos de Zhdánov de difundir entre los detenidos la idea de que el Universo había tenido un comienzo explosivo, hace más de diez mil millones de años. Milagrosamente, no será fusilado, tan solo porque en la mañana del día fatal resultó imposible formar el pelotón de ejecución.[127]

Con todos esos grandes científicos y muchos otros, el régimen estalinista buscaba dar ejemplos escalofriantes. No obstante, en abril de 1948, la teoría del Big Bang da un paso de gigante. Efectivamente, es en esta época cuando George Gamow —el más cercano discípulo de Friedmann— efectúa, desde los Estados Unidos un regreso estrepitoso publicando, como ya lo hemos visto, junto con Ralph Alpher y Hans Bethe en *Physical Review*, un artículo poco menos que explosivo, que se difundirá rápidamente en el mundo entero como un reguero de pólvora. ¿Qué se puede leer en ese artículo? Pues que los elementos ligeros de la materia, es decir, los protones y los neutrones, no pudieron nacer sino en una fase sumamente caliente del Universo, de miles de millones de grados, muy superiores a la temperatura de las estrellas. Y calcularon la abundancia relativa de los elementos más livianos —75 % de hidrogeno, 25 % de helio y huellas de litio y berilio—, lo cual constituía una

Physics of Liquid Crystals», *ResearchGate*, junio de 2018.

126. Innokenti Balanovski (1885-1937), rehabilitado en 1957.

127. Ver https://fr.wikipedia.org/wiki/Nikola%C3%AF_Aleksandrovitch_Kozyrev

previsión extraordinaria y una nueva manera irrefutable de probar que el Big Bang tuvo efectivamente lugar.[128]

Al igual que con el descubrimiento de Hubble en 1929, los soviéticos lograron ocultar por un tiempo la publicación de Gamow y, paralelamente, todas las investigaciones serias en cosmología. De hecho, durante los años 1940 y 1950, casi todos los astrónomos siguen escrupulosamente la línea del partido, con adalides tales como Boris Vorontsov-Veliaminov, de Moscú, quien repite permanentemente en los pasillos de la Academia de Ciencias que Gamow es un *«apóstata americanizado».*[129] O bien, V. E. Lov, para quien el Big Bang no es sino *«un tumor canceroso que corrompe la teoría astronómica moderna y representa el principal enemigo ideológico de la ciencia materialista».*[130]

Entre censuras y condenas, llegamos así a la segunda mitad del siglo XX. En este sombrío contexto, la represión bolchevique mostrará su último rostro.

3. La caída del materialismo dialéctico

Primavera de 1963

El comienzo de los años 1960 representa un cambio importante para los científicos, particularmente para los teóricos del Universo. El terror estalinista desapareció con Stalin diez años atrás, y el poder está abocado, desde entonces, a la «desestalinización» de todo lo que pueda serlo. En ese contexto de ruptura, surge una nueva generación de físicos, que descubre con deleite las teorías de Friedmann y de Gamow sobre el origen del Universo. A la cabeza, dos jóvenes investigadores de la Universidad de Moscú, Igor Novikov y Andréi Dorochkevich. Ambos han sido estudiantes del legendario teórico Ya Zeldovich, uno de los padres,

---

128. R. Alpher, H. Bethe y G. Gamow, «The Origin of Chemical Elements», *Physical Review*, 73, n.° 7, 1 de abril de 1948, pp. 803-804.

129. Helge Kragh, *Science and Ideology: The Case of Cosmology in the Soviet Union*, 1947-1963, *Acta Baltica*, vol. 1, n.°1, 2013.

130. Pierre Ayçoberry, *La science sous le Troisième Reich*, Seuil, París, 1993.

con Sájarov, de la bomba de hidrógeno. En 1964, Novikov y su colega hacen una predicción a la que Zeldovich aporta inmediatamente su apoyo. Retomando en sus grandes líneas la teoría de Gamow, sugieren que la abrasadora ola de calor del Big Bang (100 000 millones de mil de millones de mil de millones de grados) se enfrió, pero que ha quedado una huella en el fondo del cielo de hoy. Los dos jóvenes investigadores son incluso los primeros en sostener que esa radiación sumamente fría tiene un espectro de «cuerpo negro». Dicho de otro modo, que está en equilibrio térmico y, por ende, que es sumamente uniforme en cada punto del cosmos. Seguros de lo que afirman, agregan que ¡es posible detectar tal radiación fósil en el campo de las microondas!

Estas dos predicciones extraordinarias habrían podido propulsar a la URSS a la cabeza de la competición por el Big Bang, pero la hostilidad pasiva del régimen deja el terreno libre a la ciencia norteamericana. Así pues, en mayo de ese mismo año de 1964, dos jóvenes radioastrónomos norteamericanos, Arno Penzias y Robert Wilson, ambos empleados de la compañía telefónica Bell, realizan con la ayuda de una inmensa antena astronómica lo que se suele considerar como el mayor descubrimiento de todos los tiempos: la radiación del fondo cósmico, ¡el verdadero eco del Big Bang! De hecho, serán coronados con el Premio Nobel de Física en 1978, al mismo tiempo que Kapitsa, el valiente científico ruso que se enfrentó a Stalin en los años 1930 salvando a Landáu y a Fock de una muerte segura.

Fuertemente impresionados por el descubrimiento de la radiación del fondo cósmico, los principales investigadores de la física nuclear se orientan progresivamente hacia la cosmología a partir de mediados de los años sesenta y adoptan, más o menos abiertamente, el modelo del Big Bang. Pero la partida no ha acabado, ni mucho menos. Pese a su importancia crucial, el descubrimiento de Penzias y Wilson no cambia radicalmente la doctrina del régimen soviético, siempre obstinadamente encerrado en la idea según la cual la materia eterna dicta su ley al Universo. Hasta la caída del régimen, esa ceguera ideológica va a encerrar a los partidarios del Big Bang en un silencio más o menos forzoso. Sin duda, las condenas a muerte y las deportaciones a los gulags desaparecieron con Stalin en 1953, pero aparecieron otros métodos, principalmente los arrestos domiciliarios o, aún peor, el encierro en hospitales psiquiátricos.

El encarcelamiento psiquiátrico

1968. Un viento de libertad sopla sobre Europa y alcanza a algunos sectores estudiantiles en Rusia. Durante ese mismo año, un joven matemático, Leonid Plyushch, investigador en el Instituto de Cibernética de Moscú, se convierte en disidente. «El caso Plyushch» tuvo mucha repercusión en Europa, particularmente en Francia, y es típico de los últimos estertores del materialismo dialéctico.

Todo comenzó con la grave condena a trabajos forzados de cuatro estudiantes por «agitación antisoviética y propaganda». Indignado, el joven matemático se une abiertamente a un grupo de intelectuales decididos, como él, a acabar con el adoctrinamiento. Efectivamente, apasionado por la cosmología y convencido de que el descubrimiento de la radiación cósmica de fondo en 1964 resuelve definitivamente la cuestión del Big Bang, Plyushch no acepta que el poder le impida organizar conferencias científicas y decir la verdad acerca de ese tema, que lo apasiona. Sin pensar en las consecuencias, dirige una carta a la Comisión de Derechos Humanos de las Naciones Unidas, en la que pide que se investigue acerca de la violación, por parte de la Unión Soviética, del derecho a poseer convicciones independientes y a difundirlas por medios legales. La reacción del poder no se hace esperar. Inmediatamente, lo despiden del Instituto de Cibernética, en tanto que el KGB lo somete a duros interrogatorios y confisca sus manuscritos. Después de una vigilancia cada vez más estrecha, acusado de actividades antisoviéticas, termina por ser detenido y encarcelado en 1972. Un año más tarde, tras un juicio celebrado en ausencia del matemático, se dicta sentencia: Plyushch es declarado loco y condenado a ser «tratado» en el seno del hospital psiquiátrico especial de Dnipropetrovsk, donde se encierra a los pacientes psicóticos más graves. De la noche a la mañana, el matemático es encerrado en una celda aislada y sin ventana. No lo sacan de ahí sino para someterlo a terribles sesiones de electrochoques. Poco a poco, su razón flaquea y pierde por un tiempo el uso de la palabra. He aquí lo que dirá después de su liberación, en 1976, en su libro de memorias *En el carnaval de la historia*: *«Bajo el efecto de los neurolépticos, no tardé en caer en un estado de sordera emotiva y moral, perdí la memoria, balbuceaba frases incoherentes. Me sostenía a fuerza de un enorme refuerzo de conjuros: no olvidar nada de todo ello, no capitular. Me invadía el miedo a volverme realmente loco».*[131]

Al cabo de un año de detención, el régimen encarga a unos psiquiatras que lo examinen y establezcan un diagnóstico. Según la comisión especial, sufre de «delirios reformistas» agravados por «elementos mesiánicos». Y es que, al igual que en el caso de los científicos mártires que lo precedieron, todo parece girar en torno a Dios. Es lo que confía en 1992 a Alexander Guinzburg, el joven estudiante por quien luchó en 1968 y que estuvo en el origen de su condena: *«Un profesor se esforzó en demostrarme, a mí que era tan creyente, que Dios no existía. Si renegaba de mi fe, me transformaría en un ser educado».*[132]

Evidentemente, a comienzos de los años 70, Dios sigue estando de más

La detención de Plyushch provocó protestas internacionales, principalmente una carta de 650 matemáticos norteamericanos dirigida a la embajada soviética. Henri Cartan llevó el caso ante los participantes del Congreso Internacional de Matemáticas de 1974, que tuvo lugar en Vancouver. Pero la intervención más significativa fue la del físico Andréi Sájarov. Este experto en cosmología acababa de terminar un modelo del Universo basado en el Big Bang. Y, última provocación, Sájarov se atrevió a calificar el origen del Universo como *«la singularidad de Friedmann».*

Efectivamente, Sájarov niega la eternidad de la materia. A sus ojos, el Universo es finito tanto en el pasado —por la singularidad de Friedmann— como en el futuro. En especial, fue el primero en postular la

---

131. Este libro existe en traducción francesa bajo el título *Dans le carnaval de l'histoire, mémoires*, Léonide Pliouchtch, Seuil, 1977. Para profundizar: *L'affaire Pliouchtch*, textos reunidos por T. Mathont y J.-J. Marie, París, Seuil, colección «Combats», 1976.

132. Alexander Guinzburg «Quand l'Est était rouge: l'Utopie meurtrière», artículo consultable en línea https://www.lexpress.fr/informations/quand-l-est-etait-rouge-l-utopie-meurtriere_591530.html

desintegración del protón, la partícula de materia que, hasta entonces, se suponía eterna. Esta divergencia le acarrea en 1972 las críticas de sus colegas de la Academia de Ciencias.

Pero hay más: siguiendo el hilo de sus ideas cada vez más firmes, el gran físico se adentra irremediablemente por el camino de la disidencia, pese a las advertencias del régimen por medio de los tribunales. En Occidente, se aplaude su acción otorgándole la recompensa suprema, el Premio Nobel de la Paz. Como era de esperar, los soviets le prohíben cruzar el telón de acero, y es su esposa quien irá a recibir el premio en su lugar. Pero no permanece inactivo. El mismo día, va a Vilnius para apoyar a Leonid Plyushch y asistirlo en sus derechos con ocasión de un nuevo juicio. Su intervención fue determinante en el proceso de liberación y expulsión a Francia del científico disidente.

En la misma época, el padre de la bomba H se aleja cada vez más de la física dura para orientarse claramente hacia la cosmología. Se acerca a investigadores partidarios del Big Bang, y da una serie de conferencias y seminarios sobre el origen del Universo. Pero el tema sigue oliendo a azufre. Finalmente, su defensa espectacular de Plyushch y sus investigaciones a bombo y platillo sobre el Big Bang, unidas a otras acciones, terminan por costarle caro a Sájarov.

En la mañana del 22 de enero de 1980, Sájarov es arrestado en plena calle. Unas horas después, sin juicio alguno, es deportado a la ciudad de Gorki (hoy Nizhni Nóvgorod), una ciudad prohibida a los extranjeros. En arresto domiciliario, con la puerta controlada de la mañana a la noche por policías armados, no autorizado a recibir correo y privado de todo contacto con el exterior, el físico se ve reducido al silencio. Cada semana es sometido a inspecciones y todo lo que trata de escribir y de ocultar a sus guardianes se ve inevitablemente confiscado. En mayo de 1984 empieza una huelga de hambre. Hospitalizado, es alimentado por la fuerza y mantenido cuatro meses en aislamiento total. De regreso a Gorki, sigue sin tener derecho al más mínimo contacto con el mundo exterior. En abril de 1985, comienza otra huelga de hambre, y es nuevamente conducido al hospital y alimentado por la fuerza.

Finalmente, llega el último acto. El 19 de diciembre de 1986, Mijaíl Gorbachov, que inició el fin del comunismo en Rusia, llama a Sájarov para decirle que está libre y que podrá volver a Moscú. Va a ser el último de la larga lista negra de científicos perseguidos por el régimen debido a sus convicciones según las cuales la materia no es eterna y no constituye toda la realidad.

———

En la Rusia soviética, la mayor parte de los partidarios del Big Bang sufrieron en carne propia el haber difundido la teoría extraordinariamente innovadora que cuestionaba la eternidad de la materia. La novela negra tuvo sus héroes y sus verdugos, sus sorpresas y sus dolorosas peripecias. Como ocurre en las novelas de Dostoievski, se puede leer entre las líneas las dudas y los desgarramientos interiores que suscitó en los estudiosos la fe en ese fenómeno científico.

En la Alemania nazi, la violencia ejercida contra los partidarios del Big Bang toma primero, como en las novelas de Kafka, un cariz administrativo y procesal, antes de dejar caer la máscara para revelar su verdadero rostro: el de la brutalidad fanatizada por la ideología nazi.

II. Los nazis contra el Big Bang[133]

1. Hitler declara la guerra a Dios

Como vamos a ver ahora, aun siendo más difuso, el destino reservado a los partidarios del Big Bang en la Alemania nazi no es mucho más envidiable. Comenzando por los científicos alemanes, oprimidos desde el comienzo de los años 1920 por el ascenso progresivo de un oscuro movimiento del que nadie había sospechado hasta qué punto iba a revelarse peligroso, desarrollándose y estructurándose hasta llegar a ser el segundo régimen totalitario más mortífero del siglo XX. Un régimen

---

133. No habría que pensar que la cosmología fuese un tema menor para Hitler, Himmler o los nazis en general. Al contrario, las teorías racistas del nacionalsocialismo se habían construido sobre mitos provenientes de cosmologías fantasiosas, que su ideología y su falta de formación les habían llevado a aceptar sin más, como veremos más adelante.

que, desde su origen, se propuso aplastar bajo su bota de hierro toda ciencia que sostuviera que la materia no es eterna.

———

Febrero de 1920. Es la segunda vez que el minúsculo Partido Obrero Alemán, fundado por el ultranacionalista Anton Drexler, se reúne ese año. Encaramado a una caja, un oscuro orador vocifera una ininterrumpida sarta de injurias contra los cobardes que terminaron por poner de rodillas a la gran Alemania: su nombre es Hitler. Cuando recalca, gritando con voz aguda, que es tiempo de reemplazar la denominación «Partido Obrero Alemán» por «Partido Nacionalsocialista Obrero Alemán», la asistencia galvanizada aplaude, llena de entusiasmo.

En esa lejana noche de febrero de 1920, en Múnich, acaba de nacer el partido nazi.

———

Noviembre de 1922, en la Universidad de Berlín: el curso de Física más frecuentado de toda la universidad acaba de terminar. Los estudiantes van saliendo del anfiteatro en pequeños grupos. Saben que tienen suerte, porque su profesor no es uno cualquiera. ¿Su nombre? Albert Einstein. En menos de tres años, dos bombazos lo hicieron célebre en el mundo entero. El primero fue la validación experimental de la famosa teoría de la relatividad general por sir Arthur Eddington, en 1919. Luego, en 1921, Einstein recibió el Premio Nobel, lo que terminó de convertirlo en un monstruo sagrado.

Esa tarde, Esther Salaman, una de sus estudiantes en Física Teórica, se acerca al escritorio de Einstein. Tras un momento de vacilación, se le escapa la pregunta que le quema los labios: *«Profesor, ¿qué es lo que busca en sus ecuaciones?»*.[134] Einstein, con palabras apenas audibles, le da esta respuesta a la joven estudiante: *«Quiero saber cómo Dios creó*

134. Alexander Stefan, *Thus Spoke Einstein on Life and Living*, 2011. https://www.google.fr/books/edition/THUS_SPOKE_EINSTEIN_on_LIFE_and_LIVING/deFkDgAAQBAJ?hl=fr&gbpv=1&d-q=es-ther+salaman+einstein&pg=PA121&printsec=frontcover

el Universo. No me interesa tal o cual fenómeno, tal o cual detalle. Lo que quiero conocer es el pensamiento de Dios».[135]

¡El pensamiento de Dios!

La frase, apenas lanzada, iba a dar la vuelta a Alemania y desatar la indignación de algunos miembros del reciente Partido Nacionalsocialista. En 1922, el terror nazi aún está lejos. Sin embargo, ya desde ese año, el padre de la relatividad recibe las primeras cartas anónimas con amenazas de muerte. Su destino está sellado. Así como el de numerosos científicos, partidarios, como él, de una teoría evolutiva del Universo.

A partir del verano de 1922, después de haber descubierto el famoso artículo del científico soviético Alexander Friedmann, Einstein empieza a sospechar (aunque sin admitirlo aún) que sus propias ecuaciones, las de la relatividad general, describen posiblemente un Universo en expansión. ¡Lo que podría querer decir que ese Universo tuvo un origen! A comienzos de los años 1920, esa idea insensata no era más que un rumor. Pero el fuego acecha bajo las cenizas y va a terminar por provocar, como vamos a verlo, un incendio mayor a todo lo que pudiera esperarse.

Diciembre de 1923. La estrepitosa declaración de Einstein acerca de Dios ha dejado su huella en la universidad. Para empezar, entre los estudiantes, burlones ante la manera en que el profesor mezcla a Dios con la ciencia. Pero también entre la élite prusiana de profesores, con sus cabezas bien erguidas sobre sus camisas con cuello de pajarita. Las teorías de los pensadores *völkisch* —el populismo alemán de extrema derecha— conquistan progresivamente a la mayoría de ellos, que tampoco suscriben la idea de un Dios inteligible, sino se adhieren a una concepción panteísta, e incluso animista, del Universo. Ese retorno a las fuentes marca el punto de partida del misticismo germánico —por

---

135. El pensamiento de Einstein acerca de Dios es un tema complejo, por lo que le hemos dedicado un capítulo entero.

construcción, anticientífico— según el cual la naturaleza es eterna, sin comienzo ni fin. En ese contexto, las ideas, aunque aún balbuceantes, que pudieran imponer límites al reinado de los dioses de la mitología germánica, representados, por ejemplo, por el Wotan de Wagner, se hacen cada vez más sospechosas.

Pero hay algo aún más grave.

Recordemos que el 29 de mayo de 1923 fue publicado, en la célebre revista científica *Zeitschrift für Physik*, un artículo de Einstein en el que da la razón a la hipótesis de Friedmann según la cual el Universo no es fijo. Peor aún, ¡reconoce que las ecuaciones de la relatividad describen un Universo en expansión! El acontecimiento causa alboroto en la Unión Soviética. Pero estalla también como un trueno en toda Alemania, hasta llegar a los oídos de los primeros dirigentes de ese reciente grupo político que es el partido nazi.[136] Y a partir de entonces, Einstein verá levantarse contra él a un temible enemigo. ¿De quién se trata? Del agitador del que hablamos antes, Adolf Hitler.

¡Hitler!

El hombre del bigote recortado acaba de ser encarcelado después del estrepitoso fracaso de su golpe de Estado en Múnich. Desde el fondo de su celda, sigue a la escucha de lo que acontece en el mundo.

El Premio Nobel atribuido a Einstein ha llegado a su conocimiento, como al de tantos otros, y ha oído hablar de la teoría de la relatividad. Una teoría de la que no entiende nada, pero que considera execrable, en la medida en que, según piensa, tiende a hacer creer que la materia es perecedera. Los testimonios de sus allegados —Bormann, Heydrich, Himmler, Goebbels, Speer— refieren que, furioso contra el destino que lo abocó a la cárcel (y muy influenciado por los ideólogos del partido, Alfred Rosenberg y Gottfried Feder) Hitler se transforma, poco a poco, en un materialista visceral. Tal como escribe en su libro *Mein Kampf*

---

136. Esther Salaman, *The Life and the Memory*: https://www.academia.edu/29326698/Esther_Salaman_The_Life_and_The_Memory

en 1925, y como afirma luego en sus discursos públicos, a pesar de un cristianismo de fachada, empieza a tomar distancias con respecto a la Iglesia[137] y al cristianismo.[138] A partir de los años 1930, bajo la influencia, entre otros, de Himmler, quien era violentamente anticlerical, terminará por rechazar toda idea de un Dios exterior a la naturaleza (y, por lo tanto, a la materia). Esta es considerada eterna y todo tipo de intento científico consistente en cuestionar dicho principio debe ser, según sus propias palabras, *«arrancado de raíz»*.[139] En ese contexto, no es sorprendente que Einstein, quien, por añadidura, es judío, se convierta en el hombre que hay que eliminar.

Einstein ya ha sido interrumpido y abucheado por una banda de nacionalistas por haber presidido, en 1923, en la ciudad universitaria de Kassel, el III Congreso de la Asociación Mundial Anacional (AMA), cuyo objetivo era promover la dimensión universal que vincula a los pueblos más allá de las naciones. Una toma de posición que es percibida como una verdadera provocación por los ultranacionalistas. De hecho, en el año 1923, los problemas comienzan a acumularse para Einstein. Comenzando por los ataques feroces del experimentalista Johannes Stark, premio Nobel de Física en 1919. Su objetivo, que comparte con numerosos colegas, es reducir a la nada la relatividad general, resultado de lo que llama la *«física judía»*. Esos científicos, entre otros, que fanfarronean porque son, según pretenden, los únicos representantes de la *«pura física aria»*, reprochan severamente a la relatividad el abrir de par en par la puerta a un Universo que no sería eterno. Ya todos saben que el matemático ruso Alexander Friedmann se abalanzó por esa misma puerta y fue por ella devorado en 1922 al publicar el célebre artículo fundador de la teoría del Big Bang, y lo que es peor, en *Zeitschrift für Physik*, una revista alemana, ¡el colmo!

---

137. Escribe Adolf Hitler en *Mein Kampf*, en 1925: «En lugar de importunar a los negros con misiones de las que no desean ni pueden entender la enseñanza, nuestras dos Iglesias cristianas mejor harían en aportar una enseñanza más seria a nuestra humanidad europea».

138. «La destrucción del cristianismo fue reconocida de manera explícita como un objetivo del nacionalsocialismo», afirmó Baldur von Schirach, confidente de Hitler, y dirigente de las Juventudes Hitlerianas.

139. Howard Fertig, *The Speeches of Adolf Hitler: April 1922-August 1939*, Ed. Norman H. Baynes, Nueva York, 1969.

Stark y muchos de sus colegas están casi todos en la esfera de influencia de los nacionalsocialistas.

―――――

Es la noche del jueves y el profesor acaba de terminar su clase y, con sus notas bajo el brazo, se apresura por los interminables pasillos de la universidad. Pronto se encontrará con su amigo de siempre, el físico Paul Ehrenfest, judío como él. Ehrenfest habla ruso corrientemente y ejerció en la Universidad de San Petersburgo durante años. Por supuesto, coincidió a menudo con el joven Friedmann, que era uno de sus mejores alumnos, y conoce al dedillo su modelo de Universo en expansión. Está dispuesto a defenderlo ante quien sea.

Los dos científicos oyen, al poco, cantos patrióticos que provienen del patio interior. También gritos a lo lejos, quizá una pelea en las sombras. Algo preocupado, Ehrenfest coge a Einstein del brazo y ambos se dirigen con prisa hacia la salida. Pero Einstein está preocupado. Hay que hacer algo contra la subida del antisemitismo, cada día más fuerte. Ehrenfest le da la razón, pero otro asunto le preocupa: le confiesa a Einstein que ese famoso matemático ruso llamado Friedmann bien podría tener razón con su nueva solución de las ecuaciones de la relatividad general. Una solución dinámica que muestra que el Universo no es fijo ¡y que tuvo un *comienzo*! Einstein no responde. Por su parte, Ehrenfest está firmemente convencido de que Friedmann tiene razón. Lo afirmó claramente unas semanas antes durante una conferencia en la Universidad de Berlín, lo que le valió los insultos de una banda de jóvenes camisas pardas infiltrados al fondo de la sala. Y, por si fuera poco, tuvo que padecer los reproches del vicerrector de la universidad, quien le aconsejó que moderase sus opiniones. Pero ¡no había nada que hacer! ¿Cómo no reconocer que la solución de Friedmann es la más lógica y que hay que volver a pensar las ecuaciones de la relatividad? Al oír la palabra «*relatividad*», Einstein alza una ceja, pero escucha solo a medias. ¡Al diablo los cálculos! Lo que le preocupa es la violencia contra los judíos. Contra la ciencia.

―――――

Otoño de 1925. Einstein se entera de que Alexander Friedmann acaba de fallecer. Dos años antes, Einstein había validado sus cálculos que mostraban que el Universo podía tener un origen. En el recinto de la universidad, todos saben que reflexiona sobre las ideas de Friedmann que dan a entender que el Universo no es eterno. Una noche, Rosenberg hizo saber a sus camaradas nazis que *«ese renegado de Einstein»* está ahora de acuerdo con las descabelladas hipótesis de los científicos rusos que piensan que la materia tiene su origen en algún pasado lejano.

Efectivamente, a partir de 1925, aparecen las primeras tensiones serias entre Einstein y la comunidad científica alemana. Diariamente, tiene que pelear duro para defender sus ideas, en la universidad y en otros ámbitos. Conoce perfectamente las críticas cada vez más feroces suscitadas por la teoría de la relatividad, y eso pese al Premio Nobel que obtuvo en 1922. Día tras día, un número creciente de físicos extremistas considera ese edificio científico (del que no comprenden prácticamente nada) como una injuria a la naturaleza, un residuo de una teoría *«típicamente judía»*. La oposición a Einstein se va organizando y comienza a actuar ya a cara descubierta.

Para empezar, están los ataques particularmente mordaces de los dos físicos alemanes: Philipp Lenard, cuyos estudios sobre los quanta de luz habían inspirado a Einstein en 1905 y, sobre todo, Johannes Stark, quien descubrió la descomposición de las líneas espectrales en un campo eléctrico. Esos dos premios Nobel de renombre, bien situados, se volvieron encarnizados antisemitas. Pero eso no es todo. Habiendo hecho de la materia su único objeto de estudio, ambos están convencidos de que la luz existe sin comienzo ni fin.[140] Manifiestan, asimismo, haber hecho la promesa de *«purgar la ciencia»*[141] de toda idea que pretenda que los átomos y otras partículas elementales no son eternos. Por supuesto, su primer blanco es Einstein, quien se atrevió a escribir que Friedmann tenía razón. Para los adversarios de la teoría del origen el golpe es duro.

---

140. Klaus Hentschel, *Physics and National Socialism*, «Philipp Lenard & Johannes Stark: "The Hitler Spirit and Science"» [1924], Ed. Birkhäuser, Springer, 1966.

141. Bruce J. Hillmann: «Lenard creía profundamente que el espacio estaba lleno de materia pura, un "éter" inmutable a través del cual las ondas eléctricas se desplazaban», in *The Man Who Stalked Einstein: How Nazi Scientist Philipp Lenard Changed the Course of History*, Rowman & Littlefield, 2015.

Porque la relatividad engendró, efectivamente, una cosmología nueva, apoyándose en el concepto de un Universo en expansión, un cosmos finito, tanto en el espacio como en el tiempo.

Ante este nuevo peligro, la cohorte de ideólogos nazis se esforzará por montar una contraofensiva. Sobre todo cuando Einstein se adentra en 1927 en una nueva provocación, que va a radicalizar todavía más el movimiento contra él y la ciencia que representa.

Así pues, el 29 de octubre de 1927, la flor y nata de la física teórica se reúne en el hotel Métropole, en Bruselas. Ese año, dieciocho premios Nobel participan en el famoso congreso Solvay, una reunión cuya importantísima tarea es favorecer el nacimiento de la nueva física. Einstein se cruza, entre otros, con un físico en sotana, el abad Lemaître, un canónigo belga que acaba de completar una extraña teoría en la que, al igual que Friedmann, afirma que el Universo tiene un origen.

Einstein se siente un tanto afectado por este encuentro. Es la segunda vez que un físico, después de Friedmann, viene a hablarle de un posible origen cósmico. Pero ese día no está dispuesto a escucharlo. Desde la mañana temprano, se había lanzado a una discusión animada con quien se convirtió en su «mejor enemigo», el potente teórico Niels Bohr, fundador ese mismo año de la nueva mecánica de lo infinitamente pequeño, la teoría cuántica. El tono sube entre los dos gigantes de la física. Y, de repente, al final de una frase, Einstein exclama: *«¡Dios no juega a los dados!»*.

Niels Bohr (1885-1962).

Una vez más, pronuncia la palabra. Una palabra que los ideólogos del régimen nazi consideran imposible de escuchar. Stark y Lenard saben que Einstein ejerce una enorme influencia en el mundo entero. Dejarle decir que Dios gobierna el Universo es, pues, impensable. Pero ¿qué argumento en contra hallar? Pensándolo bien, el padre de la relatividad tiene un punto débil: ¡es judío! Esto les facilitará la tarea.

———

No obstante, como buenos físicos, Stark y Lenard saben que Einstein y sus ideas no serán fáciles de eliminar. Para asegurar el triunfo de la «ciencia aria», los dos títeres comienzan por fundar una organización llamada Grupo de Trabajo de Científicos Alemanes. Con un solo objetivo: demoler la «física judía» (y únicamente esa). Así es como, en la tarde del 11 de diciembre de 1927, el famoso grupo de trabajo organizó con gran estruendo una conferencia en la sala de la Filarmónica de Berlín para *«limpiar la física de una vez por todas de las teorías judías de Einstein, ¡ese supuesto científico, que no es más que un charlatán y un plagiario!»*.[142] Viniendo de dos premios Nobel, el ataque hace daño. Curioso por descubrir las caras y, sobre todo, los argumentos de sus enemigos, Einstein decide asistir a la famosa «conferencia» en compañía del físico y químico Walther Nernst (también premio Nobel, en 1920).

Escondido en el fondo de un palco privado, el profesor no se perderá ni una palabra de aquella extraña «conferencia», durante la cual fue literalmente vilipendiado por sus colegas en marcha hacia el nazismo. Esos fanáticos le reprochaban, entre otras cosas, el hecho de *«engañar al espíritu humano haciéndole creer que el azar no existe»*.[143]

Muy incómodo, Einstein pide a Nernst que lo acompañe hasta la calle Haberland. Perdido en sus pensamientos durante todo el trayecto, recuerda que su amigo Walther Rathenau, siendo ministro de la República de Weimar, fue asesinado en su coche en 1922. Tan solo porque era judío...

---

142. Johannes Stark, en un artículo publicado en el órgano de la propaganda de las SS, *Das Schwarze Korps*, 1933.

143. Ídem.

29 de enero de 1931. Estamos en Estados Unidos. Einstein acaba de llegar a California, a la cima del monte Wilson, a más de 2000 metros de altitud

A Einstein se le levanta el ánimo ante las fantásticas fotos que le presenta el astrónomo Edwin Hubble. Fueron tomadas con ayuda del telescopio gigante del monte Wilson y sus 2,54 metros de apertura. Pudo incluso echar una mirada por el ocular del colosal telescopio. Y el veredicto es inapelable: ¡el Universo está en expansión!

Lejos de convencer a los ideólogos nazis, el fantástico descubrimiento de Hubble, por el contrario, radicalizó las posturas. Para ellos solo existe un único objetivo: persuadir a toda costa al pueblo alemán de que la relatividad general no es más que una teoría infame, fundada en una infame sarta de errores. Muy decididos, una decena de físicos se pone manos a la obra. Hasta que Stark y Lenard, los de siempre, propongan la solución ideal para derribar a Einstein. Un golpe singular del que, piensan, no podrá levantarse.

Octubre de 1931, en Berlín. Mientras Einstein se encuentra en su domicilio, en el número 5 de la calle Haberland, el fiel Ehrenfest llama a la puerta. Visiblemente agitado, blande ante las narices del profesor un librito de un centenar de páginas titulado *Hundert Autoren gegen Einstein*. Es decir, *Cien autores contra Einstein*.[144]

El científico hojea la publicación y frunce el ceño. Por más que busque, no encuentra a un solo científico conocido. Pero el tono del panfleto es inversamente proporcional a la calidad científica de sus autores. Plagado de ataques sumamente violentos contra Einstein, el conjunto revela una terrible agresividad. Y también una gran indigencia. El padre de la relatividad es, una vez más, tratado de ignorante y de traidor a la ciencia alemana, mientras que su teoría se ve menospreciada. Entre otras cosas, Einstein descubre que es «*un asno*», «*una veleta*», que, después de haber defendido la idea de que el Universo es eterno, cambió de opinión ¡y ahora afirma lo contrario! Encogiéndose de hombros, el premio Nobel le devuelve la

---

144. *Hundert Autoren gegen Einstein*, 1931. Nueva impresión por Ed. Hans Israel, 2012.

publicación a Ehrenfest y responde, con una sonrisa: *«¿Para qué ponerse cien en mi contra? Si me equivoco, ¡habría bastado con uno solo!»*.[145]

Einstein desdeña el libro con un simple gesto de la mano. No obstante, ese panfleto crítico no tarda en surtir efecto. Unos meses después de su publicación, Einstein se ve excluido de la Academia de Baviera, que alega que sus *«enseñanzas erróneas pervierten al pueblo alemán»*. Acto seguido, la Universidad de Berlín le cierra definitivamente las puertas.

Pero la presión creciente sobre los científicos partidarios de la cosmología relativista no es solo académica. Comprendiendo que la escritura de un libro no será suficiente para acabar de una vez con su acérrimo enemigo, los defensores de la ciencia aria deciden aumentar la presión.

En 1932, una tarde de otoño, Einstein y Ehrenfest se encuentran como de costumbre en la Kaffehaus. De repente, dos siluetas armadas con porras surgen de la oscuridad. Con botas y cinturones negros, las dos siluetas llevan el uniforme pardo de las SA. De repente, uno de ellos lanza un adoquín contra la ventana, que se rompe en pedazos. Atado a la piedra que acaba de romper las tazas que se encuentran en la mesa, hay un mensaje. Einstein sabe que le está dirigido: *«¡Te vamos a despellejar, judío inmundo!»*.

En realidad, esas primeras nubes anunciaban una terrible tormenta, que iba a estallar un año más tarde.

———

30 de enero de 1933, a medianoche. Al término de una confusa batalla palaciega, apoyado por las secciones de asalto de Ernst Röhm, Hitler es elegido canciller de la República de Weimar. Inmediatamente, su mano de hierro cae sobre Alemania. En unas semanas, el parlamento alemán, el famoso Reichstag, es disuelto e incendiado, todos los opositores políticos al Führer son excluidos o asesinados (incluso el excanciller de Alemania, Kurt von Schleicher), Hitler obtiene los plenos poderes. Su sueño, que

---

145. Isabelle Chataigner, *Le Petit Livre des reparties de choc*, First Éditions, 2020.

consiste en hacer desfilar a Alemania al paso militar de la oca, puede comenzar. Al mismo tiempo, la máquina de triturar la ciencia se pone en marcha. Ya nada podrá detenerla.

Primera etapa: borrar las infames teorías de un cosmos limitado en el pasado y en el futuro

El pretexto es perfecto: liberar de una vez por todas a la pura Alemania de la repugnante *«ciencia judía»*, es decir, una ciencia dominada por *«manipuladores perversos»*[146] que se atreven a sostener que no hay una raza superior a las demás y que la eternidad de la naturaleza es un mito.

Los resultados no se hacen esperar. En enero de 1933, mientras Einstein está de viaje en los Estados Unidos, se ofrece una recompensa por su cabeza. Se tiran sus libros a la calle, se queman al mismo tiempo que muñecos con su imagen. Porque Hitler se encarniza contra él: considera que hay que terminar, a todo precio, con ese *«judío inmundo»* y esas teorías que llevan a pensar que el Universo tuvo un origen. Pero ¿qué alternativa proponer? Hitler le pide entonces a Alfred Rosenberg, que lleva las riendas ideológicas del partido, que encuentre una solución. Como su mentor, Rosenberg se opone violentamente al cristianismo y a toda forma de Dios. Él también cree solo en la permanencia de la raza superior aria y en la continuidad de la materia.[147] Sus reflexiones son estas cuando tiene la idea de acudir a Philipp Lenard. Inmediatamente, el inagotable adversario de Einstein vuelve al centro del escenario. Junto con el físico Hermann Oberth,

Philipp Lenard (1862-1947).

---

146. Howard Fertig, *The Speeches of Adolf Hitler: April 1922-August 1939*, Ed. Norman H. Baynes, Nueva York, 1969.

147. Alan Bullock, *Hitler: A Study in Tyranny*, Ed. Alan Bullock, 1952.

se pone a defender una curiosa teoría que encaja al dedillo con las expectativas de Rosenberg y de los teóricos del nazismo: ¡la *«cosmología glacial»*!

Esta cosmogonía seudocientífica del *«hielo eterno»* fue elaborada a principios del siglo XX por un oscuro ingeniero llamado Hans Hörbiger, con ayuda de un astrónomo aficionado, Philipp Fauth. ¿Qué sostiene Hörbiger? Que el Universo existe desde la eternidad y para toda la eternidad, porque reside desde siempre en el reino sin comienzo ni fin del hielo eterno. Y porque es el resultado de la lucha, constantemente reanudada, del fuego contra el frío, lucha que desemboca en la victoria de la materia helada en cada ciclo, para la eternidad. Por supuesto, esa teoría insensata hubiera debido permanecer en la sombra. Pero eso habría sido así de no contar con el bueno de Philipp Lenard. Hay que reconocer que Hörbiger le facilita la tarea, ya que, en su delirio cosmogónico, el ingeniero insiste en el surgimiento, en el corazón del hielo, de una raza superior de gigantes rubios de ojos azules, flor y nata de una nueva humanidad. De este modo, a partir de 1932, cerrando los ojos ante las enormes inverosimilitudes del modelo, Lenard le presenta la *«buena ciencia alemana»* de Hans Hörbiger a Heinrich Himmler, alto dignatario del Tercer Reich y brazo derecho de Hitler. Himmler, totalmente ignorante en términos de ciencia, queda conquistado. La idea delirante de un Universo eterno provoca inmediatamente el entusiasmo de Hitler. El resultado es que, en marzo de 1933, la absurda «cosmología glacial» se convierte en la teoría oficial del Tercer Reich[148] y Himmler decide dotar de un nuevo uniforme a los soldados SS bajo su mando. Para ello, nada mejor que recurrir a la teoría del hielo eterno. Sus SS deberán

Hans Hörbiger (1860-1931).

148. Igor y Grichka Bogdanov, *Trois minutes pour comprendre la théorie du Big Bang*, Courrier du Livre, 2014.

llevar ¡un uniforme «*glacial*»! Así nació, con ayuda del creador Hugo Boss, el siniestro uniforme negro de los SS. Un atuendo literalmente escalofriante, que supuestamente encarnaba el reino eterno del Tercer Reich en el seno de un Universo sin comienzo ni fin.[149]

Mientras tanto, de regreso de su viaje por Norteamérica, Einstein y su esposa desembarcan en Amberes el 28 de marzo de 1933 y reciben dos malas noticias. En primer lugar, que cualquier fanático puede meterle una bala en la cabeza, ya que hay una recompensa para ello. Luego, que el Reichstag alemán acaba de adoptar una ley de habilitación que transforma de hecho el Gobierno de Hitler en una dictadura legal. Lo cual impide que Einstein vuelva a poner los pies en Alemania, para siempre.

Pero eso no es todo. El remanso de paz del científico, una casa de campo en la región de Brandeburgo, fue saqueada y destruida por los nazis. ¡Es demasiado! Einstein acude entonces al consulado de Alemania para entregar su pasaporte, renunciando oficialmente a la nacionalidad alemana. Tres días más tarde, envía una contundente carta de renuncia a su puesto en la Academia de Ciencias de Prusia. Al día siguiente, las autoridades nazis inician un procedimiento formal de exclusión contra el científico, pero descubren que Einstein se les ha adelantado con su carta de renuncia. El físico Max von Laue, presente ese día en el Ministerio de Investigación Científica, registra en sus notas que la furia de los dirigentes al enterarse fue «*indescriptible*».

¿Terminará ahí la escalada? ¡Por supuesto que no!

En abril de 1933, mientras está instalado por unos meses en la pequeña ciudad belga de Coq-sur-Mer, Einstein descubre con horror que el nuevo Gobierno alemán adopta leyes que prohíben a los judíos, así como a algunos «sospechosos» no judíos, ocupar puestos oficiales, especialmente los de la enseñanza en las universidades. De la noche a la mañana, miles de científicos judíos se ven obligados a renunciar a sus cargos universitarios.

---

149. Ídem.

El 6 de mayo de 1933, con la esperanza de frenar esa terrible hemorragia, Max Planck se entrevista con Hitler en persona. Tajante, tras haber insistido en que *«¡un judío es un judío!»*, el Führer prosigue con el mismo tono: *«¡En lugar de hablar conmigo, vaya a ver a Stalin! ¡La ciencia judía pervierte las ideas sobre el Universo y trata de avalar la idea de que no existe desde siempre!»*. Comoquiera que Max Planck sigue intentando argumentar, Hitler le corta brutalmente: *«¡Basta! A veces dicen que tengo los nervios frágiles, ¡es una calumnia! ¡Tengo nervios de acero!»*. Planck solo puede retroceder y salir discretamente sin haber obtenido nada: ese día la ciencia sufrió un nuevo naufragio.[150]

———

Pero la represión que procura eliminar a todos aquellos que no adoptan la indigesta «cosmogonía del hielo eterno» no ha hecho sino empezar. A finales de marzo de 1933, el matemático alemán Ludwig Bieberbach, feroz antisemita y miembro acérrimo del partido nazi, toma las riendas en la Universidad de Berlín. Comienza echando *«en nombre del partido»* a todos sus antiguos colegas judíos. Acto seguido, es el turno de los físicos. En abril de 1933, las obras de Einstein figuran en la lista negra de la Unión de Estudiantes Alemanes. El 27 de abril, en Berlín, sin el menor escrúpulo, las SA, con la ayuda de agentes del régimen, tiran miles de libros, entre los cuales los de Einstein y de otros astrónomos relativistas, a una inmensa hoguera. Embriagados por el espectáculo, los incendiarios a las órdenes de los hombres de Röhm prenden fuego a las casas de dos astrónomos acusados de traicionar a los trabajadores alemanes. Aplaudiendo tales hazañas, el ministro de la Propaganda nazi, Joseph Goebbels, proclama entonces con orgullo: *«El intelectualismo judío ha muerto»*. En cuanto a Einstein, aun cuando ya hay una recompensa por su cabeza, una revista alemana incluye su nombre en la lista negra de los enemigos más peligrosos del régimen bajo el título *«¡No lo han ahorcado todavía!»*. Se ofrece una recompensa suplementaria a quien lo entregue

———

150. Revista *Raison Présente*, n.º 29 a 32, 1974.

a las autoridades, vivo o muerto. Muy afectado, Einstein le escribe a su amigo Max Born (quien, prudente, ya ha huido a Inglaterra unos meses antes): *«Debo confesar que la magnitud de la brutalidad y vileza que manifiestan me cogió por sorpresa»*. Cada día, el ambiente se vuelve más tenso en torno a su refugio belga. Hay siluetas acechando por las noches en la calle en la que vive, mientras se acumulan las amenazas de muerte, hasta tal punto que el rey Alberto I decide poner a un grupo de policías y guardaespaldas al servicio de su ilustre huésped, de manera permanente. Una vigilancia día y noche que asfixia a Einstein. Harto ya, toma una decisión radical: irse a Estados Unidos y no volver a pisar nunca Europa.

El 7 de octubre de 1933 zarpa el paquebote norteamericano Westernland y el puerto de Southampton se va desdibujando en la bruma. A bordo, Einstein da definitivamente la espalda a Europa. Al igual que muchos otros científicos que, como él, huyen de la barbarie y de la locura que se adueñan de Alemania y amenazan con precipitar el mundo entero en el caos.

2. La máquina de guerra nazi contra el Big Bang

5 de septiembre de 1934, en Núremberg. Desde hace más de una hora, Hitler descarga un torrente continuo de vociferaciones sobre el inmenso gentío, que se pierde en el horizonte, reunido en la explanada del monumento colosal edificado por el arquitecto del régimen, Albert Speer. Por nada en el mundo el Führer se perdería el gigantesco ritual en forma de culto pagano en el que, cada año, se dirige directamente al pueblo, a toda Alemania, en ese marco descomunal, como un dios dirigiéndose a sus criaturas, agolpadas a sus pies.

Después de haber retomado el aliento entre dos soflamas, vuelve con una mezcla de deleite y furor a lo que considera como una de sus mayores victorias: la expulsión del judío Einstein fuera del Reich *«a patadas en los riñones»*. Un gruñido de entusiasmo sube del público y circula sordamente hasta el inmenso balcón en el que está encaramado el orador. Ha llegado el momento de la purificación: Alemania se ha deshecho de uno de sus peores enemigos. En adelante, lanza el Führer en un bramido

Postal antinazi de 1937, titulada *La ignominia del siglo XX*, donde se ve a Einstein expulsado de Alemania por Hitler.

místico, «*¡nuestro reinado a la cabeza del Universo no terminará jamás!*».[151]

Esta frase alucinante marca la segunda fase de la ofensiva del régimen contra los científicos hostiles a la idea central del nazismo, según la cual la materia y la eternidad son una sola y misma cosa.

A diferencia de los años precedentes en que los nazis todavía no se habían adueñado del poder, el proceso de eliminación de los científicos se llevará a cabo, a partir de entonces, con método y eficacia. A fuerza de notas y circulares dirigidas, en primer lugar, contra los allegados a Einstein. Una de las primeras víctimas de esa ola de terror frío será Otto Stern, uno de los más antiguos compañeros intelectuales de Einstein. Fascinado por la teoría de la relatividad restringida, tenía solo 23 años cuando decidió, en 1912, partir a Praga para reunirse con Einstein como asistente en la universidad. Y cuando Einstein obtiene la cátedra de Física en la Escuela Politécnica Federal de Zúrich, se va con él, una vez más como asistente, al prestigioso establecimiento suizo. Se ha pasado horas debatiendo con Einstein durante el largo y difícil ascenso hacia las cimas de la relatividad general, y comparte todas sus ideas.

Su opinión es valiosa, ya que, así como Einstein navega con una fantástica intuición en las corrientes teóricas, Stern tiene, por su parte, un gran sentido práctico. Es un experimentador excepcional, que logró, con ayuda de aparatos erizados de pantallas con agujas y tubos electroluminiscentes, arrancar secretos fabulosos al corazón de la materia.

151. Ver Frédéric Rouvillois, *Crime et utopie. Une nouvelle enquête sur le nazisme*, París, Flammarion, 2014. Texto consultable en línea, https://www.google.fr/books/edition/Crime_et_utopie_Une_nouvelle_enquête_su/5-rjAgAAQBAJ?hl=fr&gbpv=1&dq=discours+de+nuremberg+5+-septembre+1934&pg=P-T139&printsec=frontcover

Entre otras cosas, logró cuantificar ya en 1922 lo que se llama el espín, a saber, una especie de rotación de las partículas elementales. Aportó igualmente la prueba de la naturaleza ondulatoria de los átomos y, ante todo, fue quien midió el *«momento magnético»* del protón (una verdadera hazaña, que le valdría el Premio Nobel en 1943). En 1923, es nombrado profesor titular en la Universidad de Hamburgo y director del Instituto de Física, dos cargos que desempeña con una brillantez reconocida por todos, tanto en Alemania como en el extranjero.

Pero todo eso deja a los nazis totalmente indiferentes. Una mañana del mes de abril de 1933, el vicerrector de la universidad, flanqueado por dos SA armados hasta los dientes, golpea a su puerta. Como Stern tarda en abrir, uno de los SA da una serie de culatazos contra la puerta, que termina por venirse abajo. Sorprendido por la violencia de la intrusión, el físico se dirige rápidamente hacia los visitantes. Sin una palabra de disculpas, rígido, el vicerrector tiende un papel a Stern y le informa de que, a partir de ese mismo instante, ya no es director del Instituto de Física. Mientras Stern se prepara para responder, el SA le corta la palabra y le recomienda *«no resistir, en su propio interés»*. Incómodo, el vicerrector precisa: *«No obstante, esta medida solo se refiere al instituto. De momento, usted sigue siendo profesor en la universidad».*[152]

¡De momento! Indignado, Stern envía al día siguiente su carta de renuncia al rectorado. Y, quince días más tarde, parte hacia los Estados Unidos para nunca más volver.

―――

Muchos otros siguen el ejemplo de Stern

Empezando por Max Born, premio Nobel de Física 1954. Al inicio de los años 1930, su influencia es considerable. Pedagogo brillante, fue el director de tesis del célebre Robert Oppenheimer, de Victor Frederick Weisskopf, de Max Delbrück e incluso de Pascual Jordan, todos físicos

152. Pierre Ayçoberry, *La Science sous le Troisième Reich*, París, Seuil, 1993.

de primer plano que contribuyeron de manera decisiva a la fundación de la teoría de lo infinitamente pequeño, la mecánica cuántica. Entre sus asistentes se encuentran investigadores tan ilustres como Werner Heisenberg, Wolfgang Pauli, Enrico Fermi, Eugene Wigner, Edward Teller y tantos otros, casi todos premios Nobel. No obstante, Max Born tiene todo lo que hace falta para irritar a los detentores del poder nazi.

Comenzó su meteórica carrera en 1904, en la Universidad de Gotinga, en Baja Sajonia, que, en esa época, domina el mundo. Allí conoce a sus profesores todopoderosos, los matemáticos David Hilbert, Felix Klein y Hermann Minkowski (el antiguo profesor de Matemáticas de Einstein en Zúrich, con quien participa en la elaboración de las estructuras geométricas del espacio-tiempo). Poco a poco, se convierte en uno de los indispensables coprotagonistas del escenario intelectual de Gotinga. Más tarde, una vez en Berlín, conoce a Einstein. A causa de una insuficiencia respiratoria, no puede incorporarse al Ejército en 1914, cuando estalla la Primera Guerra Mundial, por lo que aporta su ayuda a Max Planck y, sobre todo, a Einstein, en los difíciles cálculos de la relatividad general. Y, a partir de 1925, al igual que Stern, Born pasa a formar parte del círculo cerrado de los confidentes más próximos al profesor.

No es sorprendente que Born y Einstein tengan los mismos intereses y miren la realidad con los mismos ojos: una mirada calificada de *«mística»* por los nazis. Desde 1922, Born se interesa por el estudio de las grandes constantes del Universo, esos números puros que constituyen la piedra angular de la realidad física. Entre esos grandes números sin dimensión (es decir, independientes de toda unidad de medida), su atención se focaliza muy particularmente en la misteriosa constante de estructura fina, 1/137, que regula el comportamiento de la fuerza electromagnética (entre otras, la luz que ilumina en este mismo instante las páginas que está leyendo). El gran físico alemán fue el primero en destacar que ese número, que comporta una serie de decimales perfectamente ajustados, está en relación profunda con la velocidad de la luz, la carga del electrón, la constante de Planck (el meollo de lo infinitamente pequeño) ¡e incluso con ese número no físico, cumbre de lo extraño, que es el número π! ¿Gracias a qué prodigio?

Después de numerosas discusiones con sus colegas y tras una buena dosis de cálculos, Max Born llega a una perturbadora conclusión: *«Si la constante de estructura fina tuviera un valor apenas superior al que tiene, no podríamos distinguir la materia de la nada, y nuestra tarea de desentrañar las leyes de la naturaleza resultaría desesperadamente complicada. El valor de esta constante sin duda no se debe al azar, sino que es una ley de la naturaleza. Queda claro que la explicación de ese número debería ser el problema central de la filosofía natural».*[153]

Todo queda dicho: ¡el valor de esta constante *«seguramente no se debe al azar»*! Y como era de esperar, Born va aún más lejos: según él, ese número puede ser *«asociado a una potencia de selección y de organización»* en el Universo.

¡Una *«potencia de organización»*! Esto es suficiente para relacionar a Born con el famoso *«pensamiento de Dios»* evocado por Einstein en Berlín en 1922. Pero también para hacer fruncir el ceño a Rosenberg, Röhm y sus engendros uniformados.

———

No obstante, en 1923, nuestro hombre hace una estrepitosa reaparición en la todopoderosa Universidad de Gotinga, para ser nombrado profesor titular en Física Teórica. Bajo la protección de sus mentores —muy especialmente del genial matemático David Hilbert— hace que la física de la época progrese a pasos agigantados. Y, no obstante... Una mañana de mayo de 1934, mientras se daba prisa por los pasillos de la universidad, es detenido por dos SA y arrastrado sin ninguna consideración ante el nuevo vicerrector de la universidad. Sin tomarse la molestia de emplear la menor fórmula de cortesía, el funcionario le anuncia que todas sus actividades están anuladas y que tiene dos horas para irse del lugar. Unos días más tarde, bajo la estrecha vigilancia de las SA, parte hacia el Reino Unido, primero a la Universidad de Cambridge y luego a Edimburgo, donde sucede a Charles Galton Darwin (nieto del gran

153. Arthur I. Miller, *Deciphering the Cosmic Number: The Strange Friendship of Wolfgang Pauli and Carl Jung*, W.W. Norton & Co, 2009.

naturalista Charles Darwin) en la cátedra de Filosofía Natural. Fue allí donde recibió el Premio Nobel en 1954 y no en Alemania, donde, sin embargo, había realizado la mayor parte de sus descubrimientos.

———

Veremos que el año de 1934 marca un giro particularmente sombrío y preocupante. Gotinga es un ejemplo muy representativo al respecto. Durante medio siglo, de 1880 a 1930, esta ciudad de Baja Sajonia dominó el mundo de las matemáticas bajo el reinado indiviso de sus profesores, los matemáticos Felix Klein y David Hilbert.

¡Hilbert!

Hilbert es un científico que reinó en casi todos los ámbitos de las matemáticas hasta transformarse en un mito. Es el padre de los célebres veintitrés problemas entre los más difíciles del milenio. Es igualmente quien dio su nombre al famoso «espacio de Hilbert» de la mecánica cuántica. Riguroso hasta la obsesión, pero también de una imaginación desbordante, ¡su audacia no tiene límites! Una noche de 1934, invitado a un banquete oficial al que asistía Bernhard Rust, *Reichminister* de Educación, este se dirigió a él con una risita amable: *«Diga, señor profesor, ¿cómo van las matemáticas en Gotinga ahora que se liberaron de la influencia judía?»*.

Hilbert no respondió inmediatamente. Al poco, encogiéndose de hombros, refunfuñó: *«¿Las matemáticas en Gotinga? ¿Qué matemáticas?»*.[154] Y luego se retiró de la mesa sin mirar atrás.

La hecatombe de científicos se acelera. Así, sin saber cómo ni por qué, a la manera de Einstein, Stern y Born, numerosos físicos eminentes —todos partidarios de la teoría de la relatividad y de la finitud del Universo— se encuentran de la noche a la mañana expulsados fuera de las fronteras alemanas. Tal es el caso de James Franck, Victor Francis Hess, Lise Meitner, Carl Gustav Hempel y tantos otros, todos expulsados desde finales de 1933. Otros, siguiendo el ejemplo de Einstein, deciden huir, como el legendario

154. Igor y Grichka Bogdanov, *La pensée de Dieu*, París, Grasset, 2012.

físico y matemático Hermann Weyl, quien había sucedido en 1930 a Hilbert en la cátedra de Matemáticas de Gotinga. No es judío, pero sí cercano a Einstein. Como era de esperar, sus concepciones de un Universo finito en el espacio como en el tiempo irritan sobremanera a Rosenberg, quien, según repite en todo Berlín, considera como *«un asunto personal el ajustarle las cuentas al renegado de Weyl»*. El eslabón débil de Weyl es Helene, su esposa. Ella es judía. Pronto, Helene recibe sus primeras cartas anónimas. Son amenazas insidiosas. ¡Es intolerable! Aterrado por ese odio incomprensible, Weyl siente crecer el peligro día a día. Toma la mano de Helene y decide abandonar la Universidad durante la noche. Sin perder un minuto, se embarca hacia Estados Unidos, donde se reúne con Einstein en el seno del prestigioso Instituto de Estudios Avanzados de Princeton.

A partir de 1936, la represión anticientífica nazi cambia brutalmente de cariz y se hace mucho más peligrosa

En efecto, hasta ese momento, los parias del régimen habían podido huir. Pero todos no tuvieron esa suerte. En la segunda mitad de los años 1930, se vuelve cada vez más difícil salir del Reich. Se confiscan los pasaportes y se detiene a quienes huyen en las fronteras. Pronto, Himmler y Hitler, seguidos por Bormann, Eichmann, Rosenberg, Heydrich y otros, adoptan una nueva línea: eliminar a los enemigos del Reich enviándolos a campos de concentración o, aún peor, de exterminio.

El trágico destino del matemático Felix Hausdorff ilustra este camino hacia la oscuridad de las tinieblas. Hausdorff es un matemático brillante, considerado actualmente como el fundador de la topología moderna (dio su nombre a los famosos «espacios de Hausdorff»,[155] un tema fascinante para todos los estudiantes de hoy). Ahora bien, sus ideas, primero consideradas como irritantes, serán pronto catalogadas como *«vomitivas»* por los nazis. Concentrado en sus cálculos, Hausdorff no se da cuenta y continúa su trabajo de científico, como si nada. Sin

---

155. En matemáticas, un espacio de Hausdorff es un espacio en el que dos puntos distintos admiten siempre vecindarios disjuntos.

embargo, en 1935, recibe una primera alerta: de repente es destituido de su puesto y sus trabajos son tachados primero de *«no alemanes»*, luego como *«nocivos»*, para terminar en *«infectos»*. Pero decide una vez más cerrar los ojos ante esos claros indicios. Pronto confiscan los pasaportes de toda su familia. Ahora les es imposible irse del país. Una noche de 1942, mientras trabaja tarde en su despacho de la Universidad de Bonn, golpean con violencia a su puerta, hasta hacerla añicos. Acto seguido, lo echan al suelo y le atan las manos en la espalda. Su mujer y su hija reciben idéntico tratamiento. Esa misma noche los llevan al campo de tránsito de Bonn.

No sobrevivirán. El 26 de enero de 1942, Hausdorff y las dos personas que más ama en el mundo ingieren barbitúricos y mueren bajo los ojos de sus verdugos.

———

Esos ejemplos funestos están lejos de limitarse a algunas víctimas aisladas: decenas de científicos brillantes fueron eliminados sin piedad alguna. Se trata de una empresa sistemática de destrucción que, más allá de los hombres, tenía como objetivo erradicar sus ideas. En particular, exactamente como en la Unión Soviética, la idea según la cual el Universo no está aquí desde siempre, y la naturaleza tampoco. Y, por consiguiente, que el reino de la raza germánica no tenía tampoco acceso a la eternidad. Y que, finalmente, el destino de los hombres se cifra en algo mucho más grande que ellos.

¿Acaso la caída de los dos grandes regímenes totalitarios del siglo XX puso fin, con la desaparición de la guerra, a esta violenta, y poco comprensible, lucha contra las teorías del origen? Lo que vamos a descubrir en el capítulo siguiente va, seguramente, a sorprender...

III. El Big Bang frente a Occidente después de 1945

Otoño de 1945. Un aire nuevo sopla ahora en el mundo, disipando los estruendos criminales que sacudieron la Alemania nazi y borraron en un relámpago más de 100 000 vidas en Japón. Poco a poco, la humanidad se repone del diluvio de hierro y de fuego que se abatió sobre ella durante la guerra. Progresivamente, las ideas vuelven a circular en los canales del conocimiento.

Sin embargo, las hipótesis que, en mayor o menor medida, se refieren a un posible origen del Universo encuentran dificultades para abrirse paso. Por supuesto, ya no se trata de eliminar físicamente, con la cárcel, la tortura o la ejecución, a los partidarios de la teoría original, como en el caso de los regímenes totalitarios. Las acciones contra el principio de una creación que marca un comienzo del Universo según un mecanismo trascendente son mucho más insidiosas, casi invisibles. Pero no son menos feroces para con los padres fundadores.

¿Friedmann? Desaparecido y olvidado. ¿El abad Lemaître? Ya casi nadie cree en su teoría del átomo primitivo. En 1948, hubo un intento por parte de George Gamow (recordemos que se trata del discípulo de Friedmann, el legendario padre del Big Bang) para enderezar las cosas. Pero sin gran éxito. Efectivamente, ese año, Gamow firma en Estados Unidos, con su alumno en doctorado Ralph Alpher, el famoso artículo que ya hemos evocado, titulado «El origen de los elementos químicos» en la prestigiosa *Physical Review*. El artículo en cuestión pretende que el Universo nació hace miles de millones de años, cuando era muy pequeño, muy denso y muy caliente. Más exactamente, los lectores (en su mayoría, escépticos) se enteran de que los elementos ligeros (en particular los núcleos de los átomos de hidrógeno) nacieron en los primeros minutos de vida del Universo, después del Big Bang. La noticia causa sensación, hasta en las salas de redacción de los periódicos de circulación masiva. Y el 15 de abril de 1948, los norteamericanos, atónitos, pudieron leer en el *Washington Post* este increíble titular: «¡El Universo nació en cinco minutos!».

¿Lograrán levantar cabeza los partidarios del Big Bang? No exactamente. Porque ese artículo sensacional sobre la nucleosíntesis de los elementos ligeros tuvo el gran defecto de publicarse el 1 de abril de 1948. Y muy pronto se difundió en toda Norteamérica, como un reguero de pólvora, el rumor según el cual el artículo en cuestión no era sino una broma propia de la fecha de las inocentadas.

El Bing Bang vacila. Solo falta darle el golpe de gracia. Es lo que ocurre el 28 de marzo de 1949, en Londres. Ese día, como ya lo hemos visto, sir Fred Hoyle, el influyente astrónomo de su majestad, el rey Jorge VI, en el Saint John's College de Cambridge, está en un estudio de la BBC. A diferencia de Gamow, ignorado por los periodistas, Hoyle (quien no carece de humor y tiene siempre ocurrencias que hacen reír) es la sensación de todos los medios. Cuando le preguntan si, tal como lo afirma Gamow, el Universo podría haber tenido un origen en el pasado, se sale repentinamente de sus casillas. ¿Qué origen? Hoyle lanza una carcajada, que resuena en el estudio y se propaga por todas las antenas. Retomando aliento, desliza en tono confidencial, como para hacer un favor a sus oyentes, que lo que cuenta Gamow no es más que una monstruosa impostura. Acuciado por múltiples preguntas, se enardece, saca pecho y termina por lanzar con una sonrisa cruel: «*¡El cosmos no nació de... pues de un "Big Bang!"*».

¡Un Big Bang!

La expresión, una vez lanzada, va a dar la vuelta de Inglaterra y del mundo entero a la velocidad del rayo. Porque, aunque sea irónica y haya sido pronunciada por un encarnizado adversario de la idea de un origen del Universo, el hallazgo es genial y quedará para siempre en el vocabulario científico.

¡No hay nada que hacer! El astrónomo de la realeza insiste, ¡el Universo es eterno! Afable y sonriente, con el tono del sentido común y de la evidencia, repite a pleno pulmón que todo lo que cuentan Gamow y sus discípulos a los pobres norteamericanos que los escuchan no es más que una ilusión, elucubraciones que no sirven sino para asombrar a los meapilas. Convencido de tener razón, Hoyle decide lanzarse a la batalla. A base de conferencias y artículos, termina por imponer en Inglaterra y en el resto del mundo su teoría del Universo estacionario: un Universo fijo, que está desde siempre, sin comienzo ni fin.

Para Gamow y sus discípulos el golpe es duro. Pero no solo para ellos. Porque, en la suave pendiente de los años 50, es la idea misma del origen cósmico la que retrocede, ahogada bajo la ola que arrastra bien lejos la teoría del Big Bang.

En síntesis, la noción de Big Bang desaparece poco a poco en el discurso público y en las consideraciones privadas. Muy pronto, casi nadie habla de ella. En los tranquilos Estados Unidos de la época, como en el resto del mundo, las preocupaciones giran alrededor de la paz reencontrada. ¡Al diablo las ideas estrafalarias de un puñado de científicos acerca de la creación del Universo! De todos modos, no hay pruebas de ese supuesto Big Bang. Por lo que, en todas partes, tanto en las escuelas como en las sociedades académicas, se machaca con insistencia que la materia es eterna, y el Big Bang, una farsa. ¿Un ejemplo? Llevando el rechazo del comienzo hasta la caricatura, el físico marxista David Bohm llegará a proclamar que los partidarios del Big Bang son *«unos traidores a la ciencia que rechazan la verdad científica para obtener conclusiones conformes con la Iglesia católica»*.[156]

El físico británico William Bonner, a su vez, no dudó en escribir que *«el motivo subyacente es, evidentemente, la introducción de Dios como creador. Allí está, según parece, la ocasión que esperaba la teología cristiana desde que la ciencia se puso a reemplazar a la religión en el espíritu de los hombres de la razón a partir del siglo XVII».*[157] Tan virulento como él, el propio sir

David Bohm (1917-1992) denunciaba como «traidores a la ciencia que rechazan la verdad científica para obtener conclusiones conformes con la Iglesia católica».

---

156. Citado en *Le visage de Dieu*, Igor y Grichka Bogdanov, cap. IX, «Vers le Big Bang», Éditions Trédaniel, 2019, p. 160.

157. Citado en Simon Singh, *Big Bang: The Origin of Universe*, 2004, p. 361.

Arthur Eddington, uno de los mayores astrónomos de la primera mitad del siglo XX, se salía literalmente de sus casillas cuando oía hablar del Big Bang: *«La noción de un comienzo me parece repugnante... Simplemente, no creo que el orden actual de las cosas haya podido nacer de un Big Bang. La idea de un Universo en expansión es absurda, increíble».*[158]

La violencia de esos contraataques marcará un giro en la vida de los investigadores, que, en ese momento, se tambalean bajo los golpes de sus adversarios

Como ya lo hemos visto, muy afectado, George Gamow se aleja progresivamente de la física para orientarse hacia la biología. ¿Y Ralph Alpher, su mejor alumno? Las universidades le cierran la puerta en las narices. Pronto, buscando trabajo en los anuncios, termina por entrar en General Electric, donde trabajará hasta el final de su carrera. En cuanto a Robert Herman, su colega, se aleja para siempre de la investigación antes de integrar el grupo automovilístico General Motors. Después de haber predicho la radiación del Big Bang, se dedicará a crear vehículos de tamaño reducido con la esperanza de limitar los atascos en las calles. Sin embargo, unos diez años más tarde, la famosa prueba de que «algo» se produjo en un pasado muy lejano del Universo va a estallar. En 1964,

En los años 1960, en Estados Unidos, George Gamow (1904-1968), Ralph Alpher (1921-2007) y Robert Herman (1914-1997) se ven obligados a abandonar definitivamente la física ante el rechazo de la teoría del Big Bang.

---

158. Ver J. Stachel, «Eddington and Einstein», in E. Ullmann-Margalit, *The Prism of Science*, Dordrecht y Boston, D. Reidel, 1986.

Penzias y Wilson descubren la famosa *«radiación cósmica de fondo»*, el misterioso eco de la creación, que será el primer pilar del Big Bang.

¿Y hoy?

El 25 de enero de 2018, el muy serio *Journal for the Scientific Study of Religion* publicó un artículo rotundo titulado «Perceptions of Religious Discrimination Among U.S. Scientists». Los doctores Elaine H. Ecklund y Christopher P. Scheitle, ambos universitarios, muestran en dicho estudio que los científicos creyentes se encuentran más expuestos a acciones discriminatorias que sus colegas norteamericanos que no lo son: aún hoy, la identidad religiosa inspira reacciones de desconfianza hacia los científicos que la reivindican. En esta sólida encuesta realizada entre 879 biólogos y 903 físicos pertenecientes a instituciones calificadas como «establecimientos de investigación americanos» por el Consejo Nacional de Investigaciones, el 33,8 % de los biólogos y físicos de confesión católica afirman haber sido víctimas de acciones discriminatorias más o menos explícitas en sus laboratorios o en el seno de sus equipos de investigación. El 40,3 % de los investigadores de religión protestante declaran haber sufrido presiones cotidianas e incluso haberse visto profesionalmente marginados.

La violencia de la novela negra del Big Bang y la debilidad de las numerosas teorías alternativas no hacen sino subrayar la fuerza de las pruebas que derivan de la expansión del Universo, de su muerte térmica y de su inicio. A estas alturas, aparece claramente que las dos primeras implicaciones de la tesis materialista son falsas: el Universo efectivamente tuvo un inicio y tendrá un final. Pero la tesis de la inexistencia de Dios tiene una tercera implicación, a saber, que el Universo no puede estar ajustado de manera precisa y ser favorable a la aparición de la vida. En las páginas que siguen, mostraremos que esta tercera implicación también se ve refutada por la realidad.

9.

El principio antrópico o los fabulosos ajustes del Universo

Instalado por la mañana ante un café, usted lee su periódico preferido. Lamentablemente, no faltan las malas noticias. El calentamiento climá- tico muy probablemente va a superar el grado o los grados fatídicos, acarreando inmediatamente catástrofes en cadena, desde el deshielo de los polos hasta la subida de los océanos. En la página siguiente, surgen nuevas preocupaciones acerca de la finísima y tan frágil capa de ozono que nos protege de las radiaciones mortales del sol. Por fin, en la última página, hay unas estadísticas calamitosas acerca de las poblaciones de abejas diezmadas por los herbicidas; y la desaparición de las abejas es el fin de la polinización y, al mismo tiempo, la extinción anunciada de la mayor parte del mundo vegetal. Mientras usted se va a trabajar, medita acerca del carácter sumamente fino y sensible de todos esos ajustes de la Tierra, esenciales para nuestra vida. ¿Acaso no es increíble que nuestra existencia necesite una horquilla de temperaturas tan estrecha? ¿Que una capa de ozono tan fina, un porcentaje de oxígeno tan preciso sean absolutamente necesarios, de modo que, con una tasa levemente inferior, la vida sería imposible, mientras que, con una tasa un poco más elevada, todo se pondría a arder con la primera chispa?

Se pone a pensar en otros parámetros vitales, como el campo magné- tico de la Tierra, que nos protege tanto, o la inclinación perfecta del eje de rotación de nuestro planeta. De repente, se formula a sí mismo una pregunta: ¿esos ajustes tan numerosos y finos no serían acaso la prueba de la existencia de un Dios creador? Sin embargo, se le presenta una res- puesta aceptable a esa pregunta: es verdad que los ajustes de la Tierra necesarios a la vida son muy numerosos y están programados de manera muy precisa, pero el Universo observable cuenta sin duda con miles de millones de millones de planetas. Por consiguiente, podría ser que, por el simple juego del azar, existan otros planetas tan bien dotados como el nuestro. Así pues, no habría ningún misterio. De repente, sin embargo, surge otra pregunta: ¿y el Universo? ¿Y si, como la Tierra, hubiese en él ajustes precisos? ¡Sería en verdad muy intrigante! Porque, contrariamente a la Tierra, no existe, a priori, más que un Universo: el azar no podría ser una explicación aceptable para tan sorprendente anomalía. Pues sepa que muchos científicos se formulan esa misma pregunta.

Si se ha sorprendido ante los ajustes de la Tierra, ¡pues sepa que los ajustes del Universo lo van a deslumbrar!

———

Sumirse en los fabulosos ajustes del Universo que han permitido su evolución, culminando con la aparición de la vida, desemboca en una evidencia: el azar no es una solución explicativa creíble. Esta constatación, tan revolucionaria como reciente, constituye desde los años 1970 el «principio antrópico» (del griego *anthropos*, que significa «hombre»)

«El Universo me plantea un problema y no puedo imaginar que este reloj exista sin que exista un relojero», decía ya Voltaire, en una época en que los conocimientos científicos acerca del mundo y de su génesis eran todavía embrionarios. Pero los descubrimientos extraordinarios de estos últimos decenios han hecho de la analogía del reloj algo más pertinente aún: ahora el Universo aparece como *«todo un montaje»*,[159] una mecánica increíblemente precisa en la que, en cada etapa, improbables ajustes y engranajes complejos, indispensables, encajan de manera milagrosa unos con otros para permitir la existencia y el funcionamiento del conjunto.

---

159. Según la expresión de Fred Hoyle, citado en Paul Davies, *Superforce, The Search for a Grand Unified Theory of Nature*, Simon & Schuster, Nueva York, 1987.

Para quienes no quieren formularse preguntas, siempre es posible mirar el reloj desde lejos, sin sorprenderse de que las agujas giren impecablemente, marcando la hora con precisión. Pero, si se opta por hacer el esfuerzo de levantar la tapa y de interesarse por los mecanismos y ajustes complicados que componen la maquinaria, entonces la evidencia salta a la vista: forzosamente, existe un diseñador inteligente en el origen de esta realización.[160]

En este capítulo, le proponemos levantar la tapa del gigantesco reloj que resulta ser el Universo para acercarnos a los increíbles ajustes que rigen su funcionamiento. Esto nos va a permitir tomar conciencia del carácter tan improbable como ultrapreciso y sumamente sensible de los datos iniciales y de las constantes físicas que lo rigen.

«El Big Bang, el acontecimiento más semejante a un cataclismo que podamos imaginar, si se lo analiza detenidamente, aparece como finamente orquestado»,[161] dirá, como ya lo hemos visto, George Smoot, premio Nobel de Física 2006.

¿Cuáles son esos ajustes? El Universo, su génesis, su evolución y su funcionamiento se fundan en una veintena de valores numéricos, determinados desde el primer instante de su aparición, invariables en el tiempo y en el espacio

Estos son los principales:

• **la fuerza de gravedad** definida por la constante de gravitación «G»: $6{,}67418 \times 10^{-11} \, m^3 \, kg^{-1} \, s^{-2}$ y la constante de acoplamiento α - g = 10^{-39};

• **la fuerza electromagnética** definida por la constante de estructura fina «α» = 0,0072973525376;

---

160. En este punto, una explicación de tipo darwinista no funciona, ya que los parámetros que determinan el Universo son fijos y no han cambiado desde su origen.

161. *«The Big Bang, the most cataclysmic event we can imagine, on closer inspection appears finely orchestrated»* en *Wrinkles In Time: The Imprint of Creation*, George Smoot y Keay Davidson, Abacus, 1995, p. 135. Ver el artículo en línea de *Evolution news* (febrero de 2007): https://evolutionnews. org/2007/02/does_george_smoot_nobel_laurea/.

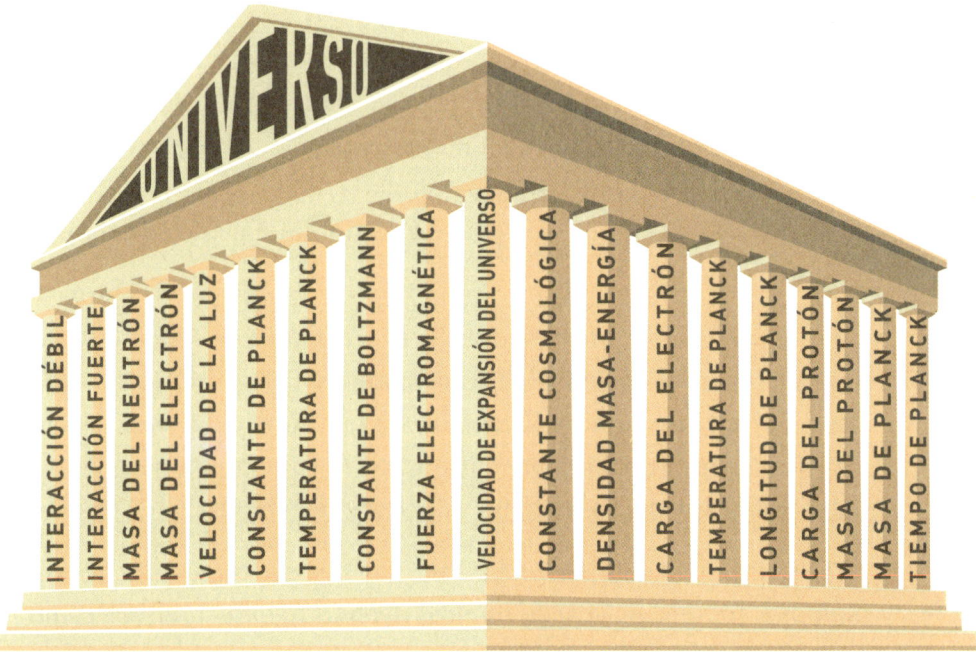

Como el Partenón con sus columnas, el Universo se funda en unos veinte
números, unos diez más si se quiere ser exhaustivo.

• **la interacción fuerte**, que asegura la cohesión de los núcleos atómicos
y la de los nucleones, definida por la constante de acoplamiento α - s = 1;

• **la interacción débil**, dentro del núcleo atómico, definido por la constante de acoplamiento α - w = 10^{-6};

• **la velocidad de la luz** «c»: 299 792 458 m·s^{-1};

• **la constante de Planck** «h»: 6,626070040 × 10^{-34} J·s;

• **la constante de Boltzmann** «k»: 1,380649 × 10^{-23} J·K^{-1};

• **la carga del protón** (+) **y del electrón** (-) «e»: 1,6021766208 × 10^{-19} C;

• **la masa del protón**: 1,6726219 × 10^{-27} kg;

• **la masa del neutrón**: 1,674927471 × 10^{-27} kg, que es un 0,14% superior;

• **la masa del electrón**: 9,10938356 × 10^{-31} kg;

• **la densidad masa-energía del Universo** en su origen;

• **la velocidad de expansión del Universo** en su origen;

• **la constante cosmológica que fija la curvatura inicial del Universo:** $1,289 \times 10^{-52}$ m^{-2};

• **la densidad de masa y de energía del Universo** poco después del Big Bang;

• **la velocidad de expansión del Universo** poco después del Big Bang.

¿De dónde salen esos números? ¿Para qué sirven? ¿Cómo habría sido el Universo si hubiesen sido tan solo un poco diferentes?

Tres preguntas, tres respuestas.

¿De dónde salen estos números? Hay tan solo dos respuestas posibles: o son el fruto del azar[162] o provienen de los cálculos complejos de un Dios creador realmente muy sabio.

¿Para qué sirven? Son los pilares del Universo que determinan por completo su existencia, su funcionamiento y su evolución, y eso desde el principio.

¿Cómo habría sido el Universo si hubiesen sido tan solo un poco diferentes? Tan sorprendente como pueda parecer, somos capaces de contestar a esta pregunta: si uno de esos números fuese diferente en un 10 % o un 1 %, o tan solo en un lejano decimal, el Universo se hubiese visto reducido a la nada o al caos, y no estaríamos aquí para hablar del tema. Esto es el principio del «ajuste fino».

---

162. Para hacer creíble la tesis del azar, hay que recurrir a la hipótesis muy especulativa de un número absolutamente gigantesco de universos paralelos (serían necesarios más de 10^{120} universos, o sea, infinitamente más universos que partículas en nuestro Universo...), producidos por un mecanismo «generador de universos» del que no se sabe nada. Examinaremos en el capítulo siguiente la verosimilitud de esta última hipótesis «desesperada» (según las palabras del profesor Neil Manson: *«La hipótesis de los multiversos parece ser el último recurso de los ateos desesperados»*, en «Introduction», *God and Design: The Teleological Argument and Modern Science*, Neil A. Manson, Routledge, 2003, p. 18, sección titulada «The much-maligned multiverse»).

Notemos, de paso, los fantásticos avances de la ciencia. Hoy podemos formularnos preguntas tan increíbles y darles respuestas. Efectivamente, los científicos fueron capaces de modelizar matemáticamente el Universo y, gracias a la ayuda de ordenadores muy potentes, de decir lo que habría pasado si, por ejemplo, la quinta cifra después de la coma de la constante de gravitación hubiese sido diferente.

Tomemos el ejemplo de la fuerza de gravedad, que conocemos bien

Esta fuerza se ejerce entre todas las masas de los objetos de nuestro Universo según la fórmula descubierta por Newton: $F = Gm_1m_2/d^2$.

Por otro lado, la fuerza de gravedad depende del valor de la famosa constante G, que se ha podido calcular hasta el quinto decimal:

$$G = 6,67418 \times 10^{-11} \, m^3 \, kg^{-1} \, s^{-2}$$

Pero ¿por qué G tiene exactamente ese valor? *«Su valor no puede ser explicado por ninguna teoría existente»*, confiesa el astrónomo Jacques Demaret.[163] Como todos los otros números examinados, tiene un valor arbitrario e inexplicable. Y si, en lugar de 6,67418, el valor de G fuese igual a 6,67417 o a 6,67419, y si su relación con la fuerza nuclear fuerte no fuese exactamente de 10^{39}, no podría haber vida en el Universo. Lo mismo ocurre con las veinte otras constantes que estructuran el Universo, que están en algunos casos más increíblemente ajustadas aún, como lo vamos a ver...[164]

Este hecho alucinante es hoy en día universalmente reconocido. Ha sido verificado con certeza por las modelizaciones informáticas, repetidas muchísimas veces

El *«ajuste fino»* (*fine tuning*, según otra expresión de Fred Hoyle en 1953) de los datos iniciales, leyes, constantes y estructuras del Universo

---

163. J. Demaret & D. Lambert, *Le Principe anthropique*, Armand Colin, 1994, p. 2.

164. Geraint F. Lewis y Luke A. Barnes, *A Fortunate Universe*, Cambridge University Press, 2016, pp. 108-109.

es un hecho ineludible. Hoy en día, prácticamente nadie lo cuestiona; lo reconocen los grandes científicos que suelen ser agnósticos, por lo que su opinión tiene un importantísimo valor.

• Lee Smolin, físico materialista, reconoce, como todo el mundo, el carácter extraño del hecho, y se sorprende de ello:[165] *«¿Cómo puede ser que los parámetros que gobiernan las partículas elementales y sus interacciones estén dispuestos siguiendo un equilibrio que permita la aparición de un cosmos tan complejo y diverso? Si el Universo ha sido creado por una selección aleatoria de parámetros, la probabilidad de que contenga estrellas es de una sobre 10^{299}»*.

• *«Utilizamos los números en todas nuestras teorías, pero no los entendemos, ni lo que son, ni de dónde vienen»*,[166] añade Richard Feynman, premio Nobel de Física en 1965.

• El físico Paul Davies, profesor en la Universidad Estatal de Arizona, confiesa también su turbación: *«Pertenezco al grupo de esos investigadores que no profesan una religión convencional, pero que se niegan a creer que el Universo pueda ser un accidente fortuito. El Universo físico está organizado con tal ingeniosidad que no puedo aceptar esta creación como un mero dato. A mi entender, tiene que haber un nivel de explicación más profundo. Que se lo quiera llamar "Dios" es una cuestión de gusto y de definición»*.[167]

• Partiendo de este tipo de argumento, Paul Dirac declaró en 1971, en un congreso: *«Si las leyes físicas son tales que el inicio de la vida es sumamente improbable, tan improbable que no sería razonable suponer que la vida pudo comenzar solamente como consecuencia del azar, entonces tiene que haber un Dios»*.[168]

---

165. Lee Smolin, *The Life of the Cosmos*, 1997.

166. Richard Feyman, *Electrodinámica cuántica: La extraña teoría de la luz y de la materia*, Alianza editorial, 2020.

167. Paul Davies, *La mente de Dios. La base científica para un mundo racional*, Interamericana de España, 1993.

168. H. S. Kragh, *Dirac: A Scientific Biography*, Cambridge University Press, 1990.

• Entrando a su vez en este terreno, el célebre astrónomo norteamericano Allan Sandage, que recibió el prestigioso Premio Crafoord de Astronomía, considera también que, si se pondera todo, el misterioso ajuste del Universo no deja opción alguna: *«Considero totalmente improbable un orden semejante surgido del caos. Debe existir un principio de organización. Para mí, Dios es un misterio, pero es la explicación del milagro de la existencia, a saber: por qué hay algo en lugar de nada».*[169]

• Steven Weinberg lo afirma, aunque esto implique irritar a gran parte de sus colegas materialistas: *«La vida tal como la conocemos habría sido imposible si una de las numerosas cantidades físicas hubiese tenido un valor levemente diferente».*[170]

• *«La astronomía nos conduce a un acontecimiento único, un Universo creado a partir de nada, solo con el delicado equilibrio necesario para la aparición de la vida, un Universo que obedece a un plan subyacente»,*[171] afirma por su lado Arno Penzias, premio Nobel de Física en 1978.

• Fred Hoyle, contemporáneo de Robert Dicke, ya lo había visto en su época: *«Una interpretación común de los hechos sugiere que un superintelecto jugó con la física, así como con la química y la biología. No cabe hablar de fuerzas ciegas en la naturaleza. Las cifras que se calculan a partir de los hechos me parecen suficientemente aplastantes como para que esta conclusión sea prácticamente incuestionable».*[172]

• John Lennox, profesor de Matemáticas en Oxford, explica: *«Al principio del Universo, para que pueda existir la química que permite la vida, la relación entre la fuerza electromagnética y la fuerza de gravitación*

---

169. J. N. Wilford, «Sizing Up the Cosmos: An Astronomer's Quest», *New York Times*, 12 de marzo de 1991.

170. Steven Weinberg, *Dreams of a Final Theory: The Scientist's Search for the Ultimate Laws of Nature*, Vintage Books, 1994.

171. Citado por Walter Bradley (Texas A.&M. University) en su estudio: *The Designed "Just-so" Universe*, 1999. Disponible en línea: https://www.leaderu.com/offices/bradley/docs/universe.html

172. Fred Hoyle, «The Universe: Some Past and Present Reflections», *Annual Reviews of Astronomy and Astrophysics*, 20, 1982, 16.

debió estar ajustada con una precisión del 1/10⁴⁰. Para dar una idea de una precisión del 1/10⁴⁰, imaginen que cubramos toda la superficie de Rusia con pequeñas monedas; luego, que construyamos pilas con monedas sobre todo el territorio hasta una altura equivalente a la distancia que nos separa de la Luna; pues ahora tomemos mil millones de sistemas como este; pintemos una única moneda de rojo, tapemos los ojos de un amigo y pidámosle que encuentre la moneda en cuestión al primer intento. La probabilidad de que "dé con ella" es del orden de 1/10⁴⁰. Se trata realmente de una probabilidad ínfima».[173]

• Del mismo modo, Max Planck, el legendario fundador de la ciencia de lo infinitamente pequeño en que consiste la mecánica cuántica, afirmaba: *«Toda la materia encuentra su origen y existe solo en virtud de una fuerza. Tenemos que suponer detrás de esa fuerza la existencia de un espíritu consciente e inteligente».*[174]

• Freeman Dyson, profesor de Física en Princeton, reconoce: *«Cuanto más examino el Universo y los detalles de su arquitectura, más indicios encuentro de que el Universo, en cierto sentido, debía saber que vendríamos».*[175]

• Para James Gardner, uno de los teóricos más serios de la complejidad, retomando la analogía de Fred Hoyle, imaginar que la vida apareció de pura casualidad en la Tierra es un poco como *«creer que, si se espera lo suficiente, un Boeing 747 va a ensamblarse espontáneamente a partir del polvo que existe en un cinturón de asteroides».*[176]

El principio antrópico del Universo es, por lo tanto, una pieza maestra en nuestro panorama de las pruebas de la existencia de un Dios creador. Efectivamente, no existe ninguna respuesta materialista razonable ante la suma improbabilidad que caracteriza el Universo y su funcionamiento.

---

173. Entrevista *Glad You Asked*, enero de 2008.

174. http://www.brainyquote.com/quotes/authors/m/max_planck.html

175. Freeman Dyson, (Princeton) *Disturbing the Universe*, Harper & Row, New York, 1979 p. 250.

176. «Hoyle on Evolution», *Nature*, vol. 294, 12 de noviembre de 1981, p. 105.

En primer lugar, vamos a evocar la historia de este descubrimiento, antes de describir el modo en que se encadenan las improbabilidades alucinantes que caracterizan las diferentes etapas del desarrollo de nuestro Universo...

I. Historia del descubrimiento del principio antrópico

John D. Barrow, profesor de Matemáticas en Cambridge, especialista del principio antrópico, escribió en 1988, en colaboración con Frank Tipler, *The Anthropic Cosmological Principle*,[177] el libro de referencia sobre el tema, una recensión extraordinaria que detalla doscientos ejemplos de ese ajuste fino en seiscientas páginas. En la introducción de su libro, Barrow y Tipler, insisten en el hecho de que los descubrimientos más impresionantes se han ido acumulando en las últimas décadas. La noción de «principio antrópico» fue propuesta en los años 1970 por el físico australiano Brandon Carter, pero la historia del surgimiento de esta nueva prueba de la existencia de Dios cubre casi un siglo.

Todo empieza efectivamente hacia el final de los años 1930, en la mítica Universidad de Princeton. Es allí donde, por primera vez, el joven físico Robert Dicke tiene la intuición de que existen *«ajustes»* impresionantes en el Universo, los cuales llevan inevitablemente al nacimiento y a la evolución de la vida. Un día de 1937, mientras asiste a una serie de conferencias, escucha hablar al gran científico Paul Dirac (Premio Nobel en 1931) de *«extrañas coincidencias»*[178] entre los números que fundan el Universo, como la relación entre el radio del cosmos y el del electrón, que tiene un valor de 10^{40}, del mismo modo que existe una relación entre la fuerza de gravitación y la fuerza electromagnética. Ese mismo año, tiene la suerte de entrevistarse con Einstein, profesor en Princeton desde 1933. Pues para el teórico de la relatividad las cosas son claras:

---

177. John D. Barrow y Frank J. Tipler, *The Anthropic Cosmological Principle*, Oxford University Press, 1996.

178. *«Podrían decir que es una coincidencia notable. Pero es bastante difícil de creer. Se piensa que debe de haber un vínculo entre esos grandes números, un vínculo que no podemos explicar actualmente, pero que podremos explicar en el porvenir...»* (*A New Basis for Cosmology*, Proc. Royal Soc. London, Series A, vol. 165, n.º 921 del 5 de abril de 1938, p. 199).

Robert Dicke (1916-1997).

«Dios no juega a los dados» y el azar no domina el mundo.

Durante años, estas reflexiones van a ocupar su mente, haciendo surgir, constantemente, la misma pregunta: *¿cuál es el lugar del azar en el Universo?* Asociada a otras del mismo estilo, esta pregunta va a llevar a Dicke, irresistiblemente, a fundar uno de los principios más impactantes de toda la física (aunque no fuera él quien le dio su nombre): ¡el «principio antrópico»!

En los años 1960, el prestigio de Dicke en Princeton no para de crecer. Ahora sondea el fondo del Universo gracias a unos aparatos radioastronómicos de su propia invención. Ha leído atentamente los estudios de George Gamow sobre el Big Bang caliente y la existencia de una huella de la explosión primordial que permanece en el cielo. Gracias a la ayuda de su alumno James Peebles y de sus colegas Roll y Wilkinson, va a ser el primero en predecir de manera precisa la existencia de la radiación fósil detectada en 1964 por Wilson y Penzias, a unos kilómetros de Princeton (Peebles obtendrá, de hecho, el Premio Nobel en 2019 por haber retomado y afinado los cálculos de Gamow acerca de ese descubrimiento fantástico, considerado por Stephen Hawking como *«el más importante de todos los tiempos»*)...

Pero, al hilo de sus investigaciones sobre los primerísimos instantes del Universo, Dicke, en sus momentos de ocio, tuvo ocasión de hacer una serie de observaciones de lo más extrañas. En primer lugar, pronto se sintió intrigado por el hecho de que la edad del Universo —alrededor de 14 000 millones de años— no es mera casualidad. ¿Por qué? Porque las leyes físicas fundamentales, observadas en la Tierra, vinculan la duración de la vida del Sol a la evolución de la vida hacia la inteligencia. De ahí su convicción, compartida por algunos de sus colegas (entre los más valientes) según la cual la evolución de la vida hacia la inteligencia *obligó* al Universo a tener al menos la edad que tiene hoy.

Un año más tarde, Dicke da un nuevo paso. Esta vez, habla abiertamente y no duda en repetir a quien quiera escucharlo sobre lo que es la idea fija del astrónomo Fred Hoyle, a saber, que «el Universo es todo un montaje». Pero ¿cómo demostrarlo? Lanzándose a una serie de cálculos. Gracias a ecuaciones extremadamente complicadas, el astrónomo termina concluyendo que las condiciones iniciales en el momento del Big Bang estaban ajustadas con una precisión alucinante, y que nuestra existencia se debe a un milagro. Una conclusión que, por supuesto, irrita sumamente a sus colegas. Muchos le dan la espalda. Pero ahí están los hechos, procedentes de las fórmulas: una ínfima variación en un solo parámetro entre los numerosos parámetros cosmológicos en los que se fundamenta nuestro Universo —un 2 en lugar de un 3, en el enésimo decimal de un número— y el espacio-tiempo tal como lo conocemos nunca hubiese aparecido, así como tampoco la vida. Para Dicke, no hay lugar a dudas, y nunca cambiará de opinión al respecto: ¡el Universo no nació del azar!

Más adelante, gran cantidad de investigadores y de científicos van a hacer las mismas constataciones: los ajustes de las condiciones iniciales, de las leyes, de las fuerzas, de las constantes y de las estructuras que determinan nuestro Universo están muy finamente ajustados, a veces con una precisión alucinante, y si ello no fuera el caso, no estaríamos aquí para evocar el tema...

II. Pero ¿en qué consisten esos misteriosos ajustes?

Es hora de mirar en detalle los descubrimientos científicos recientes que nos hicieron tomar conciencia de ese ajuste increíble de los datos iniciales, de las constantes, de las estructuras y de las leyes de nuestro mundo. Lo haremos a partir de una docena de ejemplos, a partir de la descripción de las etapas del desarrollo del Universo, en el orden que ya hemos visto en el capítulo 5 sobre el Big Bang.

1. En el origen, era necesario que la relación entre la cantidad de energía del Universo y su velocidad de expansión tuviese una precisión fenomenal

Al principio del tiempo,[179] o sea, en el instante mismo del Big Bang, la mayoría de los físicos piensa que las cuatro fuerzas fundamentales que hoy forjan nuestra realidad estaban unidas: dos de ellas (la fuerza débil y la fuerza fuerte) actúan en lo infinitamente pequeño, a escala de las partículas elementales. Las otras dos (la fuerza electromagnética y la fuerza de gravitación) se despliegan en lo infinitamente grande, a escala de las estrellas.

Esas cuatro fuerzas sustentan profundamente todos los procesos de la vida. Por ejemplo, la fuerza fuerte impide que se deshagan los átomos de nuestro cuerpo en una nube de partículas elementales. En el otro extremo, la fuerza electromagnética interviene en el núcleo del cerebro para asegurar en cada instante la producción y la transmisión de los pensamientos de una neurona a otra. El mismo fenómeno se da en los músculos (incluso en el corazón, que late más o menos rápido gracias a impulsos eléctricos). En definitiva, uno puede pensar y caminar gracias a una fuerza que nació en el instante del Big Bang, hace 13 800 millones de años.

Pero en este punto el asunto se vuelve apasionante. Efectivamente, esas cuatro fuerzas que fundamentan todo lo que uno puede ver a su alrededor, como el Universo entero, se fundamentan a su vez... ¡en números! Más precisamente, en números «puros», sin dimensión (que se llaman en física «constantes de acoplamiento»). Esos números son llamados «puros» porque, siendo relativa la relación de las cuatro diferentes interacciones, son independientes de toda unidad de medida y su valor no puede descubrirse sino gracias a aparatos de medición.

---

179. Después de 10^{-43} segundos, es decir después de la fracción de tiempo más pequeña que tenga un sentido en física (0, 000 000 000 000 000 000 000 000 000 000 000 000 000 1 segundos), nuestro Universo tenía, según el modelo estándar del Big Bang, un radio de 10^{-33} centímetros, o sea miles de millones de miles de millones de veces menos que un átomo de hidrógeno. En ese instante, su temperatura era inimaginable: 10^{32} grados, o sea, 100 000 miles de millones de miles de millones de miles de millones de grados, y su energía también era inmensa: 10^{19} giga electronvoltios (GeV). Pero más extraordinario aún es que, en esa época primordial, no había ni materia ni estructura alguna, ningún elemento, de modo que todo ya estaba perfectamente *ordenado y ajustado*.

¿A qué se parecen esas cuatro fuerzas fundamentales y los números que las caracterizan? ¿De dónde vienen sus valores respectivos? Misterio. El caso es que su fabuloso «ajuste» parece ser el resultado de un milagro.

Así pues, si la fuerza fuerte tiene un valor de 1, la fuerza electromagnética es 137 veces más pequeña. Luego viene la fuerza débil, un millón de veces más pequeña que la fuerza fuerte (0,000001). Finalmente, la gravedad se sume en un abismo: ¡1000 millones de miles de millones de miles de millones de miles de millones más pequeña que la fuerza nuclear fuerte! ¿Cómo explicar esta caída increíble, pero al mismo tiempo tan precisa, de treinta y nueve (y no cuarenta y tres o treinta y cinco) órdenes de magnitud? ¿Por qué esos cuatro números tienen el valor que tienen desde el nacimiento del Universo, ese valor y no otro? ¿De dónde vienen? Por más que se busque, resulta imposible encontrar la menor respuesta. Hasta tal punto que el premio Nobel de Física, Richard Feynman, ante la imposibilidad de encontrar una explicación acerca del valor del número puro que funda la fuerza electromagnética, espetó un

día: *«Es uno de los mayores misterios de la física: un número mágico dado al hombre que no lo entiende. Se podría decir que "la mano de Dios" trazó ese número, y que se ignora qué es lo que hizo mover su pluma».*[180]

En todo caso, tal ajuste prodigioso da vértigo. Como también el de los tres otros números puros que corresponden a las tres grandes fuerzas del Universo. Invadido por la misma emoción, el gran Dirac supera su ateísmo militante con esta frase publicada en el periódico nor- teamericano de referencia, *Scientific*

Paul Dirac (1902-1984).

180. Richard Feyman (1918-1988. Profesor de Física en Caltech, premio Nobel de Física, pionero de la mecánica cuántica) en *Lumière et matière: Une étrange histoire*, París, Seuil, col. Points Sciences, 1992, p. 171.

American, y que dio la vuelta al mundo: *«Se podría tal vez describir la situación diciendo que Dios es un matemático de primer orden, y que utilizó unas matemáticas muy avanzadas para construir el Universo».*[181]

A partir de ahí, la constatación es simple: si esos cuatro números puros que rigen el destino de las cuatro fuerzas elementales del Universo no se situasen en un intervalo muy estrecho, no existiría nada de lo que conocemos. Ni el libro que tiene entre las manos, ni las flores de su jardín, ni su perro, ni su gato, ni siquiera nuestro mundo. Y el Universo en su conjunto solo habría generado los elementos más livianos, como el helio y el hidrógeno. Ningún elemento pesado que permite la vida podría haberse formado, como tampoco existiría una química compleja.

Para terminar, cabe añadir que todas las constantes, todos los parámetros cosmológicos mencionados más arriba, derivan de la rotura de la simetría primordial (en el instante del Big Bang) entre las cuatro fuerzas que acabamos de evocar.

———

Pero, justamente, volvamos al instante mismo del Big Bang. El Universo está entonces determinado por una cantidad de energía fija y por una velocidad de expansión muy precisa. Ahora bien, la relación entre ambas es sumamente importante, ya que, si en ese momento la expansión del Universo hubiera sido levemente más débil, el cosmos naciente se habría desmoronado sobre sí mismo bajo el efecto de la fuerza de la gravitación, mucho antes de haber alcanzado su tamaño actual. A la inversa, con una expansión inicial apenas más rápida, los átomos y las estrellas no hubiesen tenido tiempo de formarse y el Universo sería exclusivamente gaseoso. Para que el Universo pueda permitir la génesis de los átomos, de las estrellas y de la vida

———

181. Paul Dirac, *The Evolution of the Physicist's Picture of Nature*, 2010: https://blogs.scientificame-rican.com/guest-blog/the-evolution-of-the-physicists-picture-of-nature/

compleja, era necesario, en primer lugar, según el modelo clásico, que la densidad media del Universo estuviese establecida dentro de un intervalo muy estrecho[182] con una precisión extraordinaria, que se puede calcular.

Un nanosegundo (un mil millonésimo de segundo) después del Big Bang, esa relación entre la densidad media y la densidad crítica del Universo no podía diferir de 1, sino en el decimal número 24, o sea, 1,000 000 000 000 000 000 000 001, según los cálculos de George Gamow y Steven Weinberg, retomados por Geraint Lewis y Luke Barnes. [183]

Un segundo después del Big Bang, *«Robert Dicke nos dice que la velocidad de expansión debía de estar verdadera y exactamente ajustada hasta el 15 decimal, de lo contrario el Universo se hubiese desparramado, o desmoronado, y eso demasiado rápido como para que ninguna estructura pudiese formarse en él»*, explica el famoso cosmólogo materialista Alan Guth, profesor de Física en el MIT, uno de los padres de la teoría de la inflación.[184]

En el tiempo de Planck, 10^{-43} segundos después del Big Bang, ¡ese valor debía ser aún más cercano a 1 y escribirse 1,000 000 000 000 000 000 000 000 000 000 000 000 000 000 000 000 000 000 000 001! La ínfima desviación con respecto a 1 solo aparece en el 60 decimal. Turbado por un resultado tan inimaginable, George Smoot no pudo sino

---

182. Si la densidad media real del Universo es igual a cierta densidad crítica, este es «plano» (euclidiano); si su densidad es superior, presenta una curvatura cerrada (de tipo esférico); si es inferior, la curvatura es abierta (de tipo hiperbólico). Pero en la actualidad se ha podido medir con los satélites astronómicos WMAP y Planck que el Universo es «casi plano». Si fuese totalmente plano, significaría que la relación entre su densidad real y la densidad crítica sería igual a 1. Sin embargo, la densidad media calculada (del orden de 1,0002) es muy levemente superior a esa densidad crítica, lo que significa que el espacio-tiempo en el que vivimos debe de tener una tipología (forma) cerrada, la de una esfera de tres dimensiones. Por consiguiente, se puede imaginar que, si uno pudiese lanzarse hacia adelante a una velocidad muy superior a la velocidad de la luz, terminaría volviendo por detrás, a sus propias espaldas...

183. Geraint F. Lewis et Luke A. Barnes, *A Fortunate Universe*, Cambridge University Press, 2016, p. 167.

184. «10 Questions for Alan Guth, Pioneer of the Inflationary Model of the Universe», entrevistado por Christina Couch, 7 de enero de 2016 o «Inflation and the New Era of High-Precision Cosmology», MIT physics annual, 2002, pp. 2-39, https://physics.mit.edu/wp-content/uploads/2021/01/physicsatmit_02_cosmology.pdf

escribir, dirigiéndose a sus colegas más escépticos:[185] *«Un valor tan cercano a 1 no puede resultar del azar, y la gente razonable piensa que algo lo obliga a ser igual a 1».*

Trinh Xuan Thuan, nacido en 1948

El cosmólogo budista Trinh Xuan Thuan fue más lejos aún al demostrar que, para que el Universo sea plano o carezca de curvatura, la densidad primitiva tenía que haber sido determinada con una precisión del orden de una parte sobre 10^{60}, o sea, una improbabilidad *«comparable a la de un arquero que, al lanzar una flecha al azar, alcanzaría un blanco de 1 cm² situado en la otra punta del Universo».* O sea, una probabilidad casi nula.[186]

Alan Guth imaginó el modelo de inflación cósmica (ver punto n.°6 del capítulo 6) para aportar una solución al enigma del ajuste de la planitud del Universo, y a otras cuestiones importantes que se plantean los físicos (ausencia de monopolos magnéticos, homogeneidad del Universo constatada después de 380 000 años, orden de magnitud de las distancias entre los cúmulos de galaxias). Esta solución se ve privilegiada hoy por la mayoría de los cosmólogos, aunque no haya recibido todavía una confirmación experimental, pero si se viese confirmada, correspondería también a un ajuste sumamente fino de la secuencia de los acontecimientos de los primerísimos instantes para que emergiera un Universo favorable a la vida.

Este primer elemento, si se entiende bien, bastaría en sí para llegar a la conclusión de un milagro… ¡Pero eso no es todo!

185. G. Smoot, *Arrugas en el tiempo*, Plaza y Janés, 1994.

186. Trinh Xuan Thuan, *Le Chaos et l'harmonie*, Fayard, 1988, citado en la Wikipedia en francés: https://fr.wikipedia.org/wiki/Ajustement_fin_de_l%27univers

2. Efectos muy finos vinculados a la interacción débil contribuyen a la desaparición de la antimateria

Al principio del Universo, la materia fue creada en partes iguales con la antimateria. Esta difiere de la materia por su carga (un electrón tiene la carga -e, un antielectrón la carga +e) y tiene la propiedad de poder aniquilarse con la materia para generar energía bajo la forma de radiación. Si la proporción inicial de materia y de antimateria hubiese sido conservada, habría habido aniquilaciones generadoras de haces de energía colosales, que únicamente habrían dejado en el Universo radiación. El Universo habría estado vacío de materia y habría resultado estéril.

¿Por qué no fue lo que ocurrió? Esta pregunta fue un misterio durante mucho tiempo porque la materia y la antimateria tienen comportamientos simétricos durante las interacciones. No obstante, en 1964 surgió una primera pista gracias al descubrimiento de una violación de la simetría materia-antimateria (llamada «violación de CP») durante el estudio de las desintegraciones de partículas llamadas extrañas, los kaones neutros. Pero ese efecto es demasiado débil como para explicar por sí solo que la antimateria haya prácticamente desaparecido.

Resulta que, recientemente, se ha abierto una nueva pista de investigación, que ha dado lugar a un artículo publicado en la revista *Nature* (el 15 de mayo de 2020), que dedicó su editorial a este tema.[187]

El artículo se basa en las oscilaciones de los neutrinos. Los neutrinos o antineutrinos se emiten durante la interacción débil, como es el caso para la radioactividad beta. Durante mucho tiempo se creyó que esas partículas eran de masa nula. Pero se pudo observar que tienen una masa no nula, aunque muy débil, lo que permite un fenómeno de oscilación. Este descubrimiento les valió el Premio Nobel a Takaaki Kajita y

---

187. *«La violación de esta simetría CP fue observada por primera vez en 1964, y rápidamente establecida en las interacciones débiles de los quarks. Sájarov propuso que fuese necesaria para establecer los desequilibrios observados entre la abundancia de materia y de antimateria en el Universo. [...] Se ha demostrado que la violación de CP en los leptones podría generar la disparidad materia-antimateria por un proceso llamado leptogénesis»* (Nature n.º 580, 2020, pp. 339-344).

Arthur B. McDonald. Y este fenómeno puede dar lugar a una asimetría materia-antimateria.[188]

Esas experiencias muy recientes tienen que ser afinadas y confirmadas. No obstante, notemos que las pistas exploradas se basan en los efectos hiperfinos (violación de CP de los quarks, masas de neutrinos no nulas, pero muy débiles, oscilaciones de sabor). A priori, el conjunto de la física de las partículas hubiese podido funcionar sin ellos. Sin embargo, parecen contribuir a la asimetría materia-antimateria. Puede ser que también haya otra explicación. Si es el caso, esta explicación movilizará efectos tan finos que aún no han sido descubiertos, si bien la física de las partículas es capaz de detectar efectos de una precisión prodigiosa (del orden de 10^{-11}) desde hace 60 años. Es por lo tanto asombroso que un fenómeno tan esencial para nuestra existencia como la desaparición de la antimateria encuentre su origen en causas tan marginales que escaparon a los ejércitos de físicos de las partículas durante 60 años. Se trata por lo tanto de otro ajuste hiperfino, que resulta ser esencial.

3. Las masas de las estructuras fundamentales del Universo (electrones, protones, neutrones) también están ajustadas a la perfección

Entre 10^{-6} y 10^{-4} segundos, los quarks, que acaban de formarse al mismo tiempo que los neutrinos y los electrones, se combinan para formar los protones y los neutrones. ¿Por qué aparecen esas estructuras? Esto lo determinan las leyes del Universo, pero esas leyes están especialmente bien ajustadas, porque aquí tenemos otra constatación —descubierta solamente en 2015— propiamente vertiginosa: la masa del protón (938,27 MeV) es casi idéntica a la del neutrón (939,57 MeV), o sea, tan solo un

188. *«Gracias a estos datos, la colaboración T2K midió la probabilidad de que un neutrino oscile entre diferentes propiedades físicas que los físicos llaman "sabores" en el transcurso de su viaje. Luego el equipo realizó la misma experiencia con antineutrinos y comparó las cifras. Si la materia y la antimateria son perfectamente simétricas, las probabilidades tendrían que ser las mismas. Los resultados, sin embargo, sugieren que no lo son».* El artículo citado precisa: *«Nuestros resultados indican una violación de CP en los leptones y nuestro método permite investigaciones sensibles de la asimetría materia-antimateria en las oscilaciones de neutrinos...»* (editorial de *Nature*, n.º 580, 2020, p. 305).

0,14 % inferior. Pero si esa diferencia minúscula hubiese sido levemente diferente, ¡no estaríamos aquí, y los átomos tampoco![189]

Por fortuna, la masa del neutrón es levemente superior a la del protón, lo que hace posible la desintegración rápida del neutrón libre en protón, mientras que el protón, por su parte, es muy estable.

Si fuese lo contrario, el protón se desintegraría en neutrón, el cual, a su vez, sería estable, y las reacciones de fusión estarían basadas en los neutrones. El único componente del Universo sería, en ese caso, el neutronio, los elementos químicos no podrían formarse y ninguna vida sería posible.[190]

Podríamos multiplicar los ejemplos comparables,[191] como lo reconoce el célebre científico materialista Stephen Hawking: *«Las leyes de la física, como sabemos hoy, contienen muchos números fundamentales, como*

---

189. Todos los núcleos de átomos de hidrógeno se habrían transformado, de manera inmediata, en neutrones y en neutrinos, de modo que la materia no hubiese podido organizarse nunca: en lugar de las estrellas, el Universo no contendría más que fragmentos de átomos dando vueltas sin rumbo en las tinieblas. Porque, sin hidrógeno, la síntesis de los núcleos atómicos hubiese sido imposible, de modo que ni el carbono, ni el oxígeno, ninguno de los elementos pesados indispensables para la existencia de la materia y de la vida hubiesen podido aparecer: el Universo vacío habría estado condenado a albergar aquí y allá estrellas que, como candelas sin porvenir, se habrían apagado bastante pronto, sin generar el más mínimo planeta.

190. Craig J. Hogan, «Quarks, Electrons and Atoms in Closely Related Universes» («Quarks, electrones y átomos en universos estrechamente vinculados»), en *Universe or Multiverse?*, ed. Bernard Carr, Cambridge University Press, 2009, pp. 221-230.

191. Por ejemplo, otro fenómeno habría podido comprometer la estabilidad de los protones: la reacción entre un protón y un electrón habría podido producir un neutrón y un neutrino. Para que esta reacción sea posible, es necesario que la diferencia de masa entre el neutrón y el protón sea superior a la masa del electrón, que es de 0,511 MeV. Mientras que un neutrón aislado se desintegra rápidamente, los neutrones dentro de la mayoría de los núcleos atómicos no se desintegran (en los casos no sometidos a la radioactividad beta), asegurando de este modo la estabilidad de estos mismos núcleos atómicos. Para obtener tal estabilidad, es necesario que la masa del neutrón sea inferior a la suma de la masa del protón, del electrón y de la energía de vínculo. Esto da otro límite superior que explica la diferencia de masa entre protón y neutrón, del orden de 10 MeV. En resumidas cuentas, la diferencia de masa entre un protón y un neutrón debe necesariamente situarse entre 0,511 y 10 MeV, lo que es el caso, ¡ya que su valor real es de 1,29 MeV! Otros investigadores calcularon que el protón, del que acabamos de hablar, es exactamente 938 millones de veces más masivo que el neutrino. Pero a pesar de que esta diferencia sea colosal, es sumamente precisa. Dicho de otro modo, si esta diferencia gigantesca de masa hubiese sido diferente (incluso un centésimo de millonésimo de más o de menos), el Universo no habría sido más que una bruma sin forma de partículas elementales y no habría podido evolucionar. Se ha podido afirmar también que la formación del deuterio depende de manera crucial de la diferencia de las masas de los neutrones y de los protones. Ahora bien, el deuterio es indispensable para la formación del helio, a su vez indispensable para la formación del carbono, sin el cual, una vez más, no estaríamos aquí para hablar de todo esto...

el tamaño de la carga eléctrica del electrón e incluso la relación de las masas del protón y del electrón. [...]Lo que es notable es que el valor de esos números parece haber sido muy finamente ajustado para hacer posible el desarrollo de la vida».[192]

En este nivel ultraprecoz se imponen, por todos lados, ajustes prodigiosos. Cada uno de ello basta para impactarnos... Pero no es todo.

4. El rescate de los neutrones, muy inestables, también es el resultado de un ajuste fino

Entre 10^{-6} y 10^{-4} segundos, los quarks se combinaron para formar los protones y los neutrones. Recordemos las cifras que son un desafío para la razón: la duración de vida del famoso protón podría ser de 10^{34} años —o sea, 1 000 000 de millones de miles de millones de miles de millones de miles de millones de años— mientras que la del neutrón en estado libre, aunque se encuentre al lado del protón dentro del núcleo, alcanza apenas... ¡quince pequeños minutos! El neutrón, por lo tanto, no tuvo sino un minúsculo cuarto de hora después del Big Bang —muy exactamente 878 segundos— para ensamblarse con el protón dentro de los primerísimos núcleos atómicos durante la brevísima nucleosíntesis primordial. Una vez terminada esta cortísima fase llamada «de los hadrones», la creación de protones y neutrones nunca más será posible.

Entonces, ¿qué es lo que va a salvar a los neutrones inestables? Una vez más, es la velocidad de expansión del Universo. Efectivamente, la asociación del protón y del neutrón no puede subsistir a una temperatura demasiado elevada. Por lo tanto, es necesario que la expansión del Universo sea suficientemente rápida para que, al disminuir la densidad media de energía, haga bajar la temperatura rápidamente: de no ser así, todos los neutrones desaparecerían.[193] Se estima que, con el ajuste de la expansión, solo cuatro neutrones sobre mil millones se salvaron... ¡y es

---

192. Stephen Hawking, *Brevísima historia del tiempo*, Planeta, colección Booket Ciencia, 2018.

193.Bharat Ratra y Michael S. Vogeley, «The Beginning and Evolution of the Universe», *Publications of the Astronomical Society of the Pacific*, 120, n.° 865, marzo de 2008, pp. 235-265.

lo que permitió la constitución del mundo! Si esta hubiese sido un poco menos o un poco más rápida, todos los neutrones habrían desaparecido.

En resumidas cuentas, si no hubiese habido ese otro ajuste asombroso, no podríamos estar aquí debatiendo de todo esto...

5. La constante cosmológica está, a su vez, ajustada con una precisión que lo supera todo

La constante cosmológica (en unidad de masa de Planck)

La «constante cosmológica» que Einstein había agregado a sus ecuaciones de la relatividad para mantener la estabilidad del Universo y que reconoció como *«el mayor error de su vida»* (ver capítulo 5) después de haber constatado la expansión del Universo, finalmente parece existir, pero con un valor ínfimo. Y es en este punto en el que las cosas se vuelven realmente impactantes. Porque, cuando se quiere calcular el valor de esa famosa constante, las contribuciones positivas estimadas a partir del modelo estándar de la física de las partículas y la contribución negativa de lo que se llama una constante cosmológica «desnuda» se anulan hasta el decimal número 122 para corresponder al valor medido físicamente. Lo que significa que la constante se escribe 0, seguido de una coma y de 122 ceros... hasta encontrar por fin una cifra no nula en el 123.º rango. Para poner en valor el carácter alucinante de esa cifra, Brian Greene, en su conferencia TED, proyecta la imagen de este número: 0,000 000 000 000 000 000 000 000 000 000 000 000 000 000 000 000 000 000 000 000 000 000 000 000 000 000 000 000 000 000 000 000 000 000 000 000 000 000 000 000 000 00138:

«Este número es espectacularmente pequeño. Y el misterio aparece cuando se intenta explicarlo. Quisiéramos que ese número emergiese de las leyes de la física, pero hasta ahora nadie encontró la manera de hacerlo».

En otras palabras, la constante que regula la curvatura de nuestro Universo tan solo tiene una posibilidad sobre mil millones de mil millones de mil millones de mil millones de mil millones de mil millones de mil millones de mil millones de mil millones de mil millones de mil millones de mil millones de mil millones de mil millones de recaer sobre el valor justo por el simple juego del azar.

Encontramos una vez más un ajuste sumamente pequeño y preciso. De valor muy débil, la constante cosmológica corresponde a una pequeñísima «energía del vacío» y actúa como una fuerza repulsiva que equilibra la gravedad y produce una aceleración de la expansión del Universo observada hoy. Si hubiese sido apenas más grande, el Universo se habría dilatado demasiado rápido como para que las estrellas y las galaxias pudiesen tener tiempo de formarse. Ninguna forma de vida habría tenido la posibilidad de formarse. Ninguna forma de vida habría podido nacer. Al contrario, si hubiese sido levemente más pequeña, el cosmos se habría derrumbado sobre sí mismo desde hace muchísimo tiempo...

Leonard Susskind, profesor de Física Teórica en Stanford, reputado cosmólogo materialista, manifiesta su asombro: *«La mayoría de las constantes están ajustadas al 1 %, o sea, que si se les cambia un 1 % se cae en una catástrofe. Los físicos pueden decir que se trata de suerte, pero ¡esa constante cosmológica está ajustada con una precisión de 1 sobre 10^{120}! Nadie piensa que pueda ser tan solo por accidente. Se trata del ejemplo más extremo de ajuste muy fino».*[194]

Ante la precisión de este ajuste, incluso los grandes cosmólogos materialistas ateos terminan por hablar de milagro:

• Stephen Hawking, ateo, pronuncia explícitamente la palabra: *«La coincidencia más impresionante acerca del ajuste preciso de las constantes*

---

194. Entrevista en YouTube: «What we still don't know about the cosmos», en ~17 mn, 2011, https:// www.youtube.com/watch?v=TMzzYeqmKgw

del Universo se refiere a la constante cosmológica. [...] En realidad, los parámetros conocidos y desconocidos de la física de las partículas son tan "milagrosos" que la suma de los componentes de la constante cosmológica es más de 10^{46} veces inferior a cada uno de sus componentes».[195]

• Del mismo modo, Larry Abbott, profesor en la Universidad Brandeis, cosmólogo ateo también, declara: *«En realidad, debe de haber una milagrosa conspiración entre los parámetros conocidos y desconocidos que gobiernan la física de las partículas. [...] El débil valor de la constante cosmológica nos está diciendo que existe una relación sumamente precisa, totalmente insospechada, entre todos los parámetros del modelo estándar [de las partículas], entre la constante cosmológica, en sí, y la parte desconocida de la física»...*[196]

• Robert Laughlin, profesor de Física en Stanford y premio Nobel en 1998, también ateo, afirma por su parte: *«El hecho de que la constante cosmológica sea tan pequeña nos indica que la gravitación y la materia relativista que llena el Universo están fundamentalmente vinculadas de un modo misterioso que seguimos sin entender, ya que la alternativa requería un milagro más que asombroso».*[197]

• En cuanto a Alexander Vilenkin, director del Instituto de Cosmología de Tufts, abiertamente materialista, también se muestra muy sorprendido: *«El problema de la constante cosmológica es uno de los misterios más fascinantes al que la física teórica se encuentra ahora mismo confrontada».*[198]

El nivel de precisión increíble de este ajuste deja a todo el mundo con la boca abierta... ¡Pero eso no es todo!

---

195. Con Leonard Mlodinow, escritor científico: *The Grand Design*, Nueva York, 2010.

196. Larry Abbott, «The Mystery of the Cosmological Constant», *Scientific American*, vol. 258, n.º 5, mayo de 1988, p. 112. Disponible en línea: http://pages.erau.edu/~reynodb2/blog/Abbott_CosmologicalConstant_SciAm.pdf

197. *A Different Universe*, Basic Books, 2005, p. 123.

198. Alexandre Vilenkin, «Anthropic Approach to the Cosmological Constant Problems», *International Journal of Theoretical Physics*, 42, 2003, pp. 1193-1209.

6. El ajuste de las fuerzas nucleares fuerte y débil es también impresionante e indispensable

Entre un segundo y quince minutos después del Big Bang se efectúa, de una vez por todas, la nucleosíntesis de todos los elementos ligeros: hidrógeno (o sea, el 92 % de los átomos que constituyen la materia actual del Universo), helio (8 %) y deuterio (que solo podían ser creados en las condiciones extremas de los primeros minutos del Big Bang), así como una pequeña proporción de litio y berilio.

Esta síntesis de los primeros núcleos atómicos es posible gracias a la fuerza nuclear fuerte: de corto alcance, pero ¡1 000 000 de millones de miles de millones de miles de millones de miles de millones más intensa que la fuerza de gravedad! La fuerza débil también tuvo que ser ajustada con precisión para permitir la vida. *«Si la fuerza nuclear fuerte que actúa como una especie de pegamento en el interior de los átomos fuera un 2 % superior a lo que es, la fusión del hidrógeno sería imposible. Evidentemente, esto tendría consecuencias directas sobre la física de las estrellas, y probablemente obstaculizaría la existencia de vida similar a la que se observa sobre la Tierra»,*[199] explica Stephen Hawking...[200]

Increíble, ¿verdad? Pero ¿acaso habremos llegado al cabo de todas nuestras sorpresas? ¡Por supuesto que no! Ya que aquí tenemos un nuevo motivo para maravillarnos ante el misterioso ajuste del Universo en el momento de su nacimiento, ajuste que algunos científicos no dudan en describir como *«sobrenatural»*.

7. La improbable síntesis del litio

En los quince primeros minutos del Universo reinan de manera temporal las condiciones energéticas extremas que permiten la síntesis de los

---

199. Citado en *Le Visage de Dieu*, op.cit., capítulo XV, «Pourquoi l'Univers est-il si bien réglé?».

200. Porque, en ese caso, el hidrógeno desaparecería en unos minutos y no habría elementos más livianos que el hierro. Pero si la fuerza fuese menor, ningún elemento más pesado que el hidrógeno y el helio se formaría. En esas hipótesis, ninguna molécula podría formarse y la constitución de nuestro Universo habría fracasado. La fuerza nuclear fuerte tiene, por lo tanto, que ser incluida entre los parámetros del Universo que obedecen a mecanismos finos y sin los cuales el Universo no hubiese podido constituirse...

núcleos de hidrógeno, luego de helio, de litio, de berilio y de boro. Para el litio, no obstante, esta síntesis es problemática, ya que las constantes y los datos atómicos crean lo que se llama una «grieta energética» que hay que cruzar. Pero el ajuste fino de los parámetros del Universo permite a la materia franquear ese nuevo obstáculo gracias a un mecanismo sutil descrito por George Gamow.[201]

8. La prodigiosa conservación del berilio

El caso del berilio es más impresionante aún: para comprenderlo, compartimos la conclusión del premio Nobel de Física Steven Weinberg —cabe precisar que es un agnóstico declarado— en su superventas publicado en 1992, *El sueño de una teoría final*. Este libro, como un electrochoque, suscitó un debate intenso en la comunidad científica. Digámoslo sin rodeos: uno de los fenómenos que evoca escapa del todo a la razón. ¿De qué se trata? Del comportamiento asombroso del berilio 8. Efectivamente, el isótopo más común del carbono, el carbono 12, se forma tras un proceso en dos etapas: primero, dos núcleos de helio entran en colisión y se combinan para formar un isótopo muy inestable, el berilio 8, cuya vida media es de 0,000 000 000 000 000 1 segundo. Si el berilio 8 no absorbe otro núcleo de helio durante ese lapso increíblemente corto, se desintegra y se vuelve indisponible para la formación del carbono. Pero como un núcleo de carbono posee el nivel de energía ideal para corresponder a la suma de las energías del berilio y del helio, este proceso se produce fácilmente en condiciones favorables dentro de las estrellas calientes. Tal como lo hace notar Steven Weinberg: «*Esto se produce solamente gracias a una correspondencia de energía totalmente inesperada, muy fina y precisa, entre los dos núcleos. Si esto no se produjera, no habría ninguno de los elementos más pesados. No habría carbono, ni nitrógeno, no habría vida. Nuestro universo solo estaría compuesto de hidrógeno y de helio*».

Pero no es todo, y la etapa que sigue es igualmente increíble...

---

201. R. Alpher, H. Bethe y G. Gamow, «The Origin of Chemical Elements», *Physical Review* 73, n.º 7, 1 de abril de 1948, pp. 803-804.

9. El ajuste «mágico» de la fuerza electromagnética también asombró profundamente a los más grandes científicos

Después de los quince primeros minutos y hasta 380 000 años, el Universo sigue su expansión rápida, dominada por la agitación de fotones muy energéticos, pero asociados a la materia ionizada. Como «prisioneros» de esta última, a causa de la temperatura elevada, son incapaces de «viajar»; sin embargo, al cabo de este periodo, los electrones pueden asociarse a los núcleos existentes, la materia se vuelve eléctricamente neutra y la asociación materia-radiación desaparece, lo que permite la emisión y la propagación de la primera luz sobre largas distancias y la emergencia del Universo visible.[202] La fuerza electromagnética (137,035999 veces más grande que la fuerza débil) permite esta asociación de los electrones con los núcleos atómicos.

Esta fuerza se encuentra determinada y regida por la *«constante de estructura fina»*, introducida en 1916 por el físico alemán Arnold Sommerfeld; cercano a Einstein y mentor de los científicos galardonados por el Premio Nobel, Wolfgang Pauli y Werner Heisenberg. ¿Por qué esta constante de estructura fina tiene precisamente el valor de 0,007 297 352 537 3? Nadie lo sabe. Se sabe, en cambio, que, si el valor de la decimotercera cifra después de la coma fuese remplazado por otro, no funcionaría.[203]

Como ya lo hemos visto, este fenómeno obsesionaba al físico alemán Max Born, una de las glorias de la mecánica cuántica, Premio Nobel de Física en 1954: *«Si la constante de estructura fina tuviera un valor apenas superior al que tiene, no podríamos distinguir la materia de la nada, y nuestra tarea de desentrañar las leyes de la naturaleza resultaría desesperadamente complicada. El valor de esta constante sin duda no se debe al azar, sino que es una ley de la naturaleza. Queda claro que*

---

202. Pierre Léna, *Le côté obscur de l'Univers*, Dunod, 2017.

203. En ese caso, la fuerza electromagnética estaría perturbada y el Universo entero dejaría de existir; si fuese apenas un poco más elevada, los electrones rechazarían a los otros átomos; si fuese más débil, los electrones no se mantendrían dentro del átomo. En estos dos casos, las moléculas no podrían constituirse y el Universo sería estéril. Una vez más, la evidencia de un ajuste increíble, sumamente preciso, se impone a todos los físicos contemporáneos.

la explicación de ese número ha de constituir el problema central de la filosofía natural».[204]

Ya lo hemos visto anteriormente, el Premio Nobel de Física Richard Feynman estaba literalmente fascinado por esta constante misteriosa, salida de la nada: *«Desde su descubrimiento hace cincuenta años, este número constituye un enigma y obsesiona a todo buen físico teórico».*[205]

10. La anisotropía de la radiación de fondo cósmico está también muy finamente ajustada

Alrededor de 380 000 años después del Big Bang, la liberación de la primera luz visible produce lo que se llama radiación cósmica de fondo, en un equilibrio térmico casi perfecto, a 3000 kelvin. Una temperatura más a menos comparable a la que se encuentra en la superficie del Sol. Pero esa radiación no es totalmente uniforme. Efectivamente, comporta ínfimas variaciones descubiertas por George Smoot y John Mather en 1992. Se habla de una *«anisotropía»* para designar el hecho de que el eco de esa radiación primordial del Universo no es homogéneo en todas las direcciones. Aparentemente insignificantes, de unas diez milésimas de grados, solamente,[206] esas irregularidades son indispensables para la futura evolución del Universo en estrellas y galaxias. Las simulaciones informáticas muestran efectivamente que, si esa diferencia de temperatura, 380 000 años después del Big Bang, hubiese sido levemente mayor, nuestro Universo habría podido transformarse en un gigantesco campo de agujeros negros. Y si, por el contrario, esa anisotropía hubiera sido un poco menor, en lugar de la Tierra, de los planetas y de las estrellas, solo existiría un conjunto gaseoso informe. En 2006, cuando recibió el Premio Nobel por las imágenes, impresionantes, de la primera luz del Universo, George Smoot dedicó toda su conferencia a este tema. Dijo:

---

204. Max Born, *My life: Recollections of a Nobel Laureate*, Taylor & Francis, Londres, 1978.

205. Richard Feynman, *Lumière et matière: une étrange histoire*, Points, Science, 1992, p. 196.

206. Las medidas más recientes que se han realizado gracias al satélite Planck llegan a una temperatura de 2,72538 K, con un delta (Delta T/T) de 0,000066, lo cual lleva a variaciones situadas entre 2,72529 y 2,72547.

«Es como ver el rostro de Dios. [...] Vi el Universo en sus inicios, vi esa anisotropía que permitió la existencia del Universo». Explicó entonces que, como ya hemos dicho (ver más arriba), el Big Bang, lejos de ser un cataclismo, es por el contrario un proceso muy finamente organizado, con cierto número de acontecimientos secuenciales que se desarrollan en el tiempo: *«La evolución del Universo está inscrita en sus inicios es, por decirlo así, una especie de ADN cósmico»*.[207]

Con el lanzamiento del satélite astronómico WMAP, que, en 2001, remplazó al aparato lanzado por Smoot y Mather, David Wilkinson (el antiguo colaborador de Dicke en Princeton) declaró, muy seguro de sí mismo: *«Estoy seguro de que nuestra sonda cosmológica pronto confirmará que, en el Universo, nada fue dejado al azar»*.[208]

Es exactamente la conclusión a la que llegó el brillante matemático Steve Carlip de la Universidad de California, y lo que afirma abiertamente. Después de haber analizado en detalle las diferencias de temperatura entre los puntos calientes (que aparecen en rojo en la fotografía del «bebé Universo» obtenida por los satélites) y las regiones frías (en azul), el matemático llegó a esta contundente conclusión: *«Cuando observamos la radiación fósil, vemos pequeñas variaciones en su espectro, que provienen de pequeñas variaciones de densidad. Estas variaciones no se deben al azar, su modelo es previsible y se entiende perfectamente»*.[209] Y para asentar de una vez por todas su demostración, el profesor Carlip lanzó, con entusiasmo, la afirmación siguiente: *«En particular, se observa la imagen precisa de correlaciones entre los "puntos calientes"(que provienen de picos) y los "puntos fríos" (que provienen de huecos). La teoría no se limita a predecir algunas cifras, sino que propone una curva sumamente elaborada, y las observaciones encajan exactamente en esa curva»*.[210]

Pero eso no es todo...

---

207. George F. Smoot, *Nobel Lecture*, 2006, Editor Karl Grandin (Nobel Foundation), Estocolmo, 2007.

208. Igor y Grichka Bogdanov, *Le visage de Dieu*, colección «J'ai lu», 2011, p.178.

209. Igor y Grichka Bogdanov, *Le visage de Dieu*, colección «J'ai lu», 2011, p.5.

210. Ídem.

11. La constante de Planck, que regula universalmente los niveles de energía de todos los átomos, merece su sobrenombre de «constante teológica», ya que, sin ella, toda química sería imposible

Una vez más, 380 000 años después del Big Bang, los átomos pueden por fin constituirse y, ¡milagro!, sus niveles de energía están predeterminados y son exactamente los mismos, siempre y en todas partes.

Werner Heisenberg, uno de los fundadores de la mecánica cuántica, se sorprende, ya en 1920, de la estabilidad de las propiedades de los cuerpos que no se explica por la mecánica newtoniana: *«Aquí deben pues actuar unas leyes naturales de tipo muy diferente, que permiten que se ordenen y muevan los átomos siempre de la misma manera para que así puedan surgir una y otra vez sustancias con las mismas propiedades estables».*[211] Si no fuera el caso, tendríamos la misma cantidad de átomos que de estados iniciales, dependiendo de las condiciones particulares locales. Entonces, ya no habría química posible. Efectivamente, para que se produzca una reacción, hace falta que los elementos sean homogéneos y energéticamente compatibles. Ahora bien, todos los átomos de un mismo elemento tienen exactamente el mismo nivel de energía gracias a la constante de Planck. Es la base de la mecánica cuántica, y si las leyes del Universo no lo hubiesen programado, el mundo que nos rodea no existiría. Es porque la constante de Planck estructura un Universo que permite la química que algunos la llaman *«la constante teológica»*: les parece que participa directamente en el proyecto de Dios.

12. La génesis del carbono y del oxígeno depende de los ajustes finos

De 3000 a 5000 millones de años más tarde, se forman los elementos más pesados de la tabla de Mendeléiev en la explosión de las estrellas de primera generación convertidas en supernovas. Respecto al carbono, esencial para la vida, existe una anomalía física que crea un efecto de resonancia y le permite formarse de manera sobreabundante. Ya en 1957, el escéptico Fred Hoyle comentaba este fenómeno providencial con estas

---

211. W. Heisenberg, *La pare y el todo*, Editorial Ellago, 2004.

palabras, aunque por ello tuviese que pelearse con sus colegas de la tan progresista Universidad de Cambridge: *«No creo que un solo científico, al examinar las reacciones nucleares de fabricación del carbono dentro de las estrellas, pueda evitar concluir que las leyes de la física han sido deliberadamente elegidas con vistas a las consecuencias que implican en su interior».*[212] Una afirmación que, una vez más, no deja lugar alguno al azar.[213]

13. La aceleración de la expansión del Universo constatada hoy

Unos 9000 millones de años después del Big Bang, después de una larguísima fase de expansión constante del Universo, el ritmo de la expansión, de repente, empezó a acelerarse: *«Algo que es un misterio completo es cómo se explica la aceleración de la expansión del Universo, que empezó cuando tenía aproximadamente un 75 % de su tamaño actual. [...] Y es absolutamente crucial que entendamos qué es lo que desató ese impulso de expansión acelerada en el Universo»,*[214] explicaba al principio de los años 2000 el cosmólogo John D. Barrow, profesor de Matemáticas en Cambridge, especialista en el principio antrópico. Porque esa aceleración, si bien no deja lugar a dudas, solo parece poder explicarse gracias a esa misteriosa «energía del vacío», que corresponde a un valor increíblemente débil de la «constante cosmológica», muy lejos de las previsiones teóricas, como ya lo hemos visto (capítulo 5).

---

212. Ver al respecto: E. Margaret Burbidge, Geoffrey R. Burbidge, William A. Fowler y Fred Hoyle «Synthesis of the Elements in Stars». *Reviews on Modern Physics*, 29, pp. 547-650, 1957 (The famous B2FH paper).

213. También hubiésemos podido citar a Stephen Hawking: *«Actualmente podemos fabricar ordenadores que nos digan cómo depende el ritmo de la reacción del proceso triple alfa [de síntesis de carbono] de la intensidad de las fuerzas fundamentales de la naturaleza. Esos cálculos muestran que una variación de tan solo un 0,5 % en la intensidad de la fuerza nuclear fuerte o de un 0,4 % en la fuerza eléctrica destruiría casi todo el carbono o casi todo el oxígeno en cualquier estrella y, por lo tanto, la posibilidad de vida tal como la conocemos"».* (*El gran diseño*, Crítica, 2010, en colaboración con Leonard Mlodinow, físico y escritor científico)).

214. *Radio National Australia*, Melbourne, 19:35, 18 de enero de 2007. La transcripción de este programa se puede ver en: http://www.abc.net.au/radionational/programs/inconversation/ john-barrow/3389832

Conclusión

Podemos dejar aquí la descripción de los ajustes increíbles que constituyen el «principio antrópico», ya que la acumulación de todas las improbabilidades físicas que acabamos de enunciar tendría que poner un punto final, de modo matemático, a toda discusión: el Universo no nació del azar. No vemos cómo evitar llegar a la conclusión de la existencia de un Dios creador. Esta prueba es, a nuestro parecer, tan fuerte como las que derivan de la muerte térmica del Universo y de la cosmología. Cabe por fin señalar que estas pruebas diferentes son perfectamente independientes unas de otras.

Todas estas sólidas informaciones convergen con las de numerosos investigadores y científicos. Dependen directamente de los nuevos descubrimientos y llevan, por lo tanto, a conclusiones claras y simples. Pero se puede ir aún más lejos con el astrónomo Robert Wilson, premio Nobel en 1978 por haber descubierto en 1964 la primera luz del Universo: *«Hubo seguramente algo que lo ajustó todo. A mi juicio, si uno es religioso según la tradición judeocristiana, no existe una teoría mejor del origen del Universo que pueda corresponder hasta tal punto con el Génesis».*[215]

---

215. *«Certainly, if you are religious, I can't think of a better theory of the origin of the universe to match with Genesis»*, Robert Wilson citado por F. Hereen, in *Show Me God*, Day Star Publications, 1997, p. 157.

10.

Los multiversos: ¿teoría o escapatoria?

El principio antrópico del Universo nos acorrala contra una pared; es imposible eludir las cuestiones metafísicas que plantean esos ajustes extraordinariamente precisos. ¿Cómo explicarlos? ¿Acaso tendrían un autor?

Ahora bien, ante este problema, solo hay dos opciones: o bien existe un Dios creador o bien todo es resultado del azar. En la hipótesis del azar, la probabilidad de obtener un universo como el nuestro se ha estimado, al menos, en una posibilidad sobre 10^{60}; por otro lado, para que tal improbabilidad pueda realizarse, era necesario suponer la existencia del orden de 10^{60} universos independientes,[216] dotados, en su totalidad, de leyes diferentes, o sea, un número gigantesco de universos que existirían «en otro sitio» del mismo modo que la existencia de una máquina creadora de universos, de

---

216. Se trata de una cifra colosal: solo hay 10^{23} granos de arena en el Sahara... Otros cálculos, como los de la teoría de las cuerdas, llegan a la cifra de 10^{500} universos necesarios...

la que no sabemos nada, que estaría bien ajustada (¿por quién?), y tendría la capacidad natural de hacer variar las constantes fundamentales de esos universos eligiéndolos dentro de una franja adecuada. [217]

Esta hipótesis, tan insensata como inverificable, ha sido, no obstante, estudiada. Efectivamente, a menos de admitir la existencia de un Dios creador, no existía ninguna otra respuesta racional al problema que planteaba el principio antrópico. Por lo tanto, dio lugar a numerosas teorías, de las que resumimos aquí las grandes etapas.

Hugh Everett y la «teoría de los mundos múltiples»

En 1954, Hugh Everett, hablando de las paradojas de la física cuántica con un compañero de clase en Princeton, formula, a modo de broma, la hipótesis de universos múltiples que nacerían cada vez que un fenómeno físico llevara a una «reducción del paquete de ondas». Considera muy seriamente esta manera original de resolver los problemas de la superposición de los estados cuánticos, que termina siendo el tema de su tesis. En 1957, publica un artículo explicando cómo, según él, el Universo se ramifica al infinito, en cada instante, pero esta teoría iconoclasta no encuentra gran eco, aunque constituya de manera evidente una fuente de inspiración para los autores de ciencia ficción. Finalmente, Everett abandonó la física y fue contratado por el Pentágono, donde se dedicó exclusivamente a la investigación militar.

Alan Guth y la «teoría de la inflación»

Para explicar el carácter plano y homogéneo del Universo, Alan Guth expone en 1979 la teoría de la inflación. Esta teoría supone un crecimiento inicial gigantesco, de un factor 10^{50}, o más, en un tiempo ínfimo, del orden de 10^{-35} segundos, lo que habría permitido, gracias a un fenómeno natural de alisado y de estiramiento, también perfectamente ajustado, obtener la extraordinaria homogeneidad que conocemos.

---

217. Ver por ejemplo el video «The Multiverse itself is fine-tuned»: https://youtu.be/b2pDQY9zmlo

Esta parte de la teoría fue recibida de manera favorable por la comunidad científica, pero sus desarrollos posteriores resultan mucho más especulativos. Coincidiendo con el investigador ruso Andréi Linde, Alan Guth supuso que era difícil limitar el fenómeno de inflación, que se podía, por lo tanto, suponer que se había producido y que seguía produciéndose en otra parte, de manera fractal, generando de manera indefinida otros universos para terminar creando una «espuma de universos» (teoría de la inflación caótica).

Nuestro Universo existiría por lo tanto entre innumerables otros universos que estarían sometidos a numerosas leyes físicas diferentes y que se formarían de manera perpetua, como burbujas, gracias a «fluctuaciones cuánticas». De hecho, se habla también de multiversos en «burbujas de champagne». Según la teoría de Guth y Linde, nuestro Universo habría tenido por casualidad los parámetros que permiten la aparición de la vida.

A partir de los años 2000, se pasa de «la teoría de la inflación» a una inflación de teorías acerca de los multiversos

Se elaboraron más de cincuenta teorías a partir de la de Alan Guth, sin contar todas las otras. Algunas de ellas son completamente descabelladas, pero muchas de ellas se siguen estudiando, como la teoría de la gravitación cuántica de bucles, que es muy especulativa, o la teoría de cuerdas, a pesar de su nivel de complejidad creciente y de las dudas que suscita cada vez más entre los físicos.

Se pueden clasificar estas teorías en dos categorías:

- Las que imaginan multiversos en dimensiones paralelas, que probablemente nos resultan, irremediablemente y para siempre, inaccesibles. Se encuentran dos tipos de casos:
    - teorías que imaginan universos evolucionando en dimensiones paralelas a las de nuestro espacio-tiempo;
    - otras teorías que suponen universos paralelos que se situarían plenamente «en otro sitio», sin relación alguna con nuestro espacio-tiempo.

- Las que imaginan multiversos sucesivos con relación al espacio de nuestro Universo, difícilmente accesibles, pero acerca de los cuales se puede eventualmente razonar. En este caso, una vez más, se distinguen dos subcategorías:
  - las teorías que suponen que «universos burbujas» surgen constantemente en un espacio en expansión. El Universo que percibimos no sería más que un universo burbuja más dentro de una multitud, pero los otros son inaccesibles y no interactúan con nuestro Universo, ya que se alejan de nosotros a una velocidad superior a la de la luz;
  - las teorías que imaginan modelos cíclicos, siempre dentro de nuestro Universo.

Sea cual sea la proliferación de los universos múltiples, una «singularidad inicial» (un Big Bang) sigue siendo necesario en todos los casos

A fines del siglo XX, Hawking y Penrose desarrollaron varios teoremas de singularidad. Estos prueban que los universos que cumplen con algunas condiciones de energía mínima deben comenzar a partir de una singularidad espacial inicial (o sea, un punto en el que el volumen del Universo se acerca a cero).

Anteriormente, los cosmólogos habían desarrollado modelos matemáticos que sugerían un inicio semejante, pero esos modelos se basaban en hipótesis simplificadoras; por ejemplo, que el Universo tendría la misma densidad en todas partes. Muchos eran los que pensaban que modelos más realistas llegarían a conclusiones diferentes, permitiendo

Arvind Borde (nacido en 1940), Alan Guth (nacido en 1947) y Alexander Vilenkin (nacido en 1949).

la existencia de un Universo pasado y eterno. Pero Hawking y Penrose demostraron que el modelo cosmológico estándar, incluso con hipótesis realistas, indica que el Universo empezó por una singularidad espacial.

Sin embargo, los modelos inflacionistas[218] que generan universos burbujas no eran estudiados por Hawking y Penrose. ¿Acaso podrían escapar a la necesidad de un comienzo? Resulta que la respuesta es negativa. En 2003, Alan Guth, Arvind Borde y Alexander Vilenkin aportaron la prueba de la necesidad absoluta de una «singularidad inicial» en el tiempo (un principio del Universo) para todos los modelos cosmológicos realistas, incluso el modelo inflacionista. Vilenkin declaró: *«Se dice que un argumento es lo que convence a los hombres razonables, y que una prueba es lo que hay que desarrollar, como esfuerzo, para convencer incluso a un hombre irrazonable. Con la prueba ahora establecida, los cosmólogos no pueden seguir escondiéndose detrás de la posibilidad de un Universo con un pasado eterno. No hay más escapatoria, tienen que encarar los problemas de un comienzo cósmico».*[219] En otras palabras, las teorías de los multiversos no resuelven el problema de saber cómo nuestro Universo empezó. Poco importa el número de universos que estas teorías hacen proliferar, el principio absoluto del multiverso siempre requiere una explicación.[220]

En otros términos, los multiversos podrían eventualmente aportar una solución al ajuste fino constatado en nuestro mundo, aunque sea multiplicando de manera vertiginosa los universos; pero incluso en ese caso, no resuelven en absoluto el problema del inicio de nuestro Universo.

---

218. Paul Steinhardt, uno de los arquitectos de la cosmología inflacionista, hoy estima que las cosmologías inflacionistas no son correctas. Ver Anna Ijjas, Paul J. Steinhardt y Abraham Loeb, «Pop Goes the Universe», *Scientific American* 316, n.° 2, 17 enero de 2017, pp. 32-39.

219. Alexander Vilenkin, *Many Worlds in One*, Hill and Wang, Nueva York, 2006, p. 176.

220. La mecánica cuántica mostró que el infinito tampoco existe en lo infinitamente pequeño (descubrimiento de los quanta). Como lo hemos visto en el capítulo 7, ya en junio de 1925 era una afirmación rotunda de David Hilbert, uno de los más grandes matemáticos, en un congreso organizado por la Sociedad Matemática de Westfalia: *«Nuestro resultado principal es que el infinito no existe en ningún sitio en la realidad. No existe ni en la naturaleza ni como base del pensamiento racional».* La ciencia rechaza los infinitos. Cada vez que hay ecuaciones que divergen y se disparan hacia el infinito, nos dice: *«No, esto no es física. Hay que revisar los modelos».*

Multiversos y técnicas de evitación

Como en el capítulo 6, «Intentos de alternativas al Big Bang», la enu-
meración de estas teorías permite revelar ciertas tesis originales, pero
también pone de relieve el trabajo considerable que estas mismas teorías
requirieron.

El principio antrópico y el comienzo del Universo siguen siendo autén-
ticas dificultades para los científicos materialistas. Si hubiesen tenido
respuestas científicas razonables a estas cuestiones, habrían podido
prescindir de estas teorías especulativas, imposibles de verificar en la
mayoría de los casos. Algunas de estas teorías pertenecen a la ciencia
ficción más que a la ciencia, mientras que otras siguen en búsqueda de
una confirmación experimental. Los multiversos aparecen en realidad
como escapatorias para evitar la interrogación metafísica.

*«Las teorías del "Todo", en general, y la teoría de las cuerdas, en par-
ticular, me dejaban cada vez más perplejo, porque son "no refutables":
ninguna experiencia puede probar que son falsas. Me di cuenta de que
la gente aceptaba la teoría de cuerdas por razones ideológicas. Fue para
mí un terrible golpe, porque yo creía que los científicos rechazaban
toda forma de ideología. Lo que no es el caso en absoluto»*,[221] explica
Robert Laughlin, profesor de Física en la Universidad de Stanford,
premio Nobel en 1998.

---

221. Robert Laughlin, revista *La Recherche,* febrero de 2007. Ver también Robert Laughlin, *A Different
Universe: Reinventing Physics from the Bottom Down,* Basic Books, 2005.

11.

Primeras conclusiones: un breve capítulo para nuestro libro, un gran paso para nuestro razonamiento

Ha llegado el momento de poner en práctica los métodos expuestos en el capítulo 2, titulado «¿Qué es una prueba?». En ciencia, como lo hemos visto, una tesis se prueba formulando una teoría que genera implicaciones que pueden luego ser validadas o invalidadas al ser contrastadas con el mundo real.

Es así cómo la tesis *«no hay Dios creador, el mundo es únicamente material»* genera tres implicaciones de carácter científico que recordamos aquí (ver capítulo 3):

Si el Universo es únicamente material, entonces:

1. El Universo no puede tener un **comienzo**.

2. El Universo no puede tener un final de tipo muerte térmica, porque semejante **final** implica un comienzo.

3. Las leyes deterministas solo provienen del **azar** y, por consiguiente, es sumamente improbable que sean favorables para la vida.

Estas tres implicaciones, ampliamente admitidas en toda época, durante mucho tiempo no tuvieron utilidad alguna para los pensadores y los científicos, ya que parecían rebasar desde siempre, y de muy lejos, las capacidades del pensamiento humano. Nadie hubiese podido imaginar que un día iba a ser posible verificarlas.

Contra toda esperanza, esas tres implicaciones terminaron por convertirse en objeto de estudio para la ciencia. Efectivamente, la cosmología de finales del siglo XX, gracias a los avances conjuntos de la física, de las matemáticas, de las técnicas y de la informática, pudo establecer conclusiones al respecto. Ahora sabemos que estas tres proposiciones son muy difíciles de sostener. Por consiguiente, la tesis de la que derivan estas proposiciones, a saber, *«no hay Dios creador, el Universo es únicamente material»*, también lo es. Por lo tanto, un espíritu razonable tendría que adoptar la tesis inversa: *«Existe un Dios creador»*.

Una sola prueba válida es suficiente para invalidar la tesis de un Universo únicamente material

Estas son las dos certezas que la cosmología permite establecer:

- **El Universo tuvo un inicio**, como lo prueban entre otras cosas la termodinámica y el teorema de Borde-Guth-Vilenkin, a partir de los estudios de Hawking y Penrose sobre la singularidad inicial.

- **Las leyes del Universo son muy favorables para el Hombre** y el ajuste complejo y minucioso de esas leyes físicas es sumamente improbable, como lo muestra el principio antrópico.

Esas dos certezas contradicen las implicaciones previstas por la tesis de un Universo únicamente material. Ahora bien, siguiendo los principios de la lógica, una sola de esas pruebas basta para invalidar esta tesis y llegar a una conclusión.

Estas dos pruebas tienen tanto más peso por cuanto son totalmente independientes una de otra

En cuanto al fondo, primero, ya que el hecho de que el Universo tenga un comienzo y que sea improbable en su naturaleza y sus leyes son dos hechos que no tienen ningún vínculo entre sí.

Además, también son independientes por los métodos que permiten establecerlos, ya que sus demostraciones no están correlacionadas.

Esta mutua independencia refuerza su carácter de prueba, ya que la eventual falsedad de una de ellas no tendría impacto alguno sobre la falsedad de la otra. Por consiguiente, la probabilidad de que las dos sean falsas simultáneamente se encuentra considerablemente disminuida.

El Big Bang consolida muy fuertemente estas dos pruebas

El descubrimiento del Big Bang está en perfecta coherencia con la realidad de un comienzo del Universo. Es la pieza del rompecabezas que estaba prevista por la teoría, y que aún faltaba. Viene a encajar, con sus contornos perfectos, exactamente donde la esperábamos.

Ya sin argumentos, algunos detractores lo cuestionan, en un terreno que ni siquiera es científico. Le reprochan, efectivamente, una similitud demasiado grande con la creación del mundo tal como se la describe en la Biblia. Algunos investigadores señalaron este ostracismo:

- El físico británico George Thomson, coganador del Premio Nobel de 1937: *«Es probable que todos los físicos creerían en una creación si la Biblia no hubiese, lamentablemente, hablado del tema hace muchísimo tiempo, dándole de ese modo a la idea un toque anticuado».*[222]

- El físico norteamericano Robert Wilson, coganador del Premio Nobel de Física en 1978, como ya lo hemos visto en un capítulo anterior: *«A mi juicio, si uno es religioso según la tradición judeocristiana, no existe una teoría mejor del origen del Universo que pueda corresponder hasta tal punto con el Génesis».*[223]

- Arno Penzias coganador del Premio Nobel de Física de 1978: *«Los mejores datos de los que disponemos son exactamente aquellos que*

---

222. Ver el artículo de Jean-Michel Yvard, «Géologie, théologie et inquiétudes eschatologiques: William Thomson (Lord Kelvin) et les débats suscités par la thermodynamique à l'époque victorienne», *Cahiers Victoriens et Édouardiens*, n.°71, abril de 2010, pp. 237-252.

223. *«Certainly if you are religious, I can't think of a better theory of the origin of the universe to match with Genesis»*, Robert Wilson citado por F. Hereen, en *Show Me God*, 2000, p. 157.

*habría predicho si solo hubiera tenido como un todo los cinco libros
de Moisés, los Salmos y la Biblia».*[224]

Pruebas por el descrédito y las vejaciones

Como hemos visto, los ataques y las vejaciones de las que fueron víctimas
los partidarios de un principio del Universo y los del ajuste fino —que
son las dos pruebas que invalidan la hipótesis de un Universo exclusivamente material— les confieren, paradójicamente, mayor legitimidad.

Efectivamente, si esas dos pruebas hubiesen sido falsas, o dudosas, o
solamente discutibles, o incluso si sus consecuencias no hubiesen sido
evidentes, Gamow, Bronstein, Landáu, Fredericks, Kózyrev y muchos
más no habrían sufrido ataques y persecuciones, llevando a algunos de
ellos al exilio o al gulag, a otros a la muerte.

Los materialistas no habrían promovido todo tipo de teorías alternativas
posibles y no habrían dedicado tanto tiempo a teorías llamadas «especulativas», en lenguaje consensual, pero que bien se podrían calificar
de «ciencia ficción» en términos menos diplomáticos.[225]

¡No perdamos de vista que, si Galileo fue confinado, se debe a que tenía
razón! Efectivamente, la violencia empieza cuando no hay más argumentos.

Por ese motivo, las pruebas indirectas que constituyen esas mismas
violencias tienen un gran valor, ya que fueron adelantadas por intelectuales, políticos y científicos competentes que podían, con conocimiento
de causa, evaluar la veracidad y el peligro que constituían para ellos esos
descubrimientos.

---

224. *«The best data we have are exactly what I would have predicted, had I nothing to go on but the
five books of Moses, the Psalms, the Bible as a whole»*, A. Penzias en un artículo del *New York Times*,
«Clues to Universe Origin Expected» por Malcolm W. Browne, 12 de marzo de 1978. Consultable
en línea: https://www.nytimes.com/1978/03/12/archives/clues-to-universe-origin-expected-the-
making-of-the-universe.html

225. Según Karl Popper, todo lo que no es refutable no es científico, pero esta definición tal vez demasiado
restrictiva no concuerda con la utilización habitual de la palabra «ciencia».

Pruebas cosmológicas muy recientes, y, por lo tanto, aún en vías de asimilación por el público

No olvidemos que esta revolución cosmológica y sus implicaciones metafísicas son sumamente recientes; no forman aún parte, plenamente, del paisaje mental común, aunque se abren camino lentamente.

- La confirmación de la termodinámica remonta a principios del siglo XX.
- La confirmación del Big Bang tuvo lugar en 1965.
- La primera formulación del principio antrópico tuvo lugar en 1973 y las confirmaciones no dejan de acumularse desde entonces.
- La invalidación del Big Crunch solo se acepta desde 1998.
- El teorema de Borde-Guth-Vilenkin, que demuestra que no puede haber un pasado eterno y que existe, forzosamente, una singularidad inicial, es de 2003...

La tesis de un Dios creador en el filo de la navaja de Ockham

En el siglo XIV, el monje erudito Guillermo de Ockham había planteado como principio que, entre dos hipótesis, la más simple debía ser considerada como la más verosímil. Conocido desde entonces bajo el nombre de «la navaja de Ockham», es un principio que los científicos aprecian particularmente. Durante varios siglos, se utilizó para explicar, como lo hizo Laplace, que, ya que la hipótesis de Dios no es necesaria, no tenía que ser considerada.

Pero ese mismo principio ahora juega en contra de los materialistas.

Los multiversos, o el último comodín materialista

Los multiversos son hoy la última esperanza a la que se aferran los científicos materialistas. Pero esas construcciones teóricas, por más ingeniosas que sean, no aportan solución alguna al problema de improbabilidad planteado por el ajuste fino del Universo. Todas las teorías de los multiversos necesitan efectivamente ciertos procesos de creación de universos que deben a su vez estar sumamente bien ajustados para generar universos múltiples, entre los cuales algunos serían favorables para la vida.[226]

En otras palabras, el desafío de la improbabilidad es simplemente transferido a los mecanismos que generan nuevos universos, sin proporcionar explicación a su ajuste fino.

De hecho, estos modelos tampoco aportan una solución a la cuestión del comienzo del Universo: el problema queda simplemente desplazado hacia un universo «madre» del que lo ignoramos todo. Pero es imposible remontar así al infinito en el pasado, hay forzosamente un principio absoluto en todo ello, tal como nos lo demuestra el teorema de Borde-Guth-Vilenkin citado anteriormente.

Para resumir, la hipótesis materialista de los multiversos resulta puramente especulativa y se revela incapaz de refutar la tesis de un Dios creador.[227]

Citas

- En su libro *La melodía secreta,* Trinh Xuan Thuan señala que es bastante *«extraño postular una infinidad de universos paralelos, inaccesibles y desconectados unos de otros, con el fin de desembarazarse de la sombra de un principio creador».*[228]

- *«La hipótesis de los multiversos parece ser el último recurso de los ateos desesperados»*[229] (Neil Manson, profesor de Filosofía en el King's College de Cambridge).

---

226. Como ya hemos visto, se puede consultar el video «The Multiverse itself is fine-tuned»: https://youtu.be/b2pDQY9zmlo

227. Stephen Meyer,Return of the *God Hypothesis: Three Scientific Discoveries* That Reveal the Mind Behind the Universe, HarperOne, 2021, pp. 326-347.

228. Trinh Xuan Thuan, *La melodía secreta,* Biblioteca Buridán, Barcelona, 2007, cap. VIII, «Dios y el Big Bang».

229. *«The multiverse hypothesis is alleged to be the last resort for the desperate atheist»,* en «Introduction», *God and Design: The Teleological Argument and Modern Science,* Neil A. Manson, Routledge, 2003, sección titulada «The much-maligned multiverse», p. 18. Neil Manson, filósofo de las ciencias, fue el primero en utilizar esa expresión para resumir la principal crítica contra la hipótesis de los universos

- *«La hipótesis de los universos múltiples representa evidentemente el fracaso del "programa general" de la cosmología fundamental, pues me parece contraria a la simplicidad impuesta por la navaja de Ockham, ya que "resolvemos" nuestra ausencia de comprensión multiplicando entidades invisibles hasta el infinito»*[230] (Gregory Benford, profesor de Física y de Astronomía en la Universidad de Irvine, California, especialista de la exploración espacial).

- *«Aunque la probabilidad de obtener un Universo con una débil constante cosmológica sea bajísima, si hay una infinidad de universos, eso sucederá en alguna parte... Ahora bien, ¿es una explicación o una solución desesperada?»*[231] (George Efstathiou, profesor de Cosmología, director del instituto de Astronomía de Cambridge).

- *«[El principio antrópico], he aquí la prueba cosmológica de la existencia de Dios –el argumento del "design" de Paley– actualizada y renovada. El ajuste fino del Universo suministra, a primera vista, la prueba de una intención deísta. Se debe, por lo tanto, elegir: un ciego azar que requiere de una multitud de universos, o una intención que requiere uno solo. [...] Muchos científicos, cuando admiten tales consideraciones, se inclinan hacia el argumento teleológico o el de la intención»*[232] (Edward Harrison, profesor de Astrofísica en la Universidad de Amherst).

---

múltiples; no obstante, sin tomar partido. Esta neutralidad no le impide denunciar los puntos débiles de la hipótesis de los multiversos, en colaboración con Michael Thrush: *«Como lo sugiere Leslie: "[para una hipótesis cosmológica] la capacidad de reducir el asombro es un criterio de exactitud bastante bueno". Ahora bien, la teoría de los universos múltiples no parece satisfacer ese requisito. [...] Supongan la existencia de tantos universos como lo desean, esto no hace verosímil [el hecho de] que el nuestro tenga características que permiten la aparición de la vida, o que estemos aquí. Así pues, la posibilidad de existir en un universo que permite la vida no nos da ningún motivo para suponer que hay una multitud de universos»* («Fine-tuning, Multiple Universes, and the "This Universe" Objection», *Pacific Philosophical Quart*, n.° 1, vol. 84, 2003).

230. Gregory Benford, *What We Believe But Cannot Prove*, ed. John Brockman, Nueva York, Harper Perennial, 2006, p. 226.

231. George Efstathiou, director del Instituto de Astronomía de Cambridge y miembro del equipo Science Team for the European Space Agency Planck Satellite, lanzado en mayo de 2009. La misión del satélite consiste en cartografiar las ínfimas variaciones de temperatura (o de intensidad) del fondo cosmológico difuso, radiación en el campo microondas que muestra el Universo tal como es 380 000 años después del Big Bang.

232. Edward Harrison, *Masks of the Universe*, 1985, p. 252.

La tesis de un Dios creador es, efectivamente, mucho más simple y tiene fundamentos más sólidos que la de los multiversos; un espíritu racional tendría por lo tanto que tender a privilegiarla. Es más simple porque, entre una sola entidad creadora y una inflación vertiginosa de universos, la opción más racional es la que descarta las hipótesis superfluas. Tiene, sobre todo, cimientos más sólidos, porque los multiversos solo pertenecen al último grupo de la clasificación de las pruebas, el grupo 6; un grupo cuyas teorías no generan implicaciones conocidas y acerca de las cuales no se puede realizar ninguna constatación, mientras que las tesis de la existencia de un Dios creador y la tesis contraria forman parte del grupo 5, y generan implicaciones lógicas, claras, numerosas, que se pueden confrontar con la realidad, y que, de hecho, así ha sido.

¿Ya serían pues las palabras finales?

Como vemos ya en la primera parte de este panorama, hemos llegado a conclusiones esenciales. La cosmología por sí sola ha podido aportar pruebas suficientes de la existencia de un Dios creador. Podríamos detener aquí este libro y el lector su lectura. Pero sería una pena limitarse a una única perspectiva de análisis.

12.

Biología: el salto vertiginoso de lo inerte a lo vivo

Los descubrimientos de la cosmología nos han permitido invalidar la tesis de un Universo totalmente material. Pero los progresos efectuados en muchos otros campos del conocimiento han aportado numerosos elementos concordantes. Este es el caso de la biología, con el salto de lo inerte a lo vivo.

I. Una zanja que resultó ser un abismo

Lo que se consideraba, hace menos de un siglo, como una simple zanja, se reveló un auténtico abismo. La biología moderna puso en evidencia la complejidad insólita de la menor de las células vivas, comparable a una fábrica ultrasofisticada. Y se sabe hoy que el paso de lo inerte a lo vivo, a pesar de su carácter sumamente improbable, se efectuó en un corto intervalo de tiempo. La consecuencia de todo ello se impone por sí misma: la tesis de la emergencia de la vida como mero resultado del azar, en un Universo que no hubiese sido concebido de antemano para favorecer la aparición de la vida, resulta imposible de sostener.

Un ajuste fino de orden biológico viene a sumarse al ajuste fino cosmológico

La única explicación racional posible para la aparición natural de la vida en nuestro planeta es que se trata del resultado de leyes del Universo aún desconocidas o, al menos, de efectos aún desconocidos de leyes que prevalecieron en la época de ese salto y que fueron ajustadas de manera muy precisa. Lo que equivale a admitir que existe un segundo principio antrópico del Universo, el de lo viviente, que vendría a añadirse al que ya hemos visto en cosmología para la constitución del Universo.

Algunos hechos establecidos

Si bien nadie sabe cómo pudo aparecer la vida en nuestro planeta, hay, no obstante, tres hechos de los que estamos hoy absolutamente seguros:

1. El paso de lo inerte a lo vivo se produjo efectivamente en algún momento, ya que estamos aquí.
2. Se produjo hace al menos 3800 millones de años, o sea, menos de 700 millones de años después de la aparición de la Tierra.
3. Ese salto fue enorme, ya que necesitó la coordinación simultánea de numerosos factores, todos sumamente improbables. Esas improbabilidades han sido cifradas por los científicos y veremos más adelante que resultan vertiginosas por lo minúsculas que son.

No hay lugar solo para el azar en la aparición de la vida

El objetivo de este capítulo es mostrar que solo la *«mano invisible»* de un ajuste muy preciso de leyes, o de efectos de leyes de la naturaleza aún desconocidos, pudo guiar ese sorprendente proceso. En primer lugar, la materia se organizó sola, de manera cada vez más elaborada, en quarks, átomos, moléculas y polímeros, que desembocan en los lenguajes complejos del ARN, del ADN y de las proteínas, que van a permitir las funciones replicativas, reproductivas y metabólicas necesarias para la emergencia de la vida. Todas estas funciones se asociaron para formar los primeros organismos vivos unicelulares que, en el curso de la evolución, condujeron al último antepasado común de todos los seres vivos terrestres, que los científicos llamaron LUCA (Last Universal Common Ancestor): un sistema celular ya marcadamente complejo, caracterizado por un código genético universal que asocia el ADN/ARN a las proteínas, y en que el ribosoma desempeña el papel de *«traductor»*.

Este principio antrópico de lo vivo, reconocido como tal, constituye un nuevo e importante obstáculo a la tesis materialista, que, por hipótesis, está obligada a afirmar que el Universo no puede ser particularmente favorable a la aparición de la vida. Se trata de un sólido argumento adicional en favor de la tesis de la existencia de un Dios creador.

¿Cómo ha evolucionado a lo largo del tiempo el pensamiento relativo a la aparición de la vida?

Durante los siglos pasados, el paso de lo inerte a lo vivo nunca había suscitado grandes interrogaciones entre los filósofos y los científicos, por el simple hecho de que se ignoraba del todo la complejidad de lo viviente.

Platón da por hecho que el Universo y todo lo vivo está fabricado *«a partir de cuatro elementos: el fuego, el aire, el agua y la tierra»*.[233]

Aristóteles opta por una solución de continuidad y considera, por ejemplo, que el limo de los ríos está en el origen de las anguilas.[234] Escribe: *«La naturaleza pasa de lo inanimado a lo animado de manera tan gradual que su continuidad hace que la frontera que los separa sea imposible de discernir; hay un ámbito que pertenece al mismo tiempo a los dos órdenes. Porque las plantas vienen inmediatamente después de los objetos inanimados...»*.[235]

Lucrecio describe el advenimiento de lo vivo como una operación simple: *«La tierra, en su novedad, empezó por hacer crecer las hierbas y los arbustos, para crear luego las especies vivas, que nacieron entonces en gran número, de mil maneras, bajo aspectos diversos»*.[236]

En el siglo XVIII, Diderot y otros pensadores postularon que la materia misma estaba viva: *«Todo animal es más o menos hombre; todo mineral es más o menos planta; toda planta es más o menos animal»*.[237]

---

233. *Timeo*, 56 b-c.

234. *Historia de los animales*, «Tratado de la generación», libro III, cap. II.

235. *Historia de los animales*, libro VIII, 588b.

236. *De rerum natura*, V, v. 790.

237. *El sueño de D'Alambert*, 1769.

Leibniz pensaba lo mismo: «*Hay un mundo de criaturas, de seres vivos, de animales, de entelequias,*[238] *de almas en la más pequeña parte de la materia. Cada porción de la materia puede ser concebida como un jardín lleno de plantas y como un estanque lleno de peces. [...] Así pues, no hay nada sin cultivar, ni estéril, ni muerto en el universo, no existe el caos, no existe la confusión sino en apariencia...*».[239]

Desde la Antigüedad, se hablaba de «*generación espontánea*» de la vida a partir de la materia, como lo imagina el biólogo Félix-Archimède Pouchet, a mediados del siglo XIX: «*Hay que especificar que, por generación espontánea, pretendemos solamente que, bajo la influencia de fuerzas aún inexplicadas, se produce, o bien en los animales mismos, o en otro ámbito, una manifestación plástica que tiende a agrupar moléculas; a imponerles un modo especial de vitalidad del que deriva un nuevo ser, en relación con el medio en que sus elementos fueron extraídos primitivamente*».[240]

En 1861, Louis Pasteur puso fin a la creencia en la generación espontánea al descubrir los microorganismos. Pero el paso de lo inerte a lo vivo parecía ser una operación que podría explicarse algún día, e incluso replicarse.

Así pues, cuando Darwin aborda la cuestión en 1871, escribe en una carta a su colega Joseph Hooker: «*Pero si (¡oh! ¡Qué grande ese "si"!) pudiésemos concebir en una pequeña laguna caliente, con todo tipo de sales de amoníaco y de fosfórico, en presencia de luz, calor, electricidad, etc., que una proteína se forme químicamente, dispuesta a experimentar cambios aún más complejos, esta materia se vería en estos tiempos nuestros inmediatamente devorada o absorbida, lo que no era el caso antes de que las criaturas vivas se formasen*».[241]

---

238. Entelequia: principio creador del ser, por el cual el ser encuentra su perfección pasando de la potencia al acto.

239. *Monadología*, 1714.

240. Pouchet, *Heterogenia, o Tratado sobre la generación espontánea*, J.-B. Baillère et Fils, París, 1859, pp. 7-8.

241. *The correspondence of Charles Darwin*, vol. XIX, carta n.º DCP-LETT-7471, publicada en la página web de la Universidad de Cambridge, https://www.darwinproject.ac.uk/letter/DCP-LETT-7471.xml

En los años 1950-1970, los científicos trataron de volver a crear las condiciones de aparición de la vida en la Tierra, y de reconstituir el caldo de productos químicos orgánicos de los que hablan Darwin y otros,[242] para ver lo que podría aparecer a partir de esas «sopas primitivas» al calentarlas, agitarlas, triturarlas y someterlas a descargas eléctricas.

Como veremos más adelante, estos intentos permitieron crear algunos elementos constitutivos de la vida. Sin embargo, esos resultados preliminares no representan sino un pequeño paso hacia la comprensión de la génesis de la vida.

En realidad, desde aquella época pionera, un número creciente de científicos, procedentes de ámbitos variados como la física, la química, la bioquímica, la biología, la geología y las ciencias de la tierra trabajan actualmente en el ámbito de la astrobiología,[243] que tiene como objetivo entender la historia de la vida en el Universo. No obstante, a pesar de los avances realizados a lo largo de los últimos cincuenta años, la brecha que existe entre la materia inerte y la materia viva no se ha reducido de manera significativa.

Una primera analogía: entre lo inerte y lo vivo, la misma relación que entre una pieza de recambio y un coche

Para tomar la medida del salto que habría que efectuar, una analogía[244] va a permitirnos visualizar la brecha que hay entre el tamaño de lo inerte más complejo conocido, obtenido por reconstitución de sopas primitivas (un trozo de proteína) y el de lo vivo más simple que se conozca (un organismo unicelular, como una célula bacteriana). La relación entre los dos nos dará una idea de la distancia que separa ambas

---

242. David W. Deamer, Gail R. Fleischaker, *Origins of Life: The Central Concepts*, Jones & Bartlett Publ., 1994.

243. Shawn D. Domagal-Goldman, Katherine E. Wright et al., «The Astrobiology Primer v2.0», *Astrobiology*, vol. 16, agosto de 2016, pp. 561-653. Ver https://www.liebertpub.com/doi/abs/10.1089/ast.2015.1460

244. Analogía de alcance limitado, ya que, desde un punto de vista científico, el tamaño físico es una medida muy imperfecta de la complejidad.

Entre lo inerte y lo vivo: la misma relación que entre una pieza suelta y un coche...

orillas de la fosa, y, por lo tanto, la magnitud del salto que habría que realizar.[245]

Si se agrandara 10 millones de veces ese inerte artificial más complejo, que resulta ser un trozo de proteína de 10^{-9} metros aproximadamente, tendría el tamaño de una pequeña pieza de 3 centímetros en cada dirección, o sea, un volumen de 3x3x3= 27 cm³. Ampliando a la misma escala el organismo vivo más simple, o sea, un organismo unicelular como una bacteria, de 2×10^{-7} metros, obtendríamos entonces 2 metros de largo en todas sus dimensiones, o sea, el equivalente a un coche que ocupa un volumen de ~8m³, lo cual significa que es 300 000 veces más grande.

El salto que habría que dar en términos de dimensión consiste por lo tanto en pasar de una pieza de 27 cm³ a un conjunto de 8 millones de cm³.

---

245. George Ellis, «Why reductionism does not work?», *Wider den Reduktionismus: Ausgewählte Beiträge zum Kurt Gödel* Preis 2019, eds. O. Passon et Ch. Benzmüller, Springer Spektrum, Berlín. Ver https://doi.org/10.1007/978-3-662-63187-4

Dicho en otras palabras, lo inerte más grande obtenido hasta ahora representa 1/300 000°delo que habría que lograr sintetizar para obtener un organismo unicelular mínimo. O sea, el equivalente de una palabra respecto al conjunto de palabras que contienen dos libros como el que tiene actualmente en sus manos. Para seguir evaluando la inmensa brecha que es necesario colmar, ahora hay que mirar precisamente lo inerte más complejo obtenido por la experiencia y compararlo con lo que es el ser vivo más pequeño que se puede concebir.

II. Lo inerte más complejo obtenido de manera experimental

Lo que se pudo obtener entre 1950 y 1970, en el marco de experiencias con «sopas prebióticas» que imitan las condiciones de emergencia de la vida en la Tierra, es solamente un trozo de proteína

El lector profano y dotado de imaginación tal vez se imagine a científicos ocupados en torno a calderas hirvientes, revolviendo la espuma de un líquido inquietante, la famosa sopa prebiótica de la que, tal vez, vayan a surgir trozos de materia animada. Detengámonos un instante para presentar experiencias menos pintorescas, pero absolutamente apasionantes, realizadas por eminentes químicos, bioquímicos y biólogos.

Stanley Miller (1930-2003).

- La experiencia más famosa es la de **Stanley Miller**, en 1953. El investigador reprodujo en su laboratorio las condiciones de una atmósfera primitiva a partir de una mezcla de metano, amoníaco e hidrógeno, llevada a ebullición en agua y sometida a la acción de una descarga de alta

tensión, que imita el rayo. Esa atmosfera debe, además, estar necesariamente privada de oxígeno, totalmente, ya que este destruiría los
aminoácidos. Se forman entonces 13 de los 22 aminoácidos estables,
que son los elementos constitutivos elementales de todo organismo
vivo: moléculas compuestas de 15 a 40 elementos químicos —esencialmente carbono, hidrógeno, oxígeno y nitrógeno— capaces de
asociarse y formar largas cadenas de varias centenas a varios millares
de elementos para constituir las macromoléculas complejas que son
las proteínas, esenciales en todos los organismos vivos.

- En 1958, en la Florida State University, **Sidney W. Fox** y uno de
sus estudiantes, Kaoru Harada, lograron realizar polímeros de aminoácidos por condensación térmica del glutamato y del aspartato,
dos aminoácidos anteriormente identificados en la experiencia
de Miller. Aunque parezcan proteínas, esos polímeros llamados
«proteinoides» no estaban constituidos como proteínas habituales. Disueltos en el agua, los proteinoides formaban de manera
espontánea microgotas que evocaban posibles formas ancestrales
de protocélulas, pero, sin sorprender a nadie, estas microestruc-
turas no eran funcionales.

- Luego, en 1960, el **Dr. J. Oró** de la Universidad de Houston, en Texas,
mezcla ácido cianhídrico y amoníaco con agua. Calienta esa solución
durante veinticuatro horas a 90 °C. Logra de este modo realizar la
síntesis de la adenina (A) —otro elemento elemental de lo vivo—, que
es una de las cuatro bases de nucleótidos que entra potencialmente
en la composición del ARN y del ADN.

- En 1961, **Melvin Calvin**, profesor en la Universidad de Berkeley,
en California, expone, a su vez, una mezcla de gases primitivos a un
flujo de electrones acelerados a gran velocidad gracias a un ciclotrón,
y opera la síntesis de aminoácidos, con azúcar, urea y ácidos grasos.

- En 1963, el **Dr. Ponnanperuma** utiliza el ciclotrón de Berkeley para
irradiar una mezcla de amoníaco, de metano y de agua que simula
la atmósfera primitiva. Obtiene la núcleo-base adenina (A) con un
rendimiento relativamente bueno. En colaboración con Carl Sagan,

de la Universidad de Stanford, obtiene luego el adenosín,[246] por irradiación con ultravioletas de una mezcla de ribosa y de adenina, y, al poco, el nucleósido trifosfato correspondiente, en presencia de ácido fosfórico y de éster polifosfato en condiciones similares.

- Un poco más tarde, **Sidney W. Fox**, ya citado por sus estudios sobre los proteinoides en 1958, también obtiene aminoácidos al llevar a 1000 °C una mezcla de metano, de amoníaco y de vapor de agua.

Estas experiencias iniciaron una revolución conceptual al mostrar que la «sopa primitiva» es en sí misma insuficiente para hacer aparecer la vida

Desde entonces, y sobre todo a lo largo de los últimos veinte años, se realizaron nuevos avances.[247] Por ejemplo, moléculas orgánicas que entran en la composición de la materia viva fueron identificadas en los meteoritos, de los cometas y de las nubes interestelares.

Estos descubrimientos importantes demuestran que la química que deriva de las leyes del Universo es propicia a la emergencia de moléculas que son la base de la vida. En otras palabras, los elementos constitutivos de la vida parecen ser un resultado inevitable del Universo.

Sin embargo, resulta más difícil entender cómo esas moléculas pudieron ser seleccionadas y enriquecidas en la Tierra. Otros factores ambientales tienen que haber sido esenciales para favorecer la selección química de las moléculas que caracterizan la vida, y los científicos imaginan que ello pudo ocurrir no solo en «pequeñas lagunas», sino posiblemente en el espacio, en la atmósfera terrestre, en superficies minerales o a nivel de las chimeneas hidrotermales.

---

246. El adenosín es el nucleósido que resulta de la combinación de una ribosa y de la núcleo-base llamada adenina. Los nucleósidos trifosfatos, como el adenosín trifosfato, son los nucleótidos utilizados como elementos constitutivos por los ARN o los ADN polimerasas para sintetizar las moléculas ARN y ADN.

247. Shawn D. Domagal-Goldman, Katherine E. Wright et al., «The Astrobiology Primer v2.0», *Astrobiology*, vol.16, agosto de 2016,pp.561-653.Ver https://www.liebertpub.com/doi/abs/10.1089/ast.2015.1460

No se ha propuesto aún ningún escenario para el origen de la vida, pero se puede pensar que ninguna de estas hipótesis excluye a las demás. La muy compleja química que lleva a la vida se construyó probablemente a partir de numerosas y diferentes leyes del Universo.

Estas leyes llevan a la aparición de los primeros elementos constitutivos de la vida, que son pozos energéticos, o sea, combinaciones naturalmente estables. En ciertas condiciones, las que hemos visto, esos elementos constitutivos se forman de manera espontánea y permanecen luego estables y sólidos. Sin embargo, si ciertos procesos químicos prebióticos pueden probablemente dar como fruto unos pequeños péptidos y ARN informacionales, también queda claro que ninguna de estas moléculas es generada por la simple elaboración de una «sopa primordial». Queda aún mucho por hacer para entender la historia de la vida en el Universo.

Hubert P. Yockey, profesor de Física Teórica en la Universidad de Berkeley, especialista de la teoría de la información aplicada a la biología y al origen de la vida, concluye de este modo: *«La creencia de que las proteínas necesarias para la vida, tal como la estudiamos, aparecieron simultáneamente en la "sopa primitiva" es una cuestión de fe».*[248]

Es también la constatación de Philippe Labrot, del Centro de Biofísica Molecular del CNRS de Orleans, en Francia: *«La construcción de una célula viva a partir de moléculas sumamente simples [como aquellas obtenidas por Stanley Miller] es una empresa sumamente compleja. Los avances realizados por los químicos desde la experiencia histórica de Stanley Miller en 1953 resultan totalmente irrisorios con respecto a la tarea que queda por delante».*[249]

---

248. *«Information Theory, Evolution, and the Origin of Life»*, Hubert P. Yockey, artículo publicado en *Information Sciences*, vol. CXLI (3-4), 219-225, abril de 2002. Ver artículo del periódico francés *Le Figaro*: https://www.lefigaro.fr/sciences/2013/07/19/01008-20130719ARTFIG00431-origines-de-la-vie-quoi-de-neuf-dans-la-soupe-primordiale.php

249. Ver el artículo en línea, *«De la génération spontanée à l'évolution chimique»*, P. Labrot (Premio Stanley Miller atribuido por la International Society for the Study of the Origin of Life (ISSOL) por las contribuciones notables al estudio de los orígenes de la vida): https://www.nirgal.net/ori_life1.html

III. El organismo vivo más sencillo

El desarrollo de los microscopios electrónicos permitió explorar lo infinitamente pequeño y confirmar que todos los seres vivos están compuestos al menos de una célula, y que incluso las más pequeñas de esas unidades (0,2 micra para la más pequeña bacteria imaginable, frente a 20 micras= 2 centésimos de milímetro, aproximadamente, para una célula humana) se caracterizan por una organización de un notable nivel de complejidad.

El organismo unicelular es el ser vivo más pequeño, pero su estructura es infinitamente compleja

El ser más pequeño que se pueda concebir actualmente, más pequeño aún que el ser vivo más pequeño conocido actualmente, tendría un tamaño mínimo de 0,2 micrómetros ($2x10^{-7}$ metros), y no podría vivir, es decir, ser autónomo, desarrollarse y reproducirse sin una estructura sumamente densa y organizada. Ese organismo necesitaría al menos, dentro de su membrana celular, en sí muy compleja, un genoma ADN de al menos 250 genes, o sea, aproximadamente 150 000 pares de bases nucleótidas que han de estar asociadas según un orden muy preciso. Un sistema ARN (lector del ADN) también sería necesario, del mismo modo que un ribosoma (intérprete del ARN); por fin, sería indispensable que ese sistema complejo pudiese producir por lo mínimo 180 tipos de proteínas diferentes, decenas de enzimas y orgánulos locomotores. ¡Toda esa parafernalia tan solo para una célula, y la más diminuta de ellas!

Esta misma constatación de complejidad insólita es la que plantea John Craig Venter, especialista de biología molecular, del genoma y de la «biología de síntesis», al cabo de veinte años de investigaciones: *«Hemos demostrado hasta qué punto la vida es compleja, incluso en el organismo más simple».*[250]

---

250. «Design and synthesis of a minimal bacterial genome», *Science*, 25 de marzo de 2016, vol. 351.

Hasta ahora, no se identificó ninguna etapa intermediaria cierta que esté a medio camino entre lo inerte más complejo conocido y lo vivo menos complejo conocido

Es verdad que los virus son aún más pequeños que el organismo uni-celular más pequeño, pero no se trata de seres vivos. Son parásitos que no pueden ni vivir ni autorreplicarse en ausencia de seres vivos a los que agarrarse.

Sin embargo, es posible que hayan existido ciertos seres, en un estado intermedio, capaces de replicarse, y que hayan desaparecido del todo una vez que se difundieron en nuestro mundo primitivo los primeros seres vivos. Que hoy sea imposible encontrarlos no significa que no hayan existido.[251]

Mientras tanto, actualmente, el ser casi vivo más pequeño que se haya descubierto es la bacteria *Nasuia deltocephalinicola*, descubierta en 2013, que comporta 225 genes en un genoma con 112 000 pares de nucleótidos.[252] En realidad, no se trata de un organismo suficientemente complejo como para ser autónomo. Debe aprovisionarse en nutrimentos procedentes de otro ser vivo. Por lo tanto, también se trata de un parásito, pero posee toda la maquinaria que permite asimilarlo a un ser vivo capaz de duplicarse, con ADN, ARN y ribosoma para fabricar sus propias proteínas.

Sin embargo, ni el ADN, ni el ARN ni los ribosomas pueden existir solos en la naturaleza, en estado libre. Sin la membrana protectora de la célu-la, privados de mecanismos de protección y de regeneración propios de

---

251. En realidad, al ser el ARN el único tipo de moléculas naturales que actúan a la vez como modelos y como enzimas, se planteó que un ARN polimerasa haya podido, en el origen de la vida, iniciar su propia replicación, así como la producción de otros ARN funcionales. Esto condujo a la famosa «hipótesis del mundo ARN», para el origen de la vida en la Tierra (ver Gerald F. Joyce y Jack W. Szostak, «Protocells and RNA Self-Replication», Cold Spring Harbor *Perspectives en Biology*, 10:a034801. Ver https://cshperspectives.cshlp.org/content/10/9/a034801.full.pdf y https:// www.ncbi.nlm.nih.gov/pmc/articles/PMC6120706/). Es no obstante probable que ese «mundo ARN» ya fuese un sistema complejo que sacaba partido de las proteínas y de otras moléculas orgánicas, tal vez de lípidos. El Santo Grial en este ámbito de investigación sería el descubrimiento de un primer organismo capaz de autorreplicarse y la comprensión de cómo pudo aparecer a partir de las leyes del Universo.

252. Gordon M. Bennett, Nancy A. Moran, «Small, Smaller, Smallest: The Origins and Evolution of Ancient Dual Symbioses in a Phloem-Feeding Insec», *Genome Biology and Evolution*, vol. 5, n.°9, pp. 1675-1688. Ver https://doi.org/10.1093/gbe/evt118

lo vivo, se degradarían rápidamente. En resumidas cuentas, estas tres estructuras fundamentales de la vida solo existen en una célula y solo son fabricadas dentro de ella, cuando hace un duplicado de ella misma. La célula, por lo tanto, no puede subsistir sin ADN/ARN, el cual, a su vez, no puede existir independientemente de la célula. Actualmente, la ciencia no tiene una explicación clara de ello.

Y llegamos a la pregunta primordial: ¿cuál pudo ser el mecanismo natural que condujo a la aparición de la primera célula?

Para visualizar ese ser vivo unicelular más pequeño, retomemos la analogía mecánica

Si ampliamos 10 millones de veces la más pequeña entidad viva con-cebible, esa bacteria de 0,2 micrón anteriormente evocada, 100 veces más pequeña que una célula del cuerpo humano,[253] tendría el tamaño de un coche de 2 metros, y cada una de los cientos de miles de proteínas que la componen tendría, a esa escala, el tamaño de elementos de 1 a 10 centímetros. ¿Qué veríamos, entonces?[254]

- En la superficie de la célula aparecerían cientos de aperturas, como las ventanillas de una nave, abriéndose y cerrándose para permitir la circulación de un flujo continuo de componentes que entran y salen.

- Si se penetrase en la estructura por uno de sus orificios, un mundo de una inmensa complejidad aparecería ante nosotros. Veríamos una red de pasillos y de conductos ramificados en todas las direcciones a partir del perímetro de la célula, que llevan hacia unidades de trata-miento de la información y cadenas de montaje.

---

253. Para hacerse una idea más precisa de la complejidad interna de las células, el lector puede consultar los sitios internet siguientes: para la célula bacteriana libre más simple, derivada de *Mycoplasma*: https://ccsb.scripps.edu/gallery/mycoplasma_model/; para las células eucariotas, ver la película *The Inner Life of the Cell* en https://xvivo.com/examples/the-inner-life-of-the-cell/

254. Al aumentar de este modo el tamaño de una célula, las moléculas de agua que constituyen hasta el 70 % del contenido total de la célula tendrían, cada una, el tamaño de una pequeña bola de poliestireno de 3 mm. ¡La célula y todos sus componentes internos estarían en realidad perdidos en una niebla espesa! Pero, para la descripción que sigue, suponemos que las moléculas de agua son transparentes.

- Las células primitivas sin núcleo (procariotas) evolucionaron posteriormente hacia células con núcleo (eucariotas), infinitamente más complejas y grandes, que tienen el equivalente de un banco de memoria central comparable a una cámara esférica, como un domo geodésico, que almacena decenas de metros de cadenas trenzadas de finísimas moléculas de ADN perfectamente apiladas en hileras ordenadas.

- Quedaríamos sorprendidos por el nivel de control que rige el movimiento de tantos objetos a través de tantos pasillos.

- Habría máquinas avanzando en todas las direcciones, como robots. Notaríamos que los componentes funcionales más simples de la célula, las moléculas de proteínas, son piezas de una maquinaria molecular de una complejidad asombrosa, cada una compuesta de miles de átomos, dispuestos en una configuración altamente organizada. Y veríamos también que la vida de la célula depende de la actividad coherente de numerosas moléculas de ARN y de, al menos, 180 tipos de proteínas diferentes, como ya hemos mencionado.

- Nos daríamos cuenta de que todas las características de nuestras propias herramientas tecnológicas avanzadas tienen su análogo en la célula: lenguaje artificial y sistema de decodificación, bancos de datos para almacenar y extraer información, sistemas de comando dirigiendo el ensamblaje automatizado de las partes y de los componentes, dispositivos de seguridad de correcciones utilizados para el control de calidad, procedimientos de ensamblaje fundados en los principios de la prefabricación y de la construcción modular...[255]

Seríamos los espectadores de una máquina en plena actividad, infinitamente más compleja que un coche y semejante a una fábrica totalmente automatizada, en movimiento perpetuo[256] y ¡dotada de la capacidad

---

255. Señalemos que, entre todos los robots celulares, el ribosoma es probablemente el más notable, ya que este motor complejo es responsable de la fabricación de otros robots, constituidos de proteínas. Numerosas copias de este llenan la célula, hasta el tercio de la masa total de la célula.

256. Una de las células bacterianas más rápidas es *Ovobacter propellens*. Su velocidad es de 200 longitudes de cuerpo celular por segundo, lo que corresponde a 1000 μm/s. Trasladada a escala macroscópica, nuestra célula inflada de 2 metros de largo se desplazaría a una velocidad de 400 metros por segundo, lo que corresponde a 1440 km por hora (o ~1000 millas por hora). Para apreciar

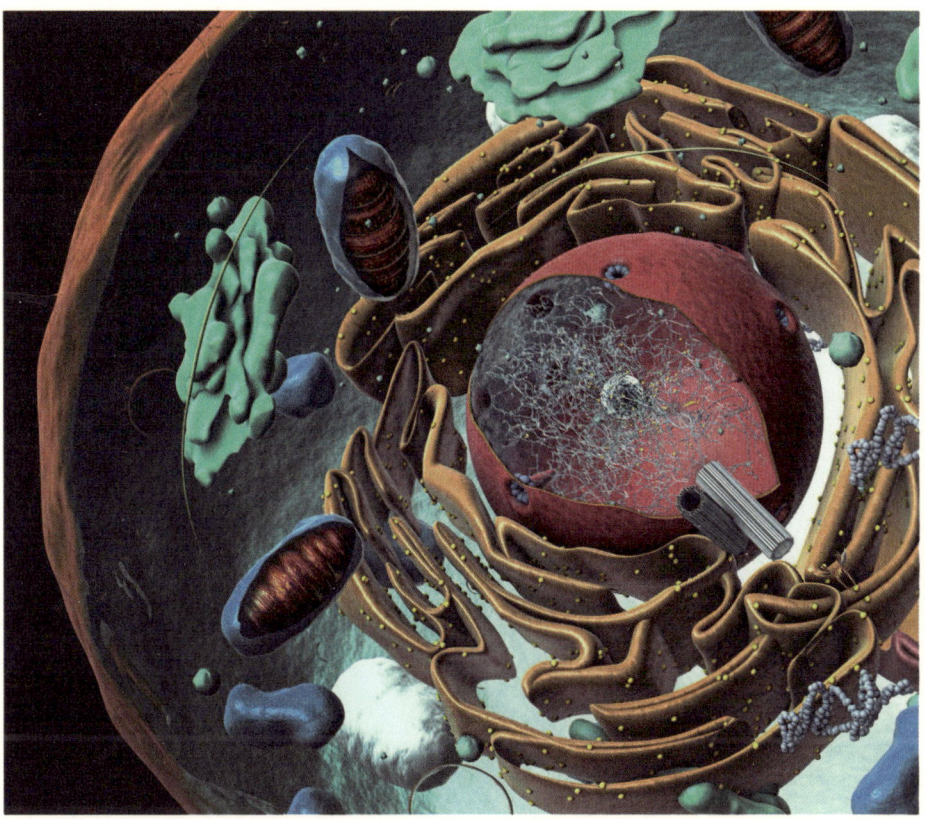

La extraordinaria complejidad de una célula eucariota (con núcleo)

extraordinaria de duplicarse íntegramente en un lapso de tiempo que varía entre unos minutos y unas horas! ¡La más pequeña de nuestras células es capaz de algo con lo que soñaría cualquier industrial!

Estamos aún muy lejos de comprender los mecanismos naturales que condujeron a la síntesis de ese ser vivo más pequeño imaginable, cuya insólita complejidad sigue suscitando el asombro de los científicos: *«La vida comienza solo con la primera célula funcional que puede exigir, aun siendo la más primitiva, al menos varios centenares de macromoléculas específicas diferentes. ¿Cómo pudieron ensamblarse semejantes estructuras, de por sí, ya muy complejas? Sigue siendo*

la velocidad de algunas operaciones celulares de base, ver http://book.bionumbers.org; Ron Milo et al., *Nucleic Acids Research*, vol. 38, supl. 1, 2010, pp. D750-D753.

para mí un misterio»,[257] decía Werner Arber, microbiólogo, premio Nobel en 1978.

Pero, si la célula en su conjunto es uno de los mayores enigmas científicos, sus principales componentes, ADN, ARN, proteínas, ribosoma y enzimas, tienen también su parte de misterio.

1. El ADN: doble hélice, doble misterio

El descubrimiento de la estructura de la doble hélice del ADN, atribuido a James Watson y Francis Crick en 1953, marcó un giro en la investigación, al poner en evidencia la existencia de un código único para el conjunto de todo lo vivo.El ADN, o ácido desoxirribonucleico, es una larga cadena construida a partir de cuatro nucleótidos formados de núcleo-bases: la adenina (A), la timina (T), la citosina (C) y la guanina (G). Su bella estructura en forma de doble hélice se abre para la copia de la información genética.

De las bacterias al hombre, pasando por todas las plantas y todos los animales, todo lo vivo en la Tierra, sin ninguna excepción, utiliza ese único e indispensable «lenguaje de la vida».

El «mensaje genético» que lleva el ADN es una información codificada que programa el conjunto de nuestro desarrollo y de nuestros rasgos físicos, desde el color de los ojos

Francis Crick (1916-2004) y James Watson (nacido en 1928).

---

257. Werner Arber, «The Existence of a Creator Represents a Satisfactory Solution» en H. Margeneau y R. A. Varghese (eds), *Cosmos, Bios, Theos: Scientists Reflect on Science, God and the Origins of the Universe, Life and Homo Sapiens*, part. II, cap. 2, Open Court, 1992, p. 141.

hasta la estructura de los órganos internos, pasando por las formas y las funciones de las células. Los científicos emplean el término de «mensaje genético», ya que se trata efectivamente de un mensaje, o sea, de un texto inteligente, que expresa una serie de instrucciones, en secuencias que se llaman «genes».

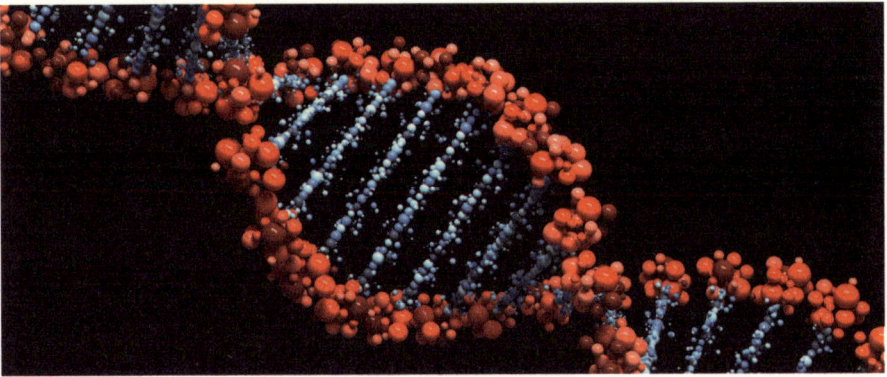

El ADN, un formidable ensamblaje de informaciones.

El ADN resulta ser el ensamblaje de informaciones más elaborado que se conoce en el Universo

Es una auténtica hazaña tecnológica en términos de almacenamiento de la información.

Para escribir la información que el ADN logra almacenar en un núcleo de seis milésimas de milímetros, se necesitaría un millón de páginas, o sea, más de treinta veces el tamaño de la *Encyclopædia Britannica*. Con esa tecnología, ¡todos los libros escritos por el ser humano (estimados en 30 000 000 de veces la *Encyclopædia Britannica*) cabrían tan solo en una pequeña cucharita de té!

Este dispositivo genial hace soñar a los científicos que, hoy en día, no se acercan, ni de lejos, a tal eficacia, ya que la densidad de información dentro del ADN es 40 mil millones de millones de veces más grande que lo que los científicos logran realizar actualmente, en el siglo XXI.

Hubert P. Yockey, de Berkeley, escribió al respecto: *«El código genético está construido para resolver los problemas de comunicación y de grabación en el sistema de información genético, gracias a los mismos principios que se encuentran en los códigos modernos utilizados en informática y en las comunicaciones».*[258]

Pierre Sonigo, director de investigaciones en el INSERM, equivalente francés del NIH norteamericano, especialista en genética molecular, añade: *«El ADN aparece como la causa histórica, el principio de una historia, pero nadie sabe de dónde viene, ni cómo opera para producir la vida».*[259] Viniendo de un científico ateo, esta constatación de ignorancia da que pensar.

En 2003, la puesta al día del genoma humano confirmó la complejidad sorprendente de ese «mensaje genético»[260]

Daniel Cohen, antiguo profesor de Genética en la Universidad de Évry, en Francia, fundador y director científico de la sociedad Genset (ingeniería genética) fue uno de los primeros cartógrafos del genoma humano. Hizo esta declaración en la revista Le Point: *«El genoma es un programa escrito en un lenguaje extraordinariamente sofisticado. ¿Es posible que tal lenguaje haya nacido por azar? Cabe imaginarlo, pero no demostrarlo. Personalmente, en un año pasé del estado de ateo al de agnóstico. Porque, si ese lenguaje no es el fruto del azar, tengo la intuición de que un día lo podremos demostrar. ¿Imaginan la conmoción que se produciría?».*[261]

Christian de Duve, premio Nobel de Fisiología en 1974, bioquímico especializado en biología celular, afirma que las posibilidades de aparición del ADN como fruto del «puro azar» son *«improbabilida-*

---

258. «Origin of life on earth and Shannon's theory of communication», *Computers & Chemistry*, v. XXIV, 2000, p. 105.

259. Revista *La Recherche*, Número especial, n.°14, «Dieu, la science et la religion», enero-marzo de 2004.

260. Durante mucho tiempo, se pensó que los genes del ADN solo codificaban las proteínas. Sin embargo, los avances recientes de la biología demostraron que la mayoría de las informaciones genéticas codificadas en el genoma humano codifican para producir ARN como productos finales. El ADN basura («Junk ADN») e inútil no existe. Ver P. P. Amaral, M. E. Dinger, T. R. Mercer y J. S. Mattick, «The Eukaryotic Genome as an RNA Machine», *Science*, 319, 2008, pp. 1787-1789.

261. *Le Point*, 21 de octubre de 1995.

des tan inconmensurablemente elevadas que solo se pueden llamar milagros». [262]

De hecho, desde el origen, sir Francis Crick, premio Nobel de Química en 1962 por su descubrimiento del ADN, no creyente, reconocía la parte del misterio del ADN: *«Una estructura tal como el ADN no puede haber aparecido por azar».* [263]

Los científicos se muestran por lo tanto unánimes acerca de este punto: el origen y el desarrollo de ese «código genético» sigue siendo un enorme doble enigma.

2. Las proteínas o las letras en 3D del alfabeto de la vida

Las proteínas son macromoléculas muy complejas, constituidas a partir de 22 aminoácidos, que son como letras a partir de las cuales se componen frases.

Una célula no puede existir sin proteínas porque, dentro de esta, las proteínas ejecutan todas las tareas, con los ARN, salvo el almacenamiento de informaciones genéticas efectuado por el ADN. Esas proteínas están a su vez compuestas de centenares o de miles de unidades químicas más pequeñas, los «aminoácidos», que tienen la particularidad de estar lateralizados. En la naturaleza, se encuentran 2000 aminoácidos, entre los cuales la mitad está orientada hacia la derecha, mientras que la otra mitad está orientada a la izquierda, [264] pero tan solo 22 de esos aminoácidos, todos orientados a la izquierda, resultan útiles para la vida. Se combinan para formar largas cadenas de proteínas. Los biólogos los compararon con las 26 letras del alfabeto, porque esas «letras» pueden dar lugar a un número considerable de combinaciones secuenciales, las cuales determinan el sentido de las «palabras» y de las «frases». Si las letras

---

262. Ver Christian de Duve, *Blueprint for a cell: the nature and origin of life*, Burlington, N. Patterson, 1991.

263. *Life Itself: Its Origin and Nature*, New York, Simon &Schuster, 1981, p. 88.

264. En lenguaje técnico, «dextrógiro» y «levógiro», según que desvíen el plano de la luz polarizada en el sentido en que se mueven las agujas de un reloj, o en el sentido inverso.

están dispuestas de manera correcta, se obtiene un texto comprensible y útil. De lo contrario, es una especie de algarabía. Ahora bien, existen más de 80 000 proteínas diferentes[265] y cada una de ellas se basa en una combinación distinta y especifica de los 22 aminoácidos evocados.

Las proteínas deben presentar, además, una configuración tridimensional (3D) muy particular

La eficacia de las proteínas para efectuar tareas celulares, tales como el reconocimiento de otras moléculas y la catálisis de un amplio abanico de reacciones químicas, proviene de su estructura tridimensional compleja e irregular. La disposición específica de los aminoácidos a nivel de una secuencia proteica especifica una configuración 3D particular. A priori, una larga cadena de aminoácidos tendría que poder adoptar una infinidad de configuraciones 3D diferentes, pero recientemente ha podido demostrarse que las leyes de la naturaleza ejercen restricciones fisicoquímicas que reducen a menos de un millar las configuraciones 3D posibles.[266]

3. El ribosoma o el traductor enigmático

El ribosoma es esa maquinaria increíblemente compleja que es responsable de la síntesis de las proteínas codificadas a partir de los ARN mensajeros, que son copias transitorias de los genes del ADN. Los científicos intentan entender su funcionamiento, pero su origen escapa aún al entendimiento. El ateo George Church, profesor de Genética en Harvard y en el MIT, director del Center for Computational Genetics, expresa su asombro acerca de ese «traductor» compuesto esencialmente de ARN y de proteínas: *«El ribosoma es la estructura más compleja presente en todos los organismos. [...]. Si fuera partidario de la teoría del diseño inteligente, me focalizaría en esta pregunta: ¿cómo pudo*

265. Según la actualización de 2022 del banco de datos acerca de las proteínas (https://www.rcsb.org).

266. M. J. Denton, C. J. Marshall, M. Legge, «The Protein Folds as Platonic Forms: New Support for the Pre-Darwinian Conception of Evolution by Natural Law», *Journal of Theoretical Biology*, vol. 219, n.° 3, 7 de diciembre de 2002, pp. 325-342.

llegar a existir el ribosoma? [...]. Las aproximadamente 53 proteínas y 3 polinucleótidos presentes en el ribosoma ¿no son el mínimo necesario para su constitución? [...] Esto es realmente maravilloso. [...] Nadie logró nunca construir un ribosoma que funcionase correctamente sin utilizar proteínas», [267] ¡proteínas que, a su vez, son sintetizadas gracias a un ribosoma constituido en sus dos tercios por ARN!

4. Las enzimas o los increíbles reductores del tiempo

Las enzimas son proteínas particulares indispensables: sin ellas, las innumerables reacciones químicas que advienen cada segundo en las células tendrían duraciones redhibitorias.

Richard Wolfenden, profesor de Bioquímica en la Universidad de Carolina del Norte, especialista de las enzimas y de las cinéticas bioquímicas, miembro de la Academia de Ciencias de los Estados Unidos, afirma que, sin la enzima adecuada, la *«descarboxilación del monofosfato de orotidina»* que corresponde a una reacción *«absolutamente esencial»* [268] para la síntesis del ADN y del ARN, necesitaría 78 millones de años para que pudiese tratarse solo la mitad del sustrato...

Gracias a las enzimas, el mismo trabajo se efectúa en 18 milisegundos, a saber, ¡una ganancia de rapidez y eficacia del orden de 10^{17}! [269] Ahora bien, como la mayoría de las enzimas, es una proteína, cuya síntesis depende del ADN y del ARN.

Del mismo modo, para que la mitad del sustrato necesario para una reacción vital para la síntesis de la clorofila y de la hemoglobina se modifique, se necesitarían normalmente 2300 millones de años, pero, gracias a sus aptitudes en términos de reconocimiento de forma, las enzimas permiten

---

267. *Life: What a Concept!*, J. Brockman Editor, Edge Found, publ., Nueva York. 2008, pp. 76-78. Disponible en internet: https://www.edge.org/event/life-what-a-concept

268. A. Radzicka y R. Wolfenden, «A Proficient Enzyme», *Science*, n.º 267, 1995, pp. 90-93.

269. «The rate of hydrolysis of phosphomonoester dianions and the exceptional catalytic proficiencies of protein and inositol», PNAS, v 100 (10), 2003, pp. 5607-5610, https://www.pnas.org/doi/10.1073/pnas.0631607100

una reacción en unos milisegundos. ¿Cómo explicar la existencia de las enzimas y su presencia en el lugar adecuado, en el momento adecuado? Por ahora, nadie tiene respuesta a ello.[270]

5. Dos lenguajes y un traductor

Desde el año 2000 se sabe que el ADN, las proteínas y los ribosomas constituyen una codificación única, coordinada y muy elaborada

El Premio Nobel de Química en 2009 fue otorgado a tres investigadores, Venkatraman Ramakrishnan (Cambridge), Thomas A. Steitz (Yale) y Ada E. Yonath (Israel), quienes trabajaron sobre el tema siguiente: *«¿Cómo funciona el traductor entre los dos lenguajes, el del ADN [4 letras] y el de las proteínas [22 letras]?».*[271]

El premio recompensaba investigaciones que el servicio de prensa de la Unesco presentaba como *«estudios de una de las maquinarias esenciales de la vida: la traducción de las informaciones del ADN por el ribosoma en "vida". Los ribosomas producen las proteínas que, a su vez, controlan la química de todos los organismos vivos. Los ribosomas son cruciales para la vida [...] porque la molécula de ADN es pasiva. Si no hubiese nada más, no habría vida».*

Toda vida supone, efectivamente, que estén presentes esos dos lenguajes (ADN y proteínas), cada uno de ellos tiene su propio alfabeto (4 bases para el ADN, 22 aminoácidos para las proteínas), su propio vocabulario y su gramática. Para que puedan comunicar, el sistema de traducción del ribosoma es un intermediario indispensable.[272]

---

270. Notemos que la mayoría de las enzimas son proteínas cuya síntesis depende de las informaciones almacenadas en el ADN. Ahora bien, la síntesis de las proteínas depende también de uno de los ARN ribosómicos, que es realmente responsable de la catálisis de la formación del enlace peptídico, que vincula los aminoácidos entre ellos. ¡Efectivamente, las enzimas proteicas son fabricadas por un ARN del ribosoma!

271. *MLA style: The ribosome translates the DNA code into life*, Nobel Media, AB 2019 (10 de diciembre de 2019) y http://culturesciences.chimie.ens.fr/content/prix-nobel-de-chimie-2009-le-ribosome-traducteur-du-code-de-ladn-927

272. Se basa esencialmente en las moléculas de ARN ribosomal, que están directamente implicadas en la formación de los enlaces peptídicos, pero también en el proceso de decodificación de los ARN

En el caso del ADN, la analogía con el lenguaje va muy lejos. Las 4 bases se reagrupan de a 3 en los codones, con 4x4x4= 64 combinaciones posibles de «palabras», pero se ha verificado que solo 61 se utilizan para dar, a través de los genes, instrucciones que programan nuestro desarrollo. ¿Qué ocurre con los 3 codones inutilizados? Pues ¡sirven simplemente para puntuar (son llamados «codones stop»), de modo que marcan el principio y el fin de las frases! ¡Nuestras normas de ortografía no son ninguna novedad!

Este sistema sumamente complejo de dos lenguajes y de su traductor tuvo que existir en LUCA, el ancestro común de todos los seres vivos, y ha cambiado muy poco desde hace 3 800 millones de años

Jacques Monod, ateo militante, escribía: *«El problema principal es el origen del código genético y del mecanismo de su traducción. En realidad, no habría que hablar de un problema, sino de un verdadero enigma. El código no tiene sentido si no se lo traduce. La máquina de traducir de la célula moderna comporta al menos cincuenta componentes macromoleculares, que a su vez están codificados en el ADN: el código, por lo tanto, solo puede ser traducido por productos provenientes de la traducción. Es la expresión moderna del enigma del huevo y la gallina. ¿Cuándo y cómo ese bucle se cerró sobre sí mismo? Es sumamente difícil imaginarlo».*[273]

Y como lo señala Hubert P. Yockey: *«La información genética representa un sistema fraccionado, lineal y digital. Es sorprendente que la dimensión tecnológica de la teoría de la información y de la teoría de la codificación haya estado presente en el mundo vivo desde hace 3850 millones de años».*[274]

¿Cómo pudo la naturaleza instalar, sola, hace más de 3 850 millones de años, ese sistema ultracomplejo que caracteriza la vida en la Tierra? ¿Cómo ese código, que es la única clave de la vida presente en la Tierra,

---

mensajeros con los ARN adaptadores, ¡llamados «ARN de transferencia»!

273. Jacques Monod, *El azar y la necesidad*, Tusquets, Barcelona, 1971.

274. «Origin of life on earth and Shannon's theory of communication», 2000, p. 105.

ha podido crearse solo, ser inmediatamente operacional, y no haber evolucionado desde entonces? Todas esas preguntas siguen aún pendientes de respuesta.

6. El metabolismo o el torbellino de la vida

En definitiva, lo vivo no puede reducirse a un ensamblaje de componentes sumamente improbables, ya que también es necesario que aparezca el movimiento que constituye ese sistema químico cinético y estable que llamamos «vida».

A todo lo que precede viene a sumarse la necesidad de la instauración del metabolismo, es decir, de esa multitud de movimientos y de operaciones bioquímicas complejas y altamente coordinadas que deben efectuarse en cada instante para que un organismo viva. Porque, si reunimos todos los componentes de la célula en un mismo momento, en un mismo lugar, y en la disposición adecuada, solo obtenemos una célula muerta: el equivalente de una fábrica llena de máquinas que estuvieran todas detenidas. Ahora bien, se trata tanto de componer una estructura viva, o sea, dotada de movimientos autónomos para realizar acciones precisas —asimilar, eliminar y renovar constantemente los elementos materiales que integra— como de efectuar constantemente multitudes de operaciones altamente complejas, adaptarse, regenerarse si hace falta, reproducirse y evolucionar.

El metabolismo implica la puesta en marcha de cantidad de nanomáquinas catalíticas indispensables para la realización de cantidad de interacciones y de procesos químicos coordinados en cada segundo, y esa coordinación indispensable para la vida sigue siendo muy difícil de explicar.

En los últimos cincuenta años, el descubrimiento de la complejidad del mundo vivo superó todo lo que se podía imaginar, y los más grandes científicos actuales dan testimonio de ello con humildad

- Sir Francis Crick, ateo militante y premio Nobel de Química en 1962 por el descubrimiento del ADN, resume la situación de este modo:

«Un hombre honrado armado de todo el saber que está hoy a nuestro alcance debería afirmar que el origen de la vida parece ser una especie de milagro, tantas son las condiciones que hay que reunir para ponerla en marcha».[275]

- Harold Urey, premio Nobel de Química en 1934 y ateo, declara lo siguiente: *«Nosotros que estudiamos el origen de la vida pensamos que cuanto más nos detenemos en la cuestión, más sentimos que es demasiado compleja como para haber surgido, fuera donde fuera. Todos creemos, como se cree en un artículo de fe, que la vida evolucionó en este planeta a partir de la materia inanimada, pero su complejidad es tan grande que nos parece difícil que haya sido así».*[276]

- Franklin Harold, profesor de Microbiología en la Universidad de Washington, termina su libro *The Way of the Cell: Molecules, Organisms and the Order of Life*[277] con estas palabras: *«El origen de la vida me sigue pareciendo incomprensible, un tema digno del asombro más que de la explicación».*

- Lynn Margulis, microbiólogo de la Universidad de Massachusetts, miembro de la Academia de Ciencias de los Estados Unidos y atea convencida, subraya la importancia del salto cualitativo necesario para pasar de lo inerte a lo vivo: *«Pasar de la bacteria a la humanidad es un paso no tan grande como el necesario para pasar de una mixtura de aminoácidos a una bacteria».*[278]

- Michael Denton, antiguo director del Centro de Genética de Sydney, profesor de Bioquímica en la Universidad de Otago y especialista de la evolución, formula esta pregunta: *«¿Acaso es realmente creíble que procesos aleatorios hayan construido una realidad en la que el más pequeño elemento —una proteína funcional o un gen—es de una complejidad que supera nuestras capacidades de creación, una*

---

275. *Life Itself: Its Origin and Nature*, New York, Simon & Schuster, 1981, p. 88.

276. *Christian Science Monitor*, 4 de enero de 1962, p. 4.

277. Oxford University Press, Nueva York, 2001, p. 251.

278. Citado en John Horgan, *The End of Science*, Perseus Books Group, fin del cap. V, NY, 1996.

realidad que es la antítesis misma del azar, que supera absolutamente
todo lo que puede ser producido por la inteligencia del hombre?».[279]

**Para tomar la medida de lo que la naturaleza realizó por sí misma,
se puede calcular la probabilidad de la aparición de una proteína
como fruto del azar.**

Ese cálculo de probabilidad gracias exclusivamente al azar tiene un
sentido, por tres motivos:

• es matemáticamente alcanzable;

• numerosos científicos lo hicieron y los cálculos de probabilidades que
presentamos son los de cada autor;

• las proteínas pertenecen al ámbito de lo inerte y su aparición, por lo
tanto, no tiene que ver con las leyes de la evolución. La consecuencia de ello es que el cálculo de probabilidad de esa aparición no está
afectado por la selección natural.

Las proteínas son cadenas compuestas por 150 a varios miles de aminoácidos. ¿Cuál es la probabilidad mínima de que una cadena compuesta
por 1000 aminoácidos de 22 tipos diferentes esté dispuesta en el buen
orden? Para ese cálculo, no tomaremos en cuenta ni la cuestión de su
ordenación correcta 3D, que es muy improbable, ni la necesidad de
que todos los aminoácidos estén ligados por enlaces peptídicos, lo que
ocurre para cada uno de ellos la mitad de las veces, ni la conformación
isomérica izquierda que los aminoácidos deben tener, toda vez que
una conformación derecha también es posible.[280] En estas condiciones
simplificadas, la probabilidad es matemáticamente de 1 sobre 22^{1000}, o
sea, de 1 sobre 10^{1500} aproximadamente.

---

279. *Evolution: A theory in Crisis*, 1985.

280. Como ya lo hemos visto, la vida en la Tierra se compone exclusivamente de aminoácidos «levógiros»
(interpuestos entre un observador y una fuente de luz polarizada, estos hacen desviar el plano de
polarización hacia la izquierda del observador), mientras que las reacciones químicas que producen
esas moléculas pueden llevarlos a ser también «dextrógiros» (o sea, a desviar la luz polarizada hacia la
derecha). Se habla de «homoquiralidad» de lo vivo: una curiosidad que no se ha logrado explicar aún.

Esa cifra, imposible de comprender, corresponde a un acontecimiento menos probable que el de ganar a la ruleta (o sea, sacar 6 números, en el buen orden, entre el 1 y el 49, es decir, una posibilidad sobre 10 000 millones) todas las semanas durante 150 semanas, o sea, durante más de dos años...[281] Se trata, por lo tanto, de un acontecimiento radicalmente imposible gracias al simple azar. Lo que quiere decir, en la práctica, que se necesitaría mucho más que la duración del Universo para que una única proteína pueda constituirse gracias al azar a partir de aminoácidos que estuvieran disponibles alrededor de ella. Ahora bien, ya que lo vivo más simple comporta al menos 200 proteínas, las improbabilidades a las que se llega son alucinantes, sobre todo teniendo en cuenta que, para que viva una célula, no se necesitan solamente 200 proteínas, sino también, como lo hemos visto, el ADN, los ARN, los genes, las enzimas y muchos otros parámetros más, principalmente el metabolismo.

El profesor Frank Salisbury, que dirige el departamento Ciencias de las plantas de la Universidad de Utah, miembro de la American Association for Advancement of Science (AAAS), estimó la probabilidad de formación de una molécula de ADN como resultado de reacciones químicas naturales en la superficie de 10^{20} planetas *«hospitalarios»* durante un periodo de 4000 millones de años, en 1 sobre 10^{415}, o sea, prácticamente una probabilidad nula. Otros calcularon la posibilidad de reunir gracias al azar las 2000 enzimas útiles para la vida y hablaron de 1 posibilidad sobre $10^{40\,000}$, un número que carece de significado en la realidad.

Evaluando científicamente la posibilidad de que se reúnan, paralelamente, por azar, una centena de proteínas, se llega a la cifra irrisoria de una sobre 10^{2000}.

Finalmente, otros científicos estiman en 1 sobre $10^{340\,000}$ la probabilidad de que nazca por el simple juego del azar la célula viva más simple. Esa cifra es vertiginosa.[282]

---

281. Es en realidad imposible, porque, si gana tres veces consecutivas, la policía le detendrá alegando que hace trampa; si contesta que no, que se trata solamente de suerte, no lo aceptarán y contestarán que necesitan otra explicación.

282. Ver páginas 252-254.

El descubrimiento de esta improbabilidad casi absoluta se traduce en los hechos: ningún gran programa mundial se arriesga a volver a crear las condiciones que llevarían a la emergencia de la vida

Desde los años 1970, los científicos interrumpieron todos los intentos para obtener la aparición de la vida a partir de lo inerte. Esa renuncia resuena como una toma de conciencia: sí, estamos hoy ante un enigma que nos supera.

Cuando se trata de temas importantes, los científicos, ayudados por los Estados, siempre son capaces de levantar montañas de energía —y de dinero— para hacer avanzar la ciencia.

- El programa **Apolo,** iniciado en los años 1960 para conquistar la Luna, movilizó a 400 000 personas durante 10 años, con un presupuesto total de 25 000 millones de dólares (lo que corresponde a 169 000 millones de dólares de hoy). Fue un éxito, como se sabe.
- Para descifrar el **genoma humano,** 25 000 investigadores trabajaron durante 12 años, con un presupuesto total de 3000 millones de euros. Una vez más, fue un éxito.
- Para el programa mundial **Iter,** que tiene como objetivo alcanzar la fusión nuclear y, por lo tanto, una energía ilimitada y gratuita, se ha asignado un presupuesto superior a 10 000 millones de euros. El proyecto avanza.

Sin embargo, no existe ningún gran programa mundial para intentar recrear y experimentar las condiciones que permitirían observar un inicio natural de la vida. ¿Por qué? Sin duda porque nadie tiene el menor proyecto creíble para franquear el abismo que separa lo inerte de lo vivo. Sería, sin embargo, un avance extraordinario para el conocimiento humano... pero, sin un proyecto mínimo, incluso un presupuesto faraónico sería incapaz de obrar un milagro.

Eugene Koonin, que dirige un laboratorio de genómica evolutiva en el National Center for Biotechnology Information estadounidense, señala este estancamiento de la ciencia: *«La investigación es un fracaso. Ni siquiera tenemos un modelo verosímil y coherente, ningún escenario válido, acerca del surgimiento de la vida en la Tierra. Esto se puede atribuir a la extraordinaria dificultad intrínseca y a la complejidad del problema. Una sucesión de etapas sumamente improbables es esencial para el origen de la vida… Es lo que hace que el resultado final aparezca prácticamente como un milagro».* [283]

Sin embargo, algunos programas trabajan de manera activa sobre la «biología de síntesis»

Hay que distinguir, antes que nada, la ciencia en pleno auge, que es la biología de síntesis, de la investigación sobre el surgimiento espontáneo de la vida, de la que hablábamos hasta ahora.

La biología de síntesis es un campo científico próspero que consiste en tratar de volver a crear los diversos elementos necesarios a la vida a partir de elementos inertes. Se trata de copiar la vida existente a partir de elementos químicos presentes en la naturaleza, sabiendo de antemano el resultado que hay que alcanzar, y utilizando toda nuestra inteligencia, todos nuestros conocimientos y los medios extraordinarios de la técnica moderna.

Incluso si no tiene nada que ver con la aparición espontánea de la vida que se creó en la naturaleza, independientemente de los saberes, de las técnicas y de los medios humanos modernos, la biología de síntesis es interesante y progresa rápidamente.

- En septiembre de 2017, investigadores de 17 laboratorios neerlandeses formaron el grupo *Building a Synthetic Cell (BaSyC)*, que está intentando construir, de aquí a diez años, un *«sistema semejante a una célula, que crezca y se divida»*. Este proyecto goza de una subvención neerlandesa de 18 800 millones de euros. [284]

- En septiembre de 2018, la US National Science Foundation (NSF) anunció el lanzamiento de su primer programa sobre las células sintéticas, financiado con 9 millones de euros.

---

283. *The Logic of Chance: The Nature and Origin of Biological Evolution*, FT Press, 2012, p. 391.

284. Ver el sitio que presenta los trabajos del grupo: http://www.basyc.nl/.

- Varios investigadores europeos propusieron, por otro lado, construir una célula sintética, en el marco de uno de los programas faro de la Comisión Europea en materia de tecnologías futuras y emergentes, programa que se beneficia de una financiación de mil millones de euros.

Si bien se puede esperar que un día se consiga sintetizar un organismo vivo, la comprensión de las condiciones en las que la vida pudo aparecer de manera natural es hoy totalmente desconocida.

«Fuera el azar», dicen los más grandes científicos

- **Antony Flew**, uno de los más grandes filósofos del siglo XX, había elegido el ateísmo a los 15 años e hizo de esa posición el combate de casi toda su vida, escribiendo en particular la obra *Teología y falsificación*. Después de 54 años de ateísmo militante, cambia de manera radical a los 81 años. Da esta explicación: *«Estos descubrimientos [ADN y ARN] mostraron una complejidad tan increíble en la disposición para producir al ser humano que, necesariamente, una inteligencia tiene que haber estado implicada para hacer funcionar de manera conjunta todos esos diferentes elementos químicos extraordinarios».*[285]

- **Chandra Wickramasinghe**, profesor de Matemáticas Aplicadas y de Astronomía en la University College de Cardiff, antiguo colaborador de Fred Hoyle, asegura por su parte: *«La probabilidad de que la vida haya podido formarse a partir de materia inanimada corresponde a una cifra con 40 000 ceros antes del 1. Una cifra suficientemente pequeña como para enterrar a Darwin y a la totalidad de la teoría de la evolución. Nunca hubo una sopa primitiva, ni en este planeta, ni en ningún otro. Y si los inicios de la vida no se deben al azar, son muy probablemente el resultado voluntario de una inteligencia».*[286]

---

285. *There Is a God*, Antony Flew y Roy Abraham Varghese, Part II, cap. VII: «How Did Life Go Live?», HaperCollins, 2007, 256c.

286. F. Hoyle y C. Wickramasinghe (1999) en The Biochemist, 21 (6), pp. 11-18. Y F. Hoyle y C. Wickramasinghe, *Evolution from Space*, Nueva York, Simon & Schuster, 1984, p. 14.

- **Christian de Duve** considera que es necesario excluir el azar: *«Opté a favor de un Universo significante y no desprovisto de sentido. No porque desee que tal sea el caso, sino porque es así como interpreto los datos científicos de los que disponemos».*[287]

- **Hubert P. Yockey** también se asombra del carácter improbable de la génesis del código ADN: *«La selección natural tendría que haber explorado $1,4 \times 10^{70}$ códigos genéticos diferentes para descubrir el código genético universal que existe en la naturaleza».*[288]

- **Ciertos biólogos** tuvieron ocasión de calcular que la probabilidad para que un millar de enzimas absolutamente esenciales a la vida se acercasen entre sí de manera ordenada para formar una célula viva a lo largo de una evolución de varios miles de millones de años es menor a 1 sobre 10^{1000}. El célebre Fred Hoyle (MIT) iba incluso mucho más lejos al afirmar: *«La vida no puede haber tenido un comienzo aleatorio... El problema es que hay aproximadamente 2000 enzimas, y la posibilidad de obtenerlas como consecuencia del azar es solo de 1 sobre $10^{40\,000}$, una probabilidad increíblemente pequeña, que no podemos ni siquiera contemplar, incluso si el Universo entero estuviese constituido de sopa orgánica».*[289]

- **El bioquímico Michael Denton** también realizó cálculos de probabilidades: *«Para que una célula se forme por el solo efecto del azar [considerando solamente las necesidades asociadas a sus estructuras proteicas], al menos un centenar de proteínas funcionales tendrían que aparecer simultáneamente en el mismo lugar. Cada uno de estos acontecimientos independientes tiene una probabilidad que no puede superar la de 1 sobre 10^{20}, la probabilidad máxima, por lo tanto, es de 1 sobre 10^{2000}».*[290]

---

287. *Life Evolving: Molecules, Mind and Meaning*, Oxford University Press, 2002 y *Poussière de vie, une histoire du vivant*, Fayard, París, 1996.

288. *Information Theory and molecular biology*, Hubert P. Yockey, Cambridge University Press, 1922.

289. *Evolution from Space*, con Chandra Wickramasinghe, 1984.

290. *Evolution: A Theory in Crisis*, 1985, p. 323 y *Nature's Destiny*, The Free Press, Nueva York, 1998, p. 9.

- La molécula de citocromo c, presente en casi todo el reino vivo y esencial para la respiración celular, está compuesta de un centenar de aminoácidos. **Hubert P. Yockey** calculó que su probabilidad de aparición aleatoria es de 1 sobre 10^{65}. Incluso llenando la totalidad de los océanos de aminoácidos (o sea, del orden de 10^{42} moléculas), pero teniendo en cuenta las necesidades debidas a la quiralidad (exclusión de los aminoácidos dextrógiros), dicha probabilidad cae a 1 sobre 10^{94}, tal como lo explicó[291] en la Tacoma Conference (Nueva York, junio de 1988).

- **Robert Shapiro**, profesor de Bioquímica en la Universidad de Nueva York, centra sus investigaciones sobre las bacterias. Estimó en 1 sobre $10^{40\,000}$ la probabilidad de formación, por azar, de las 2000 especies de proteínas presentes en una simple bacteria.[292]

- Por fin, el biofísico **Harold Morowitz**,[293] de la Universidad de Yale —especialista de la aplicación de la informática y de la termodinámica a la biología— calculó que la probabilidad de que la célula viva más simple pudiera nacer por casualidad es de 1 sobre $10^{340\,000}$, lo que es evidentemente equivalente a cero.

Las cifras son implacables, y todos los datos que hemos citado son elocuentes: el azar puro ya no puede ser considerado como una explicación del paso de lo inerte a lo vivo

Por consiguiente, las diferentes leyes y necesidades fisicoquímicas que rigen la aparición de la vida (que hubiesen podido tener otros valores) remiten necesariamente a la existencia de un diseñador inteligente.

---

291. Ver «Information Theory, Evolution, and the Origin of Life», Hubert P. Yockey, artículo publicado en *Information Sciences*, vol. CXLI (3-4), abril de 2002, pp. 219-225.

292. *Origins: A Skeptic's Guide to the Creation of Life on Earth*, R. Shapiro, Summit Books, 1986, p. 127, y «Les premies pas de la vie», R. Shapiro, revista *Pour la science*, n.º 359, septiembre de 2007. Ver el artículo en línea: https://ia801205.us.archive.org/28/items/ShapiroPLS2007/Shapiro_PLS2007.pdf

293. Citado por Mark Eastman, Chuck Missler, *The Creator Beyond Time and Space*, Costa Mesa, CA:TWFT, 1996, p. 61. Ver el artículo en línea: https://www.jashow.org/articles/the-evolution-of-life-probability-considerations-and-common-sense-part-3/#cite_ref-12

Los capítulos anteriores, dedicados a la cosmología, concluían que los ajustes finos del Universo tenían 1 posibilidad sobre 10^{120} de ser lo que son. ¡Ese número ha sido considerado una auténtica locura!

Pero la biología ha rebasado nuestro entendimiento al llegar a probabilidades del orden de $10^{340\,000}$, considerando que ¡nada puede superar 10^{120} en el Universo observable!

El ajuste fino de las leyes del Universo constituye, por lo tanto, una auténtica prueba de la existencia de un diseñador, en el sentido de que se trata de un elemento absolutamente convincente para acreditar una tesis, *«más allá de toda duda razonable»*.

Fred Hoyle, que pasó del ateísmo al deísmo, considera que el rechazo de una inteligencia creadora solo se explica como el resultado de un bloqueo psicológico o ideológico: *«La teoría según la cual la vida fue creada por una inteligencia es tan evidente que uno se pregunta por qué no es comúnmente aceptada. Las razones son psicológicas más que científicas»*.[294]

Así pues, el hecho de que se pueda cuantificar la amplitud increíble del salto que el ajuste de las leyes de la biología pudo permitir para pasar de lo inerte a lo vivo constituye una sólida prueba de la existencia de un Dios creador

Por lo tanto, quien opte por la hipótesis materialista solo tendrá a su disposición dos posibilidades para explicar la aparición de la vida:

- O bien aceptará que, a pesar de todo, ese paso es el resultado del azar y no del ajuste fino de las leyes del Universo, lo que significa que prefiere creer en una historia cuya probabilidad es tan infinitesimal que resulta ser perfectamente inverosímil, y no en la existencia de un Dios creador acerca del cual todo muestra que la probabilidad es infinitamente superior.

---

294. *Evolution from Space*, Chandra Wickramasinghe, New York, Simon & Schuster, 1984, p. 14.

En ese caso, se puede decir que su elección es del todo irracional y es más bien la consecuencia de un rechazo por principio de la existencia de un Dios creador que de un pensamiento sensato.

- O bien preferirá pensar que dicho paso resulta de las leyes del Universo, leyes en efecto extraordinariamente favorables, y que solo pueden derivar de la existencia de una infinidad de multiversos; acude entonces a ese comodín que hemos visto anteriormente, lo cual es otra manera de rechazar los hechos de la ciencia y de optar por lo que hoy puede asemejarse a la ciencia ficción.

Quien acepte la hipótesis de un Dios creador dispondrá también de dos posibilidades explicativas: [295]

- O bien admitirá que existen efectivamente leyes que determinaron de manera natural el salto de lo inerte a lo vivo, lo que significa que ese Dios creador dotó, desde el inicio, a su Universo de una programación muy precisa capaz de alcanzar el desarrollo cosmológico y el desarrollo de la vida que en él conocemos.

- O bien considerará que ningún conjunto de leyes es capaz de provocar un salto tan grande; tendrá entonces que aceptar que esa etapa se produjo gracias a la acción concreta de ese Dios creador.

Lo que asombró a un número bastante importante de científicos es que el paso de lo inerte a lo vivo se produjo a priori una sola vez en la historia de nuestro Universo, ya que existe un solo ancestro común a todos los seres vivos, el famoso organismo unicelular bautizado LUCA. [296]

---

295. De manera analógica, se puede componer una música siendo directamente autor de la partitura, o estableciendo un programa que va a elaborar a su vez creaciones, como lo hace David Cope con su programa EMI (Experiments in Musical Intelligence): https://youtu.be/2kuY3BrmTfQ.

296. Actualmente, el conjunto de la comunidad científica está de acuerdo en decir que LUCA era un sistema celular sumamente complejo, cuyo código genético era casi idéntico al nuestro. Sin embargo, es probable que no fuese el primer organismo vivo sobre la Tierra: LUCA apareció probablemente después de la emergencia de las primeras células vivas, a través de un proceso evolutivo que se desarrolló a lo largo de unos cien millones de años. No obstante, el origen de la vida y la manera en que la vida se desarrolló antes de la aparición de LUCA aparecen envueltos en un halo de misterio, un misterio que probablemente tiene mucha vida por delante.

El premio Nobel Pierre-Gilles de Gennes expresó, de hecho, su sorpresa al respecto: *«Lo que me intriga es el hecho de que el código genético sea siempre el mismo, toda vez que la vida inventó tan diversas soluciones. Me cuesta creer que un solo tipo de código pueda imponerse por selección darwiniana».*[297]

―――

La conclusión de la biología coincide, por lo tanto, con la de la cosmología y aporta una prueba suplementaria a la necesaria existencia de un Dios creador.

A estas alturas, el lector podría preguntarse qué es lo que los propios científicos piensan de todos estos avances. El objeto del capítulo siguiente es precisamente responder a esta pregunta. Las citas de los grandes científicos que en él presentaremos revelan el desasosiego y los interrogantes que los nuevos conocimientos han suscitado en ellos. La compilación de esas citas, siempre acompañadas de referencias precisas, constituye un trabajo, que sepamos, inédito.

―――

297. Entrevista concedida al periódico *Le Soir*, «Un Nobel décoiffant», octubre 1996: https://www.lesoir.be/art/les-grands-temoins-un-nobel-decoiffant-pierre-gilles-de_t-19961017-Z0CRND.html. Ver también https://www.nobelprize.org/prizes/physics/1991/gennes/lecture/

13.

Lo que dicen los propios grandes científicos: 100 citas esenciales

Las citas de los grandes científicos contemporáneos que les proponemos a continuación son capitales. No solo prueban la intensidad de la interrogación metafísica suscitada en ellos por los descubrimientos más recientes, sino que muestran hasta qué punto los antiguos esquemas mentales del pensamiento materialista se encuentran hoy debilitados.

La idea de Nietzsche y de los cientificistas de los siglos XIX y XX, que anunciaban la muerte de Dios a manos de la ciencia, se ve hoy mortalmente cuestionada. En la ciencia del siglo XX, Dios es más evocador que nunca.[298]

I. Cosmología – Física – Química

1. *Alexander Vilenkin (nacido en 1949), profesor de Física Teórica en la Universidad Tufts, director del Instituto de Cosmología, con respecto a su teorema que demuestra la necesidad de un comienzo absoluto del Universo: «*Se dice que un argumento es lo que convence a los hombres razonables, y que una prueba es lo que hay que desarrollar, como esfuerzo, para convencer incluso a un hombre irrazonable. Con la prueba ahora establecida, los cosmólogos no pueden seguir escondiéndose detrás de la posibilidad de un Universo con un pasado eterno. No hay más escapatoria, tienen que enfrentar los problemas de un comienzo cósmico*».[299]

---

298. Las citas presentadas a continuación están clasificadas por disciplinas y, si ya figuran en este libro, la cita va precedida por un asterisco.

299. Alexander Vilenkin, *Many Worlds in One*. Nueva York, Hill and Wang, 2006, p. 176.

2. ***Roger Penrose** (nacido en 1931), profesor de Matemáticas en Oxford, premio Nobel de Física en 2020: *«Si el creador tiene la intención de producir un Universo con baja entropía inicial, condición necesaria para que haya un segundo principio [de la termodinámica], tiene que apuntar con mucha precisión.* [Siguen tres páginas y media de cálculos argumentados] ... *Sabemos, pues, con qué precisión el creador tuvo que apuntar: 10^{123}. Esta cifra es evidentemente impresionante. [...] Aun escribiendo un cero en cada partícula del Universo, no se llegaría al final».*[300]

3. ***Richard Feynman** (1918-1988), físico, pionero de la mecánica cuántica, premio Nobel de Física en 1965: *«El valor experimental de la constante "e" de acoplamiento electrón/fotón oscila alrededor de -0,0854245... Desde su descubrimiento hace cincuenta años este número constituye un enigma y obsesiona a todo buen físico teórico. [...] Es uno de los mayores misterios de la física: un número mágico dado al hombre, que no comprende nada de él. Se podría decir que "la mano de Dios" trazó ese número, y que se ignora qué hizo que su pluma escribiera».*[301]

4. **Christian Anfinsen** (1916-1995), profesor de Química en Harvard, premio Nobel de Química en 1972: *«Pienso que solo un idiota puede ser ateo. Debemos admitir que existe una potencia o una fuerza incomprensible, dotada de una clarividencia y de un saber ilimitados, que hizo nacer el Universo en el origen».*[302]

5. **Alfred Kastler** (1902-1984), premio Nobel de Física 1966, inventor del láser: *«La idea de que el mundo, el Universo material, se creó solo me parece absurda; no concibo el mundo sin un creador, es decir, un Dios. Para un físico, un solo átomo es tan complicado, tan rebosante de inteligencia que el Universo materialista carece*

---

300. Sir Roger Penrose, *La nueva mente del emperador: En torno a la cibernética, la mente y las leyes de la física*, Debolsillo, 2006.

301. Richard Feynman, *Electrodinámica cuántica: La extraña teoría de la luz y la materia*, Alianza, 2020.

302. Anfinsen, citado en Margenau and Varghese, *Cosmos, Bios, Theos*, 1977, p. 139.

de sentido».[303] – *«No hay ninguna esperanza de poder explicar la aparición de la vida y su evolución por la única acción de las fuerzas del azar. Otras fuerzas están actuando».*[304]

6. **Werner Heisenberg** (1901-1976), que descubrió la mecánica cuántica, premio Nobel de Física en 1932: *«La física atómica moderna ha empujado las ciencias naturales fuera del sendero materialista por el que transitaban en el siglo XIX».*[305]

7. ***Robert Laughlin** (nacido en 1950), profesor de Física en Stanford, premio Nobel en 1998: *«Las teorías del "Todo", en general, y la teoría de cuerdas, en particular, me dejaban cada vez más perplejo, porque no son "refutables": ninguna experiencia puede probar que son falsas. Me di cuenta de que la gente aceptaba la teoría de las cuerdas por razones ideológicas. Fue para mí un terrible golpe, porque yo creía que los científicos rechazaban toda forma de ideología. Lo que no es el caso, en absoluto».*[306]

8. ***Robert W. Wilson** (nacido en 1936), radioastrónomo que descubrió la radiación cosmológica, premio Nobel en 1978: *«Ciertamente, hubo algo que programó todo eso. A mi entender, para un religioso, según la tradición judeocristiana, no existe teoría del origen del Universo mejor que pueda corresponderse hasta tal punto con el Génesis».*[307]

9. **William D. Phillips** (nacido en 1948), especialista del enfriamiento de los átomos por láser, premio Nobel de Física en 1997: *«¿Por qué el Universo está tan increíblemente adaptado al surgimiento de la vida? Más aun, ¿por qué está tan minuciosamente adapta-*

303. Entrevista a Alfred Kastler en un número especial del semanario *L'Express*: «Dieu et les Français», revista de prensa de J. Duquesne, 12 de agosto de 1968.

304. Alfred Kastler, *Cette étrange matière*, Stock, París, 1976.

305. W. Heisenberg, *Physique et philosophie: la science moderne en révolution*, Albin Michel, 1971; Gifford Lectures, conferencias pronunciadas en la Universidad St. Andrews (1955-1956).

306. Robert Laughlin, La Recherche II, 2007; véase Robert Laughlin. *A Different Universe: Reinventing Physics from the Bottom Down*, Basic Books, 2005.

307. Citado en F. Heeren, *Show Me God (What the Message from Space Is Telling Us About God)*, Searchlight Publications, 1995.

do a nuestra propia existencia? […] ¿Constituye esto una prueba científicamente legítima para probar la existencia de un creador inteligente? Podría ser. Sin embargo, esta prueba no es compartida universalmente».[308]

10. ***Robert Millikan** (1868-1953), físico que calculó la carga del electrón y la constante de Planck, premio Nobel de Física en 1923: *«Tras haber dedicado toda mi vida a la investigación científica, estoy convencido de la existencia de una divinidad que preside el destino de la humanidad».*[309]

11. ***George Thomson** (1892-1975), físico británico, quien compartió el Premio Nobel en 1937: *«Es probable que todos los físicos creerían en una creación si la Biblia no hubiese, lamentablemente, hablado del tema hace muchísimo tiempo, dándole a la idea un toque anticuado».*[310]

12. **Arthur Schawlow** (1921-1999), profesor en Stanford, coinventor del láser, premio Nobel de Física en 1981: *«El mundo es tan maravilloso que no puedo imaginar que haya llegado por puro azar».*[311]

13. **Robert Jastrow** (1925-2008), astrofísico, profesor en la Universidad de Columbia, director en la NASA: *«Para el científico que vivió basando su fe en el poder de la razón, la historia se termina como una pesadilla. Escaló las montañas de la ignorancia; está a punto de conquistar la cima más alta; y, cuando se alza sobre el peñasco final, lo recibe un puñado de teólogos que estaban sentados allí mismo desde hace siglos».*[312]

---

308. Citado en el libro colectivo *Science et quête de sens - Les plus grands scientifiques témoignent: l'Univers et la vie ne sont pas le fruit du hasard*, 2019, Essai, Poche.

309. *The Autobiography of Robert A. Millikan*, Nueva York, Arno Press, 1980.

310. Sir George Paget Thomson. «Continuous Creation and the Edge of Espace», *New Republic*, 1951, 124, 21-2.

311. Arthur Schawlow, *Optics and Laser Spectroscopy, Bell Telephone Laboratories, 1951-1961, and Stanford University Since 1961*, Regional Oral History Ofice, The Bancroft Library, University of California, 1998, capítulo 1, p. 19.

312. *God and the Astronomers*, 1992, p.106.

14. **Paul Davies** (nacido en 1946), cosmólogo y exobiólogo, profesor de Física Teórica en la Universidad de Adelaida, posteriormente en Cambridge: *«La teoría de los multiversos parece haberse transformado en la explicación clave de los científicos para justificar la notable capacidad de nuestro Universo de acoger la vida. Pero esta teoría me resulta problemática».* – *«La muerte del cientificismo, de su determinismo, de su sueño de una ciencia transparente capaz de acceder al secreto del Universo, fue para los premios Nobel que vivieron la aventura cuántica una especie de agonía».*[313]

15. **Antony Hewish** (1924-2021), astrónomo, profesor en Cambridge, premio Nobel en 1974 por su descubrimiento de los pulsares: *«Creo en Dios. Carece de sentido para mí suponer que el Universo y nuestra existencia solo son un accidente cósmico, que la vida surgió a causa de procesos físicos aleatorios en un medio que resultó tener las propiedades adecuadas. [...] Dios parece, ciertamente, ser un creador racional. El hecho de que el conjunto del mundo terrestre esté constituido por electrones, protones y neutrones, y que el vacío esté lleno de partículas virtuales exige una racionalidad increíble».*[314]

16. ***Arno A. Penzias** (nacido en 1933), premio Nobel de Física 1978: *«Para ser coherentes con nuestras observaciones, debemos comprender que no solamente hay creación de la materia, sino también creación del espacio y del tiempo. Los mejores datos de los que disponemos, pero dicho estudio fue criticado, son exactamente aquellos que habría predicho si solo hubiera tenido a disposición los cinco libros de Moisés, los Salmos y la Biblia en su conjunto. El Big Bang fue un instante de brusca creación a partir de nada».*[315]

17. **Richard Smalley** (1943-2005) profesor de Química en Houston (Texas), premio Nobel de Química en 1996: *«Aunque creo que nunca terminaré de entenderlo del todo, ahora pienso que la respuesta es*

313. Paul Davies. *Superforce: The Search for a Grand Unified Theory of Nature*, Simon & Schuster, 1985

314. Antony Hewish, cartas a T. Dimitrov fechadas el 27 de mayo y el 14 de junio de 2002.

315. Conferencia en la Universidad de Illinois. Citado por Chuck Colson en *Break Point*: «Big Bang versus Atheists», 28 de septiembre de 2006.

muy simple: es cierto. Dios creó el Universo hace aproximadamente 13,7 miles de millones de años y, necesariamente, está implicado en su creación desde entonces. El objetivo de este Universo es algo que solo Dios conoce con certeza, pero resulta cada vez más claro para la ciencia moderna que el Universo fue ajustado de una manera muy precisa para permitir la vida humana».[316]

18. **Charles Townes** (1915-2015), físico, profesor en Berkeley, premio Nobel de Física en 1964, antiguo director de la NASA: *«Creo firmemente en la existencia de Dios, basándome en la intuición, en las observaciones, en la lógica y también en los conocimientos científicos».*[317] – *«Muchos [cosmólogos] tienen la sensación de que la inteligencia estuvo implicada, de una u otra manera, en las leyes del Universo».*[318] – *«El determinismo ya no sostiene en pie [...]. Los biólogos todavía no se han dado cuenta de los límites de su saber, pero les falta poco».*[319]

19. **Marc Halévy** (nacido en 1953), físico, discípulo de Prigogine: *«Admitamos, con Stephen Hawking o Steven Weinberg, que el puro azar esté en el origen del desarrollo de nuestro Universo a partir del Big Bang. Este Universo, totalmente movido por el azar, logró proezas tales como la síntesis de una molécula de ARN autoduplicable. Es posible calcular la probabilidad de dicha síntesis bajo la única presión del azar. Por consiguiente, también es posible calcular el tiempo necesario para un universo aleatorio en lograrlo. Dicho tiempo es de varios millones de millones de veces la edad de nuestro Universo actual. [...] La hipótesis del puro azar se ve refutada por su propio lenguaje: el del cálculo de probabilidades».*[320]

---

316. Carta de Richard Smalley leída en mayo del 2005 durante el banquete de antiguos alumnos del Hope College, Holland, Michigan. Enfermo, no había podido asistir personalmente.

317. Charles Townes, carta a T. Dimitrov, fechada el 24 de mayo de 2002.

318. Citado en el artículo «Science finds God», *Newsweek*, 20 de julio de 1998.

319. Citado por J.-M. Olivereau durante el 5.º Coloquio de la «Association des Scientifiques Chrétiens», titulado «Sommes-nous les enfants du hasard?», 2003.

320. Citado en *Implications philosophiques et spirituelles des sciences de la complexité*, conferencia en la Universidad Interdisciplinaria de París (UIP), marzo de 2009.

20. **George Smoot** (nacido en 1945), astrofísico y cosmólogo, profesor en Berkeley, premio Nobel en 2006: *«El acontecimiento más cataclísmico que podamos imaginar, el Big Bang, aparece, si se mira de cerca, como orquestado con sumo cuidado».*[321] A la vista de las imágenes aún más detalladas, dadas por el satélite WMAP, dirá: *«Para los espíritus religiosos es como ver la marca del creador. El orden es tan bello y la simetría es tan hermosa que uno piensa que, detrás, hay un propósito».*[322] Más tarde, en 2006, al recibir el Premio Nobel por sus impactantes imágenes de la primera luz del Universo: *«Es como ver el rostro de Dios. [...] He visto el Universo en su inicio, he visto esta anisotropía que permitió al Universo existir».*

21. **Donald Page** (nacido en 1948), profesor de Física y de Cosmología en la Universidad de Alberta: *«Para mí, la elegante belleza y el orden del Universo señalan a un creador inteligente. Parece más simple pensar que este orden presente en el Universo fue la obra de un ser inteligente que creer que existe simplemente por sí mismo».*[323]

22. **Trinh Xuan Thuan** (nacido en 1948), astrónomo budista, profesor de Astrofísica en la Universidad de Virginia y en París: *«Una de las constataciones más sorprendentes de la cosmología moderna es el ajuste sumamente preciso de sus condiciones iniciales y de sus constantes físicas, que conducen a que un observador [el hombre] aparezca en nuestro Universo. Esta constatación es llamada "principio antrópico". Si se cambiaran mínimamente las condiciones iniciales y las constantes físicas, el Universo estaría vacío y sería estéril; no estaríamos aquí para hablar de ello. Tal precisión de ajuste resulta asombrosa. Para darles una imagen, la precisión del índice de expansión inicial del Universo es comparable a la precisión que necesita un arquero para clavar una flecha en un blanco cuadrado de un centímetro de lado, colocado al otro lado del Universo, a 15 000 millones de años luz».* – *«Personalmente, pienso que hay*

321. George Smoot y Keay Davidson, *Arrugas en el tiempo*, Plaza y Janés, 1994.

322. El 23 de abril de 1992, citado en «Show me God», Daystar Publication, 1997.

323. Véase el blog de Sean Carroll, *Guest Post: Don Page on God and Cosmology*, 20 de marzo de 2015.

un principio creador que ajustó eso desde el principio y pienso que hay un único Universo; es mi intuición. Cuando, por ejemplo, veo en el telescopio toda esa armonía, esa belleza, esa organización, es difícil creer que todo es azar, que nada tiene sentido, que estamos aquí por azar y que toda esta arquitectura cósmica está hecha por azar». – «Por mi parte, estoy dispuesto a apostar por la existencia de un ser supremo».[324]

23. ***Edward Harrison** (1919-2007), profesor de Astrofísica en la Universidad de Massachusetts en Amherst: *«[El principio antrópico], he aquí la prueba cosmológica de la existencia de Dios –el argumento del "design" de Paley– actualizada y renovada. El ajuste preciso del Universo proporciona, a primera vista, una prueba de una intención deísta. Cabe elegir: un ciego azar que requiere de una multitud de universos o una intención que requiere uno solo. [...] Muchos científicos, cuando admiten tales consideraciones, se inclinan por el argumento teleológico o el de la intención».*[325]

24. **Robert Dicke** (1916-1997), profesor de Física en Princeton, descubridor del ajuste fino del Universo: *«El misterio es el siguiente: ¿cómo pudo la explosión inicial arrancar con semejante precisión, el movimiento radial de expansión volverse tan precisamente ajustado como para permitir a las diferentes partes del Universo alejarse unas de otras, al tiempo que iba disminuyendo el índice de expansión? No parece haber ninguna razón teórica fundamental para un equilibrio tan sutil. Si la "bola de fuego" [del Universo primordial] hubiese tenido una velocidad de expansión más rápida de un 0,1 %, la velocidad actual de expansión del Universo habría sido 3000 veces mayor [impidiendo la formación de las galaxias]. Si la velocidad de expansión inicial del Universo hubiese sido un 0,1 % más débil, el Universo no se habría extendido más allá de*

---

324. *Le chaos et l'harmonie*, Fayard, 1998, p. 317.

325. *Masks of the Universe. Changing Ideas on the Nature of the Cosmos*, Cambridge University Press, 2003, p.286.

los 3 millonésimos de su radio actual, antes de desmoronarse. [...] Ninguna estrella se habría formado en semejante Universo, porque no habría existido lo suficiente como para permitir su génesis».[326]

25. ***Lee Smolin** (nacido en 1955), físico materialista, se asombra de ello: *«Debemos comprender cómo es posible que los parámetros que rigen las partículas elementales y sus interacciones estén ajustados y equilibrados de manera tal que surja un Universo de semejante variedad y complejidad. Si el Universo es creado por una elección aleatoria de parámetros, la probabilidad de que contenga estrellas es de una por 10^{229}».*[327] *«El Universo es improbable, y lo es en un sentido preciso: su estructura es mucho más compleja de lo que sería si sus leyes y sus condiciones iniciales hubieran sido elegidas al azar».*[328]

26. ***Gregory Benford** (nacido en 1941), profesor de Física y de Astronomía en la Universidad de Irvine en California: *«La hipótesis de los universos múltiples representa evidentemente el fracaso del "orden del día" de la cosmología fundamental, y me parece contraria a la simplicidad impuesta por la navaja de Ockham, ya que resolvemos nuestra falta de comprensión multiplicando entidades invisibles hasta el infinito».*[329]

27. **Brian Greene** (nacido en 1963), profesor de Física y de Matemáticas en la Universidad de Columbia, especialista de la teoría de cuerdas: *«Hay números que caracterizan la masa, el peso del electrón, el peso del quark, la fuerza de gravitación [...], la fuerza del campo electromagnético [etc.], unos veinte números caracterizan esos parámetros y otros rasgos de nuestro mundo; pero nadie*

326. *Gravitation and the Universe*, Jayne Lectures for 1969, volumen 78, *American Philosophical Society*, Independence Square, Philadelphia, 1970, p.62.

327. *The Life of the Cosmos*, Oxford University Press, 1997.

328. *Le Courrier de l'Unesco*, mayo de 2005.

329. Gregory Benford. *What We Believe But Cannot Prove, ed. John Brockman*, Harper Perennial, Nueva York, 2006, p.226.

*sabe por qué esos números tienen los valores concretos que tienen.
Ahora bien, [...] incluso un mínimo cambio de esos valores conocidos
causaría la desaparición del mundo que conocemos. [...] Algunos
dirán, quizás, que en ello se encuentra la prueba de un creador.
Quizás haya un ser divino, un Dios. Un Dios exterior [al universo]
que ajustó esos números exactamente al valor adecuado, para que
pudiésemos existir. No sabemos si es la respuesta correcta. Y no
estamos aún preparados para aceptarla».*[330]

28. **Henry F. Schaefer** (nacido en 1944), profesor de Química en la Universidad de Georgia, director del Centro de Química Informática, uno
de los químicos más citados en el mundo: *«A pesar de una lógica
evidente, ciertos ateos siguen afirmando, independientemente de
las coerciones antrópicas, que el Universo y la vida humana se
formaron por azar».*[331]

29. **Werner Gitt** (nacido en 1937), catedrático, director del Instituto
Federal de Física y de Tecnología de Brunswick: *«Todas las experiencias indican que un ser pensante, que despliega voluntariamente
su propia voluntad, su capacidad cognitiva y su creatividad es
[ontológicamente] necesario. No se conocen leyes de la naturaleza,
ni procesos, ni secuencias de eventos capaces de permitir que la
información aparezca por sí misma en la materia».*[332]

30. *****Carlo Rubbia** (nacido en 1934), profesor de Física en Harvard,
director del CERN, especialista en física de las partículas, premio
Nobel en 1984: *«Hablar del origen del mundo nos conduce inevitablemente a pensar en la creación y, mirando la naturaleza, descubrimos que hay un orden sumamente preciso que no puede ser el
resultado de un "azar", de una confrontación entre "fuerzas", como
seguimos sosteniendo nosotros, los físicos. No obstante, creo que la
existencia de un orden preestablecido en las cosas es más evidente*

---

330. Ver el artículo en línea «Le principe anthropique et le débat entre science et foi», J. Polkinghorne, https://scienceetfoi.com/creation-multivers-origine-univers/

331. Durante una conferencia titulada *Scientists and Their Gods*, 2001.

332. *In the Beginning Was Information*, p. 65 (ed. inglesa 1997), Christliche Literatur-Verbreitung.

para nosotros que para los demás. Llegamos a Dios por el camino de la razón, otros siguen el camino de lo irracional».[333]

31. **Derek Barton** (1918-1998), profesor de Química en el Imperial College y en Harvard, premio Nobel de Química en 1969: *«Las observaciones y las experiencias de la ciencia son tan maravillosas que la verdad que establecen puede seguramente ser aceptada como otra manifestación de Dios. Dios se manifiesta permitiendo al hombre establecerla verdad».*[334]

32. **Jacques Demaret** (1943-1999), cosmólogo especialista del principio antrópico, profesor en la Universidad de Lieja, Bélgica: *«El solo hecho de que estemos presentes en el cosmos es portador de informaciones sobre el valor de las constantes fundamentales [constantes de física, por ejemplo, como la constante de Planck o de estructura fina, etc.]. Sin duda, los científicos no saben por qué esas constantes adoptaron tal o tal valor. En cambio, están seguros de que, de ser ligeramente diferentes, las constantes no habrían permitido el surgimiento de la vida».*[335]

33. **John Polkinghorne** (1930-2021), profesor de Matemáticas y de Física en la Universidad de Cambridge: *«El ajuste fino de las condiciones iniciales del Universo es un elemento indispensable de la existencia del mundo. [...] A través de sus descubrimientos, los científicos se encuentran con el Logos divino».*[336]

34. **Isidor Isaac Rabi** (1898-1988), premio Nobel de Física en 1944: *«La física me colmó de admiración, me puso en contacto con el sentido de las causas iniciales. La física me acercó a Dios. Ese sentimiento me acompañó a lo largo de mis años de ciencia».*[337]

---

333. Artículo «L'ADN le prouve: la vie sur Terre n'a qu'un père», revista *Libéral*, 23 de diciembre de 2011. https://www.uccronline.it/wp-content/uploads/2012/08/20111223rubbia.pdf

334. Citado en *Cosmos, Bios, Theos*, 1992, de Margenau y Varghese, p. 145.

335. Entrevista de 1995 en *Libération*: http://www.liberation.fr/sciences/1995/02/15/question-a-jacques-demaret-l-homme-etait-il-obligatoire_123180

336. «The Universe and Everything», disponible en la página «The Evidence» de la revista *Science*, 2002.

337. 33. Gerald Holton «I.I. Rabi As Educator and Science Warrior», Physics Today, n.° 52, septiembre 1999, p. 37. Citado también en John S. Rigden, *Rabi, Scientist and Citizen*, Harvard University

35. **Herbert Uhlig** (1907-1993), profesor de Química-Física y de Ingeniería en el MIT: *«El origen del Universo puede ser descrito científicamente como un milagro».*[338]

36. **Soichi Yoshikawa** (1935-2010), profesor de Astrofísica en la Universidad de Princeton: *«Pienso que Dios está en el origen del Universo y de la vida. El* Homo sapiens *fue creado por Dios utilizando un proceso que no viola ninguna de las leyes físicas del Universo de manera significativa».*[339]

37. **Antonino Zichichi** (nacido en 1929), físico en el CERN, presidente de la Sociedad Europea de Física y de la Federación Mundial de Científicos: *«Sin la ciencia, no tendríamos ninguna respuesta ante la cultura atea que querría que solo fuéramos los hijos del azar».*[340]

38. ***Freeman Dyson** (1923-2020), físico, astrofísico, futurólogo, profesor en Princeton: *«Cuando miramos el Universo e identificamos los múltiples accidentes de la física y de la astronomía que trabajaron conjuntamente para nuestro beneficio, todo parece haber sucedido como si el Universo hubiera sabido, en cierto modo, que íbamos a aparecer».*[341]

39. ***Max Born** (1882-1970), físico, profesor de Física Teórica en Gotinga, premio Nobel de Física en 1954: *«Si la constante de estructura fina tuviera un valor apenas superior al que tiene, no podríamos distinguir la materia de la nada, y nuestra tarea de desentrañar las leyes de la naturaleza resultaría desesperadamente compli-*

Press, 1987, cap. 5 «Nearer to God».

338. En el capítulo escrito por Herbert Uhlig en el libro colectivo *Cosmos, Bios, Theos-Scientists Reflect on Science, God and the Origins of the Universe, Life and Homo sapiens*, Henry Margenau y Roy Abraham Varghese, ed. Open Court, 1992, p.125.

339. En el capítulo escrito por Yoshikawa, «The Hidden Variables of Quantum Mechanics Are Under God's Power», *op.cit.* p. 135.

340. «Scientific culture and the 10 statements of John Paul II», *The Cultural Values of Science, Pontifical Academy of Sciences*, Scripta Varia 105, Ciudad del Vaticano, 2003.

341. F.J. Dyson, Scientific American, 225, septiembre de 1971, p. 51. Citado en Hervé Barreau, *La flèche du temps, la cosmologie et la finalité*, CNRS, Annales de la Fondation Louis de Broglie, vol. XXVIII, n.°3-4, 2003.

cada. El valor de esta constante sin duda no se debe al azar, sino que es en sí mismo una ley de la naturaleza. Queda claro que la explicación de ese número debe ser el problema central de la filosofía natural». [342]

40. **John Barrow** (1952-2020), profesor de Astronomía en Cambridge, con respecto a las teorías que hacen surgir el Universo *«a partir de nada»: «Esas teorías deben suponer al principio mucho más que lo que habitualmente se llama "nada". Debe existir al comienzo de las leyes de la naturaleza, de la energía, de la masa, de la geometría y, subyacente, del mundo de las matemáticas y de la lógica. Debe haber una considerable infraestructura de racionalidad. [...] Debemos ser conscientes de que muchos estudios de cosmología están motivados por el deseo de evitar una singularidad inicial».* [343]

41. **Arthur Compton** (1892-1962) profesor de Física en Princeton, premio Nobel de Física en 1927: *«Es importante examinar la hipótesis de una inteligencia operando en la naturaleza. La discusión acerca de las pruebas de un Dios inteligente es tan vieja como la propia filosofía. El argumento basado en la concepción, aunque banal, nunca fue contradicho de manera adecuada. Al contrario, cuanto más aprendemos sobre nuestro mundo, la posibilidad de que sea el resultado de procesos aleatorios se debilita cada vez más, de tal modo que pocos son los científicos de hoy que mantienen una posición atea».* [344]

42. *****George Efstathiou** (nacido en 1955), profesor de Cosmología, director del Instituto de Astronomía de Cambridge y miembro del equipo científico del satélite Planck de la Agencia Espacial Europea: *«Aunque la probabilidad de obtener un Universo, con una débil constante*

---

342. Citado en I. y G. Bogdanov, *Science minute, le tour des sciences en 80 minutes*, Trédaniel, 2017, y en Max Born, *My Life: Recollections of a Nobel Laureate*, Taylor & Francis, Londres, 1978.

343. Véase el estudio de J.D. Barrow, F.J. Tipler, *The Anthropic Cosmological Principle*, Clerendon Press, Oxford University, 1986.

344. Arthur Compton, *The Freedom of Man*, Yale University Press, 1935, p.73.

cosmológica, sea bajísima, si hay una infinidad de universos, eso sucederá en alguna parte... Ahora bien, ¿es ello una explicación o una solución desesperada?». [345]

43. **Max Planck** (1858-1947), uno de los fundadores de la mecánica cuántica, premio Nobel de Física en 1918, descubridor de la estructura cuántica de la radiación: *«Una realidad metafísica aparece en el horizonte de lo real experimental».* [346] – *«Toda persona que se interese seriamente por la ciencia, sea cual sea su campo de estudio, leerá las inscripciones siguientes sobre la puerta del templo del conocimiento: "Cree". La fe es una característica que un científico no puede obviar».* [347] – * *«Toda la materia encuentra su origen y existe solamente en virtud de una fuerza. Debemos suponer, detrás de esa fuerza, la existencia de un espíritu consciente e inteligente».* [348]

44. **Tony Rothman** (nacido en 1953), cosmólogo, profesor de Física en la universidad de Wesleyan (Connecticut): *«Cuando uno se encuentra confrontado al orden y a la belleza del Universo, así como a las extrañas coincidencias de la naturaleza, es tentador dar el salto hacia la fe, de la ciencia a la religión. Estoy seguro de que muchos físicos lo querrían dar; quisiera solamente que lo admitiesen».* [349]

45. **Max Tegmark** (nacido en 1967), astrónomo en el Instituto de Tecnología de Massachusetts (MIT): *«Gracias a los universos [múltiples] paralelos, podemos desembarazarnos del ajuste preciso de las*

345. G. Efstathiou, «An anthropic argument for a cosmological constant», Royal Astronomical Society, volumen CCLXXIV, n.º 4, 1995, pp. 73-76.

346. En 1949, en el libro de Max Planck: *Vorträge, Reden, Erinnerungen*, cap. VII, p. 155. Traducción en castellano: *La visión del mundo de la nueva física*. Editorial Guillermo Escolar, 2019.

347. Max Planck, *Where Is Science Going?*, Allen & Unwin, 1933.

348. *Conferencia sobre la naturaleza de la materia*, Florencia, 1944 (Lecture, *Das Wesen der Materie [The Essence/Nature/Character of Matter]) Archiv zur Geschichte der Max Planck-Gesellschaft*, Abt. Va, Rep 11 Planck N° 1797. *Exerpt in Gregg Braden, The Spontaneous Healing of Belief: Shattering the Paradigm of False Limits*, 2009, pp. 334-335.

349. *Doubt And Certainty: The Celebrated Academy Debates On Science, Mysticism, Reality*, Helix Books, 1999.

condiciones iniciales del cosmos y de las constantes fundamentales. [...] Al fin y al cabo, nuestro juicio se forma de acuerdo con lo que nuestra sensibilidad considera más costoso».[350]

46. **Pascual Jordan** (1902-1980), profesor en la Universidad de Berlín, físico, cosmólogo, uno de los fundadores de la mecánica cuántica: *«Por parte de la ciencia, ya no hay objeciones en contra un Dios creador».*[351]

47. **Dr. Allan Sandage** (1926-2010), uno de los más célebres astrónomos de nuestro tiempo, que reconoció la existencia de Dios a los 50 años: *«El mundo es demasiado complejo en todos sus componentes y sus interconexiones como para deberse únicamente al azar...».*[352]

48. **Lothar Schäfer** (1939-2020), profesor de Química-Física Cuántica en la Universidad del Estado de Arkansas: *«En los fundamentos de las cosas comunes, encontramos entidades elementales que poseen cualidades rudimentarias de conciencia. [...] Hay en ello una promesa de mensaje venida desde las profundidades del Universo». – «Ya no se puede utilizar la ciencia para fundamentar el ateísmo, se acabó».*[353]

49. **Fred Hoyle** (1915-2001), cosmólogo y astrónomo: *«Hay tantas probabilidades de que la vida haya surgido por azar como de que un tornado que barra un depósito de chatarra monte un Boeing 747 a partir de los materiales que allí se encuentran».*[354] *– «La existencia de Dios está probada por la probabilidad matemática de $10^{40\,000}$».* – *«Siempre me pareció curioso el hecho de que los científicos [ateos] pretendan despreciar la religión, toda vez que*

350. *«De l'Univers au multivers»*, artículo publicado en *Pour la Science*, n.° 308, 1 de junio de 2003.

351. *Science and the Course of History* (traducción de *Forschung macht Geschichte*, 1954) en el capítulo «Creación y desarrollo», Yale University Press, 1955, pp. 108-119.

352. Citado en «A Scientist Reflects on Religious Belief», *Truth Journal*, 1985.

353. Ver su conferencia *La importancia de la física cuántica para el pensamiento de Teilhard de Chardin y por una nueva visión de la evolución biológica*, Coloquio Teilhard, Roma 2009.

354. «Hoyle on Evolution», *Nature*, volumen 294, 12 de noviembre de 1981, p. 105.

esta domina sus pensamientos [en tanto que concepto aversivo] aún más que los del clero». − «No creo que un solo científico, examinando las reacciones nucleares de fabricación del carbono en las estrellas, pueda evitar la conclusión de que las leyes de la física han sido elegidas deliberadamente en vista de las consecuencias que producen en su interior». [355]

50. **Robert Kaita** (nacido en 1952), profesor de Física y Astrofísica en la Universidad de Princeton: *«La ciencia es imposible si no se acepta reconocer que vivimos en un Universo "causado" [y causal], lo que nos lleva finalmente a reconocer una "causa primera" o un Creador».* [356]

51. **Wernher von Braun** (1912-1977), antiguo director en la NASA, inventor del V2, primer misil balístico utilizado durante la Segunda Guerra Mundial: *«Uno no se puede confrontar a la ley y al orden del Universo sin concluir que debe existir una concepción y un objetivo detrás de todo eso... Cuanto más comprendemos las complejidades del Universo y su funcionamiento, más motivos tenemos de sorprendernos ante la concepción inherente que en él subyace... Verse forzado a creer en una sola conclusión −que todo en el Universo haya aparecido por obra del azar− violaría la objetividad de la propia ciencia... ¿Qué proceso aleatorio podría producir el cerebro de un hombre o el sistema del ojo humano?».* [357]

52. **Henry Lipson** (1910-1991), presidente del departamento de Física de la Universidad de Manchester: *«Creo, no obstante, que debemos ir más lejos y reconocer que la única explicación aceptable es la de la creación. Sé que esto es anatema para los físicos, y también para*

---

355. Fred Hoyle, Chandra Wickramasinghe, *Evolution from Space*, Nueva York, Simon & Schuster, 1982, p. 14.

356. Ver la serie documental *The Evidence: God, the Universe & Everything* de Robert Kaita, Fred Alan Wolf y Elisabeth Sahtouris, 2001.

357. Citado en Dennis R. Petersen, *Unlocking the Mysteries of Creation* y «Croire en Dieu au XXI e siècle: la conviction des scientifiques», tribuna de Agora Vox, 2012: http://www.agoravox.fr/actualites/religions/article/croire-en-dieu-au-xxie-siecle-la-109503

mí, pero si una teoría está avalada por la evidencia experimental, no debemos rechazarla porque no nos guste».[358]

53. **John O'Keefe** (1916-2000), astrónomo de la NASA, especialista de los planetas, uno de los jefes de las misiones Apolo de exploración de la Luna: *«Si el Universo no hubiera sido hecho con la mayor precisión, nunca habríamos llegado a existir. A la vista de tales circunstancias, mi opinión es que indican que el Universo fue creado para permitir que el hombre viviera en él».*

54. **Vincent Fleury** (nacido en 1963), biofísico, investigador en el CNRS, doctor de la Escuela Politécnica de Francia: *«Actualmente, lo que es compatible con la física es un Dios que habría determinado todo en el origen, o bien que intervendría en la reducción del paquete de onda cuántica. Todo lo demás es físicamente imposible, salvo si Dios, precisamente, es un ser que puede no respetar las leyes de la física».*[359]

55. **Walter Kohn** (nacido en 1923), profesor de Física en la Universidad de California, premio Nobel de Química en 1998: *«Continúan planteándose interrogantes epistemológicos muy profundos acerca del significado de leyes científicas avanzadas como las de la mecánica cuántica y las que definen la naturaleza del caos. Esos dos campos desestabilizaron irreversiblemente la visión puramente determinista y mecanicista del mundo de los siglos XVIII y XIX».*[360]

56. **Pierre Perrier** (nacido en 1935), matemático, lógico, físico: *«El argumento: "pero si es muy sencillo, basta con esperar el tiempo necesario y lo tenemos desde la formación de la Tierra" es numéricamente falso ante la explosión combinatoria de las configuraciones posibles. Ante esas cifras deberán justificarse los defensores de tal o cual metafísica, sin dejar de respetar las cronologías y la dura-*

---

358. *Physics Bulletin*, v.31, 1980, p.138.

359. «Sur la toile», 4 de enero de 2007.

360. Entrevista a Walter Kohn, «Dr. Walter Kohn: Science, Religion and Human Experience», por John F. Luca en *The Santa Barbara Independent*, California, 26 de julio de 2001.

ción de los hechos de fabricación de lo real que nos rodea, y sobre el cual podemos lanzar experiencias de refutación de las teorías disponibles».[361]

57. **Bernard d'Espagnat** (1921-2015), profesor de Física en la Universidad de París: *«La mecánica cuántica nos liberó de la pesada losa del materialismo determinista».* – *«Bohr deshizo lo que Copérnico había hecho. Volvió a situar al hombre en el centro de su propia representación del Universo».*[362]

58. **Stephen Hawking** (1942-2018), profesor de Matemáticas en Cambridge, que, a pesar de todo, terminará siendo ateo: *«Si, un segundo después del Big Bang, el ritmo de expansión del Universo hubiese sido menor, aunque solo fuera de uno por cien millones de miles de millones, el Universo se habría contraído antes de alcanzar su tamaño actual».* – *«Las leyes de la física [...] contienen muchos números fundamentales. [...] Lo notable es que el valor de esos números parece haber sido ajustado con precisión para hacer posible el desarrollo de la vida».* – *«¿Qué prende el fuego en esas ecuaciones y crea un universo que estas pueden describir?».* – *«La probabilidad de que un universo como el nuestro haya surgido del Big Bang es infinitesimal. [...] Creo claramente que hay implicaciones religiosas cuando se empieza a debatir sobre los orígenes del Universo, [...] pero pienso que la mayoría de los científicos prefieren evitar este aspecto de la cuestión».*[363]

59. **Sir James Hopwood Jeans** (1877-1946), físico, astrónomo y matemático británico: *«El flujo del conocimiento se dirige hacia una realidad no mecánica; el Universo comienza a asemejarse más a*

361. Pierre Perrier, contribución al libro colectivo *La science, l'homme et le monde – Les nouveaux enjeux*, bajo la dirección de Jean Staune, 2008, Presses de la Renaissance, p. 230.

362. Bernard d'Espagnat, *A la recherche du réel, le regard d'un physicien*, reedición en Dunod, 2015. Traducido al español *En busca de lo real*, Alianza editorial, 1988.

363. Stephen Hawking, *Une brève histoire du temps*, Flammarion, París, 1989, pp. 154, 158 y 212. Traducido al español *Breve historia del tiempo*, editorial Planeta, 2008.

un gran pensamiento que a una gran máquina. El espíritu ya no aparece como un intruso accidental en el ámbito de la materia». [364]

60. **Joe Rosen** (nacido en 1937), profesor de Física en la Universidad Católica de América: *«El principio antrópico es el más fundamental de los principios de que disponemos. [...] Creo que es lo más cercano que vayamos jamás a tener de una explicación última».* [365]

61. **Nicolas Gisin** (nacido en 1952), profesor de Física en la Universidad de Ginebra, especialista en mecánica cuántica: *«De alguna manera, las correlaciones no-locales ¡parecen surgir del exterior del espacio-tiempo! ¿Quién lleva la contabilidad de quién está entrelazado con quién? ¿Dónde está almacenada la información de los lugares en que un azar no local puede manifestarse? ¿Hay acaso "ángeles" que dominan un enorme espacio matemático [...] que contabiliza todo ello? Pese a la seriedad de esta pregunta infantil, todavía no se le ha prestado mucha atención».* [366]

62. **David Gross** (nacido en 1941), profesor de Física Teórica en la Universidad de California, premio Nobel en 2004: *«El peligro del principio antrópico: es que es imposible demostrar su inconsistencia».* [367]

63. **Geoffrey Chew** (1924-2019), profesor de Física Teórica en Berkeley: *«Para responder a la cuestión del origen [del Universo] puede ser necesario recurrir a Dios».* [368]

64. **Hubert Reeves** (nacido en 1932), astrónomo y divulgador, profesor de Cosmología en la Universidad de París y de Montreal: *«[Las leyes que rigen las fuerzas físicas] poseen propiedades notables. Nos parecen "sutilmente ajustadas" para promover la complejidad.*

---

364. *The Mysterious Universe*, Cambridge, 1930, MacMillan Comp. Nueva York, 1931, pp. 137 y 146.

365. Citado en Jean Staune, *Notre existence a-t-elle un sens?* cap. VIII, en referencia al artículo publicado por Joe Rosen: «The anthropic principle», revista *American Journal of Physics*, 53, 335, 1985.

366. *L'impensable hasard*, Odile Jacob 2012, pp. 137-138.

367. Simposio «A cosmic coincidence. Why is the Universe just right for life?», Mc Gill Univ., 15 de enero de 2007.

368. *Cosmos, Bios, Theos*, H. Margenau y R.A. Varghese, Open Court Ed. 1992, p.36.

Mínimas variaciones de los valores numéricos que las especifican bastarían para que el Universo fuese estéril. Ninguna forma de vida, ninguna estructura compleja habría aparecido jamás. [...] Ni siquiera un átomo de carbono».[369]

II. Biología y ciencias de la vida

65. ***Sir Francis Crick** (1916-2004), codescubridor del ADN en 1953, premio Nobel de Medicina en 1962: *«Actualmente, la distancia entre la "sopa" primitiva y el primer sistema ARN capaz de selección natural parece de una amplitud excluyente».*[370] –* *«Un hombre honesto armado de todo el saber que está hoy a nuestro alcance debería afirmar que el origen de la vida parece ser una especie de milagro, pues tantas son las condiciones que hay que reunir para ponerla en pie».*

66. **George Wald** (1906-1997), profesor de Fisiología Sensorial en Harvard, premio Nobel de Medicina en 1967: *«Hay solo dos maneras de contemplar el origen de la vida: una es la generación espontánea, prolongada por la evolución, otra es una creación sobrenatural, obra de Dios, no existe una tercera posibilidad. [...] La generación espontánea de la vida a partir de la materia inerte fue refutada científicamente, entre otros, por Pasteur hace 120 años. Esto nos deja con la única conclusión de que la vida fue creada por Dios. [...] Esto no lo aceptaré por razones filosóficas, porque no quiero creer en Dios; por lo tanto, elijo creer en lo que sé científicamente imposible: la generación espontánea que conduce a la evolución».*[371]

67. **Ilya Prigogine** (1917-2003), premio Nobel de Química en 1977 e **Isabelle Stengers,** filósofa, epistemóloga (nacida en 1949): *«Según algu-*

---

369. *Dernières nouvelles du cosmos*, Points, Science, 2002, p.27.

370. Francis Crick, «Foreword», *The RNA World*, R.F. Gesteland and J.F. Atkins, ediciones Cold Spring Harbor Laboratory Press, 1993, pp. 11-14.

371. George Wald, Primer Congreso mundial de *Síntesis de la Ciencia y la Religión* celebrado en Bombay (India) en 1986.

nos biólogos contemporáneos, la organización biológica solo puede tener como explicación la selección y la acumulación de unas poco frecuentes mutaciones favorables. [No obstante], la organización compatible con las leyes físicas tiene la particularidad de ser de una improbabilidad vertiginosa respecto a esas mismas leyes. Por nuestra parte pensamos que la dualidad mutación-selección disimula nuestra ignorancia profunda acerca de la relación entre el "texto" genético que las mutaciones modifican y la organización de lo viviente».[372]

68. ***Christian de Duve** (1917-2013), bioquímico, premio Nobel de Fisiología en 1974: *«Dios juega a los dados porque está seguro de ganar. [...]. Opté por un Universo significante y no desprovisto de sentido. No porque desee que tal sea el caso, sino porque es así como interpreto los datos científicos de los que disponemos. [...]. El Universo estaba "preñado de la vida", y la biosfera, del hombre».*[373]

69. **John Eccles** (1903-1997), neurólogo, electrofisiólogo, premio Nobel de Medicina en 1963: *«Insisto en que el misterio del hombre se ve increíblemente disminuido por el reduccionismo científico y su pretensión materialista de llegar a rendir algún día cuentas del mundo del espíritu en términos de actividad neuronal. Semejante creencia no puede ser considerada sino como una superstición».*[374]

70. ***Werner Arber** (nacido en 1929), microbiólogo, premio Nobel de Medicina en 1978: *«La vida solo comienza con la primera célula funcional, que puede exigir, aun siendo la más primitiva, al menos varios centenares de macromoléculas biológicas específicas diferentes. ¿Cómo lograron ensamblarse semejantes estructuras más bien complejas? Sigue siendo para mí un misterio. La posibilidad de la existencia de un Creador, de Dios, representa para mí una solución satisfactoria a este problema».*[375]

---

372. *La Nouvelle Alliance*, I. Prigogine e I. Stengers, Gallimard Education, 1979, pp. 171-172. Traducido al español *La nueva alianza, metamorfosis de la ciencia*. Alianza editorial, 2004.

373. *Poussière de vie: une histoire du vivant*, Fayard 1996.

374. *Evolution of the Brain: Creation of the Self*, Londres, Routledge, 1991

375. Werner Arber, *Cosmos, Bios, Theos – Scientists Reflect on Science, God and the Origins of the*

71. **Ernst Chain** (1906-1979), profesor en Berlín, Cambridge y Oxford, inventor de la penicilina, premio Nobel de Medicina en 1945: *«Prefiero creer en las hadas antes que en especulaciones tan disparatadas. Digo desde hace años que las especulaciones sobre el origen de la vida no sirven para nada que sea útil, porque incluso el sistema vivo más simple es demasiado complejo como para ser entendido en los términos de una química extremadamente primitiva que los científicos utilizaron en sus intentos de explicar lo inexplicable que se produjo hace miles de millones de años. Dios no puede ser explicado por pensamientos tan ingenuos».*[376]

72. **Simon Conway Morris** (nacido en 1951), profesor de Paleontología en Cambridge: *«Las rutas de la evolución son numerosas, pero los destinos son limitados. [...] Debe existir algo así como un atractor que canaliza las trayectorias evolucionistas hacia modos de funcionalidades estables, [...] formas funcionales posibles predeterminadas desde el Big Bang».*[377] *– «Las limitaciones fisicoquímicas restringen el espectro de posibilidades.*[378] *La evolución podría ser el proceso a través del cual Dios llama el Universo a una existencia más rica, más bella, más afectuosa. [...] De hecho, el Universo es el producto de un espíritu racional, y la evolución, simplemente el motor de búsqueda que conduce a la sensibilidad y a la conciencia. [...] Adiós al sombrío nihilismo y a las gélidas afirmaciones de que todo está desprovisto de sentido. [...] ¿Y sería entonces el funeral de Dios? No lo creo».*[379]

73. **Sarah Woodson** (nacida en 1967), profesora de Biofísica en la Universidad J. Hopkins, con respecto a las múltiples nanomáquinas

---

Universe, Life, and Homo sapiens, cap. II: «The Existence of a Creator Represents a Satisfactory Solution», H. Margenau y R. Varghese, ediciones Open Court, 1992, pp. 141-143.

376. Citado por Ronald W. Clark en su libro *The Life of Ernst Chain: Penicillin and Beyond*, Weidenfeld & Nicholson: London, 1985, pp. 147-148.

377. *Life's solution*, Cambridge, 2004, p.145 y pp.309-310.

378. Véase booksmag.fr.

379. «Darwin was right. Up to a point», artículos en Guardian.co.uk el 12 de febrero de 2009.

(como el motor flagelar) que los distintos tipos de células contienen: *«Las máquinas macromoleculares de la célula contienen decenas, incluso centenares de componentes. Pero, a diferencia de las máquinas fabricadas por el hombre, construidas en cadenas de montaje, estas máquinas celulares se unen espontáneamente a partir de sus componentes: proteínas y ácidos nucleicos. Es como si los vehículos pudieran ser fabricados simplemente haciendo caer sus piezas en el suelo de la fábrica».*[380]

74. ***George Church** (nacido en 1954), ateo, profesor de Genética en Harvard y en el MIT, director del Center for Computational Genetics: *«El ribosoma es la estructura más compleja presente en todos los organismos. [...] Si fuera partidario de la teoría del diseño inteligente, me focalizaría en esta pregunta: ¿Cómo pudo llegar a existir el ribosoma? [...] ¿Las aproximadamente 53 proteínas y 3 nucleótidos presentes en el ribosoma no son el mínimo necesario para su constitución? [...] Esto es realmente maravilloso. [...] Nadie logró nunca construir un ribosoma que funcionase correctamente sin utilizar proteínas [¡sintetizadas, a su vez, gracias a un ribosoma!]».*[381]

75. **Wilder Penfield** (1891-1976), célebre neurólogo especialista de la evocación de recuerdos por estimulación cerebral, profesor en la Universidad McGill: *«Después de una vida de trabajo pasada en intentar descubrir cómo el cerebro explica el espíritu, es sorprendente descubrir ahora que, finalmente, la hipótesis dualista [cuerpo y alma] parece la más razonable de las dos explicaciones posibles».*[382]

76. **Ernst Mayr** (1904-2005), profesor en Harvard, uno de los más eminentes defensores del neodarwinismo, pero también uno de los más «abiertos»: *«El problema del origen de la vida [...] constituye*

---

380. «Biophysics: Assembly line inspection», *Nature* 438, 2005, p.566.

381. *Life: What A Concept!*, ed. J. Brockman, Edge Found Publ., Nueva York, 2008, pp. 76-79.

382. W. Penfield, *Mystery of the Mind: A Critical Study of Consciousness and the Human Brain*, Princeton University Press, 1975, p. 85.

un enorme desafío. [...] Las posibilidades de que este improbable fenómeno pueda haberse producido varias veces son extremadamente débiles, sea cual sea el número de millones de planetas en el Universo».[383]

77. **Michel Denton** (nacido en 1943), antiguo director del Centro de Genética de Sídney, profesor de Bioquímica en la Universidad de Otago (Nueva Zelanda): *«Sea cual sea la apuesta que se haga, sea cual sea la filosofía a la que uno se adhiera, a mi juicio es innegable que el cuadro globa lque se desprende de 150 años de investigaciones sobre las bases biofísicas y bioquímicas de la vida es compatible con la concepción de un cosmos expresamente moldeado. [...] Resumiendo, el mundo aparece como si hubiera sido especialmente concebido para la vida; parece ser el resultado de un proyecto».* – *«Lo que milita con fuerza en contra de la idea de azar es [...] el hecho de que, por dondequiera que se observe, sea cual sea la escala, se encuentra una elegancia y una ingeniosidad de una calidad absolutamente trascendente».* – *«La ciencia que, durante 400 años, parecía la gran aliada del ateísmo, se convirtió, en este final del segundo milenio, en lo que Newton y muchos de sus primeros partidarios habían deseado ardientemente: "la defensora de la fe antropocéntrica"».*[384]

78. ***Daniel Cohen** (nacido en 1951), profesor de Genética en la Universidad de Evry y director científico de la sociedad Genset (ingeniería genética), fue uno de los primeros cartógrafos del genoma humano. Estas fueron sus declaraciones a *Le Point: «El genoma es un programa escrito en un lenguaje extraordinariamente sofisticado. ¿Es posible que tal lenguaje haya nacido por azar? Se puede imaginar, pero no demostrar. Personalmente, en un año pasé del estado de ateo al de agnóstico. Porque, si ese lenguaje no es el fruto del azar,*

---

383. Ernst Mayr, *The Growth of Biological Thought: Diversity, Evolution and Inheritance*, The Belknap Press of Harvard University Press Cambridge, 1982, pp. 583-584.

384. Michael Denton, *Nature's Destiny: How the Laws of Biology Reveal Purpose in the Universe*, New York: The Free Press, 1998. Véase también *Evolution: Still a Theory in Crisis*, Seattle, WA: Discovery Institute Press, 2016.

tengo la intuición de que, un día, lo podremos demostrar. ¿Se imaginan ustedes el cataclismo que se produciría?».[385]

79. **Michael Behe** (nacido en 1952), profesor de Bioquímica en la Universidad Lehigh: *«La simplicidad que se creía que era el fundamento de la vida se reveló una fantasía a la que sustituyen sistemas de una espeluznante complejidad. La toma de conciencia de que la vida fue concebida por una inteligencia es una conmoción para nosotros, hombres del siglo XX, que nos habíamos hecho a la idea de que la vida era el resultado de simples leyes naturales».*[386]

80. **Dean H. Kenyon** (nacido en 1939), profesor de Biología en la Universidad de San Francisco: *«Es absolutamente increíble observar a esta escala microscópica un mecanismo tan finamente ajustado, un dispositivo que lleva la marca de una concepción y de una fabricación inteligentes. Disponemos de detalles de un Universo molecular sumamente complejo que gestiona la información genética. Y es justamente en esta nueva rama de la genética molecular donde vemos la prueba más irrefutable de una concepción inteligente en la Tierra».*[387]

81. ***Pierre-Gilles de Gennes** (1932-2007), premio Nobel de Física en 1991: *«Lo que me intriga es el hecho de que el código genético sea siempre el mismo toda vez que la vida inventó tan diversas soluciones. Me cuesta creer que un solo tipo de código pueda imponerse por selección darwiniana».*[388]

82. **Hubert P. Yockey** (1916-2016), profesor de Física Teórica en la Universidad de Berkeley, especialista de la teoría de la información aplicada a la biología y el origen de la vida: *«La cuestión del origen*

385. *Le Point.fr*, 21 de octubre de 1995.

386. Citado por Jean-Michel Olivereau, en su epílogo al libro de M. Behe, *La Boîte noire de Darwin – L'Intelligent Design*, Presses de la Renaissance, 2009 (edición francesa de *Darwin's Black Box*).

387. P. Davies &D.H. Kenyon, *Des Pandas et des hommes: la question centrale des origines biologiques*, Fondation pour la pensée éthique; 2.ª edición, septiembre de 1993; citado en *The Design of the Life: Discovering Signs of Intelligence in Biological Systems*, W.A. Dembski, J.Wells, 2007.

388. F. Brochard-Wyart, D. Quéré, M. Veyssié, *L'Extraordinaire Pierre-Gilles de Gennes, prix Nobel de physique*, Odile Jacob Sciences, 2017.

*de la vida es imposible de resolver en tanto que problema científico.
[...]. El problema del origen de la vida, que la ciencia es incapaz de
resolver, es poder explicar cómo la información comenzó a gobernar
las reacciones químicas por medio de un código»*.[389]

83. **Roger Sperry** (1913-1994), neurólogo, premio Nobel de Medicina en
1981: *«Me parece indispensable cuestionar con rigor la concepción
materialista y reduccionista de la naturaleza y del espíritu humano,
concepción supuestamente derivada de la actitud objetiva y analítica
actualmente predominante en las ciencias del cerebro y del comportamiento. [...] Sospecho que hemos sido engañados y que la ciencia
vendió a la sociedad y a sí misma únicamente baratijas y chatarra»*.[390]

84. **Georges Salet** (1907-2002), politécnico, estadístico, autor de *Hasard
et certitude,* opuesto al azar todopoderoso teorizado por Jacques
Monod: *«No son quienes piensan que los seres vivos han sido suscitados por una Inteligencia los que recurren a los milagros, sino
quienes lo niegan»*.[391]

85. **Philippe Labrot** (nacido en 1971), investigador en el Centro de Biofísica Molecular del CNRS en Orleans, Francia: *«Para ciertos científicos,
el hecho de que la célula viva sea de una complejidad asombrosa
prueba que no pudo aparecer por etapas, sino que, por el contrario, salió enteramente constituida de la nada. Las probabilidades
de que tal evento haya podido producirse son similares a las que
tendría un tornado que se abatiera sobre un vertedero de armar,
a partir de una montaña de chatarra, un Airbus A320 en perfecto
estado de funcionamiento»*.[392]

---

389. Hubert P. Yockey, *Information Theory, Evolution, and the Origin of Life*, cap. VII: «Evolution of
the genetic code and its modern characteristics», Cambridge University Press, 2005.

390. Roger Sperry, *Science and moral priority*, Columbia University Press, 1982, p. 28.

391. G. Salet, *Hasard et certitude – Le transformisme devant la biologie actuelle*, París, ed. Saint-Edme,
1972, p. 328. Cita retomada en el libro de Pierre Rabischong: *Le programme Homme*, PUF, 2003,
en su capítulo I: «Prolégomènes sémantiques: la problématique de l'homme».

392. Chimie prébiotique (http://www.nirgal.net/ori_life2.html). El Premio Stanley Miller de la
International Society for the Study of the Origin of Life (ISSOL) fue otorgado a Philippe Labrot por
su notable contribución al estudio de los orígenes de la vida.

86. **Yves Coppens** (nacido en 1934), paleontólogo y paleoantropólogo: *«¡Resulta sumamente sorprendente, sin embargo, que las mutaciones ventajosas surjan justamente en el preciso instante en que hacen falta! [...] En todo caso, el azar hace demasiado bien las cosas como para ser creíble».* [393]

87. **Ali Demirsoy** (nacido en 1945), profesor de Biología en la Universidad Hacettepe de Ankara: *«La probabilidad de la formación de una secuencia de citocromo c [enzima necesaria para la vida] es prácticamente igual a cero. Es decir, que, si la existencia de la vida requiere dicha proteína, estadísticamente solo pudo realizarse una vez en todo el Universo. De hecho, la probabilidad de la formación [aleatoria] de una proteína y de un ácido nucleico (ADN-ARN) va mucho más lejos que cualquier posible estimación. Con mayor razón, la probabilidad de obtener la aparición de una determinada cadena proteica es tan mínima que puede ser calificada de astronómica».* [394]

88. **Pierre-Paul Grassé** (1895-1985), profesor de Biología en la Universidad de París, zoólogo y etólogo: *«La idea de que el hombre resulte de los innumerables errores de copia del ADN durante la duplicación molecular [...] me parece descabellada, lo cual no es grave, sino contrario a la realidad, cosa que la condena».* [395]

89. **Johnjoe McFadden** (nacido en 1956), profesor de Genética Molecular en la Universidad de Surrey: *«Pero ¿quién hizo esos ajustes? Una de las razones por las cuales los científicos son cautelosos ante el principio antrópico es que parece invalidar la revolución copernicana y volver a situar a la humanidad en el centro [en el sentido de "significante"] del Universo. Y lo que es peor, ¡puede*

---

393. Citado en *L'Express* del 3 de agosto de 1995: http://lexpress.fr/informations/paleontologie-yves-coppens-professeur-au-college-de-france_609043.html.

394. Ali Demirsoy, *Inheritance and Evolution*, Ankara: Meteksan Publ. Co., 1984, p.61.

395. Artículo «Evolution» para la *Encyclopédie Universalis* (véase http://academie-metaphysique.com/paroles/epistemologie_1888/le-reductionnisme-11026.html) y su libro: *L'évolution du vivant – Matériaux pour une nouvelle théorie transformiste*, Albin Michel, París, 1973.

permitir a los creacionistas volver a traer el nombre de Dios al campo de la ciencia!».[396]

90. **Stuart Kauffman** (nacido en 1939), profesor de Biofísica en la Universidad de Vermont, especialista de sistemas complejos: *«Consideremos todas las proteínas [de longitud comparable a las que intervienen en la vida] compuestas de 200 aminoácidos. La cantidad de dichas proteínas es de 10^{320}. Aunque las 10^{80} partículas [que constituyen el Universo] se dedicaran solo a fabricar esas proteínas de 200 aminoácidos, con un "tempo" igual al tiempo de Planck [con nuevas operaciones cada 10^{-43} segundos, límite inferior insuperable], se necesitaría 10^{39} veces la duración de la existencia del Universo para fabricar, solo una vez, todas esas proteínas».*[397]

91. **Perry Reeves** (nacido en 1945), profesor de Química en la Universidad Cristiana de Abilene: *«Cuando se examina el gran número de estructuras posibles que podrían resultar de una simple combinación aleatoria de aminoácidos en un pantano primitivo en evaporación, es alucinante pensar que la vida pudo aparecer de esta manera. Es más verosímil que un gran arquitecto, con un plan de conjunto, sea necesario para semejante tarea».*[398]

92. **Francis Collins** (nacido en 1950), genetista, director del Instituto Americano de Salud, especialista de la secuenciación del genoma humano: *«La creencia en Dios puede ser una elección totalmente racional, y los principios de la fe, de hecho, son complementarios con los de la ciencia».*[399]

93. **Bruce Lipton** (nacido en 1944), profesor en la Universidad de Wisconsin: *«En tanto que biólogo convencional, creía que yo era simplemente un mecanismo y que mi vida consistía tan solo en repliegues de moléculas. Sentía que era un mero accidente, como*

---

396. *Quantum Evolution, The New Science of Life*, Harper Collins, 2000.

397. Prefacio del libro *A Third Window*, Robert E. Ulanowicz, Templeton Press 2009, p. 12.

398. Citado en J.D. Thomas, *Evolution and Faith*, Abilene, TX, ACU Press, 1988, pp. 81-82.

399. *Language of God*, Simon & Schuster, 2006, en la introducción.

*habría dicho Darwin, [... mi investigación en biología celular]
me reveló que era mucho más que mi realidad física. Y que había
una energía, un espíritu o un Dios que controlaba [las leyes de]
la biología».*[400]

III. Matemáticas

94. **Kurt Gödel** (1906-1978), lógico, profesor de Matemáticas en Princeton: *«El mecanismo en biología es un prejuicio de nuestra época
que no resistirá el paso del tiempo. Una de las demostraciones por
venir será un teorema matemático que mostrará que la formación
en los tiempos geológicos de un cuerpo humano, con las leyes de la
física –u otras leyes de naturaleza similar– a partir de una distribución aleatoria de partículas elementales y de un campo cuántico,
es tan improbable como la separación por azar de la atmósfera en
sus componentes simples».*[401] – * *«Hay una filosofía y una teología
científicas, que tratan de conceptos de la más alta abstracción, y
esto es muy provechoso para la ciencia. [...] Dios existe».*[402]

95. ***Paul Dirac** (1902-1984), uno de los padres de la mecánica cuántica,
premio Nobel de Física en 1933: *«Dios es un matemático de primer
orden, y utilizó matemáticas muy avanzadas para construir el
Universo».*[403]

96. **Alexander Polyakov** (nacido en 1945), físico teórico, profesor en
Princeton: *«Sabemos que la naturaleza está descrita por la mejor
de todas las matemáticas posibles, porque Dios la creó».*[404]

---

400. Bruce Lipton, *The Biology of Belief: Unleashing the Power of Consciousness, Matter & Miracles*, 2005.

401. Citado por David Berlinski en su artículo «Les mânes de Gödel», revista *La Recherche*, n.º 285, marzo de 1996, p.9.

402. Hao Wang, *A Logical Journey – From Gödel to Philosophy*, MIT Press, 1996.

403. P. Dirac, «The Evolution of the Physicist's Picture of Nature», revista *Scientific American*, mayo de 1963, volumen 208, n.º V.

404. Entrevista con Stuart Gannes, en la revista *Fortune*, 13 de octubre de 1986.

IV. Filosofía de la ciencia

97. Antony Flew (1923-2010), profesor de Filosofía en la Universidad de Reading, uno de los mayores filósofos ateos del siglo. Después de haber elegido el ateísmo a la edad de 15 años y de haber escrito durante 54 años contra la creación divina (autor del artículo «Teología y falsificación» cuyo título no podría ser más explícito), renunció públicamente a esa posición en 2004 y luego dijo, arrepentido: *«Dado que muchas personas se vieron, seguramente, influenciadas por mí, voy a intentar corregir los enormes daños que haya podido ocasionar».*[405] – *«Los argumentos más impresionantes a favor de la existencia de Dios son los que se apoyan en los recientes descubrimientos científicos. [...]. El argumento del "diseño inteligente" es mucho más fuerte de lo que era cuando lo encontré por primera vez».*[406] – * *«Estos descubrimientos [ADN y ARN] demostraron que, dada la complejidad tan increíble de los arreglos y de la disposición para producir [la vida], ha de haber intervenido una inteligencia para que funcionen conjuntamente todos esos elementos químicos extraordinariamente diversos».*[407] – *«Cuando se mira el ARN en tanto que químico, uno se queda simplemente admirado ante semejante molécula tan maravillosa, así como ante su magnífica complejidad, y uno se pregunta: ¿cómo es posible que haya aparecido esta estructura?».*[408]

98. Edward Feser (nacido en 1968), filósofo norteamericano ateo, convertido al catolicismo, catedrático asociado de Filosofía en el Pasadena City College de California: *«No sé exactamente cuándo tuvo lugar el desencadenante. No fue un acontecimiento único, sino más bien una transformación gradual. Mientras daba unas clases acerca de*

---

405. Citado en «Has Science Discovered God?», un video realizada por el propio A. Flew sobre su conversión.

406. Citado en «My Pilgrimage from Atheism to Theism: An Exclusive Interview with Former British Atheist Professor Antony Flew», *Philosophia Christi*, vol. VI, n.º 2, 2004, p. 200.

407. A. Flew, durante un simposio en la Universidad de Nueva York, mayo de 2004.

408. Cita retomada en el artículo de M. Oppenheimer publicado en las columnas del *New York Times* sobre la trayectoria y la conversión de Antony Flew: «The Turning of an Atheist», 4 de noviembre de 2007.

las pruebas de la existencia de Dios y reflexionaba sobre el tema, en particular sobre el argumento cosmológico, primero pensé: "Esos argumentos no son buenos"; luego, me dije: "Esos argumentos son un poco mejores de lo que se dice habitualmente"; luego: "Esos argumentos son en verdad muy interesantes". Al final, fue como un golpe en la cabeza: "Pero, diantre, bien mirado, ¡esos argumentos son buenos!". ¡En el verano del 2001, me vi tratando de convencer a mi cuñado, físico, de que el teísmo filosófico tenía fundamentos sólidos!».[409]

99. **Karl Popper** (1902-1994), epistemólogo y filósofo de las ciencias, profesor en la Universidad de Londres: *«La maquinaria por la cual la célula (al menos la célula no primitiva, la única que conocemos) traduce el código genético está compuesta de, por lo menos, cincuenta componentes macromoleculares codificados en el ADN. De este modo, el código no puede ser traducido sino utilizando ciertos productos de su traducción. Esto constituye un círculo desconcertante, un verdadero círculo vicioso, al parecer, para toda tentativa de formación de un modelo o de una teoría de la génesis del código genético».*[410] – *«Estas propuestas [los multiversos] son presentadas como teorías científicas. Pero ¿acaso son realmente científicas? Parecen más bien cuentos metafísicos o mitológicos. Porque estas teorías no pueden ser verificadas: no pueden ser ni validadas ni refutadas, porque están "fuera del campo de la experiencia de las ciencias"».*[411]

100. ***Neil Manson** (nacido en 1962), profesor de Filosofía en la Universidad de Mississippi: *«Se sospecha que la hipótesis de los multiversos es el último recurso para los ateos desesperados».*[412]

---

409. https://edwardfeser.blogspot.com/2012/07/road-from-atheism.html.

410. http://www.esalq.usp.br/lepse/imgs/conteudo_thumb/Origin-of-life.pdf. p. 11.

411. Karl Popper, *The Logic of Scientific Discovery.*

412. Neil A. Manson, «The much-maligned multiverse», capítulo introductorio a *God and Design: The Teleological Argument and Modern Science*, Routledge, 2003, p.18. Ver nota n.º 229 *supra*.

14.

¿En qué creen los científicos?

Después del capítulo anterior, tan esencial, que nos permitió tomar la medida del asombro y de las interrogaciones de los más grandes científicos del siglo XX ante las implicaciones de sus propios descubrimientos, tenemos que detenernos en una cuestión conexa, la del examen de las creencias científicas en general.

Efectivamente, se suele decir que los científicos actuales son muy poco creyentes, en todo caso menos creyentes que el conjunto de la población. Para algunos, habría aquí una prueba de que la ciencia lleva naturalmente a no creer y, por consiguiente, indirectamente, sería una prueba de la inexistencia de Dios.

Es, por lo tanto, importante estudiar esta cuestión detenidamente. Para ello, analizaremos las diferentes encuestas que existen al respecto.

Cabe notar en un primer momento que la afirmación inicial plantea en realidad dos preguntas diferentes, a las que es necesario contestar por separado:

1. ¿Los científicos contemporáneos materialistas son más numerosos que los científicos que creen en algo? ¿Acaso representan una aplastante mayoría?

2. Esa aplastante mayoría, si existe, ¿será el resultado de sus conocimientos científicos o de otros factores?

I. Empecemos por examinar las principales encuestas relativas a las creencias de los científicos

1. El estudio del Pew Research Center,[414] **realizado en 2009 y titulado «Los científicos y las creencias en Estados Unidos»** es el más reciente y el más amplio. Muestra que una mayoría de científicos estadounidenses creen en algo (51 %), frente a una minoría de ateos (41 %); solo 7 % no se pronuncian sobre el tema. Si se comparan estos resultados con los del conjunto de la población, es innegable que hay más personas que creen en «algo» en el gran público, donde representan el 95 % del conjunto.

También hay que subrayar que los jóvenes investigadores, aquellos que tienen menos de 34 años, son mucho más numerosos a la hora de creer en algo (66 %) que sus mayores; efectivamente, entre los investigadores de más de 65 años, hay solamente un 46 % de creyentes.

Esta encuesta es muy valiosa porque es reciente (2009) y se centra en el estudio de las creencias de científicos que trabajan en el conjunto de los campos que componen el amplio territorio de la ciencia. Además, fue realizada en Estados Unidos, país que es, indudablemente, el líder mundial en el terreno de las ciencias y donde los investigadores son particularmente numerosos. Hay que añadir, por otro lado, que esta encuesta ofrecía a las personas entrevistadas una amplia posibilidad de respuestas: la creencia en una entidad espiritual creadora[415] que no sea un dios personal era una de las opciones posibles. Este estudio permitía también a las personas entrevistadas expresar sus dudas, incluso negarse a pronunciarse acerca de la pregunta que se les hacía.[416]

---

414. http://www.pewforum.org/2009/11/05/scientists-and-belief/.

415. Varios estudios presentan el defecto de no ofrecer la posibilidad de expresarse a personas que, como Einstein, sin creer en un dios personal, creen, no obstante, en un espíritu superior creador. Efectivamente, Einstein afirmó que no creía en el Dios de la Biblia; sin embargo, para explicar el orden del mundo, evocó varias veces en sus declaraciones y en sus escritos su creencia en un espíritu superior (ver capítulo 15).

416. Al hablar de «dios personal», se entiende, por lo general, un Dios como el de la Biblia, al que uno puede dirigirse, que nos escucha y puede acceder a nuestras solicitudes.

2. En 2003, un estudio discutible, dirigido por el genetista Baruch Aba Shalev acerca de las creencias de los laureados con el Premio Nobel desde el origen y titulado «100 Years of Nobel Prizes»[417] estimó que el 90 % de quienes recibieron el Premio Nobel se identificaban con una religión y que, para los dos tercios de ellos, se trataba del cristianismo.[418] Resulta interesante anotar pues que el porcentaje de ateos se elevaría a 35 % entre quienes recibieron el Premio Nobel de Literatura, mientras que son solo 10 % entre los científicos. Lo que mostraría que, si le concedemos crédito a esta encuesta, habría más ateos en el ámbito de las letras que en el de las ciencias.

Entre 1901 y 2000, las 654 personas que recibieron el Premio Nobel estaban vinculadas a 28 religiones diferentes. La mayoría de ellas (65,4 %) aparecían culturalmente vinculadas al cristianismo. Más precisamente, los científicos identificados como cristianos o de origen cristiano obtuvieron el 72,5 % de los premios de Química, 65,3 % de Física, 62 % de Medicina y 54 % de Economía. Los judíos ganaron 17,3 % de los premios en Química, 26,2 % en Medicina y 25,9 % en Física. Los ateos, los agnósticos y librepensadores ganaron 7,1 % de los premios en Química, 8,9 % en Medicina y 4,7 % en Física. Los musulmanes se llevaron 13 premios en total, o sea el 2 % (3 de ellos en la categoría científica).

El interés de este segundo estudio es que su marco es más amplio, a la vez en el tiempo y en el espacio, y que solo concierne a premiados del Nobel. Estas personalidades representan la élite mundial en la ciencia, por eso sus orígenes y creencias estimadas tienen un peso más importante. Como el Premio Nobel fue creado en 1901, el estudio abarca todo el siglo XX y algunos años más. El punto criticable de esta encuesta reside en la identificación realizada sin precaución alguna entre «cultura» y «creencia»; no es nada seguro que la creencia sea asumida como tal por el interesado.

---

417. *100 Years of Nobel Prizes*, Atlantic Publishers, Nueva Delhi, 2003.

418. Los resultados de este estudio tienen que ser relativizados, ya que se trata de una identificación cultural general, no se entra en el detalle de las creencias de cada persona.

3. **En Francia, un estudio realizado en 1989 acerca de los responsables de las unidades de investigación del CNRS** en ciencias exactas[419] revela que, entre ellos, 110 investigadores se declaraban creyentes, 106 no creyentes, y 23 decían ser agnósticos. Entre ellos, el 70 % consideraban que la ciencia nunca podrá excluir o probar la existencia de Dios. El porcentaje de creyentes que encontramos aquí es similar al del primer estudio, con un 50 % aproximado de científicos creyentes.

4. Los estudios de James H. Leuba

Dos estudios realizados en 1914 y en 1933 por el psicólogo americano James H. Leuba[420] ponían en perspectiva unas encuestas de las que se podía concluir que la ausencia de creencia habría aumentado a lo largo del tiempo entre las personas identificadas como *greater scientists*, mientras que, desde 1914, sería estable —alrededor del 60,7 %— para el conjunto de los científicos. Pero ¿cuál era el criterio que permitía hacer semejante afirmación? La respuesta a esta pregunta no existe.

Estos cuatro estudios presentan, no obstante, resultados relativamente homogéneos. Vamos a presentar ahora dos otros estudios que desembocan en resultados diametralmente opuestos, ya que ambos concluyen que habría un muy pequeño porcentaje de científicos creyentes.

5. El estudio publicado en la revista *Nature* en 1998

Este estudio[421] titulado «Los científicos de primera línea siempre rechazan a Dios» dice que, entre los científicos de la Academia Nacional de Ciencias de Estados Unidos, solo el 7 % se dicen creyentes y el 20 % agnósticos, mientras todos los demás se consideran ateos.

---

419. Estudio citado por Georges Minois en *L'Église et la science, histoire d'un malentendu – de Galilée à Jean-Paul II*, tomo II, Fayard, pp. 1151-1159 y p. 1287., y en el artículo de Wikipedia sobre el ateísmo.

420. J. H. Leuba, *The Belief in God and Immortality*, Boston, Sherman, French & Co, 1916; J. H. Leuba, *God or Man? A Stydy of the Value of God to Man*, Nueva York, Henry Holt & Company, 1933.

421. https://www.nature.com/articles/28478.

Señalemos que la academia en cuestión fue fundada en 1867, en un contexto de enfrentamientos entre ciencia y religión y que, desde su fundación, todos sus miembros la integran por cooptación. El porcentaje de los científicos creyentes que presenta es tan diferente de los resultados de los cuatro estudios anteriores que puede ser considerado como poco representativo. Cabe notar, por otro lado, que el título del artículo, *«Los científicos de primera línea siempre rechazan a Dios»*, manifiesta una evidente parcialidad, lo que refuerza las dudas sobre su objetividad.

6. **La encuesta de E. Cornwell y de M. Stirrat, realizada por correo electrónico en 2007, entrevistó a 1074 miembros de la Royal Society británica,** y es bastante semejante. Concluye que 86 % de las personas entrevistadas rechazan de manera categórica toda creencia en un dios personal, solo el 3 % de los entrevistados dicen creer. Como el estudio anterior, este tiene el defecto de limitarse a una academia cuyos miembros, en número limitado, se cooptan unos a otros desde su fundación. Las cifras que presenta son anormales desde el punto de vista estadístico. Por lo tanto, también cabe relativizar el alcance de estos resultados.

Desde nuestro punto de vista, los resultados presentados por estos dos últimos estudios están influidos por la elección del grupo analizado: por un lado, estamos ante un número muy limitado de científicos entrevistados y, por otro lado, los científicos en cuestión pertenecen a academias cerradas en que los miembros se cooptan entre ellos.

Los cuatro primeros estudios citados son bastante amplios y los resultados que presentan resultan suficientemente homogéneos, por lo que se pueden considerar significativos. Revelan que la proporción de científicos que creen en «algo» sigue siendo bastante importante e incluso, según el primer estudio, mayoritaria en Estados Unidos. Por lo tanto, la primera afirmación, según la cual los científicos creyentes de nuestra época serían solo una pequeña minoría, aparece como errónea e infundada.

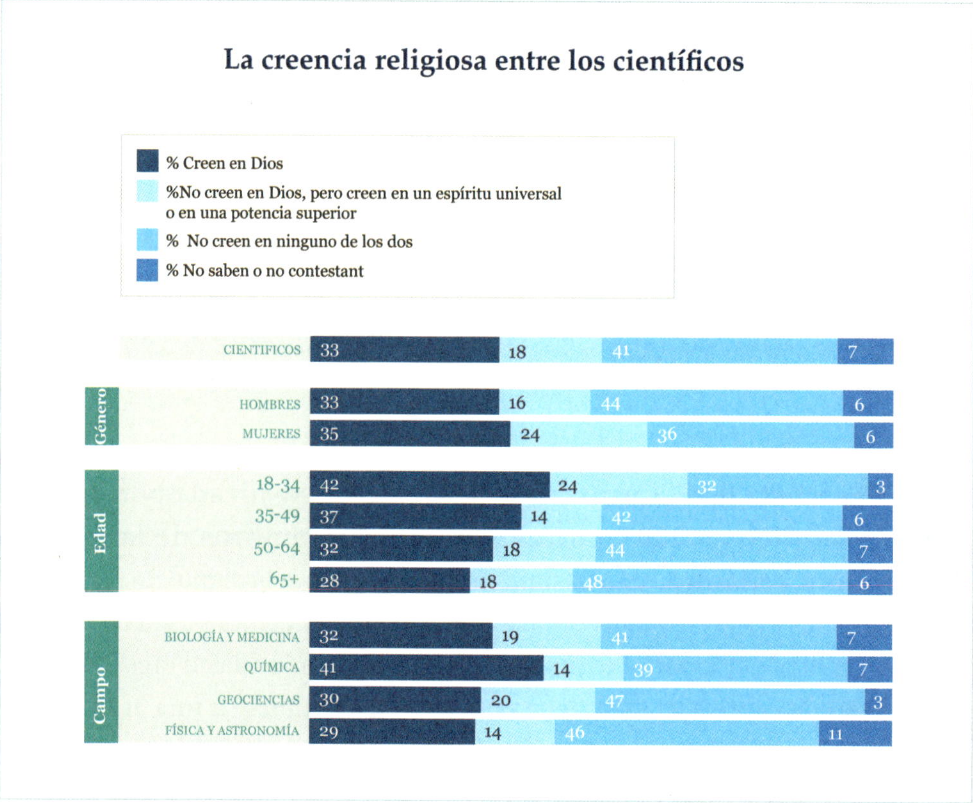

La creencia religiosa entre los científicos
% Creen en Dios
%No creen en Dios, pero creen en un espíritu universal o en una potencia superior
% No creen en ninguno de los dos
% No saben o no contestant
CIENTIFICOS 33 18 41 7
Género
HOMBRES 33 16 44 6
MUJERES 35 24 36 6
Edad
18-34 42 24 32 3
35-49 37 14 42 6
50-64 32 18 44 7
65+ 28 18 48 6
Campo
BIOLOGÍA Y MEDICINA 32 19 41 7
QUÍMICA 41 14 39 7
GEOCIENCIAS 30 20 47 3
FÍSICA Y ASTRONOMÍA 29 14 46 11

Afiliación religiosa del gran público y de los científicos
Entre los científicos (en %)
EVANGÉLICO PROTESTANTE 4
OTRA RELIGIÓN 10
NO SABE NO CONTESTA 4
NADA EN PARTICULAR 20
AGNÓSTICO 11
ATEO 17
JUDÍO 8
CATÓLICO 10
PROTESTANTE 16
Entre el gran público (en %)
NO SABE/NO CONTESTA 1
NADA EN PARTICULAR 12
AGNÓSTICO 2
ATEO 2
JUDÍO 2
CATÓLICO 24
23 PROTESTANTE
EVANGÉLICO PROTESTANTE 28
OTRA RELIGIÓN 6

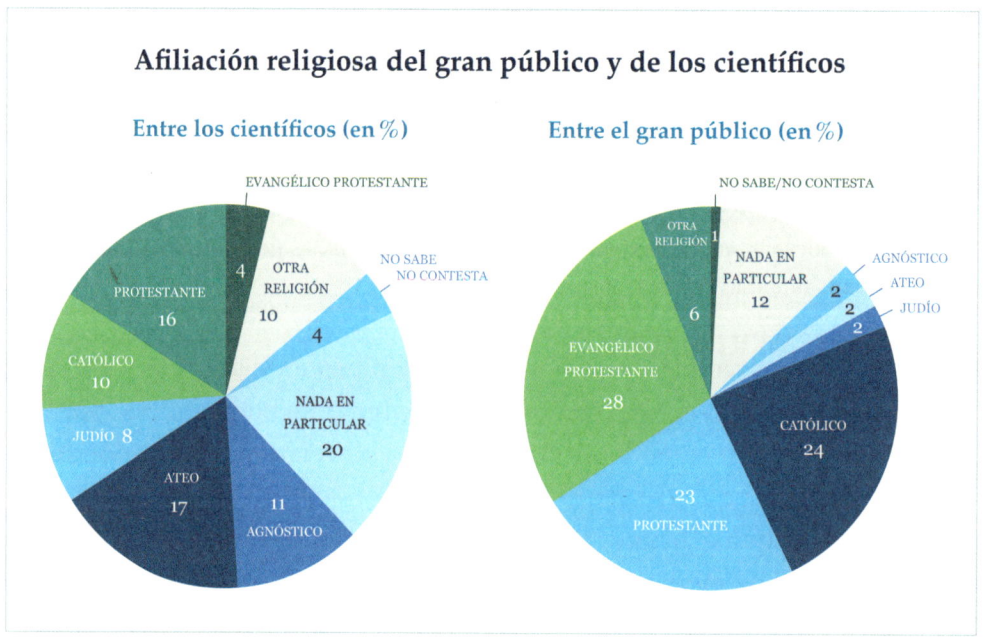

Estudio del Pew Research Center realizado en 2009.

Los países más ricos tienen tendencia a ser menos religiosos, pero los Estados Unidos constituyen una excepción notable

% que declara que la religión desempeña un papel importante en su vida (2011-2013)

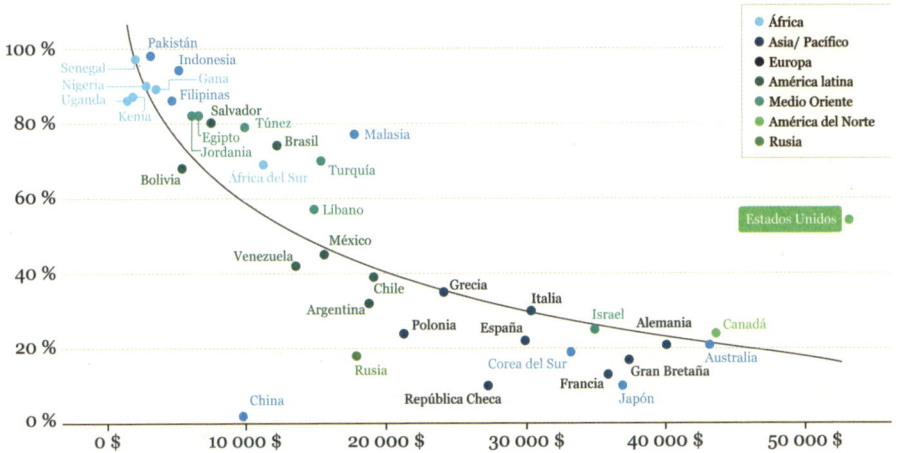

Estimación del PIB por habitante en 2013 (PPA, dólar internacional actual)

Nota: La curva representa la relación logarítmica entre el PIB por habitante y el porcentaje de personas que declaran que la religión desempeña un papel muy importante en su vida. Fuente: Primavera 2011, 2012, 2013. Encuesta sobre las actitudes mundiales. Datos del PIB por habitante (PPA) procedentes de la base de datos de las perspectivas de la economía mundial del FMI, abril de 2014.

PEW RESEARCH CENTER

Fuente: https://www.pewresearch.org/fact-tank/2015/03/12/how-do-americans-stand-out-from-the-rest-of-the-world/.

II. Estudiemos ahora el hecho de que la proporción de científicos creyentes es más pequeña que la proporción de creyentes en la población en general, y miremos cuáles pueden ser los factores que se encuentran en el origen de esta diferencia

Si nos basamos en el estudio del Pew Research Center, que es a la vez el más reciente y el más amplio, constatamos efectivamente que, como en la mayoría de los estudios de este tipo, las personas que creen en «algo» son menos numerosas entre los científicos (51 %) que en el resto de la población de los Estados Unidos (95 %). Esta diferencia, sin embargo, puede tener diferentes causas:

- la ciencia en sí;

- el nivel de vida de los científicos;

- los conflictos ciencia/religión de los últimos siglos;

- el carácter muy reciente de los nuevos descubrimientos en favor de la existencia de un Dios creador (muerte térmica del Universo, cosmología del Big Bang, ajuste fino, improbabilidad de la aparición de la vida debida exclusivamente al azar).

1. Influencia del nivel de vida en la creencia

Un estudio reciente, que proviene también del Pew Research Center,[422] es categórico: en el mundo, cuanto más rica es la gente, menos creyente es. Este fenómeno, que ya evocamos en la introducción de este libro, no es sorprendente. Las facilidades materiales, la seguridad de los sistemas sociales, los avances de la medicina tuvieron como efecto, a primera vista, que se sintiese irrelevante la necesidad de acudir a cualquier tipo de dios para resolver los problemas de los hombres.

---

422. https://www.pewresearch.org/fact-tank/2015/03/12/how-do-americans-stand-out-from-the-rest-of-the-world/.

Si miramos en detalle el estudio del Pew Research Center, la correlación entre nivel de vida y ausencia de creencia parece universal y perfectamente establecida.

El hecho de que los científicos tengan un nivel de vida relativamente acomodado parece explicar que sean menos creyentes que los demás.

Lo que parece seguro es la correlación entre la creencia y el nivel de vida, mientras que la correlación entre la creencia y los conocimientos científicos no lo es.

Por lo tanto, no es posible afirmar a estas alturas que la ciencia implica que creamos menos en Dios. Si los científicos son menos creyentes que el resto de la población puede ser que se deba simplemente a un nivel de vida más elevado.

2. Ojo: ¡correlación no significa razón!

Las correlaciones que se hacen de manera apresurada pueden dar lugar a conclusiones equivocadas. La cuestión de las correlaciones es compleja. En este caso, disponemos de una correlación perfectamente establecida y comprensible entre el grupo constituido por las personas que creen poco y el de las personas que tienen un nivel de vida acomodado. Ahora bien, los científicos pertenecen a este último grupo. Resulta por lo tanto normal que como consecuencia de este único factor sean menos creyentes que el resto de la población.

¿Qué se necesitaría para poder ir más lejos y llegar a la conclusión de una causalidad entre mayores conocimientos científicos y menor creencia en Dios? Habría que poder descartar el papel del parámetro «nivel de vida» como factor de una ausencia de creencia. Para ello, habría que efectuar una encuesta similar, interesándose en personas que pertenecen a sectores profesionales diferentes, que gozan de un nivel de vida equivalente, pero que no tienen conocimientos científicos. Por ejemplo, habría que entrevistar a los profesores, a los abogados, a los escritores, a los actores, etc.

Si resultase que esas categorías, que no poseen conocimientos científicos particulares, son sustancialmente más creyentes que los científicos, se podría entonces concluir que existe un vínculo causal entre la amplitud de los conocimientos científicos y una menor creencia en Dios. Por el contrario, si esas categorías socialmente equivalentes, pero no científicas, resultan ser tan poco creyentes como la de los científicos, se habrá mostrado que la tesis del vínculo entre ciencia y ausencia de creencia no tiene fundamento.

Lamentablemente, que sepamos, no existe ningún estudio de ese tipo, además, no es nada seguro que resultaría probatorio. Efectivamente, se puede suponer que los profesores, los filósofos, los actores, los escritores son tan poco creyentes como los científicos. Si se verificase, la tesis acerca de la existencia de una causalidad entre ciencia y ausencia de creencia perdería todo fundamento.

Ciertamente, no podemos afirmar que no haya ningún vínculo causal entre ciencia y creencia, porque los elementos para hacerlo no existen. Lo que podemos afirmar, en cambio, es que resulta imposible hoy sacar una conclusión de esta correlación. Si nos atenemos a los pocos elementos que existen, se puede incluso tener dudas al respecto. ¡Hemos visto más arriba, por ejemplo, que quienes recibieron el Premio Nobel en ciencias resultaban ser más creyentes que los que obtuvieron el mismo premio en literatura!

3. Viejos conflictos entre ciencia y religión

A pesar de que la mayoría de los grandes descubrimientos científicos modernos hayan sido realizados por científicos cristianos (científicos que, de hecho, siguieron creyendo después de sus descubrimientos, como Copérnico, Galileo, Newton, Kepler...), estos mismos descubrimientos dieron lugar a polémicas sin duda inevitables. Y estas mismas polémicas fueron frecuentemente instrumentalizadas por los adversarios del cristianismo.

Por eso, la historia de la ciencia moderna suele narrarse como un enfrentamiento entre científicos que luchan para imponer sus descubrimientos y religiosos que se empeñan en mantener sus prerrogativas. Muchos científicos de nuestra época han sido influenciados por esos relatos. Lo cual pudo suscitar en ellos un rechazo de las religiones y, por extensión, de la idea misma de la existencia de Dios. Evidentemente, es imposible cifrar el impacto de esta cuestión histórica, pero era importante mencionarla.

4. El carácter demasiado reciente de los descubrimientos que militan a favor de la existencia de Dios

Por lo demás, es importante señalar el carácter demasiado reciente de las pruebas científicas en favor de la existencia de un Dios creador. Todas tienen, efectivamente, menos de una generación:

- La muerte térmica del Universo solo se conoce desde 1998.

- El necesario principio del Universo, sea cual sea (teorema de Borde-Guth-Vilenkin), se remonta solamente a 2003.

- El descubrimiento de los ajustes finos del Universo se remonta solamente a los años 1980.

- El descubrimiento de la complejidad del ADN y de la menor célula viva, que induce la improbabilidad del paso, gracias únicamente al azar, de lo inerte a lo vivo, tiene también menos de una generación.

Actualmente, estos descubrimientos generan polémicas que se parecen a las que provocaron en su tiempo los descubrimientos de Galileo o de Darwin. Estas controversias son probablemente tan inevitables como las que tuvieron lugar en su momento.

¿Cuánto tiempo fue necesario para que los descubrimientos de Darwin fuesen aceptados? ¿Cien años, ciento cincuenta, tal vez? No dudemos de que las nuevas pruebas de la existencia de Dios tardarán también cierto tiempo en surtir efecto.

En este sentido, en el primer estudio Pew, es notable que el porcentaje de personas que creen en «algo» sea mucho más elevado entre los jóvenes científicos americanos (representan el 66 % en dicho grupo) que entre sus mayores, de 65 años y más (donde representan solo el 46 %). Esta encuesta muestra que asistimos tal vez hoy al principio de un vuelco de la opinión entre los científicos.

5. Otro elemento a tomar en cuenta en un eventual vínculo causal entre creencia y saber científico

El estudio de Baruch Aba Shalev parece mostrar que los galardonados del Premio Nobel en las disciplinas científicas serían más creyentes que los de literatura. Si es verdad, este dato es importante: las personas recompensadas con el Premio Nobel pueden a priori ser consideradas como destacables, sea cual sea la categoría en la que se distinguen. Se puede, por lo tanto, concluir que, entre estas mentes notables, la ciencia sería más bien un factor de creencia, y no de ausencia de creencia.

Conclusión

La primera afirmación, según la cual, actualmente, no habría muchos científicos creyentes es, al menos, infundada y muy probablemente inexacta.

La segunda afirmación, según la cual los científicos serían menos creyentes a causa de sus conocimientos científicos, no se basa en ningún elemento que se pueda verificar. Es muy probable que este fenómeno sea el resultado de su nivel de vida o que haya que buscar otras explicaciones, como la historia de las ciencias.

Dos estudios anexos en relación con este capítulo

• **En 2002, la Mensa** (asociación que agrupa a los «superdotados» que tienen un cociente intelectual superior a 132, o sea, potencialmente el 2 % de la población) concluye, al rendir cuenta del análisis de 43 estudios llevados a cabo desde 1927, *«Cuanto más elevado es el nivel de instrucción del individuo o su cociente intelectual, menos*

posibilidades existen de que sea creyente o que se aferre a "creencias",
sean cuales sean».[423]

Pensamos que nos encontramos aquí ante el mismo error de análisis:
efectivamente, la correlación constatada se presenta como una razón,
¡sin dar para ello la menor justificación!

- **El estudio publicado por el Centro Interuniversitario Francés de
  Investigación sobre la Ciencia y la Tecnología (CIRST)** y efectuado
  por dos sociólogos, Kristoff Talin, investigador titular del CNRS,
  y por Yves Gingras, profesor del departamento de Historia de la
  Universidad del Quebec, en Montreal,[424] afirma lo siguiente: *«Cuanto
  más religioso se es, menos competente se es en ciencias».* Los dos
  autores realizaron un análisis comparativo entre prácticas religiosas,
  creencias y nivel de conocimientos científicos en el mundo. Para
  ellos, los resultados son transparentes: cuanto los individuos más se
  identifican con una religión y la practican de manera intensa, menos
  competencias científicas tienen. *«Por regla general, más religión
  implica menos ciencia».* Este estudio del CIRST comete el mismo
  error que el anterior. Confunde correlación y razón.

¿Cómo explicar las diferencias enormes que existen entre los resultados de estos estudios?

¿Cómo puede ser que acerca de una pregunta aparentemente tan simple
como *«¿acaso la ciencia hace que la gente crea menos en Dios?»* se
puedan encontrar estudios científicos cuyos resultados se sitúan en los
dos extremos, o casi, del espectro de las respuestas posibles? Entre el
51 % de científicos que creen en «algo», en Estados Unidos, en el estudio
del Pew Research Center, el 90 % de los científicos premiados del Nobel
creyentes, o al menos vinculados a una religión, del estudio discutible de
Baruch Aba Shalev, y luego el 3 % de científicos creyentes en el estudio

423. *Mensa Magazine*, UK edition, febrero de 2002, p. 12.

424. Información publicada en el periódico francés *Le Monde* el 21 de abril de 2020.

de Cornwell y Stirrat, tenemos la impresión de que se puede leer todo y
su contrario sobre el tema.

Estas divergencias se deben muy probablemente al carácter emocional
del propio tema. Ya lo hemos mencionado, la cuestión de la correlación
entre saber científico y creencia está relacionada con la de la existencia
de Dios. Lo que se traduce en ciertas elecciones, conscientes o no, de
métodos que orientan los resultados de los estudios según los a priori
de quienes los conciben. Como hemos visto, varios parámetros pueden
entrar en juego:

• preguntas mal formuladas,

• correlaciones transformadas de inmediato en conclusiones,

• grupos de estudio no representativos, o incluso claramente sesgados,

• estadísticas basadas en promedios entre grupos demasiado diferentes.

Después de estos dos capítulos dedicados a las opiniones de los científicos, surge una pregunta, legítimamente: ¿cuáles eran las creencias de
los principales científicos que desempeñaron un papel de primer plano
en los grandes avances científicos del siglo XX? Dos casos resultan
particularmente interesantes: el de Einstein, que es claramente el físico
más relevante del siglo pasado, y el de Gödel, el matemático y lógico
más importante desde Aristóteles, como afirmaba John von Neumann.

Como lo vamos a ver en los dos capítulos siguientes, la cuestión de
Dios no les resultaba ajena. Es más, la reflexión de uno y de otro sobre
la cuestión de su existencia parece estar en relación estrecha con sus
trabajos científicos.

15.

¿En qué creía Einstein?

Einstein es uno de los científicos más importantes del siglo XX, al menos se lo considera como tal en la opinión pública. Por eso, sus declaraciones acerca de la existencia de un Dios creador siempre tuvieron un peso particular y no dejaron de ser examinadas de manera muy minuciosa por los comentaristas. Muchos son los que escogieron en sus afirmaciones tal toma de posición o tal otra, con una idea bien precisa en mente: la de ponerle una etiqueta e integrarlo entre los suyos. Sin embargo, las afirmaciones de Einstein sobre el tema de la existencia de Dios pueden parecer poco claras, e incluso contradictorias;[425] por eso, hay que mirarlas detenidamente.

En realidad, para encontrar una coherencia en las declaraciones que Einstein pudo hacer sobre el tema es necesario distinguir en él al científico del hombre. Si el científico, en su campo de competencia, reconoce la existencia necesaria de una inteligencia *«infinitamente superior»* para el origen de la creación del mundo, el hombre, por su parte, no se adhiere a la idea de un dios personal ni a ninguna religión en particular. Entre los científicos su caso no es único: por eso, el análisis de su recorrido intelectual resulta particularmente interesante.

---

425. Así, Richard Dawkins, en su *best seller* sobre el ateísmo, *El espejismo de Dios* (Madrid, Booket, 2013), explica de manera interesada, durante cinco páginas, a partir de una compilación realizada por Max Jammer (*Einstein and Religion*) que Einstein no era creyente, pero que tenía una vaga idea de «veneración panteísta» y que era levemente *«deísta»*, o sea, que *«utilizaba la palabra de Dios en un sentido puramente poético, metafórico»*. Concluye de este modo: *«El Dios metafórico de los físicos se encuentra a años luz del Dios de la Biblia»*. Se trata de una interpretación sesgada e inexacta de sus declaraciones. Por el contrario, el filósofo alemán Eric Gutkind intentó, en los años 1950, utilizar las declaraciones de Einstein para defender la religión judía, por lo que Einstein le envió una carta de protesta que se volvió famosa, carta que citaremos más adelante.

Einstein, que no había tenido formación religiosa,[426] hace claramente la distinción entre el dios que estaría en el origen del Universo y en el que cree —porque su existencia deriva, en cierto modo, de su propio trabajo científico— y el Dios de la Biblia en el que, personalmente, no cree. Si aceptamos esta pauta de lectura, lo que podría parecer incoherente se aclara. A partir de ahí, se pueden clasificar sus citas en dos grandes grupos: por un lado, la citas en las que afirma su creencia en un Dios creador y, por el otro, aquellas en que rechaza las religiones.

Citas en las que Einstein expone su creencia en un Dios creador:

- *«Toda persona que está implicada de manera seria en los avances de la ciencia toma conciencia de la presencia manifiesta de un espíritu inmensamente superior al del hombre ante el cual tenemos que sentirnos humildes, con nuestras modestas facultades. Así, dedicarse a la ciencia lleva a un sentimiento religioso un poco especial, sin duda muy diferente a la religiosidad de una persona más ingenua».*[427]

- *«Pienso que la inteligencia del Universo es un milagro o un misterio eterno. [...] Aquí se encuentra el punto débil de los ateos profesionales, que se sienten felices porque piensan haber vaciado el Universo, no solo de todo aspecto divino, sino también de lo milagroso. De manera extraña, tenemos que resignarnos a reconocer el "milagro" sin que haya una vía legítima para ir más allá. Me veo obligado a añadir esto para que no crean que, debilitado por la edad, he caído en manos de curas».*[428]

- *«Mi religión consiste en una humilde admiración hacia el espíritu superior y sin límites que se revela en los menores detalles que podemos percibir gracias a nuestros espíritus débiles y frágiles. Esta profunda convicción sentimental de la presencia de una razón*

426. *«En realidad, mi primera formación religiosa, de cualquier tipo que sea, fue el catecismo católico. Por supuesto, solamente porque la escuela primaria en la que empecé mi escolaridad era católica»* (Entrevista de Gustav Bucky, citado en Peter A. Bucky & Allen G. Weakland, *The Private Albert Einstein*, Andrews McMeel Publ., 1993).

427. Albert Einstein, *Carta a un niño*, Princeton, 1936.

428. Albert Einstein, *Cartas a Maurice Solovine*, marzo de 1952, CF 308.

potente y superior revelándose en el Universo incomprensible, esa es mi idea de Dios».[429]

- «Quiero saber cómo Dios creó el mundo. No me interesa tal o cual fenómeno, tal o tal elemento. Quiero conocer el pensamiento de Dios; el resto no es más que detalle».[430]

- «Todo está determinado por fuerzas sobre las que no tenemos ningún control. Está determinado para los insectos así como para las estrellas. Seres humanos, vegetales, o polvo cósmico, todos bailamos al son de una tonada misteriosa y lejana de un flautista invisible.».

- «No soy ateo y no creo que pueda considerarme panteísta. [...] Lo que me separa de la mayoría de aquellos a los que llamamos ateos es el sentimiento de una humildad total ante los secretos inaccesibles de la armonía del cosmos. [...] Los ateos fanáticos son como esclavos que sienten siempre el peso de las cadenas de las que se desprendieron después de una lucha encarnizada. Son criaturas que, en su rencor hacia la religión tradicional concebida como "opio del pueblo", ya no pueden escuchar la música de las esferas celestes».[431]

- «Sentir que, detrás de todo lo que puede concebir la experiencia, se encuentra algo que nuestra mente no puede entender y cuya belleza y carácter sublime nos alcanza toca indirectamente solo bajo la forma de un pálido reflejo, eso es lo religioso. En ese sentido, soy religioso».

- «Yo considero que la religiosidad cósmica es el motor más fuerte y noble de la investigación científica».[432]

- «Un contemporáneo dijo con razón que, en nuestra época generalmente volcada en el materialismo, los científicos serios son los únicos hombres que son profundamente religiosos».[433]

---

429. Peter A. Bucky & Allen G. Weakland, *The Private Albert Einstein*, Andrews McMeel Publ., 1993. Citado por su biógrafo Lincoln Barnett en *El universo y el doctor Einstein*, Fondo de Cultura económica, 2003.

430. Albert Einstein a Paul Dirac y Esther Salaman.

431. *Einstein: His Life and Universe*, Walter Isaacson, Simon & Schuster, 2007.

432. Albert Einstein, *El mundo tal como yo lo veo*, Barcelona, Brontes, 2012.

433. Ídem.

- *«El científico se maravilla ante la armonía de las leyes de la naturaleza en las que se revela una inteligencia tan superior que, en comparación, todos nuestros pensamientos humanos, con toda su ingeniosidad, no pueden sino revelar su vacuidad irrisoria».* [434]

Hay palabras acerca de Dios a la largo de toda su carrera y en las charlas que tuvo con sus pares:

- *«El azar es Dios que se pasea de incógnito».* [435]

- *«La ciencia sin la religión cojea, la religión sin la ciencia es ciega».* [436]

- *«El descubrimiento, verificado, de una ley fundamental de la naturaleza es una inspiración de Dios».* [437]

Einstein suele hablar del «maravilloso Spinoza», haciendo explícitamente referencia al Dios de este filósofo, que, como es bien sabido, también siente suyo: *«Creo en el Dios de Spinoza que se revela en la armonía perfectamente ordenada de lo que existe, y no en un Dios que se preocupa por el destino y las acciones de los seres humanos».* De hecho, es en referencia al Dios de Spinoza que el padre de la relatividad lanzó en 1927 a su colega, el físico Niels Bohr, su célebre fórmula: *«¡Dios no juega a los dados!».*

A veces también se refiere a Leibniz, entre otras cosas cuando explica que Max Planck *«ve, estupefacto, cómo el caos aparente se resuelve en un orden sublime que no puede ser atribuido al funcionamiento de su espíritu sino al mundo que observa; es lo que Leibniz, de manera tan acertada, designaba como una "armonía preestablecida"».* [438]

---

434. Ídem.

435. *Discursos y entrevistas* (1879-1955).

436. A. Einstein, *Pensées intimes,* 2000 y Peter A. Bucky & Allen G. Weakland, *The Private Albert Einstein*, Andrews McMeel Publ., 1993.

437. En Princeton, 1932, según Henry Margenau en *Cosmos, Bios, Theos,* Open Court Ed., 1992, p. 62.

438. *Zu Max Plancks sechzigstem Geburtstag: Ansprachen gehalten am 26. April 1918 in der Deutschen Physikalischen Gesellschaft*, Karlsruhe, 1918.

Citas en las que Einstein rechaza la idea de un Dios personal y las religiones:

Hay que empezar por la famosa carta a Gutkind:

- *«Sin la recomendación de Brouwer, no me habría sumergido en su libro de ese modo, porque está escrito en un idioma que me resulta inaccesible. La palabra Dios no es para mí sino la expresión y el producto de la debilidad humana, la Biblia es una compilación de leyendas honorables, pero puramente primitivas y al mismo tiempo bastante pueriles. Ninguna interpretación, sea cual sea su sutileza, logrará hacerme cambiar de opinión. Para mí, la religión judía, como todas las otras religiones, es la encarnación de las supersticiones más infantiles. [...] Ahora que he indicado de manera bastante abierta las diferencias entre nuestras convicciones intelectuales, me parece bastante claro que nos acercamos en temas esenciales, o sea, en nuestras evaluaciones del comportamiento humano».* [439]

- *«Lo que usted leyó acerca de mis convicciones religiosas era, por supuesto, una mentira, una mentira que se repite de manera sistemática. No creo en un Dios personal y, lejos de ocultarlo, lo expresé de manera bastante clara. Si hay en mí algo que se puede considerar religioso, es mi admiración sin límites por la estructura del mundo en la medida en que nuestra ciencia puede revelarla».* [440]

- *«Soy un no creyente profundamente religioso. Se trata de una religión de un tipo bastante nuevo. Nunca le atribuí a la Naturaleza un objetivo o una meta, ni nada que pueda considerarse como antropomórfico. Lo que veo, en ese sentido, en la Naturaleza es una magnífica estructura que no se puede entender sino imperfectamente y que debe darle al que reflexiona un profundo sentimiento de humildad. Es un sentimiento auténticamente religioso que no tiene nada que ver con el misticismo.*

---

439. Carta manuscrita de Einstein a Eric Gutkind, vendida en Christie's por 2,89 millones de dólares en 2018.

440. Carta del 24 de marzo de 1954 citada en el libro *Albert Einstein, the Human Side*, editado por Helen Dukas y Banesh Hoffman, Princeton University Press, 1979, p. 23.

La idea de un Dios personal me resulta totalmente ajena y parece incluso ingenua».

- *«Si ese ser divino es omnipotente, entonces todo lo que ocurre, todas las acciones, pensamientos, sentimientos y aspiraciones humanos, también son su obra; ¿cómo podemos entonces considerar a los hombres como responsables de sus actos y de sus pensamientos ante un Ser todopoderoso? Atribuyendo castigos y recompensas, se juzgaría a sí mismo, en cierta medida. ¿Cómo se puede conciliar esto con la bondad y la justicia que se le atribuyen?».*[441]

- *«No, claramente no, no creo que un hombre tenga que contenerse en sus acciones cotidianas por miedo a un castigo después de la muerte, ni que tenga que hacer algunas cosas porque, de ese modo, será recompensado después de su muerte. Carece de sentido».*[442]

- El caso de Einstein es particularmente interesante. No había recibido ninguna educación religiosa, no tenía fe alguna e incluso hacía alarde de una franca hostilidad hacia todas las religiones. Pero su trabajo de científico, totalmente centrado en el cosmos, y la extraordinaria armonía que descubrió en él —lo que llamó «la inteligencia del Universo»— lo llevaron a franquear la etapa del deísmo. *«Mi religión consiste en una humilde admiración hacia el espíritu superior y sin límites que se revela en los menores detalles que podemos percibir...».* Einstein, uno de los más grandes científicos del siglo XX, fue llevado a creer en un Dios creador gracias a la ciencia, y eso a pesar de sus prejuicios, totalmente hostiles a tal idea. Las razones que da acerca de la convicción que es la suya son plenamente científicas, como lo hemos visto más arriba.

---

441. *Out Of My Later Years*, Philosophical Library, NY, 1950, p. 32.

442. Entrevista por Gustav Bucky, citada en Peter A. Bucky & Allen G. Weakland, *The Private Albert Einstein*, Andrews McMeel Publ., 1993.

16.

¿En qué creía Gödel?

¡Rayos y truenos! ¡Estupor en el cielo de las matemáticas!

Kurt Gödel (1906-1978).

David Hilbert era uno de los más grandes matemáticos de principios del siglo XX. Había enunciado una cierta cantidad de problemas que las matemáticas tenían que resolver. Uno de ellos le parecía particularmente esencial: demostrar que las matemáticas constituían un sistema a la vez completo y coherente. Puede parecer anodino, pero es una cuestión que tiene un gran alcance filosófico. Efectivamente, si semejante demostración fuera posible, se podría entonces, en teoría, juzgar la falsedad o veracidad de cualquier tipo de proposición lógica. Hilbert no dudaba en llamar la solución «final» al problema de la lógica. [443] Se ve aquí perfectamente cuál es la ideología que subyace en esta investigación. Siempre la idea de «enmarcar» la realidad, de cerrarla por completo, de decir *«ya está, examinamos la cuestión de manera completa, circulen, no hay nada*

---

443. O la solución *«finalista»*, según algunas traducciones.

más que esperar, agotamos la realidad, la encerramos en nuestras ecuaciones», es la ideología que se encuentra en el corazón tanto del positivismo lógico como del materialismo dialéctico que reinaban por entonces en las ciencias. [444]

Este proyecto va a venirse abajo el 7 de octubre de 1930, en Königsberg, la ciudad natal de Kant, en un coloquio en que la élite de las matemáticas estaba reunida en torno al tema *«La epistemología de las ciencias exactas»*. Al final del coloquio, un muchacho bajo, delgado, tímido, con unas gafas finas, se levantó. Se llamaba Kurt Gödel, acababa de terminar su tesis en la Universidad de Viena bajo la dirección de Hans Hahn. El muchacho pronunció una sola frase: *«Si se supone que las matemáticas clásicas son coherentes, se pueden construir proposiciones matemáticas que son contextualmente verdaderas pero indemostrables en el sistema formal de las matemáticas clásicas».*

Los testigos de la escena dicen que Gödel había hablado con una voz lo bastante fuerte como para poder ser oído por todos. Pero, si bien la frase llegó a los oídos de los participantes, no llegó hasta su mente.

No hay nada más formal que la noción de verdad en matemáticas. Algo es verdadero si y solamente si se puede demostrar esa verdad. Ahora bien, el muchacho acababa de decir que ciertas proposiciones matemáticas podían ser a la vez verdaderas e indemostrables. Probablemente habían oído mal, no podía ser. Nadie reaccionó, nadie le hizo preguntas a Gödel. Un solo participante entendió lo que acababa de pasar: John von Neumann, uno de los genios del siglo XX, quien será más tarde el padre del primer ordenador y uno de los miembros clave del proyecto Manhattan de construcción de la bomba atómica.

«—Si lo que usted dice es verdad —le dijo a Gödel después del coloquio—, entonces es imposible mostrar la coherencia del conjunto de las matemáticas, incluyendo la aritmética.

---

444. Para denunciar de manera firme lo que llama el *ignorabimus* alemán, o sea, una forma de paso atrás —e incluso de derrotismo— ante los nuevos desafíos del conocimiento, Hilbert lanzó un eslogan que se va a volver célebre en el mundo entero y que se encuentra grabado en su tumba: *«Wir müssen wissen, wir werden wissen»*, o sea: *«Tenemos que saber, sabremos».*

—*Así es* —contestó Gödel—, *se trata de mi segunda conclusión, ya está en la imprenta»*.

¡Ese resultado implica que todo sistema lógico coherente está inevitablemente incompleto! ¡Por eso mismo se habla de «teorema de incompletitud»!

Neumann vio inmediatamente que eso significaba el fin del programa de Hilbert: si el muchacho tenía razón, la lógica no podía fundamentarse en sí misma, la aritmética tampoco, ni las matemáticas.

Cuando Gödel publicó el año siguiente su demostración, fue un auténtico maremoto, un tsunami que se abatió sobre los matemáticos. Hermann Weyl, uno de los grandes matemáticos de la época, habló de *«debacle»* y de *«catástrofe»*: *«El ideal de axiomatización inaugurado por Euclides hace dos mil años, el paradigma mismo de la racionalidad, acababan de ser pulverizados y, peor aun, el golpe fue asestado en el momento en que Hilbert acababa de lograr el perfeccionamiento de la idea misma de "sistema axiomático formal". Los resultados, así como los métodos empleados por Gödel en su demostración, eran tan sorprendentes que los matemáticos y los especialistas en lógica tardaron varios años antes de vislumbrar su auténtico alcance».*[445]

El momento del éxito

El artículo de Gödel no estaba al alcance de cualquiera. Incluso algunos matemáticos de primer plano tuvieron dificultades para entenderlo. Pero John von Neumann le aportó un apoyo incondicional: *«El éxito de Kurt Gödel en lógica moderna es singular y monumental; en realidad, es más que un monumento, es un faro, que seguirá siendo visible muy lejos en el espacio y en el tiempo».* De hecho, el nombre de Gödel se puso a circular en los congresos. ¡En cuanto a Hilbert, ¡estaba aterrado! Cuando terminó por entender el alcance inmenso del teorema de incompletitud, se dio cuenta de que ese muchacho medio rubio, con quien se había cruzado

---

445. Palle Yourgrau, *Einstein/Gödel, quand deux génies refont le monde*, París, Dunod, 2005, p. 69.

tomándolo por una especie de loco, arruinaría para siempre su sueño de demostrarlo y resolverlo todo gracias exclusivamente a las matemáticas...

Albert Einstein y Kurt Gödel en Princeton.

Sin haberlo buscado, Gödel se transformó rápidamente en una celebridad internacional entre los matemáticos. Fue invitado, entre otros lugares, a hacer estancias en el Instituto de Estudios Avanzados de Princeton, una especie de refugio para genios que recibía en Estados Unidos a los grandes científicos europeos que huían del nazismo. Allí se instaló definitivamente en

Kurt Gödel recibe el primer premio Albert Einstein en 1951.

1940, después de haber escapado de los nazis de manera épica. Gödel y su esposa, efectivamente, cruzaron la URSS a bordo del transiberiano: una vez en Japón, alcanzaron San Francisco en barco.

Terminado su periplo, Gödel pudo entrevistarse con un tal... Einstein, llegando a ser uno de sus mejores amigos.

Durante más de quince años, esa amistad estará puntuada por el ritual inmutable del paseo cotidiano que hacen juntos en el inmenso parque de la universidad. La consideración muy particular de Einstein hacia Gödel subyace en esta confesión que el Maestro le hizo al economista Oskar Morgenstern: *«Mi propio trabajo no significa gran cosa y, si vengo al Instituto, es por el privilegio de volver a casa en compañía de Gödel».*[446]

---

446. Rebecca Goldstein, *Incompleteness, the Proof of Kurt Gödel*, W. W. Norton & Company, Nueva York, 2005, p. 33.

Lamentablemente, las charlas entre los dos más grandes genios del siglo XX se perdieron para siempre, ya que, como se veían cada día, ¡nunca se escribían! Tenemos, no obstante, algunos fragmentos de sus conversaciones gracias el relato que Gödel hizo al respecto en las cartas a su madre.

¿Qué nos dice el famoso «teorema de incompletitud»?

El matemático inglés Marcus du Sautoy, de la Universidad de Oxford, lo resume en estos términos: *«Existen afirmaciones matemáticas verdaderas acerca de las cuales nunca podremos demostrar que son verdaderas»*.[447] ¿Cómo puede ser? Pues utilizando una herramienta esencial, la autorreferencia.

Gödel parte de un sistema lógico, S, del cual se puede demostrar que es «coherente», o sea, que no permite construir proposiciones falsas del tipo 2+2= 5. Logra entonces construir una proposición, que se llama actualmente «G», en honor a Gödel, que dice de ella misma (¡de manera autorreferencial!): *«No existe demostración alguna de G que pertenezca al sistema S»*. Lo cual es verdad, por el simple motivo de que, ya que se demostró primero que el sistema S era coherente, si se puede construir a partir de él una proposición que dice que no existe demostración de ella misma en el sistema considerado... pues, ¡es que no existe! ¡De lo contrario, el sistema S sería incoherente!

Esta proposición es por lo tanto verdadera, pero no demostrable en el sistema S; por supuesto, será demostrable en el sistema S', más grande que S, pero se podrá construir inmediatamente en ese sistema una proposición G', verdadera pero no demostrable en S'. A su vez, dicha proposición será demostrable en un sistema más grande S", pero, por supuesto, en S" habrá una proposición G", verdadera pero no demostrable en S", y así sucesivamente (es lo que se llama un razonamiento por recurrencia). ¡Por lo tanto, en todo sistema coherente, hay proposiciones verdaderas pero indemostrables!

---

447. Marcus du Sautoy, *Ce que nous ne saurons jamais*, París, Héloïse d'Ormesson, 2017.

Como lo dijo el propio Gödel, la base de su sistema reside en la idea de que la noción de verdad en matemáticas es más vasta que la noción de demostrabilidad (¡aún hoy, esta conclusión es difícil de admitir para algunos matemáticos!). [448]

¿Cuáles son las consecuencias del teorema de Gödel?

Hoy en día, si es infinitamente menos conocido que Einstein, Gödel es considerado por sus pares como un genio único. Se habla de la *«revolución gödeliana»* como de una de las más profundas en la historia de las matemáticas y de la lógica. Las palabras del matemático y filósofo francés Pierre Cassou-Noguès expresan perfectamente el consenso que existe al respecto: *«Kurt Gödel fue uno de los más grandes especialistas de lógica de la Historia. Su teorema de incompletitud, publicado en 1931, es tal vez la proposición matemática más significativa del siglo XX».* [449]

No obstante, más de medio siglo después de su muerte, el debate sigue siendo intenso sobre las consecuencias directas o indirectas de su teorema. La consecuencia más ampliamente admitida es que, al mostrar, como lo hemos visto, que la noción de verdad es más vasta en matemáticas que la noción de demostrabilidad, el teorema conforta la posición «platónica» en matemáticas. Dicha posición, que afirma que los objetos matemáticos existen independientemente del cerebro humano, fue perfectamente resumida por el gran matemático y físico Roger Penrose, premio Nobel de Física en 2020, y apasionado por los trabajos de Gödel así como por sus implicaciones: *«Según Platón, los conceptos y las verdades matemáticas residen en un mundo real desprovisto de toda noción de localización espaciotemporal. El mundo de Platón, distinto del mundo físico, es un mundo ideal de formas perfectas a partir del cual tenemos que comprender este mundo físico. A pesar de que el universo platónico no se deje reducir a nuestras construcciones mentales imperfectas, nuestro espíritu tiene directamente acceso a él, gracias*

448. Hao Wang, *Kurt Gödel*, París, Armand Colin, 1990, p. 201.

449. Pierre Cassou-Noguès, *Les démons de Gödel: Logique et folie*, Seuil, 2007. Frase que figura en la contraportada.

a un "conocimiento inmediato" de las formas matemáticas y a una capacidad para razonar sobre esas formas. Veremos que, si nuestra percepción platónica puede ocasionalmente valerse del cálculo, no se encuentra limitada por este último. Es ese potencial de "conocimiento inmediato" de los conceptos matemáticos, ese acceso directo al mundo platónico, lo que confiere a la mente un poder superior al de todo dispositivo cuya acción se fundamenta únicamente en el cálculo».[450]

No se trata de un debate filosófico, sino verdaderamente ontológico. Si los objetos matemáticos *«existen independientemente de la mente humana»* es efectivamente porque hay otro mundo o, al menos, otra dimensión en la que esos objetos existen independientemente de toda persona para pensarlos.[451]

La última frase de la cita de Penrose merece nuestra atención. Según él, la posibilidad para la mente humana de acceder directamente a ese *«mundo de las matemáticas»* le otorga un poder superior al de los ordenadores, los cuales, por definición, no pueden tener acceso a él.

En dos libros que provocaron escándalo entre los defensores de una concepción materialista de la mente humana, Penrose pretende demostrar que el teorema de Gödel basta para afirmar que la mente es superior a toda máquina.[452] Uno de esos dos libros comporta de hecho la demostración más accesible del teorema de Gödel que se haya propuesto.[453]

Sin entrar en los detalles de su tesis, que suscita aún muchos debates en el mundo de la lógica, de las matemáticas y de la inteligencia artificial, el

---

450. Roger Penrose, *Las sombras de la mente: Hacia una comprensión científica de la consciencia*, Madrid, editorial Crítica, 2012.

451. El debate entre el matemático Alain Connes y el neurólogo Jean-Pierre Changeux, este último profundamente ateo, muestra lo que está en juego para los materialistas en el hecho de rechazar la posición del platonismo en matemáticas (ver al respecto el libro que escribieron en común, *Materia de reflexión*, Barcelona, Tusquets, 2002.)

452. Roger Penrose, *La mente, la computadora y las leyes de la física*, edición francesa InterÉditions, 1992 (*L'esprit, l'ordinateur et les lois de la physique*) y *Las sombras de la mente: Hacia una comprensión científica de la consciencia*, Madrid, editorial Crítica, 2012.

453. Roger Penrose, *Las sombras de la mente: Hacia una comprensión científica de la consciencia*, Madrid, editorial Crítica, 2012.

argumento de Penrose es el siguiente: si nuestra mente fuese comparable a un ordenador, utilizaríamos un sistema de axiomas «S» para determinar la verdad o la falsedad de las proposiciones en matemáticas, como pueden hacerlo hoy inteligencias artificiales que demuestran teoremas de manera automática. Ahora bien, ese sistema tendría forzosamente su propia proposición «G», la famosa proposición acerca de la cual vimos que es no demostrable en el sistema, pero que un observador humano entiende inmediatamente como verdadera.

Para Penrose, esto implica que «no es utilizando un procedimiento de cálculo como los matemáticos humanos establecen la verdad de la proposición "G"». En otros términos, entendemos la verdad de esta proposición gracias a una forma de acceso que trasciende las verdades matemáticas. Se puede objetar en esta demostración que una imposibilidad semejante podría *también* existir para una mente humana. Es lo que pensaba el propio Gödel: si bien afirmó con firmeza, y de manera repetida, que la mente humana era de naturaleza inmaterial, consideraba que su teorema no bastaba para demostrar este carácter inmaterial.

Gödel publicó poco durante su vida, pero dejó miles de páginas en unas libretas. Como Leonardo da Vinci, escribía utilizando un lenguaje codificado, recurría al Gabelsberger, una forma especial de lenguaje dactilografiado que muy pocas personas en el mundo pueden descifrar. Gracias a la pareja formada por John y Cheryl Dawson, que aprendieron ese lenguaje para poder traducir los escritos de Gödel, podemos hoy conocer sus ideas.

Cuarenta años antes que Penrose, Gödel había escrito con su letra misteriosa en una de sus pequeñas libretas: *«Mi teorema de incompletitud implica que o bien la mente no es mecánica [no es la producción de una máquina como el cerebro], o bien la menta humana no puede entender su propio mecanismo».*[454] Por consiguiente:

- o bien el espíritu humano es una realidad independiente del mundo material

---

454. Hao Wang, *A Logical Journey — From Gödel to Philosophy*, MIT Press, 1996, p. 186.

- o bien los objetos matemáticos tienen una realidad fuera de ese mismo mundo material.

Para Gödel, estas dos proposiciones eran absolutamente verdaderas, pero lo que su teorema demuestra es que, de las dos, al menos una era verdadera, lo que a sus ojos aseguraba la derrota del materialismo.[455]

Por eso mismo Gödel afirma: *«Mi teorema muestra solamente que la mecanización de las matemáticas, o sea, la eliminación de la mente y de las entidades abstractas, es imposible».*[456]

Espíritu, ¿estás ahí?

El espíritu era central para Gödel. Pero el lógico que era fue más allá: *«El espíritu y la materia son dos cosas diferentes. [...] Es una posibilidad lógica que la existencia de un espíritu separado de la materia sea una cuestión que se pueda comprobar. [...] Podría ser que no hubiese suficientes células nerviosas para realizar todas las funciones del espíritu».*[457]

Extendía su concepción no materialista del espíritu a la de la naturaleza de la vida y de su evolución: *«No creo que el cerebro haya aparecido de manera darwiniana. De hecho, se puede refutar. Un mecanismo simple no puede conducir al cerebro».* Gödel pensaba que el darwinismo, que llamaba el *«mecanicismo en biología»*, algún día sería refutado de manera racional: *«Creo que el mecanicismo en biología es un prejuicio de nuestro tiempo que será refutado. A mi parecer, la refutación tomará la forma de un teorema de matemáticas que mostrará que la formación a lo largo de los tiempos geológicos de un cuerpo humano gracias a las leyes de la física (o de otras leyes de naturaleza similar), a partir de una distribución aleatoria de partículas elementales, es*

---

455. Este hecho, poco conocido incluso entre los matemáticos profesionales, queda demostrado en el libro de Pierre Cassou-Noguès, a través del análisis de citas que proceden de las libretas de Gödel: ver Pierre Cassou-Noguès, *Les démons de Gödel: Logique et folie*, París, Seuil, 2007, pp. 121-126.

456. Pierre Cassou-Noguès, op. cit., p. 122. Cabe notar el «solamente» que Gödel incluyó en su frase, lo que muestra a la vez su modestia y su prudencia.

457. Hao Wang, *Kurt Gödel*, París, Armand Colin, 1990, p. 191.

tan poco probable como la separación por azar de la atmósfera en sus diferentes componentes».[458]

En realidad, Gödel es muy coherente; intenta hacer en neurología y biología lo que hace en la lógica: construir un teorema que muestre la incompletitud de los razonamientos materialistas.

En neurología, ese teorema afirmaría que, a pesar de su ingente cantidad, no hay en las neuronas del cerebro humano una capacidad de almacenamiento suficiente como para producir todas las operaciones realizadas por una mente. Del mismo modo, otro teorema mostraría que, a pesar de la inmensidad de los tiempos geológicos, no hay suficiente tiempo como para que el conjunto de los seres vivos y de sus órganos complejos puedan derivar de la primera célula gracias a un proceso de tipo darwiniano, basado únicamente en mutaciones que resultan del azar y de la selección natural.

A pesar de ser un teórico, Gödel no dejó de experimentar en este ámbito. En las cartas dirigidas a su madre, explica que hizo más de doscientas pruebas con su esposa Adèle, muy dotada, según él, para la intuición, y ¡capaz de adivinar barajas sin verlas con una probabilidad muy superior a la de un resultado aleatorio![459] Además, Gödel escribió mucho acerca de la intuición, cuyo carácter repentino e instantáneo, en oposición al proceso de adquisición de los conocimientos, le parecía ser una prueba suplementaria de la naturaleza no material del espíritu humano.

Pero, si el espíritu humano no es material y si no es el producto del cerebro, ¿podrá subsistir después de la muerte? Gödel da una respuesta positiva a esa pregunta.

Entre julio y octubre de 1961, el lógico le escribe cuatro cartas a su madre, Marianne, quien se había quedado en Viena. Ambos ignoran si se van a volver a ver en vida, por lo que Marianne le pregunta si volverán a verse después de la muerte.

---

458. Hao Wang, *Kurt Gödel*, París, Armand Colin, 1990, p. 192.

459. Pierre Cassou-Noguès, *Les démons de Gödel: Logique et folie*, París, Seuil, 2007, p. 36.

Gödel, que era hiperracional[460] y ponía la lógica y la razón por encima de todo, nunca hubiese podido deformar su pensamiento para consolar a alguien, aunque se tratara de su propia madre: le hubiese parecido una terrible traición a la lógica y a la razón.[461] Por eso podemos estar seguros de que sus palabras (escritas en este caso en un lenguaje simple y accesible, ya que su madre no sabía nada de ciencias) expresan el fondo de su pensamiento. Este es el razonamiento, íntegro, que se encuentra en su carta del 23 de julio de 1961: «*El mundo no es caótico ni arbitrario, sino que, como lo muestra la ciencia, la regularidad más grande y el orden más grande reinan por todas partes. El orden es una forma de racionalidad. La ciencia moderna muestra que nuestro mundo, con todas sus estrellas y sus planetas, tuvo un comienzo y tendrá probablemente un final. Por lo tanto, ¿por qué solo habría de existir este mundo? Ya que un día aparecimos en este mundo sin saber ni cómo, ni desde dónde, lo mismo puede producirse de nuevo en otro mundo, del mismo modo. Si el mundo está ordenado de manera racional y tiene un significado, entonces tiene que haber otra vida. ¿Para qué serviría producir una esencia (el ser humano) dotada de un número tan grande de posibilidades de desarrollos individuales y de evoluciones en sus relaciones, pero a la que no se le permitiría realizar sino una milésima parte de ellas? Sería como establecer los cimientos de una casa haciendo grandes esfuerzos, para luego dejar que todo se desmoronase*».[462]

En el marco de nuestro libro, resulta muy interesante destacar que, si bien era demasiado temprano para que Gödel pudiese hablar del famoso ajuste fino, él afirmase, no obstante, que el Universo tuvo un comienzo. Según él, la ciencia revela que la regularidad y el orden reinan en todos lados en el Universo, y como regularidad y orden prueban que el mundo está ordenado de manera racional, esto implica que tiene un significado. Como la observación del ser humano muestra que su potencial es mucho

---

460. O que al menos quería serlo, porque la hiperracionalidad puede llevar a la locura...

461. Se puede pensar que es uno de los motivos por los cuales Einstein buscaba la compañía de Gödel: este le hablaba como a cualquier otra persona, mientras que todos los otros interlocutores se dirigían a Einstein con deferencia.

462. Hao Wang, *Kurt Gödel*, París, Armand Colin, 1990, p. 214.

más vasto que el que puede utilizar y hacer fructificar durante su vida, sería ilógico que no hubiese vida después de la muerte. Ya que no hay ningún motivo para que haya un «islote de irracionalidad» en un mundo supremamente racional.

¿Y el Universo en todo esto?

Gödel consideraba que el mundo era racional y estaba ordenado por leyes, hasta tal punto que una «incoherencia» como la no existencia de una vida después de la muerte le parecía imposible.

Puede resultar sorprendente que no haya intentado aplicar su propio teorema de incompletitud al Universo, ya que, si este es coherente y se funda en un sistema de leyes provenientes de las matemáticas, ¿no podremos acaso deducir que está incompleto y, por consiguiente, podrá buscarse su origen fuera del propio Universo?

Gödel se interesó por el Universo en los años 1949-1950, hasta el punto de ofrecer a Einstein, como regalo de cumpleaños, una nueva solución a las ecuaciones de la relatividad llamada *«Universo de Gödel»*, en el que sería posible viajar en el tiempo.[463] Pero no se implicó en la aplicación de su teorema al Universo en sí. No obstante, otros lo hicieron en su lugar, haciendo explícita o implícitamente referencia al teorema de Gödel para afirmar que el hombre nunca podrá entender el Universo en su totalidad. Así es como el astrofísico Trinh Xuan Thuan nos dice: *«¿Acaso el Universo nos será revelado algún día en la totalidad de su gloriosa realidad? [...] Es útil mencionar los trabajos del matemático austríaco Kurt Gödel, quien demostró en 1931 que siempre habrá en matemáticas proposiciones indemostrables. Del mismo modo que es imposible demostrarlo todo en matemáticas, el espíritu humano nunca podrá entender la totalidad del Universo. El Universo nos será para siempre inaccesible. La melodía permanecerá secreta para siempre».*[464]

---

463. Se trata de un universo en rotación, por lo tanto, diferente del Universo tal como lo conocemos.

464. Trinh Xuan Thuan, *Melodía secreta*, Barcelona, Montesinos, 2007.

Muy probablemente, el famoso físico y cosmólogo Paul Davies piensa en el teorema de Gödel en su conclusión del titulado *La mente de Dios* cuando nos dice: «*Pero, en definitiva, una explicación racional del mundo pensado como sistema cerrado y completo de verdades lógicas es casi, probablemente, imposible. Estamos desconectados del conocimiento último, de la explicación última, por las propias reglas del razonamiento que nos incitan a buscar semejante explicación*».

Para ir más allá de esos límites que el teorema de Gödel plantea a nuestra comprensión del Universo, Paul Davies nos propone acudir... a la mística. «*Si deseamos ir más allá, tenemos que abarcar un concepto de "comprensión" diferente al de la vía racional. La vía mística es tal vez un camino hacia esa comprensión. Nunca he tenido una experiencia mística, pero conservo un espíritu abierto en cuanto al valor de esas experiencias. Constituyen tal vez la única manera de trascender las fronteras que la ciencia y la filosofía no pueden franquear, la única vía posible hacia lo Último*».[465]

El célebre astrofísico Stephen Hawking, por su parte, procuró durante la mayor parte de su vida construir una «*teoría del Todo*», antes de echarse atrás y decir, sobre todo a partir de una reflexión sobre el teorema de Gödel, que semejante teoría era inaccesible.[466]

¿Y Dios en todo esto?

En sus famosos papeles escritos en un lenguaje voluntariamente ilegible, Gödel dejó un «credo» constituido de catorce puntos. El primero afirma, lo cual no sorprenderá a nadie, que «*el mundo es racional*»; el segundo anuncia que la razón humana puede, en teoría, ser desarrollada de

---

465. Paul Davies, *La mente de Dios*, Madrid, McGraw Hill, Interamericana de España, 1993.

466. «*Lo que necesitaríamos es una formulación de la teoría M que tome en cuenta los límites de la información que concierne a los agujeros negros. Pero entonces la experiencia que tenemos acerca de la supergravedad y de la teoría de cuerdas, así como la analogía con el teorema de Gödel, sugieren que incluso esa fórmula estaría incompleta. Algunas personas se sentirán muy decepcionadas si no hay teoría última que pueda ser formulada, fundándose en un número finito de principios. Yo estaba con ellos, pero cambié de opinión. Me siento feliz ahora ante la idea de que nuestra búsqueda de la comprensión no termine nunca y de que conozcamos siempre el desafío*

manera mucho más importante; y el decimotercero afirma lo siguiente: *«Existen una filosofía y una teología científicas que tratan de conceptos de la mayor abstracción, lo que es sumamente fructífero para la ciencia».*[467]

Esto nos permite probablemente comprender por qué Gödel se confrontó a la cuestión última: la de la existencia de Dios. Trató de demostrar esa existencia por simple lógica, sin pasar por la filosofía ni la teología. Para ello, partió del famoso argumento ontológico de san Anselmo, que puede parecer una tautología, ya que se podría presentar de este modo: *«Dios, siendo por definición una entidad que posee todas las cualidades, posee forzosamente la existencia, ya que la existencia es una cualidad».*

A esto, en vida de san Anselmo de Canterbury, en el siglo XI, el monje Gaunilon contesta lo siguiente: *«¡Podemos ciertamente imaginar que existe en medio del océano una isla más bella y rica que todas las demás, pero eso no implica que exista!».*

No obstante, este argumento va a ser tomado muy en serio por Leibniz, que lo va a desarrollar, como lo harán también Descartes y Spinoza.[468] Emmanuel Kant y David Hume dedicarán mucho tiempo a refutarlo. Gödel, como gran admirador de Leibniz, no podía dejar de seguir la huella del que consideraba como su maestro intelectual.[469]

Gödel no publicó su prueba en vida, pero se la mostró a varios colegas; fue finalmente publicada en 1987, nueve años después de su muerte.

---

de nuevos descubrimientos. De otro modo, nos estancaríamos. El teorema de Gödel garantiza que siempre habrá trabajo para los matemáticos». Stephen Hawking, en una conferencia dada en el «Centre for Mathematical Sciences» de Cambridge el 20 de julio de 2002, sobre el tema «Gödel and the end of Physics».

467. Hao Wang, *A Logical Journey – From Gödel to Philosophy*, MIT Press, 1996, p. 316.

468. Leibniz dejó incluso un relato de su intercambio con Spinoza sobre este asunto cuando coincidieron.

469. En las famosas cartas a su madre, Gödel explica que quiere desarrollar el razonamiento de Leibniz, según el cual la razón puede abordar las cuestiones últimas. Su madre, en cambio, dudaba de que la razón pudiera zanjar cuestiones como la de la existencia de Dios o de la vida después de la muerte.

¿Qué podemos pensar de la famosa *«prueba ontológica»*, cuyo enunciado ocupa 12 líneas de símbolos de lógica formal con 5 axiomas, 3 definiciones y 4 teoremas?[470]

Nadie cuestionó su pertinencia formal. Dos matemáticos e investigadores en inteligencia artificial, Christoph Benzmüller de la Universidad de Berlín y Bruno Woltzenlogel Paleo, de la Universidad de Tecnología de Viena, publicaron un artículo que lleva un título tan extraño como provocador: *«Formalización, mecanización y automatización de la prueba de la existencia de Dios de Gödel».*[471] Gracias a un ordenador, los dos investigadores lograron verificar que la prueba de Gödel era formalmente correcta, al menos en el plano matemático, en el marco de la lógica modal superior.[472]

«Gracias a las herramientas informáticas, podemos verificar la coherencia de una proposición lógica en muy poco tiempo», explica Christoph Benzmüller, quien confirma y certifica la conclusión siguiente: *«Dios, en su definición más común en metafísica, existe necesariamente. No se puede pensar un mundo en el que no existiese».*[473]

¿Se cierra el debate, entonces? El matemático Piergiorgio Odifreddi, de la Universidad de Cornell, aconseja *«no dejarse llevar por un entusiasmo exagerado»*. Efectivamente, para este lógico, *«la prueba ontológica en manos de Gödel se volvió semejante a los argumentos de Berkeley, acerca de los cuales Hume decía que no admitían la menor contradicción, pero no entrañaban la menor convicción»*. Por supuesto, como en el caso de toda demostración matemática, esta depende de los axiomas en

---

470. No obstante, se necesitan como mínimo dos páginas para detallarla. Ver, por ejemplo, Hao Wang, *A Logical Journey – From Gödel to Philosophy*, pp. 114-116.

471. https://www.researchgate.net/publication/255994541_Formalization_Mechanization_and_Automation_of_Godel's_Proof_of_God's_Existence.

472. Incluso el mensual francés de vulgarización *Science & Vie*, que no se puede sospechar de privilegiar la espiritualidad, publicó en agosto del 2020, en portada esta confirmación informática, afirmando que *«el resultado carece de equívocos»*: *«Dios existe necesariamente»*. La demostración de Gödel (ligeramente reformulada) es válida: *«El enunciado "Dios existe" es una proposición verdadera en el sentido lógico y matemático»*.

473. Dossier especial de *Science & Vie*, n.º 1235, «Pourquoi on croit en Dieu – Les mathématiques ont enfin la réponse», agosto de 2020, pp. 64 a 73.

que se basa. Si se aceptan los axiomas, la conclusión deriva de manera inexorable, a partir del momento en que la demostración es exacta. Pero no es seguro que todos los materialistas acepten, por ejemplo, el axioma 3: *«Parecerse a Dios es una propiedad positiva».*

Lo que es seguro es que Gödel era totalmente teísta: *«Vuelvo a casa con Einstein casi todos los días, hablamos de filosofía, de política y de los Estados Unidos. Su religión es mucho más abstracta, como la de Spinoza o la de la filosofía india. La mía es más cercana a la religión de la Iglesia. El Dios de Spinoza es menos que una persona, el mío es más que una persona, porque Dios no puede ser menos que una persona. Puede desempeñar el papel de una persona».*[474] Esta última frase tal vez sea una alusión a la Encarnación, ya que Gödel se presentaba como *«de cultura luterana».*[475]

Sin embargo, afirmaba su independencia con respecto a las religiones, a la vez que se refería a la Religión. Lo que confirman estas líneas esenciales en una de las cartas a su madre: *«Creo que hay en la religión mucha más razón de lo que se cree habitualmente, si bien no la hay en las iglesias, pero nos formaron desde nuestra más temprana edad para tener un prejuicio contra ellas, a causa de la escuela, de una enseñanza religiosa deficiente, de ciertos libros y de nuestras experiencias. Además, el noventa por ciento de los filósofos de hoy considera que su tarea principal es la de borrar la religión de la mente de la gente, produciendo de este modo los mismos efectos que las malas iglesias».*[476]

---

474. Hao Wang, *A Logical Journey — From Gödel to Philosophy*, MIT Press, 1996, p. 88.

475. Otros investigadores utilizaron el teorema de Gödel para tratar de justificar la existencia de Dios. Es así como Antoine Suarez destaca que, si se sigue a Kant (quien afirma que las matemáticas tienen que ser pensadas por «alguien») y el teorema de Gödel demuestra, *a minima*, que las matemáticas existen fuera de la mente humana, entonces hay que postular un super espíritu capaz de pensar la existencia de las matemáticas. El físico Juleon Schins, de la Universidad de Tecnología de Delft, afirma, por su parte, que los resultados de Gödel *«establecen de manera firme la existencia de algo que es ilimitado y absoluto, plenamente racional e independiente del espíritu humano».* Schins continúa con esta pregunta: *«¿Acaso no es el puntero más convincente hacia Dios?».* Ver Juleon Schins, *«Mathematics: A Pointer to an Independent Reality»*, y Antoine Suarez, *«The Limits of Mathematical Reasoning: In Arithmetic there will always be Unsolved Solvable Problems»*, en *Mathematical Undecidability, Quantum Nonlocality and the Question of the Existence of God*, Alfred Driessen, Antoine Suarez, ed. Springer, 2007.

476. Hao Wang, *Kurt Gödel*, p. 216.

Si bien Gödel se mostraba muy crítico con las religiones, consideraba la religión de manera positiva. Lo que confirma el último punto de su credo: *«Las religiones son en general malas, pero la Religión no lo es»*.[477] Consideraba sus esfuerzos de racionalización de la religión como *«nada más que una presentación intuitiva y una "adaptación" a nuestro modo de pensamiento actual de ciertas enseñanzas teológicas predicadas desde hace dos mil años, pero que se mezclaron con muchas tonterías»*.[478]

Así pues, la Religión con erre mayúscula parece ser la religión cristiana, ya que habla de 2000 años, y no de 2500, como cuando se refiere a la filosofía griega. No obstante, vemos que opone una religión cristiana «purificada» respecto a las diversas religiones instituidas.

Conclusión

El que sus pares consideraban como *«el más grande lógico desde Aristóteles»*[479] demostró la trascendencia de la Verdad con respecto a la noción de demostración y el hecho de que *«la eliminación del espíritu y de las entidades abstractas [era] imposible»*. Lo que confiere una gran credibilidad a todos los que dicen haber estado en contacto directo, fuera de toda demostración, con un *«mundo de verdades matemáticas»*.

Esto nos autoriza a pensar que existe efectivamente una vía que permite entrar en contacto con el mundo del espíritu.

Como lo hemos visto, Gödel creía que el espíritu humano, incluso si estaba asociado a una máquina (el cerebro), no se fundaba en una base material. Mostró incluso el camino que permitiría obtener al respecto una demostración racional, así como el que permitía demostrar que las leyes que rigen la evolución de la vida eran mucho más complejas y sutiles que las que se conocen actualmente. Por todos esos motivos,

---

477. Hao Wang, *A Logical Journey — From Gödel to Philosophy*, MIT Press, 1996, p. 316.

478. Hao Wang, *Kurt Gödel*, p. 216.

479. Tanto Robert Oppenheimer como John von Neumann usaron dicha expresión.

afirmaba con vigor que era lógico creer en la vida después de la muerte y en la existencia de Dios, lo cual intentó incluso demostrar.

Pero su fuerza más grande reside en la deconstrucción de las tesis positivistas y reduccionistas que formaban lo que llamaba *«el espíritu del tiempo»*. Así, el décimo punto de su «credo» se titula, sobriamente: *«El materialismo es falso»*.

Vemos por lo tanto que, para los grandes científicos como Newton, Faraday, Maxwell, Pasteur, o para nombrar a otro matemático, Bernhard Riemann (1826-1866),[480] la práctica de la ciencia al nivel más alto parece más bien acercar a Dios que no alejar de él. Un elemento suplementario que concuerda perfectamente con los resultados de todas las investigaciones racionales sobre la cuestión de la existencia de Dios...

---

480. Bernhard Riemann (1826-1866), otro gran genio de las matemáticas, es el fundador de la «geometría de Riemann», que se encuentra en el origen de una revolución que le permitió, por ejemplo, a Einstein formalizar la teoría de la relatividad general. Es el autor de la «hipótesis de Riemann», el más arduo entre los siete enigmas matemáticos del milenio, que forma parte de los 23 problemas más difíciles identificados en 1900 por el gran David Hilbert, y calificado por él como el *«problema más importante de todas las matemáticas»*, e incluso como *«el problema más importante, simplemente»* (Marcus du Sautoy, *The Music of The Primes*, ed. Fourth Estate, 2003). Riemann declaraba sin rodeos su fe en *«un Dios intemporal, personal, omnisciente, todopoderoso y benévolo»* (*Gesammelte Matematische Werke, Fragments Philosophiques*, 1876, ed. Springer, 1990).

LAS PRUEBAS AL MARGEN DE LA CIENCIA

Introducción

Hemos terminado la parte científica de este libro. Las implicaciones que derivan de la tesis de la inexistencia de un Dios creador y que pertenecen al campo de la ciencia fueron todas contradichas por los grandes descubrimientos del siglo XX.

La idea según la cual el Universo no puede haber tenido un comienzo, la que consiste en creer que los ajustes del Universo solo provienen del azar, o incluso que el paso de lo inerte a lo vivo es un fenómeno natural, comprensible y replicable, aparecen hoy como tres implicaciones de la inexistencia de Dios puestas en tela de juicio por la ciencia. Por consiguiente, la tesis de la que derivan resulta insostenible.

Podríamos acabar aquí. Pero sería una pena y nuestra reflexión estaría incompleta si terminásemos nuestro libro después de la primera parte, sin embargo, esencial. La razón de ello es que el campo de la racionalidad es mucho más amplio que el de la ciencia: la tesis de la inexistencia de Dios entraña consecuencias igualmente fuertes, tan binarias e interesantes como las anteriores. Recordemos algunas de ellas:[481]

- No puede haber milagros.
- No puede haber profecías ni revelaciones.
- No existen enigmas que no puedan ser resueltos por explicaciones materialistas «normales».

Ahora bien, como lo vamos a ver, estas nuevas implicaciones pueden también ser refutadas por la razón.

---

481. Ver capítulo 3.

Vamos, en efecto, a presentar al lector cuatro enigmas, acompañados de suficientes informaciones, para que pueda juzgar:

- Hace 3000 años, los hebreos eran los únicos en el mundo en saber que el Sol no era más que una luminaria: ¿de dónde provienen esas extraordinarias verdades cosmológicas y antropológicas reveladas por la Biblia?

- Todos los habitantes de nuestro planeta aceptan dar como fecha de nacimiento y firmar sus contratos a partir del año de nacimiento de Jesús de Nazaret. ¿Quién pudo haber sido? ¿Un sabio? ¿Un aventurero que fracasó? ¿O más que eso?

- El destino muy sorprendente del pueblo judío desde miles de años ¿acaso se debe solamente a un conjunto de casualidades?

- En Fátima, el milagro anunciado varios meses antes por unos niños iletrados, y que examinaremos de manera crítica, ¿puede encontrar una explicación materialista aceptable? ¿Ilusión o engaño?

Los lectores que se sienten alérgicos a este tipo de historias podrán detener aquí su lectura u omitir estos siguientes capítulos. Entendemos su reacción, pero ¡no saben lo que se pierden!

17.

Las verdades humanamente inalcanzables de la Biblia

Un pequeño pueblo, oscuro y pobre, detentor de grandes verdades ignoradas del resto del mundo, ¿es eso posible?

En el mundo de la Antigüedad, había un pequeño pueblo seminómada, que ocupaba un modesto territorio en parte desértico, expuesto a sus grandes vecinos, poderosos e idólatras. Ese pueblo no tenía ni científicos, ni observatorios, ni riquezas naturales, ni grandes ciudades, ni grandes puertos, ni construcciones monumentales. Pero tenía un libro sorprendente. ¿De qué pueblo se trataba? Del pueblo hebreo. ¿Y de qué libro? De la Biblia. Una mina de verdades fundamentales sobre el cosmos y sobre el Hombre se encontraban allí, verdades que, desde la Antigüedad y durante numerosos siglos, iban a quedar fuera del alcance del saber humano, pero acerca de las cuales la ciencia, mucho después, confirmó la exactitud.

¿Cuáles son las verdades que los hebreos poseían? Sabían que el Sol y la Luna son «luminarias», o sea, objetos luminosos. Sabían que el Universo fue creado a partir de nada, que tuvo un principio y que tendrá un final. Estaban seguros de que el hombre tiene su origen en la materia, y que ni los astros, ni los ríos, ni los manantiales, ni los bosques albergan divinidades.

Con un poco de distancia, podríamos tener una mirada indiferente sobre esas certezas que hoy nos parecen tan comunes. Sería olvidar que, en la Antigüedad, eran verdades revolucionarias. Los prestigiosos vecinos del pueblo judío, los sumerios, los egipcios, los asirios, los babilonios, los persas, los griegos, los romanos, con todos sus sabios, sus pirámides, sus observatorios y sus grandes bibliotecas, pensaban, todos, exactamente lo contrario. Vivían en un mundo de ídolos, mientras que su modesto vecino, gracias a las verdades de la Biblia, vivía libre de esas supersticiones.

¿Cómo es posible tal singularidad? ¿De dónde vienen esas verdades numerosas, contraintuitivas y a contracorriente de las creencias de la época, a las que el pueblo hebreo se aferró durante siglos? ¿Cómo pudo descubrirlas y luego conservarlas, contra viento y marea?

Antes de estudiarlas de manera más detallada, cabe precisar el marco de este análisis:

1. ¿Qué es una verdad humanamente inalcanzable?
2. ¿Cuáles son las verdades humanamente inalcanzables que la Biblia aportó a los hebreos?
3. ¿Acaso leemos la misma Biblia que los hebreos hace 2500 años?
4. ¿Interpretaban esos conocimientos de ese modo?
5. ¿Cuál era el nivel de desarrollo de los hebreos y, por lo tanto, su capacidad para descubrir verdades?
6. ¿Cuál era, a la inversa, el nivel de desarrollo de sus vecinos y, por lo tanto, su capacidad para imponer sus creencias?

I. ¿Qué es una verdad humanamente inalcanzable?

A nuestro parecer, una verdad puede ser considerada como humanamente inalcanzable si:

- los conocimientos científicos o filosóficos necesarios para alcanzarla con la razón no existen en ese momento;
- es contraintuitiva;[482]
- se revela exacta mucho tiempo después;

---

482. «Contraintuitivo» significa «contrario a lo que nuestros sentidos tienden a hacernos creer». Por ejemplo, intuitivamente, se pensará que el Sol gira alrededor de la Tierra, ya que es lo que nuestros sentidos perciben, mientras que la idea inversa, que es, no obstante, verdad, es contraintuitiva. Del mismo modo, que el Universo tenga un principio aparece como contraintuitivo, porque nuestros sentidos nos presentan un Universo estable e ilimitado en el espacio y en el tiempo.

- está en oposición con las creencias de pueblos vecinos más avanzados y numerosos;
- el pueblo que la posee es poco avanzado, poco poderoso y compuesto de un pequeño número de individuos.

En ese caso, la presencia de una verdad semejante constituye un enigma, porque el que la posee no pudo alcanzarla ni por sus propios medios ni por medio de sus vecinos.

II. ¿Cuáles son las verdades humanamente inalcanzables sobre el cosmos y sobre el Hombre que los hebreos conocían gracias a la Biblia?

Los hebreos sabían que:[483]

1. El Sol y la Luna son solo luminarias.
2. El Universo fue creado a partir de nada y tuvo un principio absoluto.
3. El Universo tendrá un final y el tiempo es unidireccional y no cíclico.
4. El Hombre proviene de la materia.
5. No hay divinidades, ni en los astros, ni en los ríos, ni en los manantiales, ni en los bosques.
6. Todos los hombres vienen de una misma estirpe, lo que funda su igualdad; los reyes, los faraones y los emperadores son solo hombres.
7. El mundo no fue creado de golpe, sino progresivamente.
8. En el proceso de creación, el hombre fue el último en aparecer.
9. Hubo otros linajes humanos que se extinguieron.
10. La astrología y los ritos mágicos, que dominaban la vida de los pueblos de la Antigüedad desde Babilonia hasta Roma, no son sino supersticiones.

De inmediato, esta lista presenta dos características impactantes. Primero, su extensión. Estas verdades son demasiado numerosas para que se pueda tratar de mera suerte. Lamentablemente, por su número, no podremos estudiar aquí sino algunas de ellas. Luego, esta lista contiene

---

483. Ver al respecto el libro de Nathan Aviezer, *Au Commencement*, collection «Savoir», Éditions MJR, Ginebra, 1990.

un gran número de saberes fundamentales que conciernen al Hombre y al cosmos. Estos conocimientos tienen consecuencias decisivas, que condujeron a los hebreos a tener comportamientos diferentes a los de sus vecinos. A saber:

• ausencia de sacrificios humanos;
• esclavitud poco difundida y, cuando existía, enmarcada por leyes protectoras;
• un mejor lugar para la mujer;
• una mayor consideración hacia la vida humana;
• la eliminación de la astrología y de las supersticiones.

III. ¿Leemos la misma Biblia que los hebreos?

Responder a esta pregunta es necesario para evacuar una sospecha. Se podría imaginar, efectivamente, que los textos de la Biblia hayan podido ser modificados a lo largo del tiempo para introducir de manera tardía las verdades de las que vamos a hablar.

Existe afortunadamente una refutación simple a ese temor, ya que sabemos que los judíos y los cristianos leen, más o menos, textos idénticos, en todo caso en cuanto a los libros preexílicos, que son los que nos interesan. Ahora bien, era imposible para los unos modificar esos textos sin que los otros se dieran cuenta de ello. Por consiguiente, los textos que leemos son efectivamente los mismos que los que los hebreos leían hace más de dos mil años.

Además, el descubrimiento de los manuscritos del mar Muerto en 1947 demostró que los textos encontrados eran prácticamente los mismos que leemos hoy.

La mayoría de los especialistas admiten de hecho que los textos que incluye existen sin cambios significativos desde el siglo VI a. C.

Los textos que analizamos, por lo tanto, no fueron modificados desde al menos dos mil quinientos años, y las verdades en cuestión son efectivamente aquellas en que creían los hebreos de la época.

IV. ¿Estamos seguros de que interpretaban esos conocimientos como los entendemos hoy?

Sí, porque cada uno de esos conocimientos se retoma en la Biblia de manera repetida, bajo diversas formas y en lugares diferentes, lo que excluye el riesgo de contrasentido. Así pues, si se considera la afirmación según la cual el Sol y la Luna solo son luminarias, numerosas citas presentan esta verdad bajo diferentes formas.

Además, algunas de esas verdades han sido comentadas por autores paganos que se sorprendían al respecto y las criticaban, lo que prueba que eran percibidas efectivamente de esa manera y que iban a contracorriente de los conocimientos admitidos por entonces.

Finalmente, algunas de ellas supusieron persecuciones a los hebreos, como las que tuvieron que padecer por su rechazo a participar en el culto de los emperadores.

V. ¿Cuál era el nivel de desarrollo de los hebreos?

De Abraham a Jesucristo, el pueblo hebreo no fue sino un pequeño pueblo, y lo mismo ocurría con su reino, cuando lo tuvieron, lo que no siempre fue el caso.

Con la excepción de los reyes David y Salomón, cuya importancia real, de hecho, resulta controvertida, no hay grandes reyes, ni grandes sabios, ni filósofos, ni generales, ni exploradores, ¡ni conquistadores!

Sócrates, Platón, Pitágoras, Euclides, Arquímedes, Parménides, Tales, Ramsés, Darío, Ciro, Alejandro, César, ninguna de esas grandes figuras de la Antigüedad proviene de su nación.

Los hebreos, en cambio, no cesaron de vivir sometidos a sus vecinos más poderosos, o pisoteados por ellos. Fueron esclavos en Egipto, fueron dominados durante mucho tiempo por los cananeos, los deportaron los asirios en Nínive, los babilonios los aplastaron y los deportaron, los persas los sometieron, los invadieron los griegos, para ser por fin ocupados por los romanos, que destruyeron su país, los deportaron por el mundo y pusieron fin a su presencia en Palestina durante casi dos mil años.

A lo sumo sabemos de algunos profetas, que solían huir de sus propios correligionarios, furiosos por sus amonestaciones y sus profecías sombrías.

Entre los hebreos, no hay pirámides, ni observatorios, ni bibliotecas, ni siquiera grandes ciudades o grandes puertos, ni grandes construcciones, con la excepción, tardía, del templo de Herodes, en una época en que la importancia numérica y la influencia de los hebreos se encontraban sin duda en su apogeo, pero para entonces los textos de la Biblia de los que hablamos estaban redactados desde hacía mucho tiempo.

Así pues, no encontramos en los hebreos ninguno de los signos o de los criterios objetivos que corresponden a una cultura elevada o a una actividad intelectual importante, capaces de permitir grandes descubrimientos.

Ante tal desfase entre el modesto pueblo hebreo y las verdades que poseía acerca del mundo y del Hombre, resulta difícil admitir que las haya descubierto por sí solo.

VI. ¿Cuál era el nivel de desarrollo de sus vecinos?

A la inversa, los pueblos cercanos eran más numerosos, más avanzados, más poderosos; en toda lógica, tendrían que haber influenciado a su vecino más débil e impuesto sus creencias.

No cabe duda de que los pueblos vecinos a los hebreos los superaban en muchos ámbitos. No hay comparación posible entre las pirámides egipcias y las construcciones de ese pueblo de pastores, 1000 años antes de Cristo, como tampoco hay parangón posible entre la ciencia y el refinamiento de los objetos encontrados en la tumba de Tutankamón y las vasijas de los hebreos de aquella época.

Los inventos y los conocimientos de Babilonia, Pitágoras, Tales, Platón, Sócrates, Homero, el genio de Darío, Ciro y Alejandro no tienen punto de comparación con el puñado de hombres eventualmente célebres del pueblo hebreo.

Ahora bien, los judíos se aferraban a ciertas verdades que no tenían nada que ver con las creencias de sus prestigiosos vecinos. Por lo tanto, esas verdades no provienen en absoluto del universo mental de otras naciones. Por lo que resulta más sorprendente aún que hayan tenido el valor de conservar, contra viento y marea, esas verdades que eran percibidas como absurdas y sacrílegas por sus vecinos más brillantes, más poderosos y numerosos.

Esa es la anomalía que nos lleva a hablar de verdades humanamente inalcanzables, ya que normalmente son las creencias de aquellos otros pueblos y sus divinidades las que tendrían que haberse impuesto al más débil.

Es finalmente lo contrario lo que se produjo, el astro de las divinidades paganas palideció poco a poco, su culto fue declinando antes de caer en el olvido, mientras que las certezas de los hebreos se mantuvieron hasta que, milenios más tarde, se revelaran perfectamente exactas.

VII. Algunas de aquellas verdades caídas del cielo

1. El Sol y la Luna solo son objetos luminosos

El pueblo hebreo se diferenciaba de todos los otros por una percepción única del cosmos. Los judíos no identificaban el Sol y la Luna con ninguna divinidad o potencia superior, sabían que se trataba, según el término bíblico, de «lumbreras», o sea, de objetos luminosos. Es significativo que los arqueólogos no hayan encontrado en el mundo hebreo ningún templo dedicado a la Luna o al Sol.

Entre todos los documentos que se conocen de la Antigüedad, la Biblia es el único que no situó al Sol y la Luna en un pedestal.

Veamos los principales momentos de la Biblia en que esa percepción única aparece claramente:

- *«Dijo luego Dios: Haya lumbreras en la expansión de los cielos para separar el día de la noche; y sirvan de señales para las estaciones, para días y años; y sean por luminarias en la expansión de los cielos para alumbrar sobre la Tierra»* (Gn 1, 14).

- *«E hizo Dios las dos grandes lumbreras; la lumbrera mayor para que señorease en el día, y la lumbrera menor para que señorease en la noche; hizo también las estrellas»* (Gn 1, 16).

- *«Hizo la Luna para los tiempos, el Sol conoce su ocaso»* (Sl 104, 19).

- *«Los cielos cuentan la gloria de Dios, y el firmamento anuncia la obra de sus manos»* (Sl 19,1).

- *«Cuando contemplo el cielo, obra de tus dedos, y la Luna y las estrellas que has creado»* (Sl 8, 3).

- *«Por la palabra del Señor fueron hechos los cielos, y todo su ejército por el aliento de su boca»* (Sl 33, 6).

- *«Él hizo la Osa, el Orión y las Pléyades, y los lugares secretos del sur»* (Jb 9,9).

- *«Al que hizo las grandes lumbreras […] El Sol para que señorease en el día, […] La Luna y las estrellas para que señoreasen en la noche»* (Sl 136, 7-9).

- *«Levantad en alto vuestros ojos, y mirad quién creó estas cosas; él saca y cuenta su ejército; a todas llama por sus nombres»* (Is 40, 26).

En las grandes civilizaciones de la Antigüedad, el Sol y la Luna siempre son objeto de divinización.

- **Para los sumerios**, es Enlil, el rey de los dioses, quien engendró a Nanna, la divinidad que personifica a la Luna, que a su vez engendró a Utu, el dios Sol.

- Esta concepción de un dios solar secundario se encuentra también **entre los acadios, los asirios y los babilonios**, con Ilu que engendró al dios Sin (la Luna), quien es, a su vez, la madre del dios Shamash (el Sol), asociado a la justicia y al derecho (sus hijos). Sol y Luna eran venerados en diferentes santuarios de Mesopotamia, desde los tiempos más remotos.

- **Para los egipcios**, el dios sol Ra, con su cabeza de halcón, es uno de los dioses más importantes. Es el que aporta la vida en el Universo gracias a su luz. Proveniente de un océano primordial (Nun) y del dios Ptah, engendra el mundo y a los otros dioses. A él se le rinden los cultos más importantes del antiguo Egipto, como en Heliópolis, la «ciudad del sol», cerca de la ciudad moderna de El Cairo.

- **Para los persas**, el dios Mitra está asociado al Sol (cuyo nombre, «Ciro», fue retomado por Ciro II, llamado también «el Grande», fundador del Imperio persa), y Mah es el genio de la Luna.

- **Para los griegos**, el sol y los astros forman parte del mundo divino, e incluso los filósofos más importantes comparten esta opinión. El propio Aristóteles, en su tratado *Sobre el cielo*, estima que el Sol y la Luna tienen un alma y son seres vivos.

- **Para los romanos**, el conjunto del mundo astral también tiene una dimensión divina, y Júpiter, el amo de los dioses del Olimpo, recibe su brillo del Sol.

El cuadro que se puede ver a continuación retoma los nombres de las divinidades asociadas a estos dos astros en los principales pueblos de la Tierra. Faltan evidentemente los hebreos, que eran los únicos en ver en esos dos astros objetos creados.

Considerado desde nuestro siglo XXI, creer que el Sol y la Luna son solo objetos luminosos es natural, porque la ciencia nos ha familiarizado con el cosmos. No obstante, en ausencia de las luces de la ciencia, es evidente que considerar esos dos astros como simples objetos luminosos es contraintuitivo y contrario a nuestras percepciones. Hubiese sido necesario, efectivamente, estar en medida de imaginar un universo capaz de mantener en el aire los astros y de suscitar su movimiento sin la intervención de divinidad alguna. En la Antigüedad, tal representación del mundo era impensable. De hecho, los pueblos vecinos de los hebreos, así como otros muy alejados de ellos en el espacio y en el tiempo, como los incas, divinizaron espontáneamente el Sol y la Luna.

Civilizaciones	Sol	Luna
Sumerios	Utu	Nanna
Egipcios	Ra	Thot o Khonsou
Asirios	Shamash	Sin
Babilonios	Shamash	Nanna
Persas	Mithra	Mylissa
Griegos	Helios y Apolo	Selene y Artemisa
Romanos	Sol y Febo	Luna y Diana
Fenicios	Melkart	Astarté
Aztecas	Huitzilopochtli	Coyolxauhqui
Incas	Inti	Mama Quilla
Indios jíbaros	Etsa	Nantu
Hindúes	Surya	Chandra o Soma
Chinos	Xihe	Heng-Ngo o Chang'e
Japoneses	Amaterasu	Tsuki
Celtas	Belenos	Sirona

Cuadro indicando los nombres de los dioses del Sol y de la Luna en las diferentes civilizaciones.

La cosmología del pueblo elegido era, por lo tanto, totalmente iconoclasta. Esto nos valió el comentario escandalizado y retrospectivamente sabroso de Celso en su *Discurso verdadero contra los cristianos* (hacia 178 d. C.): *«Por lo que respecta a los judíos, lo que es sorprendente en ellos es que adoran al cielo y a los ángeles que lo habitan, pero desprecian las partes más augustas y poderosas del cielo, el Sol, la Luna, los astros fijos y errantes, como si fuera admisible que el todo fuese dios y que las partes que lo componen no tuvieran nada de lo divino»*.[484]

---

484. Celso, *Discurso verdadero*, consultable en línea, https://web.seducoahuila.gob.mx/biblioweb/upload/Celso%20-%20El%20discurso%20verdadero.pdf.

Conocimientos objetivamente inaccesibles en la Antigüedad bíblica

Sin telescopios, sin relojes ni conocimientos matemáticos, era imposible llegar a la conclusión de que el Sol y la Luna solo eran objetos luminosos. Los trabajos de Pitágoras, Tales, Euclides, Hiparco constituían principios notables sobre el conocimiento de los objetos celestes, pero permanecieron confidenciales, y seguían confiriendo a los astros un carácter divino. Además, esos descubrimientos se realizaron después de que los hebreos consignaran en la Biblia que esos astros no eran sino objetos.

Siglos más tarde, habló la ciencia: ¡un desastre para la divinización de los astros!

Herederos de los saberes de la Biblia, los cristianos siempre supieron que la Luna y el Sol eran solo objetos. Con el tiempo, observaciones científicas cada vez más precisas convergieron con esas certezas adquiridas desde los tiempos bíblicos. Así, es en 1609 cuando el inglés Thomas Harriot, unos meses antes que Galileo, efectuó las primeras observaciones de la Luna con un telescopio.

Los hebreos tuvieron por lo tanto razón varias decenas de siglos antes que todo el mundo, antes incluso de disponer de los saberes y de los instrumentos necesarios para probarlo.

2. El Universo tuvo un principio absoluto, fue creado a partir de nada por un Dios exterior al Universo: una noción bíblica a contracorriente de todas las cosmogonías

Una vez más, el pueblo judío toma el camino contrario de sus vecinos. Afirma que el Universo tuvo un principio absoluto, o sea, que fue creado a partir de nada, por un Dios único y exterior al Universo. Esa verdad metafísicamente esencial vuelve como un *leitmotiv* en los textos de la Biblia:

- *«En el principio creó Dios los cielos y la Tierra»* (Gn 1, 1).
- *«Y dijo Dios: Sea la luz; y fue la luz»* (Gn 1,3).

- *«Te ruego que observes el cielo y la Tierra, y pienses en todo lo que hay en ellos. Dios hizo todo esto de la nada, y de la misma manera hizo la raza humana»* (2 Mac 7,28).
- *«Así dice Jehová, tu Redentor, que te formó desde el vientre: Yo Jehová, que lo hago todo, que extiendo solo los cielos, que extiendo la Tierra por mí mismo»* (Is 44, 24).
- *«Así dice Jehová Dios, Creador de los cielos, y el que los despliega; el que extiende la Tierra y sus productos»* (Is 42, 5).
- *«Por la palabra de Jehová fueron hechos los cielos, Y todo el ejército de ellos por el aliento de su boca»* (Sl 32, 6).
- *«Señor, Señor Dios, creador de todas las cosas»* (2 Mac 1, 24).
- *«El que vive por los siglos ha creado todo maravillosamente»* (Ec 18, 1).
- *«Desde el principio Tú fundaste la Tierra, y los cielos son obra de tus manos»* (Sl 102, 25).
- *«Antes que los montes fueran engendrados, y nacieran la Tierra y el mundo, desde la eternidad y hasta la eternidad, Tú eres Dios»* (Sl 90, 2).

Por el contrario, los pueblos geográficamente cercanos a los judíos creían que los dioses estaban en el mundo y formaban parte de él, que provenían de materias primordiales existentes desde siempre.

- **Para los sumerios, los acadios, los asirios y los babilonios**, que tienen la misma concepción de los orígenes, la diosa Nammu, mar primordial, engendra el cielo y la Tierra. Es el antepasado que dio nacimiento al mundo y a los otros dioses, a partir de dos principios: el primero, femenino, Tiamat, el agua salada, y el otro, masculino, Apsu, el agua dulce.
- **Para los egipcios**, el Universo emerge de un montículo o de un huevo a partir de las aguas primordiales (Nun), que son al mismo tiempo caos. La cosmogonía varía levemente según las regiones, con tres o cuatro grandes mitos de la creación en Heliópolis, Menfis, Hemiópolis o Tebas.
- **Para los persas**, en el origen, se encuentra un espacio vacío entre dos principios primordiales hostiles y los mantiene separados, pero

finalmente el principio malo declara la guerra y crea demonios. A modo de respuesta, el principio bueno crea los ángeles y los hombres.

- **Para los griegos**, dos versiones coexisten. Según la *Teogonía* de Hesíodo, al principio era el Caos (elemento primordial), un todo inconmensurable en el cual los elementos que constituyen el mundo actual estaban mezclados. Cuatro entidades se separaron de él: Gaya (la Tierra), Eros (el Deseo amoroso visto como fuerza creadora primordial), Erebo (las Tinieblas de los Infiernos) y Nix (la Noche). La tradición órfica difiere levemente. Según ella, el agua y unos elementos formaron espontáneamente la Tierra, de la que surgió un Cronos monstruoso, que creó el Éter, Erebo y el Caos, luego engendró un huevo de donde nació Eros, que a su vez dio nacimiento a la Luna y al Sol, luego a la Noche, con quien concibió a Urano y Gaya. A partir de ellos, se generan todos los dioses.[485]
- **Los romanos** van a retomar la cosmogonía de los griegos.

La idea de un principio absoluto del Universo es la gran ausente de esas cosmogonías de la Antigüedad: ¡cómo imaginar algo más contraintuitivo que este concepto!

Efectivamente, si nos fiamos de lo que vemos, el espacio nos aparece geográficamente infinito en todas sus dimensiones, inmóvil y sin movimiento, y, por lo tanto, sin principio ni fin.

Será necesario esperar a mediados del siglo XX para que surjan dudas acerca de lo que había parecido evidente durante tanto tiempo.

El propio Einstein se va a negar durante cierto tiempo a creer en ello y modificará sus ecuaciones para que el Universo resulte ser estacionario y de ese modo conforme a sus prejuicios. ¡Ese arreglo bien conocido es la prueba del carácter antinatural de un principio al Universo!

Ahora bien, contrariamente a lo que se podía esperar, los hebreos sostuvieron desde siempre, y con constancia, esa verdad, a saber, que el Universo tuvo un comienzo.

---

485. Fuente: https://es.wikipedia.org/wiki/Cosmogon%C3%ADa, consultado en noviembre de 2019.

Así pues, esta segunda verdad comporta todos los criterios que permiten identificarla como humanamente inalcanzable. Ninguna explicación racional puede explicar de manera satisfactoria la existencia de ese conocimiento, en esa época, en ese pueblo.

3. El Universo se dirige hacia su fin siguiendo la flecha de un tiempo unidireccional

La mayoría de las civilizaciones de la Antigüedad, ya sea en Mesopotamia, en Asia, en América o en Grecia, concebían el tiempo como un fenómeno cíclico, por analogía con los ciclos de la naturaleza: día/noche, retorno de las estaciones, nacimiento/muerte. *«El mito del eterno retorno»*,[486] recuperado de la filosofía de la Antigüedad por Mircea Eliade, funda las creencias religiosas y filosóficas de esos pueblos.

En esa perspectiva de la temporalidad, el hombre no puede inscribirse en la singularidad de un tiempo histórico, porque todo siempre vuelve a empezar, lo que simbolizan por ejemplo los ritos efectuados en fechas fijas, que anulan el tiempo transcurrido para inaugurar un nuevo periodo, virgen de todo antecedente.

Dentro de esta percepción del tiempo, la singularidad de toda vida o acción humana se valora bastante poco. Efectivamente, la creencia en la reencarnación, a menudo asociada a una concepción temporal cíclica, implica una relativización de la vida presente, ya que podrá ser mejorada en las vidas futuras. Fatalismo y pasividad se encuentran a menudo asociados a la creencia en el eterno retorno.

En la otra punta del espectro de la percepción de un tiempo cíclico, los materialistas afirman necesariamente que el Universo es eterno. Para ellos es difícil imaginar el fin del Universo, ya que este fin supondría un comienzo, lo cual supondría una creación, y, por lo tanto, un creador.

---

486. Mircea Eliade, *El mito del eterno retorno*, Madrid, Alianza Editorial, 2004. Ver el capítulo IV, «El terror de la historia». El concepto empleado por los griegos es «palingenesia», concepto cercano que se puede traducir como «génesis de nuevo».

Entre estas dos visiones tan diferentes del tiempo, la Biblia abre un camino aparte, que confiere a cada acto humano un valor único, ya que queda integrado en una temporalidad lineal, flechada, limitada y sin retorno. Los hebreos y los cristianos tienen en común la particularidad de pensar que el tiempo es unidireccional.

- *«Desde el principio Tú fundaste la Tierra, y los cielos son obra de tus manos. Ellos perecerán, mas Tú permanecerás; y todos ellos como una vestidura envejecerán; como un vestido los mudarás, y serán mudados»* (Sl 102, 25-27).
- *«Dios me enseñó cómo está hecho el mundo, y para qué sirve todo lo que existe. Me enseñó a conocer el pasado, el presente y el futuro. También me dio a conocer los movimientos del Sol, los cambios de las estaciones, de los días y los meses, y la posición de los planetas y de las estrellas»* (Sab 7, 17-19).
- *«Poderosamente inspirado, Isaías vio el futuro y consoló a los afligidos de Sion»* (Ec 48, 24).
- *«Porque los cielos serán deshechos como humo, y la Tierra envejecerá como ropa de vestir»* (Is 51, 6).
- *«Anuncio lo por venir desde el principio, y desde la antigüedad lo que aún no era hecho»* (Is 46, 10).

La Biblia aleja al hombre de toda visión cíclica del tiempo.

Tan solo a finales del siglo XX, la física y la cosmología, probando la imposibilidad de un «Big Crunch» («Gran Desmoronamiento») anterior a otros Big Bang, confirmaron que el tiempo no es circular, sino, por el contrario, que se dirige irreversiblemente hacia un final.

Esta tercera verdad que poseían los hebreos es, como las dos precedentes verdades, contraria al pensamiento de los pueblos vecinos, perfectamente contraintuitiva y humanamente inalcanzable gracias a la técnica y el saber de la época. Terminó también por ser confirmada, siglos más tarde, gracias a los avances científicos.

Si bien se puede explicar hoy, gracias a la ciencia, en qué esta verdad estaba adelantada con respecto a su época, seguimos siendo incapaces de dar una explicación de su aparición en el seno del pueblo hebreo.

4. El cuerpo del hombre solo es materia

Gracias a la Biblia, los hebreos sabían también que el cuerpo del hombre solo está constituido de materia. Solo un «soplo de vida», o sea, su alma, insuflada por Dios, es, según la Biblia, de una naturaleza diferente.

- *«Entonces Jehová Dios formó al hombre del polvo de la tierra, y sopló en su nariz aliento de vida, y fue el hombre un ser viviente»* (Gn 2, 7).
- *«Con el sudor de tu rostro comerás el pan hasta que vuelvas a la tierra, porque de ella fuiste tomado; pues polvo eres, y al polvo volverás»* (Gn 3, 19).
- *«Recuerda que como a barro me diste forma»* (Jb 10, 9).
- *«Haces que el hombre vuelva a ser polvo, y dices: Volved, hijos de los hombres»* (Sl 90, 3).
- *«También todos los hombres son de barro; Adán fue hecho del polvo de la tierra»* (Ec 33, 10).
- *«Les quitas el hálito, dejan de ser, y vuelven al polvo»* (Sl 104, 29).
- *«Y el polvo vuelva a la tierra, como era, y el espíritu vuelva a Dios que lo dio»* (Ec 12, 7).

Contrariamente a los hebreos, la mayoría de los pueblos paganos pensaban que el hombre tenía un vínculo con las divinidades, un lazo diluido o lejano pero real. En muchas mitologías, efectivamente, los hombres hacen remontar su origen a un acontecimiento que escenifica el cuerpo de divinidades creadoras. En esas tradiciones, de una manera o de otra, hay algo divino en el cuerpo humano. Un pequeño panorama mitológico nos da la prueba de ello:

- **Para los sumerios, los acadios y los asirios**, el hombre fue modelado por iniciativa del dios Marduk, a partir de una arcilla mojada en la carne y en la sangre de un dios sacrificado, dando de este modo a la criatura una parte de la inteligencia divina.
- **Para los babilonios**, el hombre y el Universo fueron creados a partir del desmembramiento del cuerpo de la diosa Tiamat, vencida y sacrificada.
- **En el mundo egipcio**, «los hombres son las lágrimas de mi ojo»,[487]

---

487. Ver Claude Carrier, *Grands livres funéraires de l'Égypte pharaonique*, Cybèle, París, 2009.

dice el dios Atum, creador de la mayoría de los otros dioses, en unos textos que fueron encontrados en sarcófagos (2000-1780 a. C).

- **Para los griegos**, existen varios mitos relativos a la creación del hombre. El más enigmático afirma que habría nacido a partir de los dientes de la serpiente Ofión, pisoteada por la diosa Tierra, Gaya. El más célebre es el de Prometeo, cuyo nombre significa «precavido», y de su hermano Epimeteo, o sea, el «que reflexiona demasiado tarde».[488] Prometeo modela el hombre con agua y arcilla, pero el hombre no está en condiciones de resistir a los animales creados por Epimeteo, quien les dio, sin pensar demasiado en ello, fuerza, rapidez, plumas, pelos, alas, caparazones, etc. Prometeo, que no quería dejar a su criatura sin protección, va entonces a robar el fuego del cielo para dárselo a los hombres.[489] En un tercer mito, la primera generación humana surge de las entrañas de la diosa madre Gaya,[490] antes de que Zeus cree una segunda y luego una tercera generación de humanos.
- **Los romanos**, poco interesados por estas cuestiones, adoptaron los mitos de los griegos.
- **En la versión védica de los mitos hindúes**, todos los seres descienden de la división del ser primitivo Purusha: «En el origen, Purusha existía solo. Tenía la amplitud de un hombre y de una mujer que están abrazados. Se dividió en dos: de allí nacieron el esposo y la esposa».[491]
- **En la versión brahmánica**, Brahma crea a los hombres haciendo caer su simiente, mientras persigue a su hija Sarasvati o Sandhya, la hija de Shiva, en otra versión.

Ra habla así: *«Es de mi sudor como creé a los dioses, mientras que los hombres salieron de las lágrimas de mi ojo».*

488. Ver al respecto Jean-Louis Perpillou, *Les substantifs grecs* en -εύς, París, Klincksieck, 1973, p. 208 y siguientes.

489. Ver *Teogonía de Hesíodo*: https://academialatin.com/literatura-griega/teogonia-hesiodo/.

490. Es la personificación de la Tierra en la cosmogonía de Hesíodo.

491. Ver Hoành-son Hoàn-sy-Qy, «Le mythe indien de l'Homme cosmique dans son contexte culturel et dans son évolution», *Revue de l'histoire des religions*, 1969, tomo 175, n.° 2, pp. 133-154. Y Rig-Véda 36 (10.90). Para una presentación de la convergencia de los mitos de creación del mundo, ver el artículo muy completo de Patrice Lajoye: «Purusha», *Nouvelle Mythologie comparée/ New Comparative Mythology*, 2013. En línea: https://www.academia.edu/6613402/Puruṣaṣa

- **Entre los tamiles**, la tierra (Prithvi) es representada bajo la forma de una vaca y sus beneficios están simbolizados por su leche. Da nacimiento a Manu, el ancestro de la humanidad, bajo la forma de un ternero.
- **Para los nórdicos**, un gigante descomunal, Ymir, que se formó a partir de hielo y de calor, es la primera criatura viva. Mientras dormía, unos gigantes salieron de su cuerpo y de sus axilas surgieron un hombre y una mujer.
- **Para los mayas**, los dioses crearon cuatro hombres y cuatro mujeres a partir del maíz amarillo y blanco. Esos hombres eran muy sabios, por lo que los dioses tuvieron miedo de que llegasen a igualarlos. Para impedir que eso sucediera, les soplaron vapor en los ojos, para alterar su sabiduría.
- **Según los aztecas**, Quetzalcóatl, bajo la forma de Xólotl, el dios perro, fue a robar en los infiernos de Mictlantecuhtli los huesos secos de los muertos y los regó con su sangre para dar vida a los hombres.
- **En Japón**, la visión sintoísta postula el nacimiento del cielo y de la Tierra a partir de un huevo primordial, que genera la primera pareja divina, Izanagi e Izanami, su hermana. Finalmente, Izanagi cobra forma humana, después de haber intentado intervenir en el reino de los muertos para traer a Izanami de vuelta.
- **En Corea**, dos diosas, Gung-hee y So-hee, engendraron, cada una, a dos hombres celestes y a dos mujeres celestes; de ambas nacieron doce niños, los ancestros de los humanos.

¿De dónde viene el hombre? ¿De qué está hecho? Estas son las preguntas a las que estos diferentes relatos mitológicos intentan contestar. Pero hoy, con los avances de los conocimientos científicos, estas preguntas ya no existen. Sabemos que el cuerpo del hombre está constituido exclusivamente de los componentes de la materia o, más precisamente, que es materia evolucionada después de un largo proceso de creciente complejidad.

Así pues, el cuerpo del hombre no es sino una máquina material inteligente. Solo su alma, si se admite que existe, es de otra naturaleza.

Esta concepción del cuerpo del hombre, comúnmente admitida, podría parecernos una evidencia. Sin embargo, no es nada natural, ya que es sumamente humillante para el «ego» humano, a quien le cuesta aceptarla plenamente, incluso a veces hoy.

Una vez más, nos encontramos ante un misterio: los hebreos poseían de manera inexplicable un saber contraintuitivo, una verdad mayor con implicaciones metafísicas esenciales. Lo cual da que pensar...

5. La naturaleza y los elementos no albergan ninguna divinidad

La mayoría de los pueblos de la Antigüedad, ante la preocupación y la incomprensión suscitadas por los fenómenos naturales, intentaban encontrarles una explicación interpretándolos como el signo de una actividad divina. Es así como, para los griegos, Poseidón es quien pone en movimiento el mar y hace temblar la tierra, Zeus, el que envía los rayos, el arcoíris es la huella dejada por Iris, la mensajera de los dioses, y los ríos están habitados por náyades.

Original y revolucionaria, la Biblia hace que las fuerzas de la naturaleza dejen de ser mitología; para los hebreos, mares, bosques, manantiales, colinas, montañas, ríos, tormentas y rayos no comportaban nada divino.

- *«Los ídolos de ellos son plata y oro, obra de manos de hombres. Tienen boca, mas no hablan; tienen ojos, mas no ven; orejas tienen, mas no oyen; tienen narices, mas no huelen; manos tienen, mas no palpan; tienen pies, mas no andan; no hablan con su garganta»* (Sl 115, 4-8).

- *«Sabemos que un ídolo nada es en el mundo, y que no hay más que un Dios»* (1 Co 8, 4).

Esta desmitificación no fue, sin embargo, un camino fácil. Toda la historia del pueblo hebreo efectivamente es una lucha, a veces marcada por fracasos, para evitar caer en las creencias y prácticas idólatras de sus vecinos, en las supersticiones y en la asimilación de los fenómenos naturales, como el trueno o el rayo, a manifestaciones divinas.

Pero tres mil años más tarde, los ídolos terminaron por desaparecer de gran parte del mundo y nadie cree ya que el trueno sea una manifestación de Zeus, de Thor o de Indra. La Biblia, mucho antes que la ciencia, fue capaz de separar las realidades del Universo llevadas a su estatuto de simples fenómenos. Gracias a esa verdad revelada, los hebreos pudieron vivir libres de esas supersticiones.

6. La humanidad encuentra su origen en un solo hombre y una sola mujer: por lo tanto, no hay jerarquía entre los seres humanos

La tesis de un origen único de la humanidad se encuentra hoy demostrada por el hecho de que la especie humana comparte los mismos cromosomas. Los hebreos ya llamaban a todos los hombres los «hijos de Adán», y la Biblia lo afirma explícitamente, de manera repetida:

- *«Y creó Dios al hombre a su imagen, a imagen de Dios lo creó; varón y hembra los creó»* (Gn 1, 27).
- *«Tú creaste a Adán y le diste a su esposa Eva como compañera y apoyo. Y de ellos dos nació todo el género humano»* (Tb 8, 6).
- *«Yo también soy un hombre mortal, y desciendo, como todos, del primer hombre modelado de la tierra»* (Sab 7, 1).

El pueblo hebreo es probablemente el único, en la Antigüedad, en no haber divinizado nunca a un humano, contrariamente a lo que ocurre en las leyendas y mitos fundadores de las otras civilizaciones, en que dioses y mortales están en presencia unos de otros y se seducen mutuamente. Se encuentra a semidioses entre los héroes, los reyes, los faraones o los emperadores. Para los pueblos que se refieren a tales textos fundadores, no puede sino haber una jerarquía entre los hombres, desde el emperador elevado al nivel de dios hasta el más humilde esclavo.

- **En Mesopotamia**, la creación del ser humano es el tema principal del mito de Enki y Ninmah. Este mito empieza por la creación del mundo y la ocupación inicial de la Tierra por los dioses, que se unen y proliferan, hasta tener que producir sus propios alimentos para sobrevivir. Esto les causa un gran descontento. Por lo tanto, van a quejarse de ello a la diosa Namma, que acude entonces a su hijo Enki: este tiene que elaborar sustitutos de los dioses, con el objetivo que trabajen en su lugar y para su provecho. Enki realiza entonces un molde y se lo da a su madre, para que ponga en él arcilla para formar seres humanos.

Estos cobran vida gracias a la ayuda de un grupo de diosas, entre las cuales Ninma es la principal.[492]

- **Entre los babilonios,** los reyes eran divinizados y el primero de ellos parece haber sido un dios (Cronos, marido de la diosa Rea), como su ancestro, Nemrod. En la civilización babilónica, los hombres se definen por sus castas, que supuestamente provienen de orígenes diferentes, como en la India vecina. Los grandes mitos babilónicos retoman los mitos de creación anteriores, para presentar una visión coherente de los tiempos inmemoriales, que va desde la creación de los dioses a la del mundo y del hombre. Esto permite establecer una ideología de las relaciones entre hombres y dioses, y, luego, del papel de la monarquía, que se sitúa en la frontera entre las dos dimensiones, la humana y la divina.[493]

- **Los persas** imaginan genios, superhombres y una creación un tanto complicada: *«Después de haber creado el mundo, Ohrmazd crea un primer hombre, Gayomard, hecho de arcilla, y un primer buey. Pero Ahriman ataca el mundo, y, después de ese ataque, el buey y el hombre mueren. Del cuerpo del buey saldrán diversas especies de animales benéficos, mientras que del hombre saldrán diversos materiales preciosos, así como una semilla que engendrará el ruibarbo, del cual saldrá la pareja humana primordial».*[494]

- **Para los egipcios,** el faraón, encarnación de Horus, se inscribe en el linaje de los dioses.

- **Para los griegos,** los hombres, en la Tierra, están en interacción con todo lo que el Olimpo contiene en términos de dioses, semidioses, titanes y héroes divinos. La *Ilíada* y la *Odisea* describen, por ejemplo, las hazañas del semidiós Aquiles, hijo de una nereida, Tetis, y de un mortal, Peleo. A la inversa, los no griegos son considerados como «bárbaros» que no dominan la lengua griega y que, por extensión, son reducidos

---

492. Ver Jean Bottéro y Samuel N. Kramer, *Lorsque les dieux faisaient l'homme*, París, Gallimard, colección NRF, 1989.

493. Ídem.

494. Ver el capítulo «Dans l'Iran préislamique», en Patrice Lajoye, «Purusha», *Nouvelle mythologie Comparée/New Comparative Mythology*, 2013, p. 36.

al rango de infrahumanos. Se los trata de manera dura en el mundo grecolatino, si bien, en Roma, a partir del Bajo Imperio, el derecho de vida y de muerte del amo sobre el esclavo, así como los excesos en los malos tratos infligidos a los esclavos, fueron restringidos por ley.

- **En la esfera romana,** los emperadores siempre soñaron con aparecer como dioses. Con la «apoteosis», eran proclamados dioses después de su muerte. El fenómeno empezó con Augusto: después de haber divinizado a Julio César, aprovechó para declararse heredero suyo, proclamándose hijo de Apolo. A partir de Domiciano, los emperadores romanos fueron considerados como dioses durante su vida.

Lejos de divinizar a los unos y de rebajar a los otros, les hebreos defendían posiciones acertadísimas al sostener convicciones tan diferentes a las de sus contemporáneos: todos los hombres, por diferentes que sean, provienen de un mismo origen y no hay motivo para establecer una jerarquía entre ellos, divinizando a reyes y héroes, o bien negándoles humanidad a los esclavos o a algunas castas.

Una única pareja de ancestros para toda la humanidad

La cuestión del origen de los hombres fue durante mucho tiempo objeto de intensos debates entre científicos. Los filósofos de las luces, luego algunos científicos, hasta los años 1930, decían estar convencidos de que las razas provenían de linajes diferentes.

El descubrimiento de los cromosomas cerró el debate. Más tarde, el descubrimiento del genoma humano permitió precisar las cosas.

Diferentes estudios sobre el genoma[495] pusieron en evidencia, gracias al análisis del cromosoma Y (que solo se transmite de padre a hijo),

---

495. En 2003, el proyecto *Genographic*, iniciado por IBM y National Geographic y dirigido por el genetista Spencer Wells, permitió el análisis de más de un millón de genomas, por 40 millones de dólares. Titulado «Buscando a Adán», el estudio llegó a la conclusión de la existencia de un padre y de una madre únicos, los cuales habrían vivido hace 60 000 a 150 000 años. Desde entonces, diferentes estudios alejaron y adelantaron la fecha (como el estudio de Fulvio Cruciani, «A Revised Root for the Human Y Chromosomal Phylogenetic Tree: the Origin of Patrilineal Diversity in Africa», publicado en *The American Journal of Human Genetics*, vol. LXXXVIII, n.º 6, 19 de mayo de

que todos los hombres descienden de un mismo padre que es llamado «Adán Y-cromosómico».[496]

Del mismo modo, el estudio de la ascendencia matrilineal realizada sobre el ADN mitocondrial (que solo se transmite por la madre) establecería que la humanidad derivaría de una única madre, llamada «Eva mitocondrial».[497] Tan extraño como pueda parecer, algunos piensan que el Adán y la Eva en cuestión vivían en épocas diferentes; esta hipótesis, sin embargo, se ve cuestionada desde 2013.[498]

Lo que la ciencia tiende a descubrir hoy había sido revelado a los hebreos hace tres mil años y se había transmitido a través de las generaciones gracias a la lectura de la Biblia.

Qué concluir acerca de esas verdades: ¿cayeron del cielo?

Hay que reconocer al menos lo siguiente: gracias a la Biblia, los hebreos gozaban de conocimientos únicos en su época. Sin embargo, esos conocimientos eran contraintuitivos, en oposición a los de sus vecinos, y solo se revelaron acertados mucho más tarde.

En el siglo XX, constatando que las verdades de la Biblia y de la ciencia convergían, algunos científicos se asombraron muchísimo, particularmente desde el descubrimiento del Big Bang.

2011), con un espectro amplio, entre 5000 años y la aparición del Homo Sapiens (300 000 años). Se volvió a abrir el debate en 2013 gracias al análisis del ADN muy original de un afroamericano, Albert Perry, que provendría de una raza diferente de la mayoría de los mortales, remontando a unos cruces a partir de un linaje arcaico, antes de la aparición del Homo sapiens, hace 340 000 años, pero el estudio fue cuestionado.

496. https://es.wikipedia.org/wiki/Adán_cromosómico

497. https://es.wikipedia.org/wiki/Eva_mitocondrial

498. Es la conclusión a la que llegaron once investigadores de Stanford en un artículo publicado por la revista *Science* en 2013: https://science.sciencemag.org/content/341/6145/562.abstract. Otros estudios van en esa misma dirección: el que ya hemos citado, de Fulvio Cruciani, y el de D. L. Rohde, del Massachusetts Institute of Technology, publicado en 2005, o aun, por ejemplo, el estudio «On the Common Ancestors of All Living Humans», que, sobre la base de un modelo matemático demasiado teórico, estima que el último individuo que es un ancestro común de todos los humanos que viven hoy podría remontar solamente a 2000 o 5000 años antes de Cristo.

Volvamos a leer estas citas de dos premios Nobel que ya hemos visto anteriormente:

«Para ser coherentes con nuestras observaciones, debemos comprender que no solamente hay creación de la materia, sino también creación del espacio y del tiempo. Los mejores datos de los que disponemos, pero dicho estudio fue criticado, son exactamente aquellos que habría predicho si solo hubiera tenido a disposición los cinco libros de Moisés, los Salmos y la Biblia en su conjunto. El Big Bang fue un instante de brusca creación a partir de nada» [499] (Arno Penzias, premio Nobel de Física en 1978).

«Hubo seguramente algo que lo ajustó todo. A mi juicio, si uno es religioso según la tradición judeocristiana, no existe una teoría mejor del origen del Universo que pueda corresponderse hasta tal punto con el Génesis» [500] (Robert Wilson, premio Nobel de Física en 1978).

Ahora le toca a nuestro lector emitir un juicio acerca de esta anomalía y hacer una elección.

Sin embargo, no existe mucho espacio entre las dos explicaciones posibles: la que ve aquí el fruto exclusivo del azar y la que reconoce que hay una revelación divina.

Para terminar, resulta retrospectivamente ilustrativo leer este otro comentario del filósofo romano Celso, realizado hacia el año 175. Si bien los descubrimientos científicos del siglo XX dieron la razón, de manera magistral, a los conocimientos contenidos en la Biblia, Celso escribió:

- *«Egipcios, asirios, caldeos, indios, odrisios, persas, samotracios y griegos, todos tienen tradiciones más o menos semejantes. Es en estos pueblos y no en otros donde se encuentra la fuente de la*

499. A. Penzias, «The Origin of Elements», from *Nobel Lectures*, Physics, 1971-1980, Ed. Stig Lundqvist, World Scientific Publishing Co., Singapore, 1992. Disponible en línea: https://www.nobelprize.org/prizes/physics/1978/penzias/lecture/. Al respecto, ver Steven Weinberg, *Los tres primeros minutos del universo*, Alianza, Madrid, 2016.

500. «Certainly if you are religious, I can't think of a better theory of the origin of the universe to match with Genesis» Robert Wilson citado por F. Hereen, in *Show Me God*, Day Star Publications, 1997, p. 157.

verdadera sabiduría, que luego se expandió por todas partes, por mil ríos diferentes. Sus sabios, sus legisladores, Lino, Orfeo, Museo, Zoroastro y los otros, son los más antiguos fundadores e intérpretes de esas tradiciones, y los maestros de toda cultura. Nadie imagina contar a los judíos entre los padres de la civilización, ni atribuirle a Moisés un honor comparable al de los más antiguos sabios. [...] Su cosmogonía [del pueblo judío] es de una puerilidad infinita».[501]

(Encontrarán una amplia información sobre estas cuestiones en la web www.dioslaciencialaspruebas.com, bajo la sección: «Los errores de la Biblia que, en realidad, no lo son»).

501.Celso, *Discurso verdadero contra los cristianos*, Alianza Editorial, Madrid, 1989.

18.

¿Quién puede ser Jesús?

Nadie tiene derecho a pasar por alto esa pregunta: «¿Quién puede ser Jesús?». Cuatro hechos sorprendentes o inexplicables nos lo impiden

- **Primer hecho: 8000 millones de hombres, es decir, la totalidad del planeta, utilizan su año de nacimiento en el calendario, aun cuando nunca hayan oído hablar de él.** Todos los contratos del mundo, todos los actos jurídicos del mundo, todas las publicaciones del mundo se refieren a su año de nacimiento. Es una auténtica proeza, más aún si se tiene en cuenta que numerosos intentos para ocultar esa referencia temporal resultaron efímeros. La Revolución francesa intentó crear un nuevo calendario con un nuevo año I en 1793, pero ese intento, circunscrito a un solo país, no duró más que doce años. Más tarde, en Italia, Mussolini también intentó establecer un año I en 1925, pero resultó igualmente una aventura efímera. Los judíos, los musulmanes y los chinos tienen, es cierto, sus propios calendarios, pero la utilización de dichos calendarios se limita a su propia esfera. De este modo, la fecha de nacimiento de Jesús es un meridiano absoluto y universal, un «ecuador del tiempo» que separa la Historia de la humanidad en dos, con un «antes de él» y un «después de él».

• **Segundo hecho: fenómeno único, solo en el siglo pasado se escribieron más de 20 000 libros sobre él,** ¡y cada año se publican centenares de nuevos! La Biblia es, a su vez, el libro más difundido y traducido en el mundo, en todos los idiomas. Actualmente, 2500 millones de personas, es decir, el tercio de la humanidad, afirman creer en la divinidad de Jesús.

• **Tercer hecho: ¡en buena lógica, Jesús tendría que haber sido un ilustre desconocido!** *«Si alguien, después de su paso por la Tierra, nunca hubiera debido hacer hablar de él es justamente ese modesto artesano de Nazaret que jamás tuvo espada ni pluma y que no ejerció ninguna función en su país. Ese carpintero sin fortuna, sin mujer, sin hijos ni relaciones se creyó el Mesías, pero en pocos meses las autoridades de su país lo pusieron en su sitio y la mayoría de sus seguidores lo abandonó cuando fue condenado a una muerte infamante, pero habitual en la época. ¡Su nombre debería haber caído en el olvido! Y, sin embargo, ¡muy pronto ocupa el primer puesto en la historia del mundo! ¿Será simplemente el nombre de un artesano de una oscura aldea de Galilea? ¡Si hay algo inexplicable, es justamente eso!»*.[502] Cada uno de nosotros puede percatarse de ello: el destino de ese Jesús de Nazaret supera el entendimiento.

• **Cuarto hecho: es él mismo quien formula directamente esa extraña pregunta a sus amigos, e indirectamente a nosotros: «¿Quién soy yo?».** Efectivamente, esa pregunta *«Y vosotros ¿quién decís que soy yo?»* (Mateo 16,15), a primera vista simple e inofensiva, desemboca en realidad en una problemática de una lógica implacable, porque hay

---

502. Prat, Ferdinand, *Jésus-Christ, sa vie, sa doctrine, son œuvre*. Beauchesne, 1938.

muy pocas respuestas posibles y suficiente información disponible como para eliminarlas casi todas.

He aquí las siete respuestas que se dieron a lo largo de la Historia y que son, por otra parte, las únicas respuestas lógicamente posibles a la pregunta «¿Quién puede ser Jesús?» (ise han intentado todo tipo de respuestas!).[503]

I. No existió. Es un mito creado a posteriori
(Tesis de algunos ateos y de algunos otros a partir del siglo XVIII: Bauer, Couchoud, Onfray).

II. Es un gran sabio
(Tesis de Renan, Jefferson, de numerosos francmasones y parte del gran público).

III. Es un loco
(Tesis sostenida por cierto número de filósofos a partir del siglo XIX —Strauss, Nietzsche— y luego, en el siglo XX, por médicos y psiquiatras, como Binet-Sanglé y William Hirsch).

IV. Es un aventurero que fracasó (Tesis del Talmud y del judaísmo).

V. Es un profeta
(Tesis de los musulmanes y de algunos de sus contemporáneos).

VI. Es el Mesías y un hombre extraordinario, pero solamente un hombre
(Tesis de los arios y de los cátaros).

VII. Es el Mesías y Dios hecho hombre
(Tesis de los cristianos y de los judíos mesiánicos).[504]

Investigaremos cada una de estas siete posibilidades de manera precisa y profunda. Llamaremos al estrado a la Historia, la Biblia, la razón y,

---

503. No hemos tomado en cuenta ciertas creencias marginales, como las de los testigos de Jehová, que son 8 millones actualmente, y para quienes Jesús es el arcángel Miguel encarnado. Sin embargo, también funcionan los mismos argumentos para refutar esas hipótesis.

504. Judíos que reconocen a Jesús (Yeshúa) como el Mesías de Israel si bien siguen practicando el judaísmo.

sobre todo, a los testigos de la acusación cuyos ataques desordenados y contradictorios aportarán elementos valiosos. Para juzgar la pertinencia de cada una de estas hipótesis, no hace falta ninguna competencia particular, ningún diploma o título universitario, ninguna pericia. A diferencia de los capítulos precedentes, más técnicos, aquí todo el mundo puede llegar a una conclusión por sus propios medios. Nadie podrá pasar por alto la pregunta: «¿Quién puede ser Jesús?». Pedimos a nuestro lector que nos acompañe activamente en cada etapa de este capítulo.

Estimado lector, tome su lugar entre los jurados. El juicio va a comenzar.

I. Jesús nunca existió. Es un mito creado a posteriori

Esta tesis es insostenible. La realidad histórica de Jesús está perfectamente establecida, sin ir más lejos, gracias a las menciones de sus numerosos detractores. Y los testimonios hostiles de sus detractores tienen, forzosamente, mayor valor probatorio que los de sus fieles. Por este motivo, y porque el número es ampliamente suficiente, son los únicos que citaremos. ¡No hará falta citar en esta indagación a un solo apóstol, a un solo santo ni a un solo Padre de la Iglesia!

1. Autores e historiadores antiguos en el estrado de los testigos

El historiador judío Flavio Josefo (37-100) refiere la lapidación del «hermano» de Jesús, Santiago el Menor, que se produjo en el año 62 en Jerusalén: *«Ananías el joven, que había recibido el gran pontificado [...] reunió el sanedrín de jueces, y trajo ante ellos a Santiago, hermano de Jesús, llamado el Cristo, y a algunos otros, y, cuando los hubo acusado de transgredir la ley, los entregó para que fueran lapidados».*[505]

Un notable sirio, estoico por convicción, Mara bar-Serapión, evoca en el año 73, en una carta escrita a su hijo en prisión, el castigo de quienes persiguen a los sabios: *«¿Qué ventaja obtuvieron los judíos cuando*

---

505. *Antigüedades judías*, XX, n.º 199-200.

condenaron a muerte a su rey sabio? Después de aquel hecho, su reino fue abolido...».[506]

El historiador romano Suetonio (69-125) evoca en 121 las persecuciones sufridas en el año 50 por los fieles a Cristo: *«A los judíos instigados por Chrestus, él [Claudio] los expulsó de Roma por sus continuas revueltas».*[507]

El historiador romano Tácito (55-118) evoca directamente a Jesús, con referencia a las persecuciones ordenadas por Nerón contra los cristianos en los años 60: *«Por lo tanto, aboliendo los rumores, Nerón subyugó a los reos y los sometió a penas e investigaciones; por sus ofensas, el pueblo, que los odiaba, los llamaba "cristianos", nombre que toman de un tal Cristo, que en época de Tiberio fue ajusticiado por Poncio Pilato; reprimida por el momento, la fatal superstición irrumpió de nuevo, no solo en Judea, de donde proviene el mal, sino también en la metrópoli [Roma] donde todas las atrocidades y vergüenzas del mundo confluyen y se celebran».*[508]

Suetonio también dice: *«Bajo su reinado [de Nerón] se reprimieron y castigaron muchos abusos, dictándose reglamentos muy severos. [...] Nerón infligió suplicios a los cristianos, una clase de hombres de una superstición nueva y maligna».*[509]

Plinio el Joven (61-114), gobernador de Bitinia, informa al emperador Trajano sobre su manera de tratar a los cristianos. *«Los que decían que no eran ni habían sido cristianos, decidí que fuesen puestos en libertad, después que hubiesen invocado a los dioses, indicándoles yo lo que habían de decir, y hubiesen hecho sacrificios con vino e incienso*

---

506. Carta de un sirio llamado Mara bar-Serapión, a su hijo Serapión, manuscrito que proviene de la biblioteca del monasterio de los sirios en Uadi Natrun, Egipto, adquirido en 1843 por el Museo Británico (Nitrian Collection, Manuscrito n.° 14658). Para profundizar más: Katleen E. McVey, «A fresh look at the letter of Mara bar Sarapion to his son», en R. Lavenant (dir.), V Symposium Syriacum, 1988, Pontificum Institutum Studiorum Orientalium (Orientalia Christiana Analecta, 236), Roma, 1990, pp. 257-272.

507. *Vida de Claudio*, XXV, 11.

508. *Anales*, XV. 44.

509. *Vida de los doce césares, Nerón*, XVI, 3.

a una imagen tuya que yo había hecho colocar junto a las estatuas de los dioses, y, además, hubiesen blasfemado contra Cristo. [...] Otros afirmaban que toda su culpa o error había sido que habían tenido la costumbre de reunirse en un día determinado antes del amanecer y de entonar alternativamente un himno en honor de Cristo, como si fuese un dios».[510]

El escritor griego Luciano de Samósata (125-192): *«[...] de aquel hombre a quien siguen adorando, que fue crucificado en Palestina por haber introducido esta nueva religión en la vida de los hombres. [...] Además, su primer legislador [de los cristianos] les convenció de que todos eran hermanos y así, tan pronto como incurren en este delito, reniegan de los dioses griegos, y, en cambio, adoran a aquel sofista crucificado y viven de acuerdo con sus preceptos».*[511]

El médico Galeno (129-216): *«Sería más fácil hacer entrar en razón a los discípulos de Moisés y de Cristo que a los médicos y los filósofos ligados a las sectas».*[512]

El filósofo Celso (siglo II) también se burla de Jesús: *«Nos presentan como Dios a un personaje que termina por una muerte miserable una vida infame».*[513]

Flavio Josefo: En las *Antigüedades judías*, ese gran historiador judío, que se unió a los romanos en el momento de la guerra del año 70, escribe lo siguiente: *«Por aquel tiempo existió un hombre sabio, llamado Jesús, si es lícito llamarlo hombre, porque realizó grandes milagros y fue maestro de aquellos hombres que aceptan con placer la verdad. Atrajo a muchos judíos y a muchos gentiles. Era el Cristo. Delatado por los principales de los judíos, Pilatos lo condenó a la crucifixión. Aquellos que antes lo habían amado no dejaron de hacerlo, porque se les apareció al tercer día resucitado; los profetas habían anunciado este y mil otros hechos*

510. *Cartas a Trajano*, X, 96 5-7.

511. *Sobre la muerte de Peregrino*, pp 11-13.

512. *Sobre las causas en los pulsos*, II.

513. *Discurso verdadero contra los cristianos*, Madrid, Alianza Editorial, 1989.

maravillosos acerca de él. Desde entonces hasta la actualidad existe la agrupación de los cristianos».[514]

Este pasaje (conocido como *Testimonium Flavianum*, es decir *Testimonio de Flavio*) aparece sin modificaciones en todos los manuscritos griegos de las *Antigüedades* que han llegado hasta nosotros. Desde el siglo XVII, la autenticidad del texto dio lugar a encarnizadas discusiones entre especialistas, ya que ciertos estudiosos sostenían que el pasaje estaba total o parcialmente sujeto a una intercalación. Flavio Josefo, que no creía en el mesianismo de Jesús, supuestamente no habría podido redactar semejante testimonio. Sin embargo, el relato no refleja la pluma de un cristiano. El retrato de Jesús transmitido por este texto es más bien el de un hombre extraordinario (*«un hombre sabio»*) que el del Hijo de Dios hecho hombre. Un cristiano no habría escrito jamás *«Era el Cristo»* sino más bien *«Es Cristo»*. En este fragmento Cristo es simplemente el nombre que le daban a Jesús numerosos paganos, como, por ejemplo, los historiadores latinos Tácito y Suetonio, ya citados. Por otra parte, los evangelios no mencionan prácticamente la existencia de griegos entre los discípulos de Jesús.

Cabe señalar que el pasaje de Flavio Josefo fue íntegramente citado en diferentes ocasiones durante la Antigüedad:

- por Eusebio de Cesárea (entre 314 y 333 d. C.) en dos de sus obras (*Historia Eclesiástica* I, 11,7-8 y *Demostración Evangélica* III, 3, 105-106), donde siempre retoma este texto del mismo modo;
- por san Jerónimo (circa 393) en su *De viris illustribus* (13) donde el texto del *Testimonium* se cita casi textualmente.

La posibilidad de una intercalación[515] intencional es difícilmente imaginable. Dado que Eusebio y san Jerónimo ya citan ese texto, la intercalación habría debido de producirse en un periodo de aproximadamente 220 años (entre el año 90, fecha aproximada de la redacción de las *Antigüedades* de Josefo y comienzos del siglo IV, fecha

---

514. *Antigüedades judías*, libro XVIII, 63-64.

515. Acción de introducir en un texto un elemento que no estaba en el original (glosa, variante, escolio).

de las citas de Eusebio). Es precisamente el período en que los cristianos eran perseguidos. Los manuscritos se conservaban a buen recaudo en bibliotecas públicas o privadas. La intercalación habría tenido por objetivo «probar» la existencia de Jesús y el hecho de que había realizado signos, en una época en que nadie los cuestionaba (incluso el Talmud testimonia indirectamente sobre los milagros, como mostraremos más adelante, en el párrafo IV). Producir una falsificación debería responder a una expectativa, inexistente en este caso. Por otra parte, ¿cómo imaginar que se hayan podido falsificar todos los manuscritos de Flavio Josefo existentes en el imperio y que la falsificación haya tomado esta forma?

Pero el golpe definitivo a la hipótesis del mito lo dieron los propios judíos, que son a la vez los que más enterados están acerca de Jesús, y sus mayores adversarios. Es así como dice el Talmud de Babilonia:[516] *«Dice la tradición: en la víspera del Sabbat, en la víspera de la Pascua, Jesús el Nazareno fue colgado (Yeshu-ha-Nostri). Y un heraldo salió anunciando cuarenta días antes: "Jesús el Nazareno será apedreado porque él practicó hechicería, instigó y sedujo a Israel a la idolatría. Quienquiera que sepa algo en su defensa, que venga y lo declare". Pero una vez que ellos no encontraron algo en su defensa, ellos lo colgaron en la víspera del Sabbat, en la víspera de la Pascua. Ulla dijo: "¿Vosotros suponéis que Jesús el Nazareno fue alguien para quien una defensa debería ser hecha? ¡Era un seductor!". Y la Torá dice: "No muestre compasión por él y no lo proteja"»* (Deuteronomio 13,9).[517]

---

516. *Tratado del Sanedrín* 43 a.

517. Peter Schäfer, universitario reconocido y autor de *Jesus in the Talmud* (2007) comenta la versión del Talmud de Babilonia, al que fecha aproximadamente en el año 300, y encuentra lógica la condena de Jesús: *«Más exactamente, sostendré que se trata de palabras polémicas que parodian los relatos del Nuevo Testamento, principalmente el relato del nacimiento y la muerte de Jesús. Ridiculizaron el nacimiento de Jesús de una virgen, como lo subrayan los Evangelios de Mateo y Lucas. Impugnan fervorosamente la afirmación según la cual Jesús es el Mesías y el Hijo de Dios y, hecho notable, se oponen a la historia de la pasión del Nuevo Testamento con su mensaje sobre la culpabilidad y vergüenza de los judíos en tanto que asesinos del Cristo. Haciendo eso, lo acreditan: sí, mantienen los hechos, asumen la responsabilidad y no tienen ninguna razón de sentir vergüenza porque ejecutaron merecidamente a un blasfemo e idólatra. Jesús merecía la muerte y obtuvo lo que merecía. Por consiguiente, le dan la vuelta a la idea cristiana de la resurrección de Jesús pensando que es castigado eternamente en el infierno, precisando que este será también el destino de sus discípulos que creen en este impostor. No hay resurrección, insisten, ni para él ni para sus discípulos; dicho de otro modo, no hay ninguna justificación para esta secta cristiana*

En el Talmud de Jerusalén, Jesús es presentado como un *mamzer*, fruto de los amores adúlteros de una judía y un centurión romano. Después de un conflicto, habría sido excluido por un rabino y habría roto entonces con el judaísmo, se habría entregado a la idolatría y habría pervertido al pueblo de Israel. Formado en la magia en Egipto, se habría ido de ese país disimulando fórmulas secretas en un pliegue de su piel. Según una leyenda, habría creado pájaros de arcilla a los que habría dotado de vida, pero tuvo que inclinarse frente a los rabinos durante una confrontación de magia. Condenado a muerte por brujería, solo se encontró, para colgarlo, una varilla de repollo, ya que había ordenado a todos los árboles que se negasen a servirle de horca (Sanedrín 43b).

El Talmud de Babilonia y el de Jerusalén constituyen elementos de prueba importantes: al presentar a Jesús como un embaucador, demuestran su existencia más que ningún otro texto.

Para los cristianos esos relatos son blasfemos, pero tienen el inmenso mérito de validar la existencia de Jesús.

Volvamos a situarnos en el contexto. Los redactores del Talmud se consideraban como los adversarios del cristianismo y percibían el mensaje cristiano como un peligro para el judaísmo. Si hubieran asistido a la creación de un mito que pusiese en primer plano a un Mesías imaginario, cuyo mensaje era para ellos sacrílego, absurdo y alarmista —ya que anunciaba la caída de Jerusalén y su control por parte de los paganos hasta el final de los tiempos—, por una parte, lo habrían sabido y, por otra, no lo habrían dejado desarrollarse sin oponerse iy, ciertamente, no se habrían hecho el eco del mito en cuestión!

Aún menos habrían validado ese mito, detestable para ellos, mediante la invención de contrarrelatos como los que divulga el Talmud.

---

que, impúdicamente, pretende ser la nueva alianza y se prepara para establecerse como una nueva religión».

De este modo, el Talmud atestigua más que ningún otro documento la existencia de Jesús y nos aporta, además, el testimonio valioso de una estancia en Egipto, de los prodigios que realizaba, de las multitudes entusiasmadas por su enseñanza, de su condena y de su ejecución por los romanos en la víspera de Pascuas.

2. Jesús. ¿Un mito? Una estrategia reciente ¡con un objetivo evidente!

Durante diecisiete siglos, ninguno de los adversarios de Jesús, ya fuera judío o pagano, sostuvo la idea de que Jesús solo fuera un mito, es decir, una construcción imaginaria elaborada a lo largo del tiempo por tradición oral. Sin embargo ¡habría favorecido sus intereses! Pero ¡ni una palabra, ni una frase en tal sentido! Ese silencio, por sí solo, hace sospechosa la idea del mito.

¿De dónde proviene?

A partir del siglo XVIII, los pensadores y filósofos de la Ilustración buscaron negar a Dios y al cristianismo. Pero, para saldar cuentas con la religión, había forzosamente que hacerlo con Cristo, que la encarnaba. Es decir, encontrar una hipótesis explicativa de su existencia que resultase suficientemente sensata y válida como para oponerla a la versión dominante de un Jesús Mesías e Hijo de Dios.

Ahora bien, sus márgenes de maniobra eran muy estrechos, ya que las posibilidades son poco numerosas y difíciles de defender. Por este motivo, algunos eligieron transformarlo en un mito, otros en un sabio, y aun otros en aventurero y mago diabólico. Pero no se concertaron y sus versiones divergentes testimonian unas contra otras.

Surge pues, en el siglo XVIII, la idea de que Jesús no sería más que un mito (Bruno Bauer, Paul-Louis Couchoud). Tesis inverosímil, que contradicen los hechos históricos, pero que algunos persisten aún hoy en defender, como es el caso de Michel Onfray en su *Tratado de ateología*.

No es sorprendente, ya que responde a la necesidad absoluta de ofrecer a la pregunta «¿Quién puede ser Jesús?» una respuesta compatible con la negación del cristianismo. Y si eligieron la versión indefendible del mito, es probablemente porque no encontraron otras mucho más defendibles.

3. ¿Un mito? Pero ¿desde cuándo?

Para que un mito cobre forma, tiene que ser creado y lanzado bastante después de la desaparición de los últimos testigos vivientes de la época en cuestión. En el caso que nos ocupa, el mito de Jesús no debería aparecer antes del año 100. Ahora bien, además de los numerosos textos históricos que ya citamos, disponemos hoy de múltiples rastros objetivos del cristianismo anteriores a esta fecha.

La persecución de los cristianos por Nerón desde los años 60 es conocida, pero los vestigios arqueológicos aportan igualmente pruebas irrefutables. Así, en las ruinas de la ciudad de Herculano, sepultada en el año 79 por la erupción del Vesubio, en la finca llamada «del bicentenario», se encontró en 1938 una cruz en la habitación de un esclavo que probablemente era cristiano (ver foto). En Pompeya se descubrieron una cruz y una inscripción mural de carácter cristiano. Pues bien, la fecha de erupción del Vesubio es inequívoca, tuvo lugar en el año 79. Tampoco cabe duda de que el sitio permaneció inviolado desde esa fecha hasta las recientes excavaciones. La creación de un mito después del año 100 resulta pues totalmente imposible.

Los descubrimientos de vestigios cristianos en las ruinas de Herculano completan el fracaso de la hipótesis del mito.

Foto de la habitación, en el momento de su descubrimiento el 28 de octubre de 1938, en Pompeya.

En torno a la cruz, los orificios de clavos y la zona más clara sugieren la presencia de puertas de madera liviana o, al menos, de un marco soporte de un velo, para ocultar a la vista la cruz fijada o grabada sobre la pared, lo que es una manera de honrar un misterio, y quizá también de evitar problemas en el caso de que pasara gente extraña.[518]

4. Jesús, un mito absurdo y sacrílego: ¡carece de sentido!

El surgimiento de un mito responde siempre a un horizonte de expectativas. ¿Su razón de ser? Hacer soñar o entusiasmar a un pueblo, permitir la unión de una nación dándole un orgullo o una esperanza. Nada de todo eso en el caso de un Jesús mítico. ¿Por qué imaginar una figura mítica sacrílega para los judíos, absurda para los paganos, que termina su vida con un estrepitoso fracaso y una muerte infame? Tal hipótesis acumula demasiadas inverosimilitudes.

Todos los testimonios históricos o arqueológicos son unánimes: Jesús no es un mito, efectivamente existió. Se descarta pues, definitivamente, la hipótesis del «mito de Jesús».

II. Jesús fue un gran sabio

Fue en 1863 cuando Ernest Renan publicó *Vida de Jesús*, que concluye con una frase famosa: *«Todos los siglos proclamarán que no ha nacido entre los hijos de los hombres ninguno más grande que Jesús»*. En otros términos, para Renan, Jesús fue el mayor sabio que existió en la Tierra, pero no era más que un hombre como los demás; por lo tanto, ni el Mesías, ni el Hijo de Dios.

Su libro tuvo mucho éxito, debido, en parte, al perfume de escándalo que acompañó su publicación. Es sabido que la promesa de revelaciones sorprendentes o increíbles, como «Jesús no existió» o «no era más que un sabio», o incluso «estaba casado con María Magdalena» suscitan el

---

518. La foto y la leyenda provienen del sitio: http://www.eecho.fr/pompei-herculanum-vestiges-chre-tiens-avant-79/

interés de los críticos, estimulan la curiosidad de los lectores y aseguran la notoriedad del autor.

La publicación del libro de Renan venía de perlas para confortar y justificar a los librepensadores, cada vez más numerosos. Esta tesis del «sabio» tenía la ventaja de ser menos inverosímil y agresiva que la del mito, ya que estaba revestida de un escepticismo de buena ley y de un velo de cultura, apoyándose en la autoridad de un historiador de renombre.[519]

Pese a ello es, seguramente, la más absurda y la más indefendible de todas las hipótesis posibles.

Para emitir un juicio al respecto, basta con leer las palabras de Jesús tal como las recogen los evangelistas. Palabras que ningún sabio se atrevería jamás a pronunciar:

1. Palabras absurdas, palabras de loco

- *«Destruid este Templo y en tres días lo volveré a levantar»* (Jn 2,19).
- *«Tus pecados te son perdonados»* (Mt 9,5; Mc 2,10, Lc 7,48).
- *«Yo soy el pan bajado del cielo»* (Jn 6,41).
- *«Yo soy la Resurrección y la Vida»* (Jn 11,25).
- *«Desde antes que naciera Abraham, Yo Soy»* (Jn 8,58).
- *«El que cree en mí, aunque muera, vivirá»* (Jn 11,25).

2. Palabras sumamente pretenciosas

- *«Porque separados de mí nada pueden hacer»* (Jn 15,5).
- *«El cielo y la tierra pasarán, pero mis palabras no pasarán»* (Mt 24,35).
- *«Yo he recibido todo poder en el cielo y en la tierra»* (Mt 28,18).
- *«El que me ha visto, ha visto al Padre [Dios]»* (Jn 14,9).

---

519. Renan no fue el único en sostener la hipótesis del sabio. Bastante antes, en 1820, Thomas Jefferson, presidente de los Estados Unidos, escribía *The Life and Morals of Jesus of Nazareth*, que presenta una serie de fragmentos y ofrece un «collage» de los textos de los Evangelios, de los que había sacado todos los milagros y las palabras que mostraban a Jesús como más que un simple hombre.

- *«Yo soy la luz del mundo»* (Jn 8,12; 9,5).
- *«Yo soy el Camino, la Verdad y la Vida»* (Jn 14,6).
- *«El que es de la verdad escucha mi voz»* (Jn 18,37).
- *«Porque ella [la reina de Saba] vino de los confines de la tierra para escuchar la sabiduría de Salomón y aquí hay alguien que es más que Salomón»* (Mt 12,42).

3. Palabras inaplicables

- *«Cualquiera que venga a mí y no me ame más que a su padre y a su madre, a su mujer y sus hijos, a sus hermanos y hermanas, y hasta a su propia vida, no puede ser mi discípulo»* (Lc 14,26).
- *«Si alguien te da una bofetada en la mejilla derecha, preséntale también la otra»* (Mt 5,39).
- *«El que quiera venir detrás de mí, que renuncie a sí mismo, que cargue con su cruz y me siga»* (Mt 16,24).
- *«Habéis oído decir: "ojo por ojo y diente por diente". Pero yo os digo, no os enfrentéis al que os hace mal»* (Mt 5,38-39).

4. Palabras sacrílegas

- *«Tus pecados te son perdonados»* (Mt 9,5; Mc 2,10; Lc 7,48).
- *«Destruid este Templo y en tres días lo volveré a levantar»* (Jn 2,19).
- *«El Hijo del Hombre [habla de sí mismo] es dueño también del Sabbat»* (Mc 2,28).
- *«En verdad, en verdad, os digo: si no coméis la carne del Hijo del Hombre, y bebéis su sangre, no tenéis vida en vosotros»* (Jn 6,53).

Estas últimas palabras chocaron tanto a sus discípulos que un buen número se apartó entonces de él, heridos, escandalizados y llenos de incomprensión: *«Desde ese momento, muchos de sus discípulos se alejaron de él y dejaron de acompañarlo»* (Jn 6,66).

Si Jesús no es el «Dios hecho hombre» que pretende ser, estas palabras son las de un loco o un iluminado, en modo alguno las de un sabio.

5. ¿Un gran sabio a la cabeza de una banda de mentirosos y estafadores?

En buena lógica, un gran sabio busca rodearse de aspirantes a la sabiduría que se le acercan para ser edificados escuchando sus palabras y meditando sobre sus pensamientos. Y, por cierto, ningún «gran sabio» buscaría la compañía exclusiva de mentirosos y bandidos. Ahora bien, de acuerdo con esta hipótesis, es lo que Jesús habría hecho.

Efectivamente, inmediatamente después de su muerte, todos sus discípulos anuncian su resurrección. Son unánimes. Esto supone que todos se habrían puesto de acuerdo para ir a abrir la tumba de Jesús una noche de luna llena, robar sus restos a hurtadillas para volver a enterrarlos en un escondrijo tan secreto que nunca más se encontró. Todo eso a espaldas de todos, sin que nada se filtrara fuera del grupo. ¡Es impensable! Aún más si tenemos en cuenta que el robo de un cadáver era castigado con la muerte, tanto por la ley judía como por la ley romana. Semejante operación habría sido sumamente peligrosa.

Una vez disimulado el cuerpo de Jesús, los apóstoles habrían anunciado por doquier que su maestro había resucitado ¡y todos, sin excepción, habrían sostenido esta versión rocambolesca y engañosa hasta su muerte!

De este modo *«el mayor sabio que la Tierra haya conocido»*, según Renan, ¿solo habría reclutado a mentirosos, bandidos y estafadores? Ellos habrían completado sus fabulaciones inventado milagros que Jesús, el sabio, habría sido incapaz de realizar y habrían imaginado y difundido discursos y palabras que nunca habría pronunciado. Finalmente, todos habrían partido lejos para propagar esta comedia, ¡hasta el punto de sufrir el martirio para que sus mentiras conservasen credibilidad! De ser así, además de ser estafadores y mentirosos, ¡esos apóstoles de pacotilla carecerían totalmente de cordura! Esta historia no contiene ni una pizca de sentido.

Por ello mismo, la tesis de Renan, que no ve más que un sabio en la persona de Jesús, tiene que ser descartada. Solo puede satisfacer a quienes, para desembarazarse de la incómoda pregunta *«¿Quién es Jesús?»*, prefieren adherirse sin examen a una hipótesis sin conflicto, una hipótesis amorfa. «Jesús es un sabio», un personaje liso y sin asperezas, es la fácil elección de los mediocres y de los mundanos.

«Tienen que elegir. O bien ese hombre era y es el Hijo de Dios, o bien era un enfermo mental o algo peor. Lo pueden hacer callar porque está loco, lo pueden golpear y matar como un demonio, o pueden por último caer a sus pies y llamarle "mi Señor y mi Dios", pero, por favor, no dirijan sus pasos hacia él con ese cumplido absurdo y condescendiente que consiste en decir que es un gran moralista. No nos dejó esa posibilidad».[520] (C. S. Lewis)

III. Era un loco, un iluminado

¿Acaso Jesús era un loco? La pregunta merece ser planteada, siquiera porque algunos de sus contemporáneos expresaron dudas respecto a su estado mental. El evangelista Marcos refiere la preocupación de algunas personas cercanas a Jesús, desconcertados por su prédica y sus actos: *«Cuando sus parientes se enteraron, salieron para llevárselo, porque decían: "Es un exaltado"».* (Mc 3,21). En una época en que los trastornos psíquicos, mal conocidos, eran interpretados como posesión demoníaca, otros creían que Jesús estaba poseído por el demonio: *«Muchos de ellos decían: "Está poseído por un demonio y delira. ¿Por qué lo escuchan?"»* (Jn 10,20), e incluso: *«Los judíos le replicaron: "¿No tenemos razón al decir que eres un samaritano y que estás endemoniado?"»* (Jn 8,48).

Casi veinte siglos más tarde, pensadores como David F. Strauss y Friedrich Nietzsche ponen en tela de juicio el equilibrio mental de Jesús en sus escritos. Eminentes especialistas abordan el caso Jesús y establecen un diagnóstico. El médico francés Charles Binet-Sanglé, en su libro *La Folie de Jésus* (1915), detecta en él una paranoia religiosa. El psiquiatra norteamericano William Hirsch sigue su ejemplo y lo declara paranoico, diagnóstico compartido por el psiquiatra soviético Y. V. Mints.

---

520. *Mere Christianity*, 1952, Londres, HarperOne, 2015, p. 40.

Y, de hecho, cuando se examinan las palabras insensatas de Jesús ya citadas, resulta razonable admitir que, si no fue más que un hombre y no el Hijo de Dios, era un iluminado.

Esta hipótesis, aureolada con la autoridad de eminentes especialistas, es ciertamente atractiva. Pero ¿es realmente convincente?

1. Palabras desconcertantes, pero extremadamente sabias

En oposición a sus palabras locas y desconcertantes, Jesús pronunció otras tan profundas y sabias que atravesaron los siglos. Aún hoy son corrientemente utilizadas por todos, cristianos o no cristianos. He aquí tres ejemplos representativos entre las numerosas frases de sabiduría proferidas por Jesús:

- *«Dad al césar lo que es del césar y a Dios lo que es de Dios»* (Mt 22,21). La pertinencia de esta máxima es incuestionable. Ha sido utilizada en todas las épocas, y particularmente en la nuestra, para teorizar la separación de las esferas política y religiosa. Pero la pregunta originariamente planteada a Jesús y que da origen a esta respuesta *«¿Está permitido pagar el impuesto a césar o no?»* (Mt 22, 17) comportaba inicialmente una trampa. En efecto, si Jesús hubiese respondido «sí», se habría atraído la hostilidad de los judíos piadosos y de los zelotes. Si hubiese contestado «no», habría sido condenado por rebelión por los romanos. Su respuesta es pues doblemente extraordinaria: por una parte, esquiva una trampa y, por la otra, hace comprender a todas las generaciones que es posible conciliar religión y ciudadanía.

- *«El que esté libre de pecado que arroje la primera piedra»* (Jn 8,7). Dos milenios más tarde, también esta sentencia entró en el lenguaje corriente. Y es, una vez más, la respuesta inteligente a una pregunta capciosa. En efecto, se lleva ante Jesús a una mujer sorprendida en delito de adulterio y se le pregunta: *«Moisés, en la ley, nos ordenó lapidar a esta clase de mujeres. Y tú ¿qué dices?»* (Jn 8,5). Espinosa pregunta... Si responde «no», se levanta contra la ley de Moisés a riesgo de ser condenado. Si responde «sí», levanta contra él al pueblo, indignado por esta prescripción primitiva y bárbara y, por añadidura, entra en conflicto con su propia prédica de amor y misericordia. Al contestar como lo hace, Jesús –por así decirlo– mata dos pájaros de un tiro. Evita la trampa invirtiendo la situación y transmite, al mismo tiempo, dos enseñanzas profundas: el juicio y la condena son reservados a Dios, y un pecador dispone siempre de un tiempo para redimirse («*Vete y no peques más en adelante*», le dice luego a la mujer).

• «*Padre, perdónalos porque no saben lo que hacen*» (Lc 23,34). Jesús acaba de ser crucificado. Cerca, sus enemigos asisten a su agonía con una alegría malsana y se burlan de él: «*Ha salvado a otros: ¡que se salve a sí mismo!*» (Lc 23,35); y: «*Es rey de Israel: que baje de la cruz y creeremos en él*» (Mt 27, 40-42). Risas sin piedad acompañan tales palabras. Pero Jesús, pese a su sufrimiento, encuentra la fuerza para decir, en voz alta: «*Padre, perdónalos porque no saben lo que hacen*» (Lc 23,34). Estas palabras constituyen el summum de la sabiduría y de la misericordia, hasta el punto de que incomoda incluso a los cristianos. Un pequeño número de copistas escandalizados omitieron a veces ese versículo.

Habríamos podido multiplicar los ejemplos de sabiduría transmitidos por Jesús, como la parábola del «buen Samaritano», que se ha convertido en expresión popular, o «*el sábado ha sido hecho para los hombres y no los hombres para el sábado*» (Mc 2,27); o incluso la necesidad de construir su casa, es decir, su vida, no sobre la arena, sino sobre la roca (Mt 7, 24-27). Cada uno ya posee seguramente sus propias referencias, tantas son las expresiones de la sabiduría evangélica incorporadas a la sabiduría popular. Este florilegio es suficiente como para impugnar seriamente la hipótesis de que Jesús era un loco.

2. ¿Por qué el Talmud habría hablado de los hechos de un loco?

Si Jesús hubiera sido un simple loco, un iluminado cualquiera, ¿por qué las diferentes versiones del Talmud le habrían concedido importancia presentándolo como un intrigante peligroso, un mago demoníaco? Si Jesús hubiera sido realmente un pobre loco, bastaba con escribirlo, lo cual, además, habría desacreditado completa y definitivamente su mensaje.

3. Réquiem por un loco

Del mismo modo que si Jesús hubiera sido un sabio no se habría rodeado ni de estafadores ni de mentirosos, si hubiera estado loco, ¡nadie habría imaginado seguirlo por los caminos de Galilea! Nadie, salvo quizá otros locos, que, después de la muerte de Jesús, habrían desplegado esfuerzos increíbles para poner en escena la mascarada de una supuesta resurrección y luego habrían recorrido el mundo para difundir la noticia, poniendo en riesgo sus vidas.

¡Es, literalmente, una historia de locos!

No obstante, esta hipótesis de la locura de Jesús había de tomarse en serio. Para ciertos autores de apologética, como C. S. Lewis en *Mero cristianismo*, la cuestión de su locura es una mención casi obligada. Para Lewis, decidir acerca de la identidad de Jesús es encontrarse ante un «trilema», es decir, una elección entre tres términos. O bien Jesús es Dios o no lo es. En este último caso, o bien sabe que no lo es y finge serlo, o bien piensa que lo es, pero se equivoca porque está loco.

Era pues razonable investigar acerca de la presunta locura de Jesús, pero esta pista no desemboca en ninguna parte.

En nuestra sala de audiencias imaginaria, hemos escuchado hasta ahora diversos testimonios en apoyo de tres hipótesis diferentes para caracterizar a Jesús. Todas presentan fallas. Otras cuatro pasarán por el estrado.

IV. Es un aventurero que fracasó

Considerar a Jesús como un aventurero seductor que supo en su tiempo agitar multitudes hasta que una condena infamante puso coto a sus ímpetus parece, a primera vista, una hipótesis concebible.

Esta hipótesis tiene el mérito de corresponder a la teoría del Talmud, redactado por judíos que, a diferencia de Renan y de los filósofos del siglo XVIII, habían sido testigos directos de los hechos. Coincide con algunos de los testimonios de los autores latinos que hemos citado.

Cuadra finalmente con la época en cuestión, ya que era justamente en ese período cuando debía aparecer el Mesías, tal como lo mostraremos más adelante.

Resumamos esta tesis, antes de examinar su validez: aprovechando la espera febril del Mesías, un astuto intrigante que había aprendido la magia en Egipto, declara que es el Mesías. Seduce a las multitudes con sus prodigios y trata de conducirlas a una rebelión destinada a tomar el poder. Este intento es suficientemente peligroso como para asustar a las autoridades establecidas. Por lo tanto, es detenido, ejecutado y enterrado. Sus discípulos, que se habían dispersado en el momento de su muerte, se reagrupan secretamente y deciden en pocas horas improvisar una continuación rocambolesca de esta aventura. Van a robar su cuerpo para enterrarlo en un escondrijo secreto y, mostrando la tumba vacía, organizan una enorme superchería y proclaman su resurrección.

Esta historia, por más novelesca que sea, presenta numerosos defectos.

1. ¿Por qué los grandes sacerdotes no hicieron buscar el cuerpo de Jesús?

Jesús, el aventurero, había sido considerado peligroso y subversivo. Finalmente había muerto y sus partidarios se habían dispersado. Inesperadamente, volvieron sobre sus pasos y decidieron continuar solos la aventura. Anuncian su resurrección e imputan su muerte, es decir, la muerte del Mesías y, por ende, del rey de Israel, a los jefes judíos de la época. Así, estos últimos, después de un corto respiro, se encuentran ante una nueva amenaza tanto para ellos como para su nación.

¿Por qué no buscaron el cuerpo?¡Habría sido tan simple! ¡La superchería absurda inventada por los partidarios de Jesús les ofrecía la ocasión ideal para zanjar el tema! Si hubiesen encontrado el cuerpo, tenían la posibilidad simple y evidente de poner un término a esta mascarada inverosímil y peligrosa.

¿Por qué robar y ocultar el cadáver de Jesús era, sin lugar a duda, una misión imposible? Por múltiples razones. Jerusalén no era una ciudad muy grande, contaba aproximadamente con 50 000 habitantes, y las noches habían sido de luna llena, porque era Pascua. Además, a causa de esta gran fiesta, miles de personas acampaban alrededor. Lo que indica que era prácticamente imposible desplazar discretamente un cadáver. Los partidarios de Jesús no habrían tenido pues otra posibilidad que enterrarlo de nuevo cerca de la tumba inicial.

En esa época, los jefes de los judíos tenían prácticamente todos los poderes: la autoridad religiosa, evidentemente, y la autoridad temporal ampliamente delegada por los romanos. ¿Por qué no detuvieron a algunos de sus discípulos para hacerlos hablar, confesar el subterfugio y revelar el escondite?¡Con eso se terminaba la historia! La operación habría sido tanto más fácil cuanto que, hastiados y aterrorizados, casi todos los partidarios habían huido. En este punto el Evangelio y el Talmud son concordantes. El Evangelio precisa incluso que, para asistir a la ejecución de Jesús, solo hubo al pie de la cruz algunas mujeres y un joven, el apóstol Juan.

Pero no, ¡nada! ¡Oficialmente, ninguna búsqueda! Y si bien los grandes sacerdotes no entendieron inmediatamente la importancia de terminar con esa mentira, luego, cuando asistieron al surgimiento del cristianismo y a su difusión en el Imperio romano, tampoco era demasiado tarde. Todavía habrían podido investigar y lanzar búsquedas al menos hasta la primera destrucción de Jerusalén en el año 70. Numerosos testigos vivieron hasta el año 100, como el apóstol Juan, que era el principal testigo.

Quién sabe. Quizás buscaron, pero buscaron en vano y prefirieron guardar silencio. Solo ellos lo saben.

La actitud incoherente e incomprensible de los jefes de los judíos no aboga en favor de la tesis de Jesús aventurero.

2. ¿Por qué los discípulos habrían prolongado la mascarada?

Se había autoproclamado el Mesías y murió. La mentira sale entonces a la luz puesto que el Mesías, por definición, estaba destinado por Dios a ser el «Gran Rey», «el liberador de Israel». Los discípulos quedan, por lo tanto, desamparados y dejados a su suerte. Quedan muy pocos. Todos los otros fieles de Jesús huyeron, tal como nos informan los Evangelios.

¿Vamos a creer, entonces, que este puñado de cobardes haya podido concertarse en algunas horas para montar la mayor estafa de la Historia? ¡Hacer pasar a quien no era finalmente más que un aventurero, perfectamente mortal, por un Dios que bajó a la Tierra! ¡Ir a robar su cuerpo, enterrarlo de nuevo y proclamar su resurrección!

¿Cuál podría ser la finalidad de este cuento rocambolesco? La única imaginable es un proyecto de toma de poder. Los discípulos abrigarían la idea de tomar el poder en su país en nombre de Jesús, argumentando la espera de su regreso. Pero, en ese caso, ¿por qué no hacer frente común, sin moverse de allí? ¿Por qué partir a la otra punta del mundo, cada uno por su lado, sin mujer,[521] sin dinero, sin hijos, para contar una historia de un Mesías resucitado a paganos que ignoraban la palabra y el concepto mismo de Mesías?

¿Y con qué resultado? Según la tradición, Pedro fue crucificado en Roma en el año 64; Pablo fue decapitado en Roma en el año 67; Juan, exiliado en la isla de Patmos; Santiago el Mayor, decapitado por Herodes en el año 41; Andrés, crucificado en Patras en el 45; Bartolomé, martirizado en Abanópolis, en Armenia en el 47; Simón el Zelote, martirizado en Mauritania alrededor del año 60; Mateo, martirizado por el fuego en el Alto Egipto en el 61; Santiago el Menor fue arrojado del pináculo del Templo y luego lapidado en el año 62; Judas Tadeo murió ahorcado y atravesado por flechas en Armenia en el 65 por orden del rey Sanatruk; Matías, lapidado y crucificado en Etiopía y sepultado en Biritov; Tomás, desollado vivo y atravesado por una lanza en Meliapor, al sur de Madrás (India) en el año 72; Felipe, colgado por los pies y luego crucificado en Hierápolis, en Frigia, alrededor del año 95; Lucas, mártir en Tebas en el 76; Marcos, asesinado en Alejandría.

¡Una serie macabra que, vista con ojos humanos, haría cambiar de opinión a más de uno!

---

521. Lo que no quita que algunos apósteles hayan podido estar casados (ver Mt 8, 14 o Co 9, 4-6).

Como vemos, desde un punto de vista racional, la hipótesis de Jesús aventurero no tiene sentido.

3. Palabras que no corresponden con la figura de un aventurero

Citamos anteriormente algunas palabras de sabiduría proferidas por Jesús. Esas palabras, que, para Renan, son el sello indiscutible de la mayor sabiduría que haya existido sobre la Tierra, ¿habrían salido de la boca de un aventurero o de un puñado de seguidores? Esto no se corresponde con las ambiciones de un aventurero.

Por otra parte, todo aventurero persigue un fin que requiere el apoyo de al menos una parte de la población. Entonces, ¿para qué inventar enseñanzas imposibles de observar, esas palabras inaplicables de Jesús y de su «banda» que estudiamos anteriormente? Nadie está suficientemente loco como para intentar tomar el poder haciendo huir al pueblo e incluso a sus propios seguidores. Ahora bien, es lo que hizo Jesús y lo que hicieron sus seguidores. Decididamente, esto no cuadra.

4. ¿Por qué la prédica de los apóstoles tuvo tanto éxito?

Hacía apenas treinta años que Jesús había sido crucificado y ya, en los años 60, los cristianos estaban por todas partes. Hasta en Roma, donde serán injustamente acusados del incendio de la ciudad en el año 64 y donde los arrojan a los leones. ¿Quién puede imaginar un instante que unos pobres aventureros judíos, venidos para enseñar absurdidades en países lejanos y hostiles, hayan podido sin espada, sin dinero, sin instrucción, cambiar pacíficamente la faz del mundo antiguo? ¡Es imposible!

¿De dónde sacaron la idea absurda de sostener hasta una muerte violenta una superchería inventada por ellos? ¿Y de dónde sacan el coraje y la obstinación para llevar a cabo ese proyecto?

Escuchemos a Pablo: *«Cinco veces fui azotado por los judíos con los treinta y nueve golpes; tres veces fui flagelado, una vez fui apedreado, tres veces naufragué, y pasé un día y una noche en medio del mar.*

En mis innumerables viajes, pasé peligros en los ríos, peligros de asaltantes, peligros de parte de mis compatriotas, peligro de parte de los extranjeros, peligros en la ciudad, peligros en lugares despoblados, peligros en el mar, peligros de parte de los falsos hermanos, cansancio y hastío, muchas noches en vela, hambre y sed, frecuentes ayunos, frío y desnudez. Y dejando de lado otras cosas, está mi preocupación cotidiana: el cuidado de todas las Iglesias» (2 Co 11, 24-28), etc. Si no son más que aventureros en búsqueda de un objetivo temporal, ¿para qué hacer todo eso?

La difusión del cristianismo es tan rápida que Tertuliano escribe en el año 190: *«De ayer somos y ya hemos llenado todo lo vuestro: ciudades, islas, fortalezas, municipios, aldeas; los mismos campos, tribus, decurias, palacio, Senado, Foro; a vosotros solamente os hemos dejado los templos. [...] Hubiéramos podido, sin recurrir a las armas, apartándonos de vosotros, combatiros ya por el mero hecho de ese divorcio desdeñoso. [...] Sin duda alguna hubierais quedado espantados ante vuestra soledad, ante el silencio de las cosas y de ese como estupor del orbe muerto».*[522]

No estamos en el terreno de la aventura, de la demostración de fuerza, del desafío lanzado al destino y a la sociedad. Lo que está en juego es de otro orden, pertenece a otra dimensión. Como las precedentes, la tesis del aventurero se derrumba.

V. Es un profeta

A primera vista, es una tesis atractiva. Efectivamente, la mayor parte de los profetas de Israel fueron perseguidos o asesinados, recordemos las violencias infligidas a Jeremías por sus propios correligionarios, a Daniel, arrojado a la fosa de los leones por el rey de Babilonia, a Isaías, cuyo cuerpo fue cortado en dos, según ciertas tradiciones, o a Juan Bautista, decapitado por orden de Herodes Antipas. Si tenemos en cuenta las críticas violentísimas de las que fue objeto y su muerte en la

---

522. Tertuliano, *Apología* XXXVII, 4.

cruz, Jesús se inscribe en esta línea de profetas. Sus exhortaciones a la conversión se inscriben, igualmente, en el registro profético. Algunos de sus contemporáneos contemplaron esa posibilidad: *«El tetrarca Herodes se enteró de todo lo que pasaba, y estaba muy desconcertado. [...] Otros decían: Es Elías que se ha aparecido. [...] Es uno de los antiguos profetas que ha resucitado»* (Lucas 9, 7-9).

Además, *«Jesús es un profeta»* es la tesis de los musulmanes que hoy representan casi 1500 millones de personas, y el Corán lo dice.

Pero esta tesis choca con inverosimilitudes redhibitorias.

- Por una parte, un profeta, por definición clarividente, no se habría rodeado de estafadores y bandidos capaces de desenterrarlo y enterrarlo de nuevo para hacerlo pasar por Dios hecho hombre.
- Por otra parte, un profeta nunca habría pronunciado las palabras absurdas y sacrílegas que vimos precedentemente.
- Además, un profeta, al no ser Dios, no puede resucitar. Por consiguiente, todo lo que se ha dicho sobre la mascarada de la desaparición del cuerpo, de la falsa resurrección y su carácter inverosímil también se aplica en este caso.

De manera general, todas las objeciones que se aplican a la tesis «Jesús era un sabio» se aplican igualmente aquí, y hacen insostenible la tesis del profeta. No hace falta repetirlas.

En cuanto a los musulmanes, para escapar a esas inverosimilitudes, crearon otras. Explican que los apóstoles no eran mentirosos, sino que se equivocaron: Jesús no habría muerto y resucitado, sino que Dios lo habría sustituido por un sosias en la cruz. Respecto a las palabras de Cristo, sostienen que el Evangelio habría sido «falsificado», sin precisar ni por quién, ni cuándo, ni cómo, ni por qué.

VI. Jesús es el Mesías y un hombre extraordinario, pero solamente un hombre

Esta tesis reconoce a Jesucristo y al Nuevo Testamento, pero niega su naturaleza divina. Históricamente, fue sostenida por el arrianismo, nacido en el siglo IV, que luego constituyó el fundamento de las creencias del arrianismo y de los cátaros.

Esta tesis está formada por dos afirmaciones diferentes: «Jesús es el Mesías» y «no era más que un hombre».

Examinemos la primera afirmación de esta tesis, «*Jesús es el Mesías*»

Se ve totalmente respaldada por la cronología y por muchas afirmaciones del Antiguo Testamento.

La fecha de nacimiento de Jesús corresponde, efectivamente, al periodo en el que los judíos esperaban la venida del Mesías. A lo largo de la historia del pueblo judío, la fecha de su venida había sido objeto de diversas profecías. La principal es la del profeta Daniel: «*Discierne la palabra y entiende la visión. Setenta semanas han sido fijadas sobre tu pueblo y tu ciudad santa, para poner fin a la transgresión, para sellar el pecado, para expiar la iniquidad, para instalar la justicia, como para sellar la visión y al profeta, y para ungir al Santo de los santos. Tienes que saber y comprender esto: desde que salió la orden de reconstruir Jerusalén, hasta que aparezca un jefe ungido, pasarán siete semanas; luego, durante sesenta y dos semanas, ella será reconstruida con la plaza y el foso, pero en tiempos de angustia*» (Dan 9, 24-26).

¿Cómo descifrar este mensaje sibilino? Cuando leemos «siete semanas y sesenta y dos semanas» hay que entender sesenta y nueve semanas. Pero semanas de años. Es decir que, en esta profecía, una semana corresponde a 7 años, tal como se explica en otro lugar de la Biblia. Por otra parte, «*la orden de reconstruir Jerusalén*» hace referencia al edicto de Artajerjes publicado en el 457 a. C. El «ungido» es una manera de designar al Mesías, quien, según el cálculo de esta profecía, debía aparecer 483 años más tarde (69 × 7), es decir, alrededor del año 27.

Aun cuando existen algunas variantes en la interpretación de esta profecía, lo cierto es que el advenimiento del Mesías se esperaba alrededor de ese periodo. Por ese motivo, Herodes el Grande, instalado por los romanos en el trono de Judea –quien, por otra parte, no era de ascendencia judía, sino que provenía de Idumea—, temió tanto por su poder ante el anuncio del nacimiento del Mesías en Belén, el rey de Israel, que perpetró la Matanza de los Inocentes.

Varias profecías anunciadoras del advenimiento del Mesías, que sería demasiado largo detallar aquí, eran convergentes y se habían producido. Es lo que explica la multiplicación de Mesías autoproclamados en un corto periodo. Entre el año 1 y el año 135, se declararon por lo menos seis otros pretendientes al título de Mesías: Judas el Galileo, Simón, Atronges, Teudas, Menahem y Simón bar Kokhba, o Barcokebas.

Muchos años después de la muerte de Jesús, el pueblo judío seguía esperando a su Mesías. Y la espera se prolongaba. El rabino Akiva, el mayor sabio judío de su tiempo, terminó por reconocer a bar Kokhba como tal. Los judíos acuñaron moneda oficial en su honor y lo apoyaron para entrar en una guerra absurda y desproporcionada contra los romanos, durante la cual algunas decenas de miles de hombres mal armados se lanzaron al ataque de la mayor potencia militar de la época. Evidentemente, fueron aplastados por el águila romana en el año 135. Solo la fe ciega en el mesianismo de bar Kochba podía llevarlos a semejante locura y a librar una batalla tan desigual.

A la luz de estos acontecimientos, se ve hasta qué punto estaba claro para todos los judíos de la época de Jesús que había llegado la hora del Mesías. Por fin sería satisfecha la espera mesiánica.

Incluso los judíos que no reconocieron a Jesús testimonian de un advenimiento fechado con precisión. Así lo dice el Talmud:[523] *«Todas las fechas previstas [sobreentendido: para la venida del Mesías] han pasado y eso [su venida] no depende más que del arrepentimiento y las buenas obras del pueblo de Israel».*

Esta cita es muy interesante, ya que se compone de dos constataciones y una interpretación cargadas de enseñanzas. Primera constatación: existían, en efecto, profecías que anunciaban la fecha de la venida del

---

523. *Tratado del Sanedrín* 97b.

Mesías. Segunda constatación: dichas fechas concernían a la época de Jesús, puesto que, tras la destrucción del Templo de Jerusalén, se las percibía como ya pasadas. Los autores del Talmud interpretan ese retraso como la consecuencia de la falta de piedad por parte del pueblo elegido. Pero se puede hacer otra interpretación: el Mesías vino efectivamente en la fecha anunciada y solo una pequeña minoría lo reconoció. Era Jesús de Nazaret.

Examinemos ahora la segunda parte de la tesis: «*Jesús es el Mesías, pero no era más que un hombre, ciertamente extraordinario, pero solo un hombre*»

Es cierto que el anuncio del Mesías en el Antiguo Testamento pudo dar que pensar a muchos que sería un rey temporal, un hombre seguramente extraordinario y espiritualmente hijo de Dios, pero simplemente un hombre.

Efectivamente, los judíos de la época de Jesús creían en una espera de ese tipo, un Mesías, rey terrenal, y fue precisamente porque Jesús no colmó esas aspiraciones temporales que se alejaron de él.

Pero la tesis del «Jesús Mesías, pero solamente humano» se hace totalmente inaplicable después de su muerte, ya que la definición misma del Mesías es la de ser un rey destinado por Dios a reinar sobre Israel. Ahora bien, para gran decepción de quienes esperaban que fuera a restaurar el poder temporal de Israel, Jesús muere en la cruz, abandonado por todos. No puede pues, en ningún caso, ser ese Mesías solamente humano.

Además, esta tesis, muy cercana a la precedente, la de Jesús profeta, sería refutada con los mismos argumentos.

La tesis arriana, después de un gran éxito, perdió crédito en el mundo cristiano cuando este pudo mostrar que todas las características de divinidad atribuibles solo a Dios (eternidad, perdón de los pecados, etc.) habían sido también las de Jesús, lo que excluía la hipótesis de un Jesús exclusivamente humano.

Intermedio

Volvamos al estrado, en nuestra sala de audiencias imaginaria, donde se sucedieron los testigos y las diferentes versiones de los hechos. Cada cual se agita en su asiento, se inclina hacia su vecino. Todo es murmullo y excitación. Se percibe que se acerca el momento decisivo del razonamiento, crucial, incluso, ya que todos los testimonios precedentes, unos tras otros, se anularon recíprocamente. Casi se habría podido creer en algunas de las hipótesis, eran convincentes, pero en el último momento un hecho, una objeción, y todo se desmorona. ¿Quién es Jesús? Séptima hipótesis. Vuelve el silencio. Retomemos todo.

1. Subrayemos en primer lugar el enfoque extraordinario que aportan, a pesar de sí mismas, las versiones divergentes de los adversarios de Jesús. El Talmud quiso considerarlo como un aventurero, Renan, como un sabio; y los mitólogos modernos como un mito. Ahora bien, el Talmud lanza una flecha mortal a Renan y a los mitólogos, Renan asesina la versión del Talmud y ambos aniquilan a los mitólogos. Gracias a ellos, ¡no fue necesario citar al más mínimo autor cristiano!

2. Subrayemos finalmente, antes de abordar la última posibilidad, que algunos podrían querer tomar en cuenta variantes que mezclen las diferentes versiones. Pero el resultado sería inextricable, ya que, sea cual sea la variante imaginada, chocaría con los mismos obstáculos, las mismas cuatro cuerdas del ring que aprisionan la problemática y la cierran con siete llaves. A saber:

   a. Jesús existió.

   b. Sus palabras insensatas o inaplicables son totalmente incompatibles con sus palabras sabias. Querer encontrar una explicación lógica a esos diferentes discursos es la cuadratura del círculo. Una imposibilidad lógica. Tal ausencia de lógica es inherente al hecho de que Jesús pretendió ser Dios hecho hombre (caso único en la historia de la humanidad), y que el discurso que resulta de esa pretensión es absolutamente aberrante desde un punto de vista racionalista.

c. Las iniciativas de sus apóstoles después de su muerte carecen de sentido y de explicación lógica. No hay precedentes en este ámbito. Cuando se mata a aventureros o jefezuelos de guerra, sus partidarios siempre se dispersan. Hemos citado a seis falsos Mesías que aparecieron en la misma época que Jesús: en los seis casos, a la muerte del jefe, sus partidarios huyeron y nunca más se oyó hablar de ellos.

Escuchemos lo que dice al respecto el muy sabio Gamaliel, doctor de la Ley y miembro del Sanedrín, cuando, poco después de la muerte de Jesús, sus apóstoles, habiendo sido arrestados, son interrogados por su tribunal: *«Al oír estas palabras, ellos se enfurecieron y querían matarlos [a los apóstoles]. Pero un fariseo, llamado Gamaliel, que era doctor de la Ley, respetado por todo el pueblo, se levantó en medio del Sanedrín. Después de hacer salir un momento a los Apóstoles, dijo a los del Sanedrín: "Israelitas, cuidaos bien de lo que vais a hacer con esos hombres. Hace poco apareció Teudas, que pretendía ser alguien, y lo siguieron unos cuatrocientos hombres; sin embargo, lo mataron, sus partidarios se dispersaron y ya no queda nada... Después de él, en la época del censo, apareció Judas de Galilea, que también arrastró mucha gente: igualmente murió y todos sus partidarios se dispersaron. Por eso ahora os digo: no os metáis con esos hombres y dejadlos en paz, porque, si lo que ellos intentan hacer viene de los hombres, se destruirá por sí mismo, pero, si verdaderamente viene de Dios, vosotros no podréis destruirlos y correréis el riesgo de embarcaros en una lucha contra Dios". Los del Sanedrín siguieron su consejo, llamaron a los Apóstoles y, después de haberlos hecho azotar, les prohibieron hablar en el nombre de Jesús y los soltaron»* (Hechos 5, 33-40).

d. No existe ninguna explicación racional al éxito inaudito de la prédica de los apóstoles. ¿Cómo explicar que un puñado de hombres, desprovistos de todo, hayan podido convertir pacíficamente al Imperio romano proclamando una superchería de la que eran autores y se hicieran matar por ella? Es propiamente insensato.

VII. Jesús es el Mesías, el Hijo de Dios hecho hombre

Es la última hipótesis posible, con la eliminación progresiva de todas las precedentes se venía perfilando. Estudiarla requiere hacer el esfuerzo de tomarla en cuenta con total honestidad intelectual. Pero, si se consiente en hacer ese esfuerzo, entonces todo se ilumina:

1. Palabras insensatas que cobran sentido

Desde esta perspectiva, en efecto, las palabras que antes nos parecían desconcertantes, y hasta chocantes, se vuelven límpidas.

Si Jesús es el Hijo de Dios, lo es desde la eternidad, entonces puede decir:

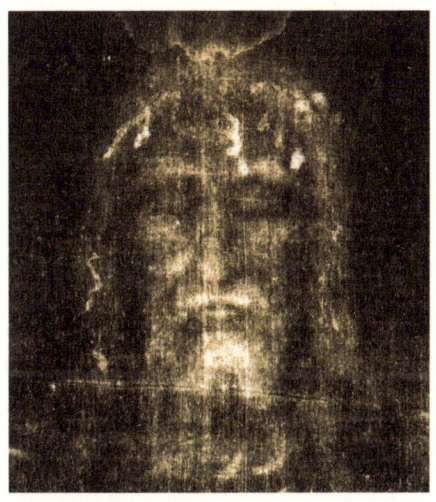

Imagen del rostro de Jesucristo según el Sudario de Turín

- *«Desde antes que naciera Abraham, Yo Soy»* (Jn 8,58).
- *«El cielo y la Tierra pasarán, pero mis palabras no pasarán»* (Mt 24,35).

Es, efectivamente, todopoderoso, incluso sobre la muerte y el pecado, entonces también puede decir:

- *«Tus pecados te son perdonados»* (Mt 9,5).
- *«Yo soy la Resurrección y la Vida»* (Jn 11,25).
- *«El Hijo del hombre es dueño también del Sabbat»* (Mt 12,28).
- *«Yo he recibido todo poder en el cielo y en la tierra»* (Mt 28,18).

A través de la Eucaristía, puede dar su cuerpo como alimento en forma de pan consagrado:

- *«Yo soy el pan bajado del cielo»* (Jn 6,41).

En boca de toda otra persona, esas palabras serían el signo de un orgullo desmesurado, de una pretensión escandalosa o bien el signo de una ceguera total. Pero en boca del Hijo de Dios, del Mesías, cobran todo su sentido, con una lógica que sobrepasa nuestras categorías habituales.

2. Palabras inaplicables que dejan de serlo

Desde un punto de vista humano, ciertas palabras de Cristo parecen inaplicables para el común de la gente. ¡Hacen estremecer incluso a los cristianos! Pero, como lo muestra la vida de numerosos santos, todo es posible con la gracia de Dios.

3. Palabras sabias para la eternidad

Evidentemente Jesús, a la vez hombre y Dios, también dejó numerosas palabras de sabiduría, que ya citamos. Supo acercarse a las preocupaciones de sus contemporáneos, al tiempo que dejaba tesoros de sabiduría a las generaciones futuras. Ya lo subrayamos respecto al reparto entre lo que corresponde a Dios y al césar, que da origen al concepto de separación de los poderes religioso y político.

4. El giro radical de los apóstoles se explica

La metamorfosis de los apóstoles ahora se puede explicar: cobardes que negaron a Jesús, atrincherados en el Cenáculo, se revelan de repente, como por milagro, llenos de audacia, de fuerza, arengando a multitudes para anunciar a Jesús. Como por milagro, efectivamente, ya que esta transformación resulta de su encuentro con Jesús resucitado. Lo vieron y lo tocaron, nada podrá detenerlos en adelante. Comprendieron que la muerte no es sino un paso hacia la resurrección y que las persecuciones son un testimonio de fe necesario al tiempo que una participación en el sufrimiento de Cristo. Su actitud es, entonces, perfectamente lógica. Movidos por una fe inquebrantable, parten cada uno por su lado a los confines del mundo, desprovistos de todo, pero colmados de fe, enriquecidos por los poderes sobrenaturales que su Maestro les dejó como herencia, y que les permitirán, también a ellos, realizar milagros memorables.

5. El éxito de los apóstoles no es simplemente humano

Se fueron lejos, solos, sin dinero, sin espadas, sin instrucción, es cierto, pero tienen al Espíritu Santo que Jesús les envió después de subir al cielo. Realizan milagros espectaculares, como Pedro resucitando a la viuda Tabita en Jafa. Viven en conformidad con lo que predican, la pobreza, el desinterés, la puesta en común, el perdón, el amor. La coherencia de su vida, los milagros que realizan y los sufrimientos que padecen tienen un extraordinario efecto estimulante. Los apóstoles no se contentan con palabras. Viven su fe, una fe que aman más que a sus vidas. Blaise Pascal escribe: *«Creo en los testigos que se hacen degollar»*.[524] Es el argumento decisivo que convenció a las multitudes en los inicios del cristianismo. Así, el destino de los cristianos perseguidos bajo Nerón no frenó la ola de conversiones. Al contrario, el testimonio de los mártires fue más fuerte que la persecución.

6. La época de Jesús es efectivamente la época mesiánica

Su venida había sido profetizada, se produjo en el momento requerido, tal como lo hemos visto. Un día, los humildes pastores de Belén como más tarde los habitantes del pueblo de Nazaret se cruzaron con el Mesías, al ungido de Israel, venido no como un guerrero conquistador, sino como un hombre dulce y humilde, en contra de las expectativas del pueblo elegido.

Así, esta última posibilidad es la única respuesta posible a la pregunta «¿Quién puede ser Jesús?». Y esta respuesta tiene un corolario imparable: si Jesús es el Mesías y el hijo de Dios, es que Dios existe.

Deliberación final y veredicto

Escuchamos a todos los testigos, analizamos las diferentes versiones, identificamos las incoherencias. El lector, que es aquí nuestro jurado,

---

524. *Pensamientos*, VIII - Fragmento n.º3/6 (1670): *«Creo de buena gana las historias cuyos testigos se hacen degollar»*.

no puede contentarse con cerrar este capítulo con un simple comentario o un sentimiento difuso. ¡Tiene que dar su veredicto!

¿Quién puede ser Jesús? Cada uno está en medida de forjarse una convicción, ya que las respuestas posibles son poco numerosas y están bien documentadas. A diferencia de los capítulos científicos precedentes, en que las competencias técnicas no pueden improvisarse, no se necesita ser un experto para tener una opinión fundada sobre la cuestión de saber quién es Jesús. El coraje, el sentido común y la honestidad intelectual bastan.

No avance en la lectura antes de haber tomado su decisión, fuera la que fuere.

19.

El pueblo judío:
un destino más allá de lo improbable

Reconstitución de un campamento judío durante el Éxodo. Ni observatorios, ni academias, ni científicos: resulta difícil creer que hayan inventado la cosmología moderna...

Un obstáculo en el cosmos materialista

Los partidarios de un Universo puramente material quisieran poder disponer de una historia del mundo y de la humanidad coherente, racional y desembarazada de todo prodigio divino. No obstante, el destino poco común del pueblo judío[525] resulta ser una gran dificultad ante ese deseo de racionalidad, ya que constituye una anomalía mayor,

---

525. Estrictamente hablando, la palabra «judío», bastante reciente, solo se aplica al pueblo de Judea de regreso del exilio, pero, en la práctica, se utiliza corrientemente para todos los descendientes de Jacob y los practicantes del judaísmo.

un «obstáculo» en el cosmos materialista,[526] una espina clavada en el pie de los historiadores. Este es un pueblo más bien pequeño y pobre, que ha acaparado gran número de superlativos, generalmente para su desgracia, y cuyo destino constituye un serio desafío a todo intento de elaboración de un relato racional de la Historia.

Por eso nos interesa.

Analicémoslo más de cerca:

- es probablemente el único pueblo que nos queda de la Antigüedad (es decir, que tiene hoy el mismo país, la misma lengua y religión que en sus comienzos);
- el único que haya sobrevivido a diversos exilios y deportaciones, así como a una empresa única de exterminación;
- el único que, expulsado de su tierra, volvió a encontrarla dieciocho siglos después;
- el único también que, habiendo abandonado el uso corriente de su lengua, la haya resucitado al cabo de 2500 años;
- uno de los escasos países, pequeño y desprovisto de riquezas naturales, cuestionado durante mucho tiempo por vecinos que lo cercaban por todas partes, de los cuales algunos, aún hoy, reclaman fríamente su desaparición;
- uno de los escasos países cuya capital, si bien es una ciudad sin gran interés económico o estratégico, resulta ser el centro de una de las principales tensiones geopolíticas internacionales y uno de los posibles detonadores de una futura guerra mundial;
- el pueblo del que nació el libro más vendido en el mundo;
- el único en ser víctima de un racismo inverso;[527]
- el único en tener en la historia de la ciencia y de las ideas un papel completamente desproporcionado con su real importancia numérica;
- el único país en que la mitad de sus ciudadanos sigue creyendo ser el

---

526. *Deux os dans le cosmos* [Dos huesos en el cosmos] es el título de una notable historieta de Brunor (Brunor éditions) que pone en escena de manera humorística las sorprendentes verdades de la Biblia y del pueblo judío.

527. Que denuncia no su «inferioridad», sino su supuesta «superioridad» en ciertos terrenos.

pueblo elegido de Dios y la cuna del Salvador del Mundo y que, pese a tales ensoñaciones, figura entre los más altamente tecnificados del mundo;

- el Estado que, en guerras recientes, generó sorpresa por victorias militares tan inesperadas y espectaculares como las de los episodios bíblicos.

El carácter delicado de este capítulo no escapará a nadie. Es posible que, por un lado, incomode a quienes preferirían que no se hable de ellos, y lo comprendemos, y, por el otro, que esos hechos fuera de lo común irriten y contraríen a otros, ya sea porque están animados por ese racismo inverso, ya sea porque su creencia materialista se ve perturbada por esas anomalías históricas.

Obviar este capítulo habría sido, quizá, más prudente. Pero ¿acaso era posible? ¿Era aceptable? La existencia o no de Dios ¿no es una de las interrogaciones de la más alta importancia? Y este destino fuera de lo común del pueblo judío, que pesa tanto en dicho debate, ¿tendría que enterrarse por simples consideraciones de diplomacia? Pensamos que no, y no somos los únicos, ya que, desde tiempo inmemorial, el destino del pueblo judío suscitó asombro entre los intelectuales:

- El francés Blaise Pascal: *«Este pueblo no solo es considerable por su antigüedad, sino también es singular en cuanto a su duración, que se ha mantenido siempre desde su origen hasta ahora. Pues, así como los pueblos de Grecia y de Italia, de Lacedemonia, de Atenas, de Roma y los otros que se han sucedido posteriormente han desaparecido hace ya mucho tiempo, ellos subsisten, y, a pesar de los intentos de tantos reyes poderosos que cien veces han tratado de exterminarlos, como lo atestiguan sus historiadores, y como es fácil observar por el orden natural de las cosas, durante un número tan dilatado de años, a pesar de todo, se han mantenido (y esta conservación ha sido predicha); y extendiéndose desde los primeros tiempos hasta los últimos, su historia contiene en su duración la de todas nuestras historias».*[528]

---

528. *Pensamientos*. En «Ventajas del pueblo judío». Traducción de Carlos Pujol. Clásicos, Planeta, 1986.

- El escritor norteamericano Mark Twain: «*Los egipcios, los babilonios y los persas se alzaron, llenaron el planeta de ruido y de esplendor, luego se desvanecieron como un sueño y desaparecieron. ¿De quién hablamos? ¡De superdinastías que duraron milenios! ¿Qué queda de ellas? Nada. Ni siquiera la lengua: ya no se sabe hablarla. Siguieron los griegos y los romanos, tuvieron mucha influencia y ya no existen. Otros pueblos surgieron, tuvieron su momento de esplendor durante un tiempo; pero luego la llama se apagó y hoy están en la sombra o desaparecieron. El pueblo judío los vio a todos, los venció a todos. Hoy es lo que siempre fue, sin manifestación de decadencia, sin achaques de vejez, sin debilitamiento, sin disminución de sus energías, sin embotamiento de su intelecto alerta y agresivo. Todas las cosas son mortales, salvo el judío; todas las otras fuerzas pasan, él permanece. ¿Cuál es el secreto de su inmortalidad?*».[529]

- El historiador británico Arnold Toynbee: «*A lo largo de su historia, los judíos son un pueblo aparte, el mismo hoy que ayer, muchos siglos después de que los fenicios y los filisteos hayan perdido su propia identidad. Sus vecinos, los sirios, pasaron por el crisol y reaparecieron, como una moneda nueva, grabada con nuevas efigies o inscripciones. Pero Israel conservó su carácter intrínseco, a diferencia de las naciones que sucumbieron en esta especie de alquimia que practica la Historia a través de las migraciones y la universalización*».[530]

Las características poco comunes de la historia del pueblo judío merecen ser examinadas una por una.

I. Probablemente el único pueblo que atravesó el tiempo, de la Antigüedad a nuestros días, o sea, más de 3500 años

¿Qué fue de los godos, los visigodos, los ostrogodos, los vándalos, los pictos, los anglos, los sajones, los hunos, los galos, los francos? Y en Oriente, ¿qué fue de los persas, medos, asirios, fenicios, filisteos, cananeos,

---

529. *The complete Essays of Mark Twain*, Doubleday N.Y., 1963, p. 249.

530. *A Study of History*. Vol. I, Oxford University Press, 1957, p. 194.

hititas, jebuseos, etc.? ¡Nada! Desaparecieron, diluidos por esta gran máquina de mezclar y borrar la identidad de los pueblos que es la Historia, con sus guerras, sus migraciones y sus mezclas.

Según los sociólogos y los historiadores, para considerar que un pueblo ha sobrevivido, se necesitan tres condiciones:

- que habite la misma tierra;
- que hable la misma lengua;
- que haya conservado la misma religión.

De acuerdo con estos criterios, los franceses de hoy no pueden ser identificados con los galos o los francos, porque su cultura, su lengua y su religión han cambiado. Por las mismas razones, los italianos no son ya los romanos de hace dos mil años, ni los actuales egipcios el mismo pueblo que el del tiempo de las pirámides. Los babilonios y los persas duraron durante siglos y luego desaparecieron: no queda nada de ellos, ni su lengua, ni su religión.

El pueblo judío parece pues ser el único superviviente de la Antigüedad, una verdadera pieza de museo, un espécimen prehistórico, un dinosaurio viviente de la Historia antigua, viejo con más de 3500 años. Si se tratase de un pueblo originario de un país inmenso como China, de una región protegida por altas montañas como el Tíbet o de una isla aislada como Japón, se comprendería que haya podido resistir al mestizaje general, pero no es el caso. Es todo lo contrario, dado que la planicie costera de Israel es el paso obligado para poner en relación con esos grandes reinos que eran, por un lado, Egipto y, por el otro, los de Mesopotamia y de Oriente Medio.

Varios autores han manifestado su sorpresa respecto a la perennidad del pueblo judío a través de los siglos:

- Jean-Jacques Rousseau: «*Un espectáculo sorprendente y verdaderamente único es el ver a un pueblo expatriado, sin tierra ni lugar desde hace casi dos mil años [...], disperso sobre la Tierra, sometido, perseguido, despreciado por todas las naciones, conservar no obstante, sus tradiciones, sus leyes, sus costumbres, su amor patriótico... Las leyes de Solón, de Numa, de Licurgo murieron, las de Moisés, mucho más antiguas, siguen vivas. Atenas, Esparta, Roma desaparecieron y no dejaron hijos. Sion –Jerusalén– destruida, no perdió a los suyos, se conservan, se multiplican, se extienden por el mundo y se reconocen siempre, se relacionan con todos los pueblos y no se mezclan nunca; ya no tienen un jefe, pero siguen siendo un pueblo, ya no tienen una patria y siguen siendo siempre ciudadanos».* [531]

- León Tolstói: *«¿Qué es un judío? Esta pregunta no es tan extraña como parece. Veamos qué clase de criatura peculiar representa el judío, respecto de quien todos los gobernantes y todas las naciones, ya sea en conjunto o por separado, han cometido abusos y dado tormento, han oprimido y perseguido, [...] y a pesar de todo ello, todavía sigue vivo. ¿Qué es un judío, que nunca ha permitido ser descarriado por todas las posesiones mundanas que sus opresores y perseguidores le han constantemente ofrecido para que cambiara su creencia y abandonase su propia religión judía y renegase de sus ancestros? El judío representa el emblema de la eternidad. Él es a quien ni la masacre, ni la tortura durante miles de años pudieron destruir; él es a quien ni el fuego ni la espada ni la inquisición pudieron borrar de la faz de la tierra; él, quien fue el primero en presentar las profecías de Dios; él es quien durante tanto tiempo ha sido el guardián de la profecía, y es quien la ha transmitido al resto del mundo. Una nación semejante no puede ser destruida. El judío es eterno como lo es la Eternidad misma».* [532]

- Nicolas Berdiaeff, sociólogo e historiador de origen ruso, escribe en 1936, antes de la Shoah: *«Los judíos desempeñaron un papel capital en la Historia. Es un pueblo eminentemente histórico, cuyo destino refleja lo indestructible de los secretos divinos. Su destino se ve profundamente marcado por el sello metafísico, que no se explica ni en*

---

531. J.-J. Rousseau, *Fragments politiques*, «Des Juifs», *Œuvres complètes*, París, Gallimard, Pléiade, vol. III, p. 499. Fragmento seleccionado por Y.-C. Zarka, «Editorial – La nouvelle question sioniste», *Cités*, vol. XLVII-XLVIII, n.°3, 2011, p. 12.

532. Cita de 1891 en «What is a Jew?», citado por Harold K. Schefski en «Tolstoi and the Jews». *The Russian Review*, vol. XLI, n.° 1, (enero de 1982), pp. 1-10.

términos materiales, ni en términos históricos o positivistas. Recuerdo cuando, en mi juventud, intenté verificar la teoría materialista de la Historia aplicándola al destino de los pueblos, fracasó totalmente en el caso de los judíos. Su destino resultaba completamente inexplicable desde un punto de vista materialista. De hecho, según los criterios materialistas y positivistas, este pueblo hubiera debido perecer hace mucho tiempo. Su supervivencia es un fenómeno misterioso y maravilloso que demuestra que su vida está dirigida por una predestinación especial y transciende el proceso de adaptación expuesto por la interpretación materialista de la Historia. La supervivencia de los judíos, su resistencia a la destrucción, su energía en condiciones absolutamente inimitables y el papel determinante que desempeñan en la Historia: todo eso evoca los fundamentos especiales y misteriosos de su destino».[533]

II. Un pueblo que sobrevivió a pruebas extremas, desde los exilios bíblicos hasta el genocidio nazi

El primer exilio es el de Egipto, que va de Jacob a Moisés, periodo durante el cual los hebreos habrían sido esclavos de los faraones y de los que habrían escapado en el momento del Éxodo para entrar en Palestina, probablemente entre los años 1400 y 1200 a. C. Este exilio solo se conoce a través de la Biblia.[534]

El segundo exilio es parcial. Concierne a las tribus del norte de Israel, que fueron deportadas a Nínive alrededor del año 722 a. C. También en este caso, la única referencia, o casi, es la que se encuentra en la Biblia.

El tercer exilio es el de la deportación a Babilonia, que tuvo lugar de 597 a 538 a. C. Afectó a gran parte de la población del reino de Judea, sobre todo la más cultivada. Se produjo tras las derrotas del reino de Judea contra Nabucodonosor. Está mejor documentado y, gracias a las tabletas

---

533.Véase Nicolas Berdiaeff, *Le christianisme et l'antisémitisme*, Ed. de l'Académie religieuse et philosophique russe, 1938, p.32.

534. Con alguna notable excepción, como la estela de Merenptah (año 1210 a.C.).

cuneiformes de la época,[535] nos han llegado testimonios extrabíblicos. La espera del regreso a Jerusalén en Babilonia y la concretización de ese retorno constituyen uno de los principales centros de gravedad de la esperanza de Israel, ilustrado en el célebre salmo *«Si me olvidara de ti, Jerusalén...»* (Sal 137, 5-6).

El exilio más reciente es también el más largo, el más importante y el más duro. Al respecto, abundan los testimonios y documentos históricos. Fue la consecuencia desastrosa de las dos guerras perdidas contra los romanos en el año 70 y luego en el 135, que se saldaron por la completa destrucción de Jerusalén y del Templo, la prohibición a los judíos de permanecer en el lugar y la deportación de gran parte de los supervivientes en todos los países del mundo durante más de diecisiete siglos. Su crueldad solo se explica por el miedo y la humillación padecidos por los romanos en una guerra insensata en que los judíos resistieron durante varios años a la única superpotencia de la época. Para vengarse de esta afrenta y dejar un ejemplo memorable, los romanos aplicaron un programa de destrucción sin precedentes. Flavio Josefo señala que para el sitio de Jerusalén y la crucifixión de una parte de la población hubo que cortar casi todos los árboles de la región de Jerusalén. A partir del año 135 se prohibió a los judíos que se quedaran. Habida cuenta de su escaso interés, el lugar se transformó rápidamente en un sitio desolado, casi desierto y así permaneció durante numerosos siglos. Para hacer olvidar completamente lo poco que quedaba, los romanos volvieron a bautizar a Jerusalén como *Ælia Capitolina*. Los judíos se dispersaron entonces por todo el mundo. Algunos estiman en un millón el número de muertos de esas dos guerras.

A la imperdonable humillación sufrida por el Imperio romano y al riesgo de contagio que semejante revuelta podía suscitar, se sumaban rumores basados en profecías de una futura dominación del mundo por parte del pueblo judío. Esto no dejaba de preocupar a Roma, que, pese a su supremacía en todos los campos, no era menos supersticiosa. Dos de los mayores historiadores latinos lo atestiguan:

---

535. Ver los trabajos de Wayne Horowitz, profesor en la Universidad hebraica de Jerusalén.

- Tácito, a comienzos del segundo siglo: *«Los más de ellos tenían la opinión de que, en los libros antiguos de sus sacerdotes, se decía que en aquel tiempo había de florecer el Oriente. Y que de Judea saldrían los que serían los señores de todo el mundo».*[536]
- Y, al mismo tiempo, Suetonio, en la *Vida de Vespasiano*: *«Era una antigua y arraigada creencia extendida por todo el Oriente que el imperio del mundo pertenecería por aquel tiempo a hombres salidos de Judea».*[537]

Revisitar esos exilios y esas deportaciones nos permite comprender el carácter único de esta historia. Es probable que ningún otro pueblo, habiendo sufrido y atravesado tantos infortunios, haya sobrevivido pese a todo, realizando la hazaña de conservar su identidad.

Para relativizar esta excepción histórica, algunos citan eventuales comparaciones posibles con la historia de los armenios, los libaneses, los polacos o ciertos africanos, llevados a América como esclavos, que regresaron más tarde a Liberia; pero todo lo que acaeció con esos pueblos, sin duda grandes infortunios, está infinitamente lejos de la historia del pueblo judío.

Los seis millones de muertos de la Shoah constituyen el terrible testimonio de ello. Jamás se había emprendido semejante proyecto de exterminio total de un pueblo, fríamente puesto en obra con medios industrializados. Este increíble sufrimiento soportado por el pueblo judío desfigura la Historia del siglo XX.

III. El único pueblo que, habiendo perdido su tierra del todo, la recuperó dieciocho siglos después

Examinemos ahora el enigma planteado por el retorno de los judíos a su tierra ancestral. Dejaremos de lado los tres primeros regresos sobre los cuales los conocimientos históricos disponibles son demasiado

---

536. C. Cornelio Tácito, «El sitio de Jerusalén», *Historias*, Libro V.

537. Suetonio. *Las vidas de los doce césares, Vida de Vespasiano*. Libro IV (9).

inciertos, y concentrémonos sobre el último, que es al mismo tiempo reciente y conocido.

En la historia de la humanidad, semejante regreso es absolutamente único, no existe ningún caso conocido que se le parezca de lejos o de cerca. De hecho, desafía la razón de los historiadores críticos, por las circunstancias improbables e incluso inverosímiles que dan lugar a dicho evento.

En efecto, fue necesario:

- Para empezar, que buena parte de los judíos diseminados por el mundo no se dejara asimilar, durante cerca de dos mil años, por los pueblos en medio de los cuales vivían.
- Que, durante esos dos mil años, Palestina permaneciera relativamente deshabitada y pobre, con algunas excepciones. Si esa región hubiese tenido los mismos atractivos que la Provenza francesa, habría sido completamente ocupada, cultivada y próspera y todo regreso habría resultado inimaginable.
- Que, durante todo ese tiempo, buena parte del pueblo judío siguiese creyendo en ese regreso, a priori completamente quimérico.
- Que, con persecuciones en todas partes del mundo, y muy particularmente a partir de la mitad del siglo XIX, los obligasen a buscar un hogar fuera de sus países de adopción pese a estar bien arraigados a ellos; finalmente, que todos los proyectos alternativos para encontrarles una tierra fracasaran, como el intento de darles un territorio virgen en Uganda.
- Que ese proyecto, tan bíblico, de regreso a Palestina, fuese extrañamente iniciado por ateos militantes, socialistas o comunistas, ya que los judíos religiosos de Europa no querían oír hablar de él, convencidos de deber esperar la venida previa del Mesías.
- Que personalidades procedentes de sus filas pudieran, gracias a excepcionales servicios prestados a su país de adopción, o por su fortuna, estar en el origen por un lado de la declaración Balfour de 1917 y, por el otro, de la compra masiva en Palestina de tierras pertenecientes a los habitantes locales de la época, esencialmente campesinos musulmanes.

- Que el Imperio otomano, que había terminado por prohibir, a partir de 1901, la venta de tierras en Palestina a los judíos, se desmoronase oportunamente en 1917.
- Que un país amigo, el Reino Unido, heredase del mandato sobre Palestina.
- Que la mala conciencia de las grandes potencias, a causa de la Shoah, condujera la ONU a crear, de la nada, un nuevo Estado en medio de una Palestina mayoritariamente musulmana (el 14 de mayo de 1948), lo cual tuvo como consecuencia que se desalojara arbitrariamente de sus tierras a miles de pobres familias palestinas, lo que condujo inevitablemente a guerras permanentes.
- Que, pese a su inferioridad numérica, ganasen contra los ocupantes locales y contra sus vecinos todas las guerras (1948, 1967, 1973) que resultaron de la peligrosa y discutible decisión de la ONU.
- Que más tarde, en 1990, se desmoronase el Telón de Acero.
- Que muchos de sus vecinos se viesen permanentemente debilitados y paralizados por sus propias divisiones y guerras intestinas, muchas de las cuales continúan hoy.

Fue a mediados del siglo XIX cuando miles de judíos, provenientes de todos los países del mundo, empezaron a preparar sus maletas y tomaron la ruta de Palestina. A partir de África desde 1840, de Yemen hacia 1850, de Crimea en 1853, empujados por la guerra, de Argelia y sobre todo de Rusia, los judíos confluyeron en Palestina y allí se establecieron. Progresivamente, superaron numéricamente a la población local: en menos de 150 años, el número de judíos en Palestina pasó de algunos miles a más de nueve millones actualmente.

Gracias a censos otomanos y a diferentes estudios de historiadores se dispone de cifras acerca de la población de la ciudad de Jerusalén. Aun con las debidas reservas respecto a esas antiguas cifras, su evolución se ve claramente.[538]

---

538. Las cifras presentadas provienen del artículo de *Wikipedia* «Demographic history of Jerusalem».

Población de Jerusalén

Año	Judíos	Musulmanes	Cristianos
1525	1194	3704	714
1849	1800	6100	3700
1871	4000	13 000	7000
1905	13 300	11 000	8100
1922	33 971	13 413	14 669
1944	97 000	30 600	29 400
1967	195 700	54 963	12 646
1990	378 200	131 800	14 400
2011	497 000	281 000	14 000
2016	536 600	319 800	15 800

1. Una primera profecía sorprendente

Semejante regreso es totalmente insólito. Siguiendo esas múltiples corrientes migratorias provenientes de todas las direcciones, del sur como el Yemen, del oeste como los Estados Unidos, del sudoeste como el África, del norte como Crimea, del nordeste como Rusia e incluso del sur como los falashas de Etiopía, repatriados por un espectacular puente aéreo israelí en 1975, ¿cómo no relacionarlo con esta profecía de Isaías?:

- *«No temas, porque yo estoy contigo; traeré a tu descendencia desde Oriente y te reuniré desde Occidente. Yo diré al Norte: "Dámelo", y al Sur: "¡No lo retengas, trae a mis hijos desde lejos y a mis hijas desde el extremo de la Tierra!"; ¡a todos los que son llamados con mi Nombre, a los que he creado para mi gloria, a los que yo mismo hice y formé!»* (Is 43,5-7).

Algunos, para escapar a las perturbadoras consecuencias intelectuales de semejante profecía, afirman que se refería al regreso de los judíos de Babilonia y que fue escrita con posterioridad a ese regreso, lo que la transformaría en una simple constatación histórica maquillada tardíamente en profecía. Pero pocos elementos concuerdan. En efecto,

Babilonia es un país único, en un solo lugar, en una sola dirección, al este de Jerusalén. Un lugar, pues, que no se encuentra ni al norte, ni al mediodía, ni al oeste y aun menos en los confines de la Tierra. Por tanto, la profecía no se aplica al regreso del exilio babilónico.

Pero, si se compara esta profecía con la historia del regreso moderno tal como acabamos de verlo, todos los elementos concuerdan: describe perfectamente los acontecimientos que tuvieron lugar siglos más tarde.

2. Otras dos profecías sorprendentes del Evangelio enmarcan ese exilio y ese regreso

Otras dos profecías de Cristo describen aún más espectacularmente el tiempo de ese exilio y de ese regreso. Nos las refieren los Evangelios y son aún más impactantes que la de Isaías, porque evocan nuestro tiempo presente y un futuro aún por llegar.

- Primero, está escrito: *«Jesús salió del Templo y, mientras iba caminando, sus discípulos se acercaron a él para hacerle notar las construcciones de este. Pero él les dijo: "¿Veis todo esto? Os aseguro que no quedará aquí piedra sobre piedra: todo será destruido"»* (Mt 24,1).
- Luego, inmediatamente después: *«Jerusalén será pisoteada por los paganos, hasta que el tiempo de las naciones llegue a su cumplimiento»* (Lc 21,24).

Si nos detenemos en la primera profecía y nos interrogamos sobre el destino de los edificios antiguos, es inevitable constatar que el destino del Templo es único. En casi todos los ejemplos conocidos de destrucción de templos o de monumentos, siempre subsisten algunas ruinas o vestigios; como mínimo, algunas piedras unas sobre otras, o las unas cerca de las otras, testimonian de la presencia en el pasado de esos edificios en ese lugar. Es así como se conservan vestigios de casi todos los templos romanos, griegos o persas de la misma época. Quedan incluso ruinas de Cartago, pese a que la potencia romana había querido borrar toda traza. La Acrópolis de Atenas sigue en pie, al igual que el Coliseo de Roma. Pero ¿qué queda del Templo de Jerusalén? Nada, ninguna «piedra sobre piedra». La explanada en la que fue construido fue arrasada. No existe ningún rastro, confirmando de este modo, palabra por palabra, la profecía de Cristo. Solo queda el famoso «Muro de las Lamentaciones», que no es una parte del Templo, sino solamente un muro de sostén de la explanada.

Con respecto a esta primera parte de la profecía, Ferdinand Prat precisa:

- *«La profecía se cumplió al pie de la letra; quienquiera que recorra hoy la explanada, donde la mezquita de Omar reemplazó el templo de Herodes, puede constatarlo con sus propios ojos. De los más famosos templos de Egipto, de Grecia y de Roma subsisten ruinas imponentes; allí, hasta las ruinas perecieron. Todo se conjuró para destruirlas. Cuando un soldado de Tito, movido por una mano invisible, lanzó una antorcha encendida sobre los paneles de madera sagrados, el fuego prendió con tanta celeridad y violencia que resultó imposible apagarlo. Adriano, para sustituir el altar del verdadero Dios por un santuario dedicado a Júpiter Capitolino, continuó la destrucción, que fue consumada por Juliano el Apóstata. Deseoso de desmentir las profecías de Cristo, Juliano permitió a los judíos volver a levantar su Templo, y tomó a cargo los gastos de la empresa; pero, cuando se hubo demolido todo lo que quedaba para reconstruirlo, torbellinos de llamas saliendo de los cimientos hicieron insostenible la posición de los obreros, varios de los cuales resultaron quemados vivos. Hubo que detener las obras, que no se retomaron nunca. Tal es lo que cuentan no solo los padres de la Iglesia y los historiadores cristianos contemporáneos, sino también un testigo irrefutable (Amiano Marcelino), fiel al paganismo, quien vivía en Antioquía en la corte del emperador, el mismo año (363) en que ocurrieron los acontecimientos que relata».* [539]

Los adversarios de las profecías encuentran escapatoria a la dificultad sosteniendo contra toda razón, que, como el resto de los Evangelios, ese texto fue redactado después del año 135. No se trataría pues de una profecía, sino, al igual que en el caso de Isaías, de una mera constatación

---

539. Ferdinand Prat, *Jésus Christ, sa vie, sa doctrine*, son œuvre, Beauchesne, 1947.

histórica maquillada posteriormente en profecía. Aunque existen numerosas razones para afirmar lo contrario, no vamos a entrar en esta discusión para concentrarnos solamente en la segunda profecía de Jesús, que es aún más impactante y particularmente indiscutible.

- *«Jerusalén será pisoteada por los paganos, hasta que el tiempo de las naciones llegue a su cumplimiento»* (Lc 21,24).

Ciertamente, la fecha de escritura de los Evangelios es objeto de debate, pero casi nadie la sitúa más allá del final del primer siglo. Por lo tanto, nadie niega que este texto fue escrito hace unos 1900 años y cabe constatar que su exactitud es impactante.

Es un hecho que Jerusalén fue pisoteada por las naciones —o los «paganos», según las traducciones— desde el año 135 hasta nuestros días. En 1967, Israel reconquistó Jerusalén, pero no su corazón, que es el Templo. En su explanada se encuentra una importante mezquita apreciada por los musulmanes, y los judíos ni siquiera tienen la posibilidad de ir a rezar. En la época del Templo, estaba prohibido a los paganos acercarse al santuario; violar esta prohibición, aunque fuera caminando por la explanada, ¡era castigado con la muerte![540] En tal sentido, Jerusalén sigue siendo pisoteada por los paganos o, dicho de otro modo, por las naciones.

¡Con profecías tan extraordinarias los historiadores materialistas tendrán que hacer prueba de mucha imaginación para lograr escribir una historia del pueblo judío que sea a la vez racionalista y convincente!

Las últimas palabras de la profecía de Cristo parecen prever un término a esta situación: *«el fin del tiempo de las naciones»*. ¿Se trata del fin de los tiempos o bien llegará una época en que las naciones habrán desaparecido y el mundo será, por ejemplo, gobernado por una autoridad única? Es un

---

540. La explanada del templo de Herodes poseía un muro de separación, poco elevado, que prohibía el acceso al espacio sagrado a los gentiles. Tenemos el testimonio en una piedra de 60 centímetros por 90 que lleva una inscripción griega. Descubierta en 1871 por el arqueólogo francés Charles Simon Clermont-Ganneau, se conserva actualmente en el Museo Arqueológico de Estambul. Ahora bien, esta piedra lleva una inscripción que es, en realidad, una severa prohibición: *«Que ningún extranjero penetre más allá de la frontera y del recinto que circunda el patio sagrado. Quienquiera que fuere sorprendido en flagrante delito será la causa de su propia e inmediata muerte»*.

enigma. Pero muchos cristianos consideraron siempre el regreso de los judíos a Israel como un signo anunciador del fin de los tiempos. Citemos algunos entre ellos, limitándonos a los que escribieron antes del 1900:

- **San Pablo (siglo I)** evoca la conversión de los judíos al final de los tiempos: *«Hermanos, no quiero que ignoréis este misterio, a fin de que no presumáis de vosotros mismos: el endurecimiento de una parte de Israel durará hasta que haya entrado la totalidad de las naciones. Y entonces todo Israel será salvado»* (Rom 11, 25-26).

- **San Jerónimo (347-420)** evoca la restauración predicha para el final de los tiempos diferenciándola del regreso de Babilonia. Escribe: *«La futura restitución del pueblo de Israel está predicha de manera manifiesta, así como la misericordia luego del cautiverio. Lo que, en sentido literal [histórico] fue realizado en parte bajo Zorobabel y el sumo sacerdote Jesús, y Ezra; y, según el sentido espiritual [la Iglesia, la salvación puramente espiritual de las almas] fue realizado de manera más verdadera y perfecta en los tiempos de Cristo; "y de todas las naciones" [profético]: lo que no fue en absoluto realizado bajo Ciro, el rey de los persas, sino que será realizado en el último final (ultimo fine), de acuerdo con lo que dijo el Apóstol: "Hasta que haya entrado la totalidad de las naciones". Y entonces todo Israel será salvado».* [541]

- **Tomás Moro (1478-1534)** escribe en su prisión de Londres su *Diálogo de la fortaleza contra la tribulación* poco tiempo antes de su ejecución. Con respecto al regreso de los judíos anunciado por las profecías, en un pasaje de su libro, formula la pregunta, bastante corriente para alguien que se sabe condenado a una muerte inminente, de saber si su época es o no la del fin del mundo. Y nuestro santo, a las puertas del martirio, se siente obligado de reconocer que no es el caso: *«Pero me parece que no percibo algunos de esos signos que, según la Escritura, vendrán un largo tiempo antes [de la parusía], el regreso de los judíos a Palestina, y la expansión general del cristianismo».* [542]

- **John Owen (1616-1683)**, teólogo puritano de la Universidad de Oxford

541. San Jerónimo, *Comentario al profeta Jeremías*, libro II, en *Obras completas*, vol. VII, Biblioteca de autores cristianos, 2008.

542. Tomás Moro. *Diálogo de la fortaleza contra la tribulación*, 1553.

escribió en 1673 un libro cuyo primer capítulo se titulaba *«Los judíos actualmente dispersos en el mundo entero volverán todos a su propio país»*. Los títulos de los capítulos segundo y tercero adoptan la misma tonalidad profética: *«El país se hará sumamente fértil»* y *«Jerusalén será reconstruida»*.[543]

- **John Gill (1697-1771)**, pastor, teólogo y universitario inglés, abunda en el mismo sentido: *«No veo cómo podemos comprender las profecías, sin aplicarlas a los judíos de regreso a su país y convirtiéndose literalmente»*.[544]

- Más recientemente, el papa **Benedicto XVI**: *«Creo que no es difícil ver que, en la creación del Estado de Israel, la fidelidad de Dios a Israel se revela de manera misteriosa»*.[545] — *«En tal sentido, el Vaticano reconoció al Estado de Israel como un Estado de derecho moderno y lo ve como la patria legítima del pueblo judío, cuya justificación no puede, no obstante, ser deducida directamente de las Santas Escrituras, pero respecto del cual se puede pensar, sin embargo, en un sentido más amplio, que expresa la fidelidad de Dios al pueblo de Israel»*.[546]

De este modo, numerosos judíos y cristianos (hoy especialmente entre los evangélicos) miran la realización de ese acontecimiento como el signo precursor del regreso del Mesías. Cabe constatar que ciertas circunstancias pueden sugerir que la Historia avanza en ese sentido.

3. Errores de juicio que, por el contrario, muestran hasta qué punto el regreso a Palestina parecía improbable.

Los errores de juicio siguientes tienen el mérito de hacernos comprender hasta qué punto ese regreso a Palestina de los judíos se situaba fuera de toda posibilidad razonable:

---

543. *Commentary on Hebrews*, John Owen (Ver *An Exposition of the Epistle to the Hebrews*. Segunda edición, vol. I, Edinburgo 1812).

544. John Gill, *Notices on the Jews and Their Country*, University Press of the Pacific, 2004.

545. Carta de Benedicto XVI al gran rabino de Viena el 23 de agosto del 2018.

546. Benedicto XVI, revista *Communio*, 2017.

- En mayo de 1944, **Frederick C. Painton**, escritor y periodista, proporcionaba un informe muy pesimista del estado del país en el *Reader's Digest*: *«El problema de Palestina desaparecerá porque nunca se encontrarán suficientes judíos que abandonen sus países y se instalen en medio de las montañas estériles de Judea».*[547]

- **Claude Ezagouri**, docente de la comunidad mesiánica de Tiberíades en Israel, recuerda cómo su fe en el regreso de los judíos de Rusia lo hacía pasar por un iluminado: *«Recuerdo, en 1985, que hablaba con familiares aquí, en Israel. Ya decía que se realizaría una profecía bíblica según la cual los judíos de la URSS vendrían por decenas de miles a Israel. Eso provocó burlas, risas. Me tomaban, en ese entonces, por un iluminado. Me decían: "Eso es imposible. Bien sabes que está el Telón de Acero. Es imposible que los judíos vengan a Israel"».*[548]

IV. Otra historia fuera de lo común: el único pueblo que, habiendo abandonado el uso corriente de su lengua, lo resucitó 2500 años después

El hebreo, que era la lengua del pueblo hebreo y de la Biblia, había desaparecido en tanto que lengua viva a partir del exilio en Babilonia, en 597 a C. Se mantenía únicamente como la lengua de la Biblia, de la liturgia y de los debates rabínicos. A partir del 1800, conoció, sin embargo, cierto renacimiento en la literatura.

Pero fue a finales del siglo XIX, después de veinticinco siglos de letargo, cuando volvió a ser una lengua viva. Es la única lengua «muerta» del mundo que haya resucitado y que es hablada corrientemente por varios millones de personas.

Como el hebreo antiguo era pobre, hubo que crear desde cero las palabras del mundo moderno. Lo cual fue iniciado en el siglo XIX por Eliezer

---

547. Citado en «"Reader's Digest" Says Lack of Jews in Palestine Will Solve Arab-Jewish Problem», boletín de la *Jewish Telegraphic Agency*, 28 de abril de 1944 (https://www.jta.org/1944/04/28/archive/ readers-digest-says-lack-of-jews-in-palestine-will-solve-arab-jewish-problem).

548. Claude Ezagouri, *Israël, la terre controversée*, Emeth Éditions, 2016.

Perlman (1858-1922), luego llamado Ben Yehouda. Publicó un *Thesaurus* y organizó una Academia de la Lengua Hebrea, destinada a enriquecer el lenguaje proponiendo las palabras usuales que faltaban. Desde 1917, los ingleses hicieron del hebreo la lengua oficial del hogar del pueblo judío en Palestina; seguidamente, se convirtió en la lengua oficial del país, a partir de su creación en 1948.

V. Uno de los pocos países, pequeño y desprovisto de riquezas naturales, enteramente rodeado de vecinos hostiles, algunos de los cuales incluso reclaman fríamente su desaparición

Incluso si en estos últimos años hubo ciertas evoluciones gracias a la firma de acuerdos de paz con algunos vecinos, resultaría vano buscar otro país que sea al mismo tiempo tan pequeño, poco poblado, desprovisto de recursos naturales y de interés económico y que esté, al mismo tiempo, completamente rodeado de vecinos en su mayoría hostiles y treinta veces más numerosos,[549] algunos de los cuales aún sueñan con su desaparición; y muchos de ellos están dispuestos a morir por esta causa.

La razón por cual no existe un país similar es que, de haber existido y haberse visto en tales condiciones, ya habría desaparecido. Sin embargo, Israel vive así desde hace un siglo, sin un solo amigo o aliado en sus fronteras. A su alrededor, a mil kilómetros a la redonda, amenazan Siria (21 millones de habitantes), Irak (43 millones), Irán (88 millones), Jordania (11 millones), Egipto (109 millones), Libia (6,7 millones), Líbano (5,5 millones), los territorios palestinos (5 millones), lista que podría completarse con Arabia Saudita (36 millones de habitantes), los Emiratos (9 millones), Qatar (2,6 millones) y Turquía (86 millones), es decir un total de más de 400 millones de vecinos potencialmente hostiles. Aunque se firmaron tratados de paz con algunos de ellos, esos tratados siguen siendo frágiles, a la merced de frecuentes revoluciones en esos países. Entre los otros, prima una franca hostilidad armada, incluso

---

549. Israel cuenta con 9,7 millones de habitantes, y los vecinos antes citados son 380 millones.

un deseo manifiesto de destruirlo enteramente, tal como lo reclaman fríamente Irán y numerosos grupos armados. En el 2005, el presidente iraní Ahmadineyad, no ocultaba que la revolución islámica no podría triunfar sin la destrucción completa del pueblo de Israel.

¿Y por qué se lucha desde hace más de 100 años en ese pequeño trozo de Palestina? Ciertamente, existe el combate comprensible de miles de palestinos por recuperar su casa y su tierra. Pero, fuera de esto, ¿por qué? ¿Por ricos pozos de petróleo, como los que abundan en los países vecinos? No, ¡no existe ni uno solo! ¿Por una vía estratégica esencial, como el estrecho de Ormuz o el canal de Suez? En absoluto. ¿Por minas de metales raros? Ni un rastro de algo semejante. ¿Por tierras fértiles? Tampoco. El actual Israel se compone esencialmente del Néguev, que es un gran desierto sin petróleo, de un mar Muerto que se está evaporando, de colinas y montañas en Judea sin la más mínima mina de oro, de plata o de hierro y, por último, de una planicie costera ciertamente fértil, pero desprovista de puerto natural. Es, además, uno de los pocos países del mundo que no tiene ni siquiera un río propio, ya que el Jordán, que no es hoy sino un poco caudaloso río fronterizo, se reparte entre cuatro países.

En tales condiciones, la existencia y supervivencia de este país son bastante fascinantes. Algunos, para justificar esta paradoja, ponen de relieve el apoyo norteamericano y el de la diáspora; pero ¿acaso es suficiente como explicación?

VI. El único país cuya capital, una ciudad también sin interés económico o estratégico, es el centro de una de las principales tensiones geopolíticas actuales, e incluso el detonante posible de una futura guerra mundial

Jerusalén es uno de los principales puntos de tensión geopolítica de nuestra época y podría incluso un día ser el origen de una guerra de gran alcance. Sin embargo, objetivamente, esta ciudad es un sitio sin interés. Se encuentra a 700 metros de altura, sobre colinas semipeladas, sin río ni ruta comercial interesante, no posee ninguna mina o riqueza agrícola particular. Es, incluso, una de las pocas capitales del mundo sin mar, sin río (a excepción del pequeño torrente del Cedrón) y sin agua. Durante varios miles de años, Jerusalén vivió gracias a pozos, cisternas y derivaciones artificiales de fuentes de agua más lejanas. ¿Se puede imaginar un lugar menos atractivo? Durante mucho tiempo, los manantiales estaban situados en el exterior de la ciudad y, en ese entonces, hubo que construir subterráneos para hacer llegar el agua hasta la urbe.

VII. El pueblo del que salió el libro más vendido en el mundo

La Biblia cristiana, Antiguo y Nuevo Testamento, redactada por judíos de la primera a la última línea, ha sido traducida a casi dos mil lenguas y es de lejos el libro más vendido en el mundo. Según las estimaciones, se han difundido hasta hoy entre 2000 y 6000 millones de ejemplares, muchísimo más que el *Pequeño libro rojo* de Mao o el Corán.

VIII. El único pueblo que tiene en la historia de las ideas y de las ciencias un papel completamente desproporcionado respecto a su importancia numérica real

Se cuenta, entre los judíos, con una gran proporción de intelectuales, inventores o artistas. Algunos han emitido la hipótesis de que las persecuciones obligan a defenderse y fortalecen, pero la Historia no confirma en absoluto esa hipótesis, y nada equivalente sucedió con los armenios, palestinos, libaneses, etc.

22 % de los premios Nobel son judíos, aun cuando solo representan el 0,25 % de la población mundial:[550] 194 premios Nobel, sobre un total de 871, han sido atribuidos a laureados de origen judío.[551] La lista siguiente de 2017 da las cifras para cada categoría:

---

550. Véase https://www.europe-israel.org/2017/10/194-prix-nobel-sur-un-total-de-871-ont-ete-atribues-a-des-laureats-dorigine-juive-sachant-que-les-juifs-ne-comptent-que-02-de-la-population-mondiale/

551. En los Estados Unidos, sin contar los premios Nobel de la Paz que no son científicos, los laureados judíos representan más de 32 % del total de laureados norteamericanos (durante el siglo pasado, los judíos representaban aproximadamente el 2,5 % de la población de los Estados Unidos).

- Fisiología y Medicina: 55 sobre 204, o sea, 26,5 % de los laureados son judíos;
- Economía: 29 sobre 69, o sea, 41 % de los premios atribuidos;
- Física: 52 sobre 193, o sea, 26 % de los premios atribuidos en esta categoría;
- Química: 36 sobre 160, o sea, 22 % de los premios en esta categoría;
- Literatura: 12 sobre 108, o sea, 11 % del total;
- Paz: 9 sobre 101, o sea, 9 % de los laureados en esta categoría.

De hecho, de manera más general, es verdad que la historia de las ideas se ha visto marcada por grandes figuras como Marx, Freud o Einstein.[552]

IX. El único pueblo en ser víctima de un racismo al revés

El racismo es una ideología que considera que ciertas razas son superiores a otras; normalmente el racista desprecia o aísla a aquellos que considera como inferiores y con quienes no quiere mezclarse a ningún precio y aún menos ver mezclados a sus hijos. El racista rechaza a quien considera como genéticamente inferior.

En la historia del pueblo judío, ese racismo lleva un nombre específico: se habla de antisemitismo. Las leyes de Núremberg y, más tarde, la Shoah, son su manifestación más extrema y violenta, fundadas en la idea de que los judíos pertenecerían a una raza inferior y degenerada.

Pero existe otra cara, igualmente insidiosa, del antisemitismo. Es lo que podría llamarse un racismo al revés, es decir, la convicción inversa, a saber, que los judíos serían superiores, pero que lleva al mismo efecto: el odio y el rechazo.

En la undécima edición de la *Enciclopedia Británica* de 1910, Lucien Wolf, presidente de la Sociedad de Historia del Judaísmo de Inglaterra, en su largo artículo «Antisemitismo», afirma, por ejemplo, que se trataría de una cuestión «exclusivamente política», completamente separada de

---

552. Véase, por ejemplo, la «liste non exhaustive d'inventions et découvertes dues à des Juifs», publicada en Internet en la dirección: http://danilette.over-blog.com/article-pour-106380711.html.

los «antiguos conflictos medievales». Proclama que la reactivación de las persecuciones antijudías deriva únicamente de la emancipación civil de los judíos y del sorprendente éxito social, económico y cultural de su comunidad (*Gemeinde*) en Europa Occidental de finales del siglo XVIII.[553]

Estas cuestiones han sido objeto de numerosos debates en los que no deseamos participar. Queremos simplemente señalar que la estigmatización, por una razón inversa a la del racismo corriente, es un caso único, que se basa, en parte, pero no solamente, en una supuesta superioridad de los judíos en los ámbitos de la finanza, del comercio o de la especulación intelectual. Al respecto, la frase pronunciada por el general De Gaulle en noviembre de 1967, pocos meses después de la Guerra de los Seis Días, es representativa de esta creencia. Evoca, efectivamente a un *«pueblo de élite, seguro de sí mismo y dominador»*.[554]

X. El único país en que una mitad de los ciudadanos sigue tomándose por el pueblo elegido de Dios y la cuna del Salvador del Mundo y que, pese a semejantes ensoñaciones, figura entre los países más altamente tecnificados del mundo

Al contrario de una tendencia general de los países desarrollados, los judíos de Israel son cada vez más religiosos. Esto constituye un giro importante respecto a sus parientes europeos de principios del siglo XX, que eran más bien republicanos, laicos y socialistas, y que impulsaron la economía del país con kibutz comunitarios y pequeñas plantaciones de naranjos.

La demografía actual de los judíos ortodoxos, que representan hoy el 13 % de la población, mientras que a principios del siglo XX representaba solo el 1 %, explica en gran parte ese desarrollo del hecho religioso: en efecto, tienen un promedio de casi 7 hijos por pareja, frente a dos

---

553. Lucien Wolf, «Antisemitism», *The Encyclopaedia Britannica*, Cambridge, The University Press, 1910, p. 134.

554. Conferencia de prensa del 27 de noviembre de 1967.

de los judíos laicos. Pero ese aumento de religiosidad es igualmente consecuencia de grandes acontecimientos, como la Guerra de los Seis Días, que evocaremos más adelante.

La evolución demográfica es tal que los religiosos representarán el 50 % de la población del país en 2060 si esta tendencia se mantiene.

Entonces, ¿cómo explicaría un materialista, para quien la fe es un oscurantismo y las creencias particulares del judaísmo –como la convicción de ser el pueblo elegido de Dios y la espera del Mesías– son elucubraciones particularmente ridículas, que semejante país, pequeño, desértico, sin recursos y amenazado por todos lados, se haya transformado en dos generaciones en uno de los más ricos y más altamente tecnificados del mundo?

Recordemos que el país de Israel, destruido una primera vez en 135, se volvió casi desértico en los tres últimos siglos, principalmente por la utilización masiva de la madera de Palestina para los ferrocarriles turcos, y por la decisión fiscal de un sultán del siglo XVIII que creó un impuesto sobre los árboles. Se cuenta que, en algunos años, los terratenientes de Palestina cortaron la mayoría de sus árboles para pagar menos impuestos, con consecuencias dramáticas para el clima y el medioambiente, que, de repente, volvió al país aún más desértico y pedregoso.

Hace ochenta años, en Jerusalén, los chacales se paseaban en medio de las dunas. La tierra de Israel era prácticamente insalubre, con pantanos llenos de insectos peligrosos, y los desiertos se extendían de Tel Aviv hasta el sur.

En 1869, Mark Twain, durante un viaje a Palestina,[555] no encontró ningún pueblo en un radio de cincuenta kilómetros. Todo estaba desierto. Solo

---

555. Mark Twain, *Innocents Abroad*, cap. XLVI, *Guía para viajeros inocentes*, Ediciones Del Viento S. L.: «*En este valle no hay ni una sola aldea en toda su extensión, en treinta millas en cualquier sentido. Hay dos o tres grupitos de tiendas beduinas, pero ningún asentamiento permanente. Aquí es posible recorrer diez millas sin ver ni diez seres humanos. A esta región hace referencia una de las profecías: "Devastaré la tierra, y vuestros enemigos, que serán los que la habiten, se quedarán pasmados; y a vosotros os dispersaré yo entre las gentes y os perseguiré con la espada desenvainada en pos de vosotros; vuestra tierra será devastada y vuestras ciudades quedarán desiertas"*».

eran visibles algunas tiendas de beduinos dispersas. Incluso en 1927, Floyd Hamilton escribió: *«En ningún país hay tantas ruinas de ciudades y pueblos como en la Palestina de hoy»*.[556]

Hoy, el PIB por habitante de Israel es superior al de Francia, y eso que el país tiene pocas fuentes de energía y recursos naturales y que soporta la desventaja económica de un enorme presupuesto consagrado al Ejército: nada menos que 6 % del PIB.

XI. Un pueblo que, durante guerras recientes, suscitó la admiración por victorias militares inesperadas y espectaculares

Varias guerras tuvieron lugar después de la creación del Estado de Israel, en 1948, 1956, 1967 y 1973. Nos limitaremos a evocar la de 1967, conocida con el nombre de «Guerra de los Seis Días». Situemos en su contexto esta guerra relámpago.

En la primavera del 1967, el presidente egipcio Nasser concluyó una alianza militar que unía a los tres países vecinos directos de Israel: Siria, Jordania y Egipto, a los cuales vino a sumarse Irak. Esos cuatro Estados rodeaban completamente a Israel y representaban un total de 48 millones de habitantes frente a los 2,7 millones de israelíes; eran, por lo tanto, dieciocho veces más numerosos. Nasser envió a 100 000 hombres al Sinaí, cerró el estrecho de Tirán en la salida del golfo de Aqaba, vía marítima vital para Israel, cuyo libre paso estaba, no obstante, garantizado por las grandes potencias, y exigió la retirada de 3800 cascos azules de la ONU, que protegían por entonces las fronteras y mantenían la paz. Ninguno de los beligerantes habría osado atacar directamente esas tropas que se interponían entre ellos y representaban el orden internacional y las grandes potencias. Pero la ONU, por una decisión tan sorprendente como inconsiderada y que destruyó durante largo tiempo su credibilidad, retiró sin plazo y de modo inapelable sus soldados. La guerra se hizo entonces inevitable.

---

556. Floyd E. Hamilton. *The Basis of the Millennial Faith*, Grand Rapids, 1942, p.38.

Las fuerzas en presencia eran las siguientes:

	Israel	Egipto	Jordania	Siria	Irak	Total coalición
Aviones	350	450	40	120	200	810
Tanques	800	1 400	300	550	630	2880
Hombres	264 000	270 000	55 000	65 000	75 000	465 000
Población	2,745 M	32,53 M	1,377 M	5,74 M	8,947 M	48,595 M

La inferioridad numérica de Israel era evidente. Rodeado por todos lados, iba a tener que combatir a la vez en sus tres fronteras, al norte, al este y al sur. Siria y Egipto estaban armados, equipados, entrenados y asesorados por la Unión Soviética. El ejército jordano, famoso por su competencia y su valor, estaba entrenado y equipado por los ingleses. Frente a semejante panorama de fuerzas en presencia, ningún observador de la época, o casi, creía en la posibilidad de que Israel pudiera ganar esa guerra. Muchos creían su derrota probable y algunos hasta temían su desaparición.

He aquí como un diario francés de referencia, *Le Monde*, analizaba la situación en los días que precedieron al estallido del conflicto:

- *Le Monde* del 20 de mayo de 1967: *«Las cancillerías extranjeras estiman unánimemente que una guerra árabe-israelí no es inminente. Este optimismo relativo [...] deriva de un análisis lógico de la situación. Sería, efectivamente, por lo menos improbable que Israel quisiera luchar en varios frentes y combatir simultáneamente contra las fuerzas sirias y egipcias».*

- *Le Monde* del 29 de mayo — El Cairo, 27 de mayo (AFP): *«"Hemos esperado a estar completamente listos para entrar en combate contra Israel y estar seguros de la victoria, para tomar medidas enérgicas", declaró el presidente Nasser en la noche del viernes ante una delegación de la Unión Internacional de Trabajadores Árabes».*

- *Le Monde* del 30 de mayo: «*Israel, no pudiendo contar con el apoyo de los Estados Unidos, dudaría en lanzarse solo a una empresa peligrosa. El ejército egipcio, según la opinión de los expertos militares occidentales, se reforzó considerablemente desde 1956, tanto gracias al armamento suministrado por los rusos como por la experiencia adquirida en Yemen. Además, la apertura de un segundo frente por los sirios y la vulnerabilidad del territorio israelí en caso de bombardeos masivos invitarían a los dirigentes sionistas a la prudencia*».

- *Le Monde* del 31 de mayo de 1967 – Jerusalén: «*El viaje a El Cairo del rey de Jordania, el acuerdo de defensa que firmó con Egipto y su regreso a Amman con Ahmed Choukeiri sorprendieron a los israelíes. Era lo último que podían esperar aquí, pese a las declaraciones de solidaridad que prodigaba el rey Huséin al jefe de Estado egipcio. No hay más campos opuestos en el mundo árabe, al menos en apariencia*».

- El mismo día, André Scémama, corresponsal de *Le Monde* en Jerusalén escribe: «*Israel se*

encuentra ahora en el centro de la tenaza del Estado Mayor unificado de todos los ejércitos árabes».

- Siempre el 31 de mayo: *«Cada día, desde hace meses, varios líderes árabes proclaman su voluntad de destruir Israel: […] Nasser proclama que quiere la destrucción total del Estado hebreo».*

- En el *Nouvel Observateur* del 31 de mayo, Jean Daniel escribe: *«¿Israel está amenazado de muerte? ¡Sin duda alguna! ¿Se puede aceptar? No, de ninguna manera…».*

- *Le Monde* titula el 1 de junio: «Israel cercado». Nasser exultante: *«En la hora crítica, los árabes se unen».* En efecto: *«La adhesión de Jordania constituye una ventaja importante para las fuerzas antisraelíes. El ejército del reino, la antigua Legión Árabe forjada por Glubb Pacha,*[557] *es uno de los mejor entrenados del Oriente Medio. Estacionado en la región de Qalqilya, a unos veinte kilómetros de las costas mediterráneas, se encuentra en situación, en caso de hostilidades, de intentar partir en dos el territorio israelí».*

- Siempre el 1 de junio: *«La situación ofrece un panorama más bien sombrío para los israelíes. El coronel Nasser marca puntos, mientras que los compromisos y las promesas de las potencias marítimas constituyen todavía un misterio […]. La reconciliación del presidente Nasser y del rey Huséin supone una verdadera sorpresa y, para El Cairo, un éxito diplomático de primer nivel»; «El Cairo,1 de junio: Egipto retiene el aliento esperando una conflagración, que aquí se espera para los próximos días, e incluso para las próximas horas».*

- *Le Monde*, 2 de junio: *«El Sr. Choukeiri, que retomó posesión el miércoles de los locales de la Organización de Liberación de Palestina en Jerusalén, cerrados en enero último, declaró: "No se aceptará nada que no sea una liberación". Y concluyó "que, en caso de conflicto,*

---

557. John Bagot Glubb (1897-1986) apodado Glubb Pacha, fue un general británico de singular destino. Tras haber combatido en Francia durante la Primera Guerra Mundial, continúa su carrera en Oriente Medio. Dirigió la Legión Árabe de 1939 a 1956.

prácticamente no quedarían supervivientes judíos". [...] Claude Lanzmann afirma: "Si Israel fuera destruido, sería más grave que el holocausto nazi. Porque Israel es mi libertad"».

- Los periódicos *franceses France Soir, Le Figaro* y *Combat* señalan el 3 de junio de 1967 que el Gobierno israelí encargó 20 000 máscaras de gas a Alemania Federal, para prevenir el uso por parte de Nasser de gases de combate tal como lo había hecho en Yemen.

- *Le Monde* del 5 de junio publica una carta de Pierre Mendès France al Mapam (partido político israelí, de tendencia marxista): *«Comparto sus angustias en esta hora grave. ¿Cómo no me conmovería cuando un país, miembro de la ONU, ve impugnado el propio derecho a la existencia? ¿Viendo que un pueblo es amenazado en su propia vida por la coalición de todos los que lo rodean?».*

- *Le Monde* del 5 de junio titula: *«Se han puesto en marcha violentos combates entre las fuerzas israelíes y árabes. Jerusalén y El Cairo se acusan mutuamente de haber iniciado las hostilidades: escenas de entusiasmo en El Cairo, donde la población no duda de la victoria».*

El 5 de junio por la mañana es Israel quien toma la iniciativa del ataque. Al finalizar el primer día, el 75 % de la aviación egipcia, compuesta de Mig modernos vendidos por los rusos, había sido destruida. Al cabo de seis días solamente, ante el mundo estupefacto, Israel había vencido simultáneamente a todos sus adversarios y se apoderaba del Golán, del monte Hermón, de Cisjordania, de Jerusalén y de la totalidad del Sinaí.

Los diversos analistas y comentaristas no habrían imaginado jamás semejante desenlace del conflicto. Pero tenían que facilitar explicaciones a sus lectores y pusieron de relieve el efecto sorpresa provocado por el ataque del ejército israelí, así como una sorprendente acumulación de errores por parte de sus enemigos. El primer argumento es más bien endeble si se piensa que los países árabes, sobre todo Egipto, estaban en el origen de la iniciativa de esta guerra y habían franqueado todas las líneas rojas, haciéndola inminente, cerrando el estrecho de Tirán, invadiendo militarmente el Sinaí, ¡y expulsando a los cascos azules!

¿Cómo podrían haber sido sorprendidos? En cuanto a los errores y al supuesto desorden de los adversarios, los periódicos y los expertos vaticinaban la víspera más bien de lo contrario, como se ha visto más arriba.

Así, estos dos pretextos resultan poco convincentes; se trata más bien de comodines sacados precipitadamente para explicar lo inexplicable. Ningún otro argumento se esgrimió después para justificar una victoria tan fulminante, y nadie le dio más vueltas.

Al término del conflicto, Israel se extendió sobremanera, apoderándose del Golán, de una parte de la Cisjordania y, sobre todo, de la totalidad de Jerusalén. Ante una victoria que es tentador calificar de milagrosa, muchas personas en Israel declararon que, si esta guerra se había ganado en seis días era porque Dios no trabajaba el séptimo. Independientemente de lo que se pueda pensar de esta sorprendente coincidencia bíblica, que venía a sumarse a varias otras, se comprende que haya podido ser tomada en serio por quienes se habían quedado sin habla ante semejantes hechos. Por otra parte, no faltaron las manifestaciones de sorpresa. A continuación, indicamos algunas de ellas:

- *«Nuestra generación tuvo el mérito de asistir a una inmensa revelación de la Presencia Divina con el eminente milagro del regreso del pueblo de Israel a su tierra. [...] En la perspectiva de esta realización de las profecías bíblicas, el milagro de la Guerra de los Seis Días es particularmente deslumbrante»*.[558]

- *«La famosa Guerra de los Seis Días en 1967, guerra que habría durado el tiempo que, según la Biblia, Dios tomó para crear el Universo»*.[559]

- *«La Guerra de los Seis Días, cuyo cincuentenario festeja Israel en estos días con orgullo y alegría, tomó por sorpresa a todo el mundo. Los dirigentes del joven Estado no imaginaban, ni en sus sueños más enloquecidos, que un día podrían apoderarse tan fácilmente de*

---

558. Hagi Ben-Artsi, *The Six-Day War Scroll,* Jerusalem Sifriat Beit-El, 2016.

559. https://blogs.mediapart.fr/fxavier/blog/181109/israel-la-guerre-des-six-joursla-victoire-de-david-contre-goliath.

Jerusalén Este y triplicar la superficie de los territorios bajo su control. Argumentos geopolíticos, aún más que militares, parecían oponerse a su intento de aumentar las sustanciales ganancias registradas al término de la primera guerra árabe-israelí (1948-1949)...».[560]

- *«El riesgo que corría la expedición era inconmensurable. Los egipcios disponían de un sistema de defensa antiaérea desarrollado y perfeccionado, que comprendía decenas de misiles perfeccionados y centenares de cañones, generosamente suministrados por Rusia. [...] En cambio, la mayor parte de los aviones israelíes eran viejos aviones franceses, cuyas capacidades para llevar a cabo una operación ambiciosa eran de lo más limitadas. Si hubieran sido detectados antes del ataque, en ruta hacia sus objetivos, muchos habrían sido abatidos e Israel se habría quedado sin fuerza aérea. [...] La totalidad del sistema de detección antiaérea [egipcio] tenía una avería. La Mano de la Providencia se sumó a la determinación de los pilotos de la fuerza aérea. [...] El autor informa de que todos los jefes israelíes se asombraron por lo extraordinario de los resultados. Cita al comandante de la fuerza aérea Moti Hod: "Incluso en mis sueños más locos, nunca habría osado imaginar un resultado tan impresionante"».*[561]

- *Le Monde* del 9 de junio: *«El rabino Goren, capellán general de los ejércitos, exclamó al llegar ante el Muro de las Lamentaciones: "Esperamos 2000 años este momento. Hoy, un pueblo recupera su capital y una capital recupera a un pueblo. No se separarán nunca más"».*

- *Le Monde* del 15 de junio: *«Los israelíes creen estar soñando, y muchos se preguntan muy en serio si no habrá llegado la era mesiánica. De la noche a la mañana, es el antiguo Israel el que se vuelve a encontrar en el Estado judío de hoy... Oímos a israelíes muy alejados de la religión evocar al dios de los ejércitos cuando hablaban de la guerra que acababan de ganar».*

---

560. *Le Figaro*, por Cyrille Louis y Servicio de infografía, publicado el 28 de mayo de 2017.

561. Hagi Ben-Artsi, *The Six-Day War Scroll*, Jerusalem Sifriat Beit-El, 2016.

- *Le Monde* del 20 de junio, con respecto a Egipto: «*Varios centenares de oficiales superiores fueron pasados a la reserva o encarcelados. Muchos de ellos se ven acusados de incapacidad o de negligencia en el cumplimiento del deber. Pero, por primera vez, se evoca abiertamente la alta traición. Se están realizando investigaciones para determinar las causas de la parálisis total que atenazó a la aviación egipcia desde el principio hasta el final de las operaciones militares*».

Esta última información de *Le Monde* del 20 de junio viene a confirmar el fragmento del libro de Hagi Ben-Artsi sobre la misteriosa avería que paralizó todo el sistema aéreo egipcio el 5 de junio por la mañana.

Conclusión

El objeto de este capítulo no era aportar, si ello fuera posible, la menor explicación[562] para los múltiples sobresaltos de esta extraña historia judía, de más de 3000 años de historia; aún menos juzgar, alabar, criticar o condenar a quien fuere, personas, pueblos o naciones. Su único objeto —el único finalmente importante para nosotros— es ofrecer al lector, que buscaría en el mundo signos de la existencia de Dios, una problemática histórica real y suficientemente documentada que le permita tener una opinión acerca del dilema que revela, y que podría formularse en estos términos: *¿el destino del pueblo judío es reducible a una historia ordinaria, a un relato materialista?* ¿Es posible que la historia del pueblo judío, su perennidad durante varios milenios, su regreso a Palestina, las profecías que lo acompañan, las guerras relámpago inesperadas, la cantidad y notoriedad de sus intelectuales, el racismo inverso casi

---

562. Reproducimos a continuación, a título de información, un texto publicado por el papa emérito Benedicto XVI, considerado un gran especialista del tema: «*La fórmula de la "Alianza jamás revocada" ha sido sin duda una ayuda en una primera etapa del nuevo diálogo entre judíos y cristianos, pero no es suficiente a largo plazo para expresar la grandeza de la realidad de manera suficientemente adaptada. Si se considera que las fórmulas cortas son necesarias, señalaría más bien dos palabras de la Santa Escritura, en las que lo esencial se expresa de manera justa. Respecto a los judíos, Pablo dijo: "Porque los dones y la llamada de Dios son irrevocables" (Romanos, 11, 29). La Escritura dice a todos: "Si sufrimos, también reinaremos con él; si le negáramos, él también nos negará. Si fuéremos infieles, él permanece fiel; Él no puede negarse a sí mismo" (2 Timoteo 2, 12-13)*», revista *Communio*, n.º 259, septiembre-octubre de 2018. Título original: «Gnade und Berufung ohne Reue – Anmerkungen zum Traktat De Iudaeis».

universal del que es objeto, así como todas las circunstancias evocadas en este capítulo, puedan ser el mero resultado de las leyes de la Historia, de la lógica de las fuerzas humanas y de posibles azares?

El lector que, como nosotros, piense que semejante historia se sitúa «fuera de todas las probabilidades razonablemente imaginables» habrá encontrado un argumento en favor de la existencia de un dios, e incluso, lo que es más sorprendente, de un dios que interviene en la Historia. Por esos motivos, el improbable destino del pueblo judío debía ocupar un lugar en nuestro panorama.

El materialista, por su parte, deberá considerar que esta historia no excede las probabilidades normales que se encuentran en la Historia del mundo.

Por último, nosotros mismos admitimos que esta historia puede resultar perturbadora para los lectores occidentales impregnados de racionalidad laica y de igualitarismo puntilloso. Pero ¿qué actitud adoptar en este caso? ¿Había que elegir la solución de facilidad soslayando la cuestión? A nuestro parecer, ciertamente no; recordemos que en el ámbito de la ciencia, como en muchos otros, son casi siempre los hechos refractarios al análisis los que hacen avanzar el pensamiento.

———

Existen muchas otras historias perturbadoras, pero la que vamos a contarles ahora las sobrepasa todas, y de lejos: se trata de la historia de los acontecimientos que sucedieron en Fátima en octubre de 1917.

20.

Fátima: ¿ilusión, engaño o milagro?

Una cita con el sol

13 de octubre de 1917, cerca del mediodía. Habitualmente desolada, la Cova da Iria, pradera pobre y aislada cercana al pueblo de Fátima, situada a 160 kilómetros al norte de Lisboa, está repleta de gente. Setenta mil personas están de pie en un terreno empapado por la lluvia. Todos miran el sol, a la espera del prodigio anunciado tres meses antes[563] por tres niños iletrados: Lúcia, Jacinta y Francisco.

Desde hace varias semanas, esta historia de apariciones y de mensajes de la Virgen da que hablar en ese país dirigido por un Gobierno muy anticlerical. Varios periódicos informan sobre esos niños que aseguran comunicarse con la Virgen, que les anunció para el 13 de octubre al mediodía un gran milagro visible para todos. El alcalde y la policía intentan tapar el asunto, para ello detienen y encarcelan a los tres pastores de siete, nueve y diez años, por perturbar el nuevo orden republicano. Los niños son arrestados, apresados y amenazados durante más de dos días, y se intenta hacerles confesar que han mentido. Pero lo que cuentan los pastorcillos no varía, a pesar de las intimidaciones, por lo que se ven obligados a liberarlos, ya que tan solo son niños.

Este arresto absurdo no ha tenido el efecto esperado, al contrario. No ha hecho sino aumentar la curiosidad del público, y es lo que explica, en gran parte, la muchedumbre tan densa que se reúne el 13 de octubre.

---

563. La primera referencia se encuentra en *Memoria- Documentação,* Crítica de Fátima, 1, Doc. 3, 14 de julio de 1917.

Los creyentes fervorosos se encuentran junto a simples curiosos, unos periodistas[564] están junto a un fotógrafo profesional[565] y algunos políticos locales. Hay convencidos opositores y también francmasones, deleitándose de antemano de poder asistir al derrumbe de un fraude, lo que va a permitir desenmascarar a los autores de lo que consideran ser un engaño de otros tiempos.

Casi todos han hecho gran parte del camino a pie, ya que las rutas son de acceso difícil para los coches y que los medios de transporte no abundan en esa región tan pobre. Bajo la lluvia, el fotógrafo instala su imponente cámara. Los periodistas anticlericales esperan acabar con esas viejas supersticiones oscurantistas que, según ellos, solo tienen como meta aprovecharse de la ingenuidad de unos campesinos atrasados, aún aferrados a una religión en vías de erradicación en la mayor parte del mundo.

Entre el pueblo humilde, muchos están ya rezando. Los curiosos esperan de pie, escépticos. Otros ya empiezan a burlarse de ese milagro anunciado para el mediodía pero que no se ha producido aún, si bien ya es casi la una. El cielo está cubierto, llueve, y sigue sin suceder ningún milagro. Hartos de esperar, algunos ya se preparan para marcharse, pero Lúcia les pide que se queden y que cierren sus paraguas.

A las 13 h, el cielo se despeja y aparece el sol. De repente, sobre las 13:30, con una hora y media, aparentemente, de retraso, se produce lo improbable. El milagro anunciado en realidad es totalmente puntual, ya que el principio de los extraordinarios acontecimientos coincide exactamente con el mediodía solar, que ese día, en ese sitio, tiene lugar a las 13:33. Entonces, ante la muchedumbre asombrada, empieza el

---

564. Dos periódicos importantes enviaron a reporteros: *O Século* (Avelino de Almeida) y *Diário de Notícias* (reportero no identificado).

565. Judah Bento Ruah, ingeniero de formación, es de origen judío y ateo, de una familia muy conocida que huyó las persecuciones que hubo en España para refugiarse en Portugal. Ese día, remplaza a su tío, fotógrafo del gran periódico anticlerical y francmasón *O Século,* fundado por el gran maestro del Gran Oriente masónico, Sebastião de Magalhães Lima, ministro de Educación del Gobierno republicano desde 1915 (ver https://www.wikiwand.com/pt/ Sebasti%C3%A3o_de_Magalh%C3%A3es_Lima). A él, por lo tanto, se deben las ocho fotos de la muchedumbre durante el prodigio, lo que es una auténtica hazaña si se tiene en cuenta el material de la época.

prodigio más espectacular, grandioso e impactante que se haya producido desde los tiempos bíblicos. Lo que les parece ser el sol empieza una danza desenfrenada y escalofriante que va a durar más de diez minutos. Un tiempo muy largo.

Numerosas fotos (algunas de ellas presentadas en las páginas siguientes) muestran a la muchedumbre que asiste a ese acontecimiento, que será descrito como impactante y terrorífico a la vez.

El epicentro de una potente onda de choque

El alcance de este fenómeno va a superar ampliamente los límites del pequeño pueblo de Fátima. Tendrá repercusiones en el plano nacional, en primer lugar, ya que la persecución religiosa irá cesando en Portugal, al mismo tiempo que la fe encontrará una nueva vitalidad. En el plano internacional, años más tarde y a kilómetros de allí, la onda de choque de Fátima se propagará con fuerza. Efectivamente, el derrumbe de la URSS supondrá, bastante exactamente, el cumplimiento tardío pero efectivo de la petición hecha por la Virgen a los tres pastores. La Virgen reclamaba con insistencia que el papa, junto con los obispos, consagraran a Rusia. Fue el papa Juan Pablo II quien accedió a esta petición, según las modalidades que la Virgen había precisado. Desgraciadamente, esta consagración tuvo lugar mucho más tarde, en 1984, más de cuarenta años después de que María formulase ese deseo.[566]

Apenas dos años más tarde, en 1986, una evolución espectacular comenzaba con la *glásnost* en Rusia y *Solidarnosc* en Polonia, para desembocar en 1990, ante el asombro general, en el derrumbe pacífico y completo del bloque soviético.

---

566. Pío XII consagró el mundo entero al Corazón Inmaculado de María el 31 de octubre de 1942. El 7 de julio de 1952, lo repitió, en su carta apostólica *Sacro vergente anno,* donde se puede leer: *«Del mismo modo que hace unos años, hemos consagrado la raza humana en su totalidad al Corazón Inmaculado de la Virgen María, Madre de Dios, la consagramos de nuevo hoy y de manera especial confiamos a todos los pueblos de Rusia a ese Corazón Inmaculado».* Rusia va a ser de nuevo consagrada al Corazón Inmaculado de María por Pablo VI y tres veces por Juan Pablo II. Sin embargo, sin duda porque es la única en haber sido realizada en unión con todos los obispos del mundo, a quienes se había avisado previamente, solo la última consagración (de 1984) es considerada válida, como lo indicó Lúcia.

¿Qué pasó exactamente en Fátima ese 13 de octubre de 1917? Una investigación decisiva

Ante esta pregunta, algunos podrían decir: «¿Qué podría saber al respecto? Yo no estaba allí»; o: «Es perfectamente imposible saberlo, fue hace demasiado tiempo, en un lugar apartado»; o aun: «Esas historias de milagros, ¿cómo puede ser que figuren en el índice de un libro que pretende ser serio?». Que nuestro lector tenga el valor de dejar de lado esos prejuicios, tan simplistas como cómodos. En realidad, como en el capítulo «¿Quién puede ser Jesús?», la respuesta a la pregunta: «¿Qué pasó exactamente en Fátima ese 13 de octubre de 1917?» está al alcance de todos los que acepten ir hasta el final de la lectura de este capítulo. Efectivamente, hay muy pocas respuestas posibles y las condiciones que permiten eliminarlas casi todas son óptimas.

Las respuestas posibles son muy pocas[567]

1. No pasó nada, es una leyenda.
2. Es un fenómeno real natural: ese día efectivamente hubo una conmoción del sistema solar que fue el resultado de una serie de fenómenos cósmicos constatados.
3. Es un fenómeno meteorológico excepcional.
4. No pasó nada real, fue una alucinación colectiva.
5. Es una superchería.
6. Es un milagro.

Las condiciones para zanjar entre esas diferentes posibilidades son ideales, porque:

- Ese prodigio tuvo lugar en el siglo XX, en un país europeo, por lo tanto, ni en un tiempo muy alejado ni en unas tierras remotas.

---

567. Hemos descartado del terreno de las hipótesis posibles la de los ovnis, demasiado irrealista, aunque varios libros se hayan escrito al respecto (ver, por ejemplo, Gilles Pinon, *Fatima, un ovni pas comme les autres?*), y la de una manifestación diabólica, ya que, si se supone que existe el diablo, también se supone que existe Dios. La cuestión abordada en este libro estaría resuelta por la simple aceptación de esa posibilidad.

- Tuvo lugar ante una enorme muchedumbre, en la que se encontraban periodistas y fotógrafos.
- Se anunció con mucha antelación.
- Dieron a conocer ese acontecimiento excepcional unos niños pobres e iletrados, y no sacaron de ello ningún beneficio personal.
- Un grupo importante de gente convencida y opuesta asistió al acontecimiento.

El contexto anticlerical garantiza el valor de los testimonios de las personas que asistieron al acontecimiento, particularmente las hostiles a toda idea de milagro.

Un milagro puede ser una prueba

¿Un capítulo sobre los milagros estaría fuera de lugar en un libro que invita a la reflexión racional? El asunto provoca en general el rechazo de los intelectuales y científicos. Sin embargo, el tema de los milagros puede y tiene que ser abordado racionalmente. En efecto, todos creemos que el Universo es lógico, que todo en él es explicable, que está gobernado por leyes universales e inamovibles. Por eso, una violación sólidamente constatada de estas leyes, sin ninguna alternativa posible, debe llevar a un espíritu racional a quedarse con la explicación más simple, a saber, la existencia de un dios todopoderoso, único capaz en realizar semejante prodigio. La opción que consistiría en postular como *a priori* la imposibilidad de un milagro, porque a priori Dios no existiría, no es una opción racional.

Los milagros que se evocan en la Biblia, en los Evangelios o en la historia de la Iglesia suelen tener por motivación principal el hecho de manifestar la existencia de Dios a los asistentes. ¿Acaso los propios ateos no suelen a menudo reclamar pruebas manifiestas de la existencia de Dios? Pues ¡tal es el caso del milagro de Fátima! Lo afirma la propia Virgen, en su aparición del 13 de julio de 1917: *«En octubre [...] haré un milagro que todos podrán ver para creer».*[568] El objeto del milagro era que los

---

568. *Memorias de sor Lúcia*, 4.ª memoria, 7.ª edición, Torres Novas, sept. 2008, «II. Historia de las apariciones», cap. 5, «13 de julio», p. 184.

testigos del acontecimiento creyesen en el mensaje que se les dio, pero también que encontrasen en esa ocasión la prueba de la existencia de Dios, lo que también vale para nosotros. Por eso, el milagro de Fátima tiene su lugar en este libro. Como ejemplo de milagro, constituye incluso una prueba muy poderosa de la existencia de Dios.

I. El contexto político en Portugal en 1917

Al principio del siglo XX, el anticlericalismo domina en Portugal

En ese principio del siglo XX se manifiesta en todas las partes de Europa un anticlericalismo militante; tanto en Francia, como en Italia, en España o en Rusia, pero también en otros continentes, como en México. En Portugal, el anticlericalismo es particularmente violento. Se inscribe en un contexto de lucha ya larga entre las logias masónicas y la Iglesia católica.

En 1908, el rey Carlos I de Portugal es asesinado, como también el heredero de la corona. Su sucesor, Manuel II, es expulsado en 1910 y se proclama la República.

Si bien las regiones rurales siguen siendo católicas, los revolucionarios, procedentes de la élite de las grandes ciudades, son todos miembros de la francmasonería, que desempeña un papel importante por entonces. Inmediatamente después de su instalación, el nuevo régimen aplica una política de laicización forzada, que va mucho más lejos que las leyes adoptadas por la república francesa en 1905:

• A partir de 1910, las congregaciones educativas religiosas son expulsadas de Portugal.
• Se prohíbe la enseñanza religiosa.
• Se confiscan los bienes de la Iglesia.
• Se instaura el matrimonio civil y se legaliza el divorcio.
• La separación de la Iglesia y del Estado se proclama en 1911.
• Se rompen las relaciones diplomáticas con el Vaticano.

El anticlericalismo del régimen es tan violento que suscita oposiciones que agravarán la inestabilidad política: así, en un plazo de dieciséis años, ocho presidentes y unos cincuenta Gobiernos se suceden en el poder.

En 1916, Alemania declara la guerra a Portugal

La guerra ruge en Europa desde el verano 1914. Portugal entra en el conflicto en marzo de 1916, del lado de la Triple Entente (Francia, Reino Unido, Rusia). Se nombra un Gobierno de unidad nacional, pero el esfuerzo de guerra agrava la crisis económica y el desorden social. El país envía a Francia un contingente de más de cincuenta mil soldados.

II. El contexto local

Fátima es un pueblo pequeño de doscientos habitantes, situado en el centro de Portugal, a 160 kilómetros al norte de Lisboa. Los niños que viven en los alrededores pasan más tiempo con los rebaños que en la escuela. Es el caso de los principales protagonistas del episodio: Lúcia de Jesús Rosa dos Santos (nacida el 28 de marzo de 1907), su primo Francisco Marto (nacido el 11 de junio de 1908) y su hermana, Jacinta Marto (nacida el 5 de marzo de 1910), ninguno de los tres sabe leer ni escribir. En el momento de la primera aparición de la Virgen, tienen respectivamente diez, ocho y siete años.

III. Los días anteriores al 13 de octubre

El 13 de mayo de 1917 hacia el mediodía: primera aparición

El 13 de mayo de 1917, los tres pastores cuidan su rebaño en Cova da Iria. Son las doce del mediodía. Se les aparece la Virgen, les habla y les pide que acudan al mismo lugar cinco veces consecutivas, el 13 de cada mes, a la misma hora. Cuando vuelve a su casa, Jacinta se lo cuenta a sus padres, y su hermano Francisco confirma los hechos. Maria, la hermana de Lúcia, oye hablar de lo ocurrido. Lúcia contesta las preguntas de sus padres y la noticia se comenta en todo el pueblo.

El 13 de junio de 1917: segunda aparición

El mes siguiente, los niños acuden a la cita acompañados por unas sesenta personas del pueblo, atraídas por la curiosidad. Los niños ven y hablan a alguien que permanece invisible para quienes los acompañan, pero la asistencia percibe una gran claridad, así como el murmullo de una conversación y algunos fenómenos luminosos al principio y al final de la aparición. Es suficiente para impresionarlos fuertemente y para que hablen de lo acontecido a su alrededor.

El 13 de julio de 1917: tercera aparición

La noticia de las dos apariciones precedentes se difunde, entre dos mil y cinco mil personas siguen esta vez los pasos de los niños. Como la vez anterior, los niños son los únicos en poder ver a la «Dama de blanco», pero, durante un instante, algunos testigos[569] perciben una expresión de terror en el rostro de los niños. Se sabrá más tarde que sintieron un pánico indescriptible cuando la Virgen les mostró el Infierno.

Ese día, Lúcia le pide a Nuestra Señora si puede hacer un milagro. La aparición hace esta promesa: «En octubre [...] haré un milagro que todos podrán ver para creer». Esa información se conoce rápidamente en todo el país.

El 13 de agosto de 1917: cuarta aparición

El administrador de la región de la que depende el municipio de Fátima, Artur de Oliveira Santos, personaje influyente y temido, republicano y francmasón, está furioso al ver la importancia que cobra el asunto, y se preocupa por el número de personas llegadas para asistir la aparición del 13 de agosto. Para impedirlo, se presenta a las 9 de la mañana en el domicilio de los niños y se los lleva en coche. Los secuestran y los interrogan, primero en casa del administrador, luego en la cárcel pública de Vila Nova de Ourém. Serán liberados el 15 de agosto.

Mientras tanto, una multitud de cinco mil a veinte mil personas, que ignoran aún el arresto de los pastorcillos, acude a Cova da Iria. No

---

569. Por ejemplo, Maria Carreira (1872-1949), conocida como Maria da Capelinha, celadora de la capilla cercana.

habrá aparición, ya que los niños no están, pero se producen numerosos fenómenos luminosos y sonoros extraordinarios, lo que termina de convencer a la asistencia.

El 13 de septiembre de 1917: quinta aparición

El 13 de septiembre, entre veinticinco y treinta mil personas se reúnen en la Cova da Iria. La mayor parte de ellos son testigos de fenómenos extraordinarios similares a los del 13 de agosto.

IV. El 13 de octubre de 1917, relato de un día asombroso

La noticia del milagro anunciado se difunde por todo el país. El 13 de octubre de 1917, a las doce, una muchedumbre considerable, estimada entre treinta y setenta mil personas,[570] se encuentra en el lugar previsto, ese sitio aislado situado a dos horas a pie de Ourém, la aldea más cercana. El autobús de la ciudad de Torres Novas se moviliza para la ocasión. Se hace la cuenta de los coches alineados a lo largo de la ruta: hay más de cien coches, ciento treinta y cinco bicicletas, doscientos cuarenta vehículos de tracción animal.

Cae la lluvia sin parar desde las 8:30 de la mañana, y las personas presentes están empapadas.

El relato del milagro

En la pluma del canónigo Casimir Barthas, en su libro *Los tres pastorcillos de Fátima* (traducción española, Ed. Pax, 1943), así fueron los acontecimientos de ese momento fuera de toda normalidad:

«De repente, la lluvia cesó y las nubes, opacas desde la mañana, se desvanecieron. El sol aparece en el cénit, semejante a un disco de plata que los ojos pueden mirar fijamente sin estar deslumbrados, e inmediatamente empieza a girar sobre sí como una rueda de fuego que proyecta en todas las direcciones gavillas de luces que cambian varias

---

570. Setenta mil, según el doctor Joseph Garrett, antiguo profesor de Matemáticas de la Universidad de Coímbra, presente ese día.

veces de color. El firmamento, la tierra, los árboles, las rocas, el grupo de los videntes y la multitud inmensa aparecen sucesivamente teñidos de amarillo, rojo, azul, violeta...

El astro del día se detiene unos instantes. Luego retoma su danza de luz de una manera aún más deslumbrante.

Se vuelve a detener para empezar de nuevo, por tercera vez, esos fuegos artificiales tan fantásticos, ningún pirotécnico hubiese podido imaginar algo semejante.

¿Cómo describir las impresiones de la muchedumbre? Extáticos, inmóviles, conteniendo la respiración, los presentes forman un pueblo de setenta mil videntes que contempla...

De repente, todas las personas que forman parte de esa multitud, todos sin excepción, tienen la sensación de que el sol se desprende del firmamento y, dando saltos en zigzag, ¡se abalanza sobre ellos!

Un grito impresionante sale al mismo tiempo de todas las gargantas. "¡Milagro! ¡Milagro", gritan algunos...; "¡Nos vamos a morir todos!", se oye por allá... Otros dicen: "¡Qué hermoso!"...

¿Quién podría describir el estado de emoción de toda esa gente? Un anciano, hasta entonces ateo, agita los brazos en el aire, mientras grita: "¡Virgen del Rosario, salva a Portugal!". Por todos lados, en ese descampado, se ven escenas parecidas.

La rotación del sol, con sus intervalos, había durado diez minutos. Fue observada, repitámoslo, por todas las personas presentes, sin excepción; creyentes, ateos, campesinos, gentes de ciudad, hombres de ciencia, e incluso librepensadores. Todos, sin preparativos de ninguna clase, sin otra sugestión fuera del llamamiento de una niña que invitaba a mirar en dirección del sol, percibieron los mismos fenómenos, las mismas fases sucesivas, en el día y en el momento anunciados unos meses antes como los de un gran prodigio.

Más tarde, la investigación canónica acerca del milagro permitió constatar que los movimientos del sol habían sido percibidos por personas que se encontraban a cinco kilómetros y más aún de la Cova da Iria, ignorando, por consiguiente, lo que pasaba allí, y por quienes no podían, en modo alguno, verse influidos por una sugestión o ser víctimas de una alucinación colectiva.

La investigación puso también de manifiesto un hecho bastante curioso, que atestiguaron las personas presentes. Cuando la muchedumbre volvió de su estupor, bastante consciente como para darse cuenta de lo que estaba ocurriendo en el lugar, cada cual constató que su ropa empapada por la lluvia, unos minutos atrás, estaba completamente seca. Nadie se sentía incomodado por haber estado tan mojado».[571]

Recordemos que un fotógrafo profesional se había tomado el trabajo de transportar todo su material hasta la Cova da Iria. Existen, por lo tanto, fotos tomadas allí mismo el famoso 13 de octubre. Por otro lado, se recogieron numerosos testimonios, hasta treinta y cuatro kilómetros a la redonda.

John De Marchi[572] cuenta que el fenómeno fue observado en el pueblo de Alburitel (a dieciocho kilómetros al este de Fátima), entre otros por la maestra de escuela y sus alumnos, y por *«un ateo que se había pasado la mañana burlándose de esos tontuelos que se habían ido a Fátima para ver a una niña normal y corriente...».* Cuando ocurrió el prodigio, su soberbia se vino abajo: *«Parecía entonces como paralizado, tenía los ojos fijos en el sol. Luego se puso a temblar de pies a cabeza y, alzando los brazos hacia el cielo, se arrodilló en el barro...».*

Siguiendo en Alburitel: *«Tenía por entonces apenas nueve años —cuenta el abad Inácio Lourenço Pereira—. Yo iba a la escuela primaria de mi región natal, un pequeño pueblo en lo alto de una colina aislada, justo enfrente de la montaña de Fátima, a diez u once kilómetros de allí. Era sobre el mediodía cuando, de repente, nos alertaron unos gritos y*

571. Canónigo Barthas, *Il était trois petits enfants*, Résiac, 1940.

572. *The True Story of Fátima*, 1947. Reedición por Fátima Center, 2008 y *Fátima: The Full Story*, AMI Press, Washington, 1986.

clamores de los hombres y de las mujeres que pasaban por la vía pública, delante de la escuela. [...] Afuera, en la plaza, la gente reunida lloraba y gritaba, señalando al sol, sin siquiera oír las preguntas que les dirigía nuestra maestra, muy angustiada. [...] Yo miraba fijo al astro; me aparecía pálido y privado de su claridad esplendorosa; se asemejaba a un globo de nieve girando sobre sí mismo. Luego, de repente, pareció bajar en zigzag, amenazando caer en la tierra. Angustiado, muy azorado, corrí para meterme entre la gente. Todos lloraban, esperando de un momento al otro el fin del mundo. [...] Durante los largos minutos del fenómeno solar, los objetos situados cerca de nosotros reflejaban todos los colores del arcoíris... Nuestras caras se veían rojas, luego azules, amarillas, etc. Esos fenómenos extraños aumentaban nuestro terror. Al cabo de diez minutos, el sol volvió a su lugar del mismo modo que había bajado, otra vez pálido y sin resplandor».[573]

Alfonso Lopes Vieira (1878-1946), jurista de formación, era uno de los poetas más célebres de Portugal y ateo convencido. Había colaborado con el Gobierno anticlerical hasta 1916, como redactor en la Cámara de los diputados. Asistió también al prodigio desde su propiedad de São Pedro de Moel, situada cerca de Leira, a treinta y cuatro kilómetros de Fátima, y declaró: *«Ese día del 13 de octubre, si bien no me acordaba de las predicciones de los jóvenes pastores, me maravilló un espectáculo deslumbrante en el cielo, para mí completamente nuevo, al que asistí desde mi balcón».*[574] Se convertirá y hasta hará construir una capilla en su propiedad. Su historia fue contada por la periodista Paula Sofia Luz.

Los lugares citados más arriba están localizados en los cuatro puntos geográficos y a distancias variables de Fátima. El milagro del sol fue, por lo tanto, aparentemente visible en una región con un diámetro de cuarenta kilómetros.[575]

---

573. *Fátima, maravilla del siglo XX* del canónigo Barthas, (Ed. Litúrgica Española, 1955).

574. *Testimonios acerca de las apariciones de Fátima* por el padre De Marchi.

575. Se pueden citar también tres cartas privadas de la época que atestiguan la observación del milagro del sol en Torres Novas, o sea, la población vecina de Fátima (documentación de Fátima, 3.1, doc.

Un elemento importante impactó en la gente: el milagro del 13 de octubre se produjo exactamente el día y a la hora anunciados tres meses antes por los niños.

Estos hechos sorprendentes fueron relatados los días siguientes en el conjunto de la prensa portuguesa, tanto la cristiana como la anticlerical, ya que todos los periodistas presentes vieron exactamente lo mismo.

El periodista anticlerical Avelino de Almeida, también testigo del acontecimiento escribió un relato sensacional en el periódico laico *O Século*, que dedicó su primera página al milagro del sol, con un reportaje absolutamente conforme a lo que vio la muchedumbre.[576] La acumulación de artículos de prensa sobre ese acontecimiento es en sí una prueba: pasó efectivamente algo increíble el 13 de octubre en Cova da Iria. Los artículos de los periodistas hostiles a la Iglesia son particularmente útiles en nuestra investigación: al rechazar con gran vigor la posibilidad de un milagro, permiten, indirectamente, esbozar las grandes líneas de lo ocurrido.

V. Una revista de prensa instructiva

Hemos seleccionado las principales reacciones escritas, exclusivamente las que se inscriben en la ideología laica, republicana, liberal y anticlerical, con la excepción del periódico *A Aurora*, que es un semanal anarcosindicalista.

La lectura de los artículos en cuestión podrá parecer un tanto repetitiva, pero es esencial. Estos artículos muestran la irracionalidad de quienes rechazan la realidad del acontecimiento, mezclando de manera confusa diversas posibilidades, sin demostrar nada, nunca, ni elegir entre ilusión, alucinación, superchería o fenómeno meteorológico. Nos interesaremos por esta incoherencia conjunta.

319, «Carta de Adelaide Grego a uma amiga», 24 nov. 1917; «Cartas de Gonçalo Xavier de Almeida Garret ao Padre Manuel Formigão», doc. 334, 3 dic. 1917, y doc. 335, 1 enero. 1918).

576. Las fotos fueron publicadas un poco después, en *Ilustração Portuguesa*, el 29 de octubre, acompañadas por un nuevo texto de Avelino de Almeida acerca de los acontecimientos.

Todos los artículos de periódicos citados a continuación se pueden consultar en la Biblioteca Nacional de Portugal, en Lisboa, en la Biblioteca General de la Universidad de Coímbra, en la Biblioteca Pública de Porto o en el santuario de Fátima. Los compilamos y los hicimos traducir bajo la coordinación del profesor José Eduardo Franco (CIDH-Universidade Aberta/CLEPUL, Facultad de Letras de la Universidad de Lisboa), asistido por el doctor João Diogo Loureiro (CLEPUL, facultad de Letras de la Universidad de Lisboa), de fray José Luis de Almeida (Biblioteca du Saulchoir) y de la investigadora Maria Helena Jesus (Universidad París IV).

Estos son los fragmentos más significativos, presentados siguiendo el orden cronológico:

1. El 21 de julio de 1917, *O Século* formula una serie de preguntas acerca de una *«especulación financiera»*, señalando que las autoridades están informadas y se ocupan del asunto:

«Desde hace tiempo, se decía de manera insistente en esa localidad que la madre de Jesucristo se les aparecía el 13 del mes a dos niñas. [...]

Ese rumor, como puede imaginarse, suscitó la curiosidad general [...] y atrajo a miles de personas a ese lugar, los no creyentes para ver algo interesante, los religiosos por credulidad y devoción. El 13, día previsto para la aparición de la Virgen, fuimos al lugar indicado. Miles de personas ya estaban reunidas, y algunas habían venido de pueblos muy alejados, llevados por el deseo de verla. [...]

Se oyó entonces un ruido semejante al estruendo del trueno, e, inmediatamente después, las dos niñas, que se encontraban cerca de una encina rodeada de numerosas flores, que parecen paradisíacas, se echaron a llorar, haciendo gestos epilépticos y cayendo luego en éxtasis. Una de ellas, la que tuvo el privilegio de oír y de ver, fue interrogada por varias personas, a las que contestó diciendo que había visto una especie de muñeca muy bella que le hablaba. Tenía, según decía, un resplandor alrededor de la cabeza y la llamaba con una voz muy suave y melodiosa. Entre las numerosas cosas que le dijo, la principal era el anuncio de su reaparición el 13 de los próximos meses, en el mismo lugar. [...]

El asunto me parece sumamente ridículo, y en verdad no lo habría creído si esa niña no mereciese la mayor confianza, porque era sincera y veraz, y si no estuviese corroborado por otros que lo contaron, utilizando las mismas palabras y citando los mismos hechos. Sin embargo, considero que se trata de una especulación financiera premeditada, cuya fuente de ingresos está en las entrañas de las montañas, en un manantial de aguas minerales que un individuo astuto habría descubierto hace poco tiempo, y que, a la sombra de la religión, quiere transformar la sierra de Aire en estación milagrosa, como la antigua Lourdes».

2. El 19 de agosto de 1917, *O Mundo* titula acerca de *«La estafa de los milagros»*, con este subtítulo: *«Cómo se puede engañar al pueblo: lo que ocurre en Fátima»*, desarrollando las hipótesis de la alucinación o de la superchería:

«¿Se trata de un caso de alucinación de unos pobres niños que suelen acudir a la iglesia o bien existe una intención clerical? Las autoridades tienen el deber de investigar el asunto, y estamos seguros de que lo harán, un republicano sincero, el señor Artur de Oliveira Santos, encabeza la municipalidad, que es ejemplar en el cumplimiento del deber. El asunto ya lleva el sello de la explotación clerical».

El mismo artículo afirma, más lejos, *«cómo empezó la especulación»*: *«La especulación clerical empezó el 13 de mayo. Tres niños [...] paseaban en la vasta llanura de la Cova de Santa Iria y hacían triscar a unas ovejas, cuando una dama vestida de blanco apareció ante ellos, relató Lúcia. La dama les dijo a los pequeños pastores que tenían que aprender a leer y escribir y que el 13 de cada mes vendría a verlos a ese mismo lugar, cerca de un roble. El 13 de octubre, bajaría del cielo a la tierra por última vez para traer la paz al mundo y poner un punto final a la guerra».*

Y más adelante:

«Hay que reconocer que, para ser fantasía de niños, es demasiado. Un niño inculto no tendría espontáneamente las ideas enunciadas, tampoco las podría aprender con facilidad. Han tenido que ser aleccionados para hacer ese papel. Lúcia, de hecho, suele frecuentar las iglesias. En apenas un mes, se confesó cuatro veces. E insiste en el hecho de que guarda un secreto que solo podrá revelar el 13 de octubre. Los curas acudieron al lugar y —¡cosa curiosa!— todos encuentran en la niña similitudes con el loro parlanchín que era Bernadette de Lourdes».

3. El 23 de agosto de 1917, *O Debate* evoca *«una farsa»*, *«una estafa»*:

«Nos referimos a esa farsa, cuyo éxito ya fue consagrado en primera página de los periódicos, de la aparición de Nuestra Señora cerca de Vila Nova de Ourém... ¡a quien ven solo tres niños...!».

4. El 16 de septiembre de 1917, la *Semana Alcobacense* titula *«Érase una vez un "milagro"...»:* y habla de una estafa:

«El supuesto milagro de Fátima terminó por transformarse en verdadera droga. [...] Nuestra Señora prometió que seguiría encontrándose con sus fieles, indicando para ello el 13 de cada mes. El asunto circuló fácilmente de boca en boca, hubo incluso periódicos dispuestos a hablar de ello, de modo que el jueves pasado, cuando la primera de las visitas prometidas debía suceder, miles de personas abandonaron sus tierras y sus casas para ir a Fátima a ver a Nuestra Señora, charlar un poco con ella e, incluso, quizás, estrecharle la mano... Pero, al llegar la una del mediodía, a saber, la hora prevista para el espectáculo anunciado, llegan luego las dos, las tres, en fin, pasa toda la tarde, imaginad la cara de toda aquella gente pensando en el dinero que han gastado y en el cansancio que han soportado para, finalmente [...] caer en la estafa más despreciable que se haya inventado».

5. El 20 de septiembre de 1917, *O Debate* habla de una *«mixtificación indecente»* y tranquiliza al lector acerca del desenlace evidente de toda esa historia que *«se terminará por sí sola»:*

«Cerca de un roble, aparece Nuestra Señora... a la que nadie ha visto de momento, a pesar de que miles de personas están allí para ello. [...] La farsa ridícula y despreciable que los curas han inventado últimamente [...] continúa con todo su carácter de vergonzosa explotación y de verdadero desprecio. [...] De más está decir que nos referimos a esa verdadera estafa de la que la población de los alrededores de Vila Nova de Ourém es víctima, con el invento de la aparición, el 13 de cada mes en cierto lugar de la sierra de Aire, de Nuestra Señora... ¡A quien, por supuesto, nadie vio! [...] La farsa ridícula ha sido puesta en escena con tanta eficacia que centenares de estafados acudieron al lugar indicado. [...] Para semejante fraude, no pedimos que se apliquen medidas de severa represión. Toda la historia se terminará por sí sola, a medida que las almas simples y sinceras se convenzan de que han sido engañadas atrozmente en su buena fe».

6. El 22 de septiembre de 1917, *O Marinhense*, titula «*¡Milagroso!*», y estima también que el asunto «*maravilloso*» es «*una estafa*»:

«En un lugar cerca de Fátima, cerca de Vila Nova de Ourém, en nuestra región, ocurre un asunto maravilloso: una santa, cubierta de flores, vestida con una túnica de seda brillante de varios colores y envuelta por un halo de luz, se les apareció a unos pastores. Bajó de las regiones etéreas ¡no para predecir el final de la guerra ni para revelar el número que va a ganar la lotería! Vino para censurar la incredulidad, los pecados cometidos por los mortales, que ya no son tan numerosos a la hora de llenar las arcas de las iglesias, para dar de comer a los muy santos jesuitas, para dar vida a las hermanas de la caridad, etc., etc., etc. Entonces, el 13 de cada mes —fecha fatídica— vuelve a ese lugar, para hacer esos reproches y darlos a conocer a mucha gente. [...] ¡El jueves pasado, de nuevo, se estimaba en 20 000 el número de personas que acudieron a Fátima para ver a la divina Virgen! [...] ¡20 000 personas que fueron a ver el milagro de la estafa-aparición!».

7. Furioso por ver a la inmensa muchedumbre de veinte mil personas, el periodista se siente obligado a hacer una aclaración materialista:

«Hay que hacer entender al pueblo que el cielo, el infierno, el lugar para acoger las buenas y las malas acciones es el mundo. Que las santas no existen y que los milagros no son más que música. [...] Después de la muerte, no hay nada. Es urgente poner fin a esa especulación castigando a aquellos que no se avergüenzan de engañar a los ignorantes. La aparición de Fátima es una mentira destinada a hacerse con los modestos ahorros que esos ignorantes logran a costa de su salud».

8. El 27 de septiembre de 1917, *O Debate* habla de *«especulación religiosa»*:

«El cielo puede ser ese encantador castillo de placer y de felicidad del que gozan los vendedores ambulantes de la religión. Sin embargo, parece que "Nuestra Señora" se aburre, porque, de vez en cuando, se pasea hasta este doloroso "Valle de Lágrimas". [...] Este año, eligió tomarse unas vacaciones en un municipio vecino de Ourém, en donde hace una aparición el 13 de cada mes, según unos saltimbanquis de la reacción. [...] Lo que ocurre en Ourém es pura especulación religiosa, infame y estúpida. Ni siquiera vale la pena combatirla».

9. El 14 de octubre de 1917, el *Jornal de Leiria* publica con retraso un artículo anterior al milagro, *«La "Dama" de Fátima»*, previendo un fracaso para el 13 de octubre:

«Al escribir estas líneas, tenemos el presentimiento de que la "dama" no hará su aparición durante los seis próximos meses, porque se helaría y las peregrinaciones a Fátima no tendrían el mismo éxito que han tenido hasta ahora».

10. El 13 de octubre de 1917, un poco antes, *O Século* publica un artículo esencial:

«¿En qué consisten esas apariciones? La Virgen, bajo el aspecto de una dama muy bella, desde el pasado mes de mayo, el 13 de cada mes, baja a este valle de lágrimas para mostrarse a tres niños a los que, con una voz de una dulzura particular, ha recomendado rezar y hablar a todo el mundo de su presencia, advirtiendo a los creyentes

y a quienes no creen que el 13 de octubre —a saber, hoy— explicaría las razones supremas de sus visitas y reconfortaría con su visión celeste a todos los que estuviesen en gracia. La noticia del milagro se difundió de norte a sur y en todas las regiones del país, una innumerable cantidad de personas acudieron a Fátima, y miles de personas se reunieron en el páramo, muchos de ellos pretendiendo ser testigos de cosas extrañas».

Luego:

«¿Qué va a pasar hoy en Fátima? Lo sabremos pronto. Las personas piadosas esperan de la Virgen María que los ilumine acerca del final de la guerra y que manifieste toda su benevolencia para decirles cuándo llegará la paz. [...] Hay también quienes imaginan que, con una gran iglesia suntuosa, siempre llena, aparecerán grandes hoteles dotados de todo el confort moderno, negocios bien abastecidos, llenos de cantidad de objetos de piedad conmemorando a la Dama de Fátima; y la construcción de una línea de tren que nos llevaría directamente al santuario milagroso...».

Este artículo, y el siguiente, los firmó **Avelino de Almeida**,[577] famosa figura del periodismo portugués del primer tercio del siglo XX. Colaborador de varios periódicos importantes, como *O Século* (del que era redactor en jefe), *A Capital*, *O Primeiro de Janeiro* y el *Jornal de Notícias*, se distinguió como crítico de teatro y de cine, fundando la revista *Cinéfilo*, que luego dirigió. Frecuentó el seminario, pero terminó por alejarse del catolicismo, llegando a ser un anticlerical

Avelino de Almeida (1873-1932).

---

577. Para saber más acerca de Avelino de Almeida, ver Vicente A. C. (2008): «Almeida, Avelino de (1873-1932), en Azevedo, C. y Cristino, L. (2008), *Enciclopédia de Fátima*, Principia: Parede: pp. 22-24; «Almeida (Avelino de)», en VV. AA. (1935-1960), *Grande enciclopédia portuguesa e brasileira*, vol. 2. Editorial Enciclopédia: Lisboa/Rio de Janeiro: p. 38; *«Almeida, Avelino de»*, en Reis, L. (2010-2011), *O grande libro do espectáculo: personalidades artísticas: século XX*, 3 vols. Fonte da Palavra: vol. 1, pp. 38-41.

mordaz. Fue iniciado en la francmasonería (logia Irradiacão) y fundó *A Lanterna* (1909-1910), periódico radicalmente anticatólico. Pero el periodista es capaz de informes honestos, como lo muestra la lectura de ese primer artículo, relativamente equilibrado, antes del siguiente, que va a ser un auténtico terremoto.

11. El 15 de octubre de 1917, efectivamente, estalla una bomba. *O Século* dedica su primera página al milagro del sol, reconociendo la realidad de los hechos:

> *«¡Qué cosas más sorprendentes! Cómo bailó el sol en pleno mediodía en Fátima».*

> *«Unos cálculos serios, realizados por personas cultas y totalmente ajenas a las influencias místicas, evalúan la muchedumbre entre 30 000 a 40 000 personas. [...] Y se asiste entonces a un espectáculo único e increíble, para quien no lo ha presenciado. [...] El astro evoca una placa de plata pálida, y se lo puede mirar de frente sin ninguna molestia. No quema, no ciega. Parece un eclipse. Pero entonces surge un clamor colosal y oímos a los espectadores más cercanos gritar: "¡Milagro, milagro! ¡Maravilla, maravilla!". [...] Ante los ojos asombrados del pueblo, cuya actitud nos transporta a los tiempos bíblicos y que, lleno de espanto, con la cabeza desnuda, mira el azul del cielo, el sol tembló, el sol tuvo movimientos bruscos, nunca vistos anteriormente, y que no obedecían a ninguna ley cósmica: el sol "bailó", según la expresión utilizada por los campesinos presentes. [...] La mayoría reconoce que vieron el temblor, la danza del sol: otros afirman haber visto el rostro sonriente de la Virgen en persona, juran que el sol dio una vuelta sobre sí mismo como una rueda de fuego artificial, y que bajó hasta quemar la tierra con sus rayos. [...] Ahora les toca a las autoridades pronunciarse acerca de la danza macabra del sol que, hoy, en Fátima, hizo estallar los hosannas en el pecho de los fieles e impresionó, naturalmente —ciertos testigos dignos de fe me lo aseguran— a los librepensadores y a otras personas que no se ocupan de cosas religiosas, pero que habían acudido a ese páramo hoy ya famoso».*

12. El 15 de octubre de 1917, una vez más, *Diário de Notícia*s, muy a su pesar, tiene también que titular acerca de *«El "Milagro" de Fátima»* con el siguiente subtítulo: *«Más de 50 000 personas acuden al lugar de la aparición»*. El artículo reconoce los hechos *«curiosos»* y los testimonios *«concordantes»* de *«miles y miles de personas»*, pero habla de *«sugestiones»*, sin proponer, no obstante, la menor explicación:

> *«A pesar de la lluvia ligera, desagradable, que empezó a caer temprano esa mañana, un número insólito de personas acudieron a la parroquia de Fátima para asistir a la aparición extraordinaria que, desde el jueves, retiene la atención de esa gente. [...] Como un gran número de personas tenían su paraguas abierto, los niños pidieron que los cerrasen y, cosa curiosa, según el testimonio de miles y miles de personas, el sol apareció con un color de plata opaco, agitándose y formando círculos, como si lo hubiese tocado la electricidad, según la expresión utilizada por personas ilustres que fueron testigos de ello. Entonces miles de personas bajo influencia, tal vez cegadas por la luz del sol que aparecía por primera vez en el día, se echaron al suelo, llorando, alzando las manos, que se juntaron de manera instintiva. [...] Hubo incluso gente [...] que tuvo la impresión de ver al sol abandonar su órbita, romper las nubes y bajar en el horizonte. La sugestión de esos videntes se difundió a otros, a quienes comunicaron el fenómeno. [...] "La hora milagrosa" había ocurrido».*

13. El 15 de octubre de 1917, la revista *O Portugal* titula, por su parte, *«El sol enloquecido»*, y opta por abordar el tema de manera irónica:

> *«Algunas personas inspiradas y dichosas tuvieron ocasión, anteayer, de ver "bailar" el sol, cerca de Vila Nova de Ourém. [...] Lo que nos sorprende no es que una densa y ruidosa muchedumbre haya afluido hacia el lugar de la maravilla para participar en las revelaciones celestiales, acostumbrados como lo estamos a las manifestaciones de la creencia local; lo que, en verdad, nos asombra es que el sol, [ese] astro respetable y que tiene un comportamiento establecido, haya participado también en el evento y se haya puesto a bailar como un aldeano en fiesta, a pesar de su edad considerable de miles de siglos,*

y si bien no tiene canas, luce al menos unas manchas sospechosas en su cara quemada, que los astrónomos interpretan como el signo evidente de la vejez. Desde hace muchos años, se considera el sol con respecto a nuestro sistema planetario como una estrella fija, la afirmación de esa verdad le valió incluso algunos problemas a su autor. Y ahora tres pequeños tontuelos trastornan la verdad científica y, gracias a la influencia que tienen en la corte celestial, hacen bailar el sol en el lugar elegido de Fátima».

14. El 16 de octubre de 1917, *A Capital*, que no sabe por qué lado abordar el asunto, concluye confesando su incapacidad para explicar la cosa:

«El caso de la aparición de Vila Nova de Ourém causa polémica. Sabemos que tres jovencitos tranquilos ven una imagen y hablan con ella; sabemos que eso se repite en ciertas fechas precisas; finalmente, sabemos que miles de personas vieron el sol "girar sobre sí mismo". Todo está claro, es lógico y tangible. [...] Lo que ignoramos, por ahora, es el nombre del payaso que está al mando de ese formidable circo».

15. El 16 de octubre de 1917, *O Portugal*, sin buscar la menor explicación, se complace en la burla titulando *«Prudente reserva»*:

«Al transcribir algunos fragmentos del relato de O Século acerca del éxito milagroso de Fátima, Dia [otro periódico] dice estar impresionado por los hechos y se niega a comentarlos. Esta actitud es, por lo menos, prudente. Los pequeños pueblerinos videntes solo anunciaron el final de la guerra, pero no se pronunciaron acerca de la restauración de la monarquía, de ahí la reserva de Dia, que espera naturalmente, el 13 del mes próximo, una revelación importante al respecto para poder hacer sus comentarios. Además, no es solo el periódico Dia el que mantiene su reserva, incluso el redactor del periódico O Século, que fue a Fátima, espera que los expertos se pronuncien acerca de los movimientos desordenados del sol que la muchedumbre asegura haber visto [...]».

16. El 18 de octubre de 1917, *Democracia do Sul* encontró un culpable, *«Los jesuitas»*:

«Cerca de Vila Nova de Ourém, en Fátima, hay una infame especulación jesuita [...] que consiste en la aparición fantástica y ridícula de una falsa santa, que tuvo la idea, según dicen, de aparecerse ante unos niños y de decir cosas acerca de Portugal. Esta especulación dura desde hace tiempo, gozando del asentimiento criminal de las autoridades locales, que no decidieron remediar tal infamia y poner fin, de una vez por todas, a esa miserable explotación, a la que O Século hace actualmente una propaganda eficaz, gracias a la fuerza que le confiere su enorme difusión».

17. El 18 de octubre de 1917, *A Lucta* titula sobre *«La Dama de Fátima»* y reconoce los hechos, a regañadientes, con un tono de desprecio:

«¿Y qué pasó en ese páramo en el que la Virgen había prometido bajar y hablar al pueblo de Portugal? Hacia las dos de la tarde, uno de los tres niños, que oraban cerca del roble, hizo una señal con la mano, y la numerosa muchedumbre se puso de rodillas al mismo tiempo. Después, el sol, saliendo de las nubes, iluminado por un resplandor más intenso, rodeado por un círculo oscuro, pronto se volvió una luna pálida, que luego se tiñó de un azul fluido, de un amarillo pálido y de otros matices marchitos. Entonces fue sacudido por movimientos entrecortados e inestables: tembló, tembló, luego dejó de hacerlo, silencioso. Con los cambios repentinos de color, el paisaje también cambió, perdió su nitidez, los contornos más duros se suavizaron en la bruma. Las mujeres pusieron sus manos en señal de oración, blancas de asombro, dirigieron sus ojos de súplica hacia el cielo, y adoptaron actitudes de fervor y de éxtasis. [...] El milagro se había limitado a las mutaciones de escenarios maravillosos, a la gimnasia singular del sol, a la pirotecnia esplendorosa en las nubes, a las más extrañas descomposiciones de la luz. [...] Pero todos mis informadores juran haber visto cosas extraordinarias en el sol, lo que no impide mi crítica personal. Sé perfectamente que nuestro pueblo es poeta y que le gustan los espejismos que apaciguan. [...] Me dicen que un ilustre doctor de mi tierra, que era en otros tiempos la más bella flor del jacobinismo local, gritaba como un poseso, con las manos en oración y los ojos fijos en su objetivo: "¡Ahí está la Virgen! Y ahora resulta que se va"».

18. El 22 de octubre de 1917, *O Mundo* en Lisboa titula: *«Una especulación clerical»* acerca de *«la presunta aparición de la Virgen de Fátima»*. No proponen ninguna explicación ni justificación, solo evocan la necesidad de luchar contra algo que parece intolerable:

> *«Ese proceso de pérfida especulación no puede en absoluto ser tolerado, y las autoridades de la República deberán de ahora en adelante tomar medidas inmediatas y enérgicas para luchar contra el mal antes de que se propague [...]».*

19. El 26 de octubre de 1917, *O Democrata* titula acerca de *«El milagro de Fátima»*, mencionando la profecía acerca del retorno próximo de los soldados, pero hablando de nuevo de una *«farsa»* que no resistiría a un examen *«racional»*:

> *«Observaron cómo bailaba el sol, daba vueltas, bajaba, subía, pero ¿por qué? Solo es la consecuencia lógica de la observación larga y prolongada de su luz. ¿Y el resto? ¿Acaso han oído o visto a esa dama que decide dar audiencia a tres tontuelos porque no tiene a ninguna otra persona en el mundo que sea digna de oírla y verla? [...] ¡La Virgen viene a anunciar a los pequeños pueblerinos de Fátima que la guerra pronto acabará y que nuestros soldados van a volver! [...] ¡Ofrecemos una imagen muy triste de la creencia religiosa y de la fe al otorgar importancia a unos hechos que se desvanecen al menor soplo, frente al menor examen racional!».*

20. El 26 de octubre de 1917, *Cronica Carta de Lisboa* titula sobre *«El "milagro" de Ourém»*, da informaciones precisas e intenta dar una explicación mediante *«el poder de sugestión»* y la *«psicología incompresible de las multitudes»*:

> *«Todo el mundo se mantenía firme, en la espera más inquieta, y todos los paraguas se cerraron cuando los tres videntes arrodillados bajo un arco de vegetación dieron la orden. Y, ¡oh poder de la sugestión!, ¡oh, psicología incomprensible de las multitudes!, la gran mayoría de esas personas vio. [...] Lo que esto prueba es que las creencias religiosas son y permanecerán arraigadas con tanto vigor en la mente de las masas porque tienen un poder de sugestión muy fuerte...».*

21. El 29 de octubre de 1917, Avelino de Almeida publica en el periódico nacional *Ilustração Portuguesa* un largo artículo de cuatro páginas (pp. 353 a 356) sobre el milagro del sol, acontecido el 13 de octubre, acompañado de diez fotos tomadas por Judah Ruah, su fotógrafo, que se encontraba allí. Esas imágenes muestran una multitud compacta que observa el sol y se postra de rodillas, testigo de un «milagro colosal». En ese artículo, Avelino describe poco el fenómeno observado (que ya había detallado en sus artículos anteriores), pero llama a la Iglesia católica, a la comunidad científica y a los librepensadores a estudiar el fenómeno celeste observado por la multitud.

22. El 1 de noviembre de 1917, el periódico *Ecos de São Pedro d'Alva* critica *«La simpleza de Fátima»*, sospechando un complot:

> *«Lo que ocurre en el páramo de Fátima, municipio de Vila Nova de Ourém, parece increíble. ¡Según el informe de O Século [...], se sabe que, dos días antes, entre cuarenta y cincuenta mil personas de diferentes partes del país habían venido para asistir a un gran Milagro! — ¡la aparición de la Virgen! [...] Ese espectáculo que nos desprestigia a los ojos del mundo civilizado no tiene que continuar. A nuestro parecer, son las autoridades de Vila Nova de Ourém las que tiene que hacerlo cesar, empezando por detener a los tres niños que vieron bailar el sol y "otras cosas", hasta que revelen quién les enseñó a ver a Nuestra Señora, para llevar luego ante la justicia al autor o a los autores de esta comedia y que respondan por sus actos [...]».*

23. El 11 de noviembre de 1917, *A Aurora*, en Porto, habla de *«La aparición de Fátima»*, tratando de atribuir lo ocurrido a un fenómeno atmosférico:

> *«[Los peregrinos] habían acudido a ese lugar por todos los medios de locomoción, ya predispuestos a los choques eléctricos y contagiosos de las sugestiones colectivas. Luego vinieron la visión y el milagro de Fátima, la nueva Lourdes, que otra basílica piadosa señalará, probablemente. Todas esas buenas personas, pobres, honestas [...] han visto realmente al sol levantarse como un disco de plata sin brillo*

a través de las nubes de un día lluvioso y triste, y luego cómo bailaba, caía y temblaba en medio de convulsiones histéricas, mientras que, según el relato que hizo la mayor de los tres niños, mientras estaba sentada en las rodillas de un hombre, la Virgen anunciaba el final de la guerra y el retorno de los soldados, ya en ruta para volver a su país. [...] Si fuese posible razonar con creyentes y visionarios, se podría fácilmente hacer la objeción de que no fue más que un milagro meteorológico, pero ¿cómo hacer admitir la evidencia al alma alterada de los místicos?».

24. El 11 de noviembre de 1917, el diario *O Mundo* imagina que el milagro del sol es el fruto de *«invenciones»*, de *«sugestión»* o de personas *«sobornadas»* y afirma lo siguiente:

«Una campaña de información es promocionada por la Asociación del Estado Civil contra la manera ignominiosa en que miserables sin escrúpulos abusan de la ingenuidad popular, con la intención de someter y de explotar al pueblo portugués, para hundirlo de nuevo en la oscuridad del fanatismo, de la superstición y de la creencia con el pretexto de milagros ridículos y de apariciones fantasmagóricas que inventaron y eligieron poner en escena en el teatro del pequeño pueblo de Fátima y, para ello, puede ser que hayan sobornado a los padres o tutores de los tres pobres niños».

25. El 28 de noviembre de 1917, *O Mundo* publica esto acerca de *«El milagro de Fátima»*, lamentando la importancia que alcanza el asunto:

«El milagro de Fátima se sigue debatiendo, si bien queda claro que ese pequeño incidente de la vida de provincias tendría que estar resuelto desde hace tiempo con dos patadas en el trasero de esos chavales que están en el origen de la historia».

26. El 2 de diciembre de 1917, se publica una hoja panfletaria contra Fátima:

«Contra la infame especulación que es la ridícula comedia de Fátima, la Asociación del Estado Civil y la Federación Portuguesa del Libre Pensamiento protestan con firmeza. ¡Ciudadanos! [...] Liberémonos,

todos, arrancando de nuestro espíritu no solo la idiota creencia en esas bromas burdas e hilarantes como la de Fátima, sino más especialmente la creencia en lo sobrenatural, en un presunto Dios todopoderoso».

Esta revista de prensa abundante constituye una mina de informaciones acerca de lo ocurrido el 13 de octubre de 1917. Los periódicos de los que provienen estos artículos son todos anticlericales, por lo que es evidente que los periodistas no quisieron dar crédito a los acontecimientos. Por eso mismo, sus escritos tienen más peso aún. Podemos deducir de este florilegio distintos puntos esenciales que permitirán eliminar varias hipótesis. ¿De qué podemos estar seguros?

1. **El Gobierno de Portugal era por entonces muy anticlerical, particularmente el alcalde de Vila Nova de Ourém**, que fue también el administrador de la región (ver artículo 2). Por lo tanto, no se puede suponer ninguna complacencia o complicidad del Estado o de la localidad en la construcción de un engaño clerical.

2. **Los niños eran incultos e iletrados** (ver artículo 2), lo que complica seriamente la hipótesis de la superchería.

3. **Los hechos y las cifras** evocadas, del mismo modo que **las concesiones que se hacen en estos artículos a la realidad** de los acontecimientos pueden ser considerados como lo mínimo de lo ocurrido, dado que todos provienen de periódicos anticlericales. Esto es pertinente, por ejemplo, para estimar la importancia de la multitud reunida en Fátima.

4. **El milagro fue efectivamente anunciado desde el mes de agosto, para una fecha precisa,** y esa información se difundió ampliamente, lo que permitía a todos aquellos que lo deseaban acudir para asistir tal vez a una señal directa de Dios o, al contrario, constatar la ausencia del acontecimiento o una broma, y volver a sus casas, con la mente tranquila.

5. **Decenas de miles de personas asistieron efectivamente al prodigio,** al menos entre treinta a cuarenta mil; otros testigos hablan de setenta mil personas en el sitio mismo y de doscientas mil, si se cuenta a los testigos de los alrededores. Sea cual sea su número exacto, treinta

mil personas representan ya una multitud importante; así pues, el testimonio unánime de tanta gente tiene necesariamente un peso considerable (ver artículos 10, 11, 12, 14, 22).

6. **Se produjo efectivamente un acontecimiento importante** que todo el mundo vio, si bien queda por determinar de qué se trata exactamente y su causa.

7. **Según nuestro conocimiento, no existe ningún testimonio de personas** que, habiendo estado presentes, hayan declarado no haber visto nada o haber asistido a una mixtificación. Y eso que muchos curiosos y escépticos habían acudido a Fátima (ver artículo 11).

8. **No se puede estar sino asombradísimo y perplejo ante la increíble ausencia de reacción racional de los adversarios del milagro**. Estaban en el poder y habrían podido poner en pie una comisión de investigación, proceder al escrutinio de los lugares para encontrar, quién sabe, los restos de un espectáculo pirotécnico secreto, interrogar a los testigos y a las familias. En un pequeño pueblo, hay suficientes divisiones y desconfianza entre unos y otros como para que todo se sepa. Ahora bien, el único fuego artificial al que asistimos es el festival de burlas e insultos, acompañados de afirmaciones perentorias e incoherentes, sin la menor investigación que logre acreditarlas. Burla, alucinación, acontecimiento meteorológico, superchería, estafa urdida por curas y jesuitas: es lo que se puede leer aquí y allá, sin que se presente en ningún momento el menor elemento de prueba racional.

9. **Contra toda espera y cuando nadie lo pensaba, el prodigio se produjo en el momento preciso del mediodía solar**, que, en Fátima, tenía lugar ese día a las 13:33.

¡Podrían haber desenmascarado a los curas y a los jesuitas a los que señalan, quienes supuestamente fomentaron esta estafa! Tenían todos los medios a su disposición para aclarar el asunto: el poder, la policía, la justicia, la prensa.

Finalmente, ¿cómo podían contentarse con explicaciones contradictorias e incompatibles entre ellas? Es evidentemente imposible hacer cohabitar la hipótesis de una superchería, necesariamente organizada de antemano, con la de un fenómeno meteorológico que, por definición, es imprevisible, particularmente en aquel tiempo.

Retomamos a continuación las diferentes tesis defendidas por los comentadores y periodistas, para poder visualizar su frecuencia en estos artículos:

- Superchería, estafa: 9 artículos -> 2, 3, 4, 5, 6, 7, 8, 9, 10.
- Especulación: 7 artículos -> 1, 2, 7, 8, 16, 18, 26.
- Farsa: 3 artículos -> 3, 5, 19.
- Alucinación, sugestión: 5 artículos -> 2, 12, 20, 23, 24.
- Acontecimiento meteorológico: 1 artículo -> 23.
- Ausencia de acontecimiento: ningún artículo.

Un único articulo demuestra un fugaz atisbo de sentido común. Es el artículo publicado en *O Século* y en el que Avelino de Almeida señala que les toca a las autoridades pronunciarse acerca de la danza del sol, que no pone en duda (art. 13).

Pero las autoridades no siguieron su consejo de abrir una investigación... Seguimos con la nuestra, apoyándonos en una serie de fotos.

VI.   Las pruebas fotográficas

1. La Cova da Iria bajo la lluvia.

2. El mismo lugar en el momento de la aparición del sol.

3. Detalle de la multitud en el momento del milagro.

4. Otro detalle de la multitud en el momento del milagro.

5. Vista general de la Cova da Iria.

6. Jacinta.

7. Jacinta, Lúcia y Francisco.

8. Lúcia y Juan Pablo II el 13 de mayo del año 2000.

Lo que prueban las fotos

Estas fotos son valiosas. No se contentan con ilustrar un momento sorprendente. Efectivamente, confirman la realidad del acontecimiento y la importancia de la multitud, al mismo tiempo que aportan ciertos elementos esenciales para nuestra investigación.

1. Las fotos 3 y 4 muestran una multitud que alza la vista hacia el cielo, donde ningún engaño humano es posible, especialmente en aquella época. Detengámonos un instante para comparar Lourdes con Fátima. En la pequeña ciudad del Pirineo, la Virgen aparece en una gruta rocosa, en un lugar en el que sería tal vez imaginable poder fabricar una mixtificación sofisticada con una puerta oculta o con objetos luminosos. En Fátima, tal cosa era imposible. La foto 5 permite ver una llanura con un leve relieve, lo que no permite ninguna mixtificación en altitud.

2. Esas mismas fotos muestran a la multitud mirando en la misma dirección, hacia un punto del cielo en que se está produciendo algo. Eso permite eliminar toda idea de alucinación colectiva, incluso admitiendo que tal fenómeno pueda existir.

3. Las fotos 6 y 7 permiten ver a unos niños tímidos, inquietos e incómodos ante su repentina notoriedad. ¡Resulta difícil hacer de ellos los actores de una superchería!

4. Las fotos 1 y 2 confirman la sucesión cronológica de la lluvia y luego del claro. La foto 2 con la llegada del sol en un cielo despejado es importante, ya que invalida la hipótesis de un simple acontecimiento meteorológico.

5. La foto 8 representa a Lúcia con el papa Juan Pablo II en el momento de la beatificación de Francisco y de Jacinta, el 13 de mayo del 2000. Confirma la importancia concedida por la Iglesia al milagro de Fátima más de ochenta años después del acontecimiento.[578]

---

578. Las apariciones fueron declaradas creíbles por el obispo de Leiria en 1930. La consagración del mundo al Corazón Inmaculado de María por Pío XII ya era, en parte, una respuesta a los deseos de la Virgen en Fátima. Pablo VI también tuvo un encuentro con Lúcia en Fátima.

6. Unos estudios científicos sobre las dimensiones y los ángulos de las sombras que aparecen en las fotos durante el prodigio permitieron determinar que la fuente luminosa que las produjo se encontraba en una elevación de 30 grados, mientras que el sol astronómico tenía que situarse en ese momento en una elevación de 42 grados. [579]

VII. ¿Qué destino tuvieron los niños?

Dos de los jóvenes pastorcitos murieron muy pronto, tal como la Virgen se lo había anunciado. Francisco murió de la gripe española el 4 de abril de 1919 y Jacinta enfermó y murió el 20 de febrero de 1920.

Lúcia, en cambio, vivió mucho tiempo. Se hizo monja carmelita y murió el 13 de febrero del 2005 a los 98 años. En vida, nunca cesó de obrar para que se realizara la consagración de Rusia a la Virgen María por el papa y los obispos del mundo entero. Esta consagración solo fue realizada de manera válida el 25 de marzo de 1984 por Juan Pablo II, o sea, casi tres años después del atentado del 13 de mayo de 1981, que tendría que haber acabado con su vida.

Ninguno de los tres niños modificó nunca su versión de los hechos. Ninguno de ellos ganó dinero ni obtuvo honores.

VIII. Examen de las seis hipótesis posibles

Para explicar lo que ocurrió ese 13 de octubre de 1917, el terreno de las hipótesis es muy reducido, ya que solo cuenta con seis propuestas.

1. No pasó nada, es una leyenda

Esta hipótesis, que nunca fue defendida de manera formal, se encuentra invalidada por la abundancia de testimonios y de fotos.

---

579. Ver los estudios del abad Philip Dalleur, doctor en Ciencias Aplicadas y en Filosofía, «Fatima Pictures and Testimonials: in-depth Analysis», *Scientia et Fides*, 9 de enero de 2021. Disponibles en línea: https://apcz.umk.pl/SetF/article/view/SetF.2021.001/28737.

2. Es un fenómeno natural, hubo efectivamente ese día una conmoción del sistema solar, resultado de acontecimientos cósmicos

Esta hipótesis se encuentra descartada por las observaciones científicas.

El jueves 18 de octubre, un periodista del periódico *O Século* publica en la página 2 un artículo en el que entrevista al responsable del observatorio de astronomía de Lisboa, Frederico Oom, que declara que: *«Si hubiese habido un fenómeno cósmico en esa fecha [...], se habría registrado».*

Más precisamente, el observatorio de Lisboa precisa no haber notado ningún fenómeno anormal el 13 de octubre, tan solo una pequeña perturbación proveniente del oeste.

El obispo de Leiria escribe: *«Ese fenómeno, que ningún observatorio astronómico registró, y que por consiguiente no era natural, fue visto por los ojos de personas de todo tipo de condiciones y clases sociales... incluso por gente que se encontraba a kilómetros de distancia, lo que destruye toda explicación de una ilusión colectiva...».*[580]

Efectivamente, recordemos que el fenómeno fue observado por numerosos testigos, que estaban hasta treinta y cuatro kilómetros de distancia.

En otros sitios, ningún observatorio internacional constató ningún tipo de modificación en el movimiento del sol.

3. Es un fenómeno meteorológico excepcional

Esta hipótesis no se sostiene ante el anuncio incuestionable del acontecimiento, realizado con tres meses de antelación. ¿Acaso tres niños —incultos, no lo olvidemos— habrían podido dar de manera precisa la fecha, el día y la hora de un fenómeno semejante? Incluso si un acontecimiento meteorológico excepcional podía dar cuenta de un espectáculo como este, su previsión, tres meses antes, es totalmente imposible. De

---

580. Fragmento de la carta pastoral sobre el culto de Nuestra Señora de Fátima, el 13 de octubre de 1930.

hecho, actualmente, hacer previsiones meteorológicas a más de 15 días es irrealista.[581]

La hipótesis de un fenómeno meteorológico, sin embargo, fue defendida por el doctor en Matemáticas portugués Diogo Pacheco de Amorim.[582] Este último supone que el «milagro del sol» podría estar vinculado a las nubes cuyos cristales de hielo en altitud pueden descomponer la luz en diferentes colores, como en el caso del arcoíris. Amorim considera que ciertas «lentes de aire» (de composición o temperatura diferentes) podrían haber perturbado la difusión de la luz y haber modificado la percepción del diámetro aparente del sol, o incluso explicar cambios de colores. Amorim reconoce, no obstante, que *«no podemos dar una explicación a un fenómeno tan complejo y misterioso, solo compararlo o descomponerlo en elementos comparables a fenómenos conocidos»*. Sin embargo, incluso si pudiese explicar en parte los fenómenos luminosos, esta teoría no aportaría ninguna explicación a los movimientos desordenados del sol.

Otro físico, Stanley Jaki,[583] pensó que el acontecimiento podía ser una manifestación meteorológica: *«Lo que parece haber ocurrido es que las nubes transparentes, al cubrir el sol con una especie de velo, formaron una suerte de lente natural»*, supuso. Pero en este caso, tampoco, una lente crea la impresión de ver al sol bailar y caer sobre la tierra, tal como vieron los testigos. Además, fenómenos como el que menciona nunca fueron observados en sitio alguno.

4. No pasó nada, es una alucinación colectiva

Esta hipótesis está excluida por el simple motivo de que las *«alucinaciones colectivas»* no existen en el caso de grandes multitudes. Pueden afectar

---

581. En 1972, el meteorólogo Edward Lorenz explicó la imposibilidad de una previsión a más de 15 días a causa de la sensibilidad de la meteorología a las condiciones iniciales. Este efecto es llamado «efecto mariposa».

582. «O fenómeno solar de 13 de Outubro de 1917», publicado en Coímbra por *O Instituto* en 1961.

583. *God and the Sun at Fátima*, Real View Books, Royal Oak, (Michigan), 1999.

tan solo a grupos bastante restringidos, pero ese tipo de fenómeno no sucede nunca para mil personas al mismo tiempo: queda totalmente descartado en un contexto en que hay entre treinta a setenta mil personas implicadas.

La alucinación es un fenómeno que fue estudiado de manera seria, por ejemplo, por Henri Ey, que lo describió en su *Tratado de las alucinaciones* o en el *Manual de psiquiatría*.[584] Se trata de una percepción sin objeto basada en una experiencia psicológica interna, que lleva a un sujeto a comportarse como si sintiese una sensación o una percepción real, si bien no hay elemento objetivo exterior que justifique esa sensación o percepción.[585]

Las alucinaciones pueden ser de diferente tipo (visuales, auditivas, táctiles o bien psíquicas), pero siempre manifiestan un disfuncionamiento del cerebro de una persona. Ocurren sistemáticamente en un contexto de desequilibrio o de desestructuración de la personalidad, acompañado generalmente por diversos trastornos del comportamiento (agitación, angustia fluctuante, comportamientos inadecuados, etc.). Por eso las verdaderas *«alucinaciones colectivas»* son a priori imposibles desde el punto de vista médico y lógico: supondrían que los mismos disfuncionamientos se produjeran de manera idéntica y simultánea en cerebros diferentes, en ausencia de toda causa exterior objetiva.

No hay que confundir estas conjeturas con otros fenómenos de visiones colectivas, que se fundan, por su parte, en elementos exteriores objetivos:

- No se los puede comparar con los fenómenos de los ovnis, o sea, visiones de fenómenos celestes inhabituales (tipo Lubbock,[586] Washington[587]), con fotos, a veces, o elementos materiales objetivos, como ecos de radar.
- No se los puede comparar tampoco con trucos de magia.

---

584. Henri Ey, *Manual de psiquiatría, segunda parte*, Masson, 1981, y *Tratado de las alucinaciones*, editorial Polemos, 2010.

585. Ver J. Sutter, *Manuel alphabétique de psychiatrie*, A. Porot, PUF.

586. https://es.wikipedia.org/wiki/Luces_de_Lubbock.

587. https://es.frwiki.wiki/wiki/Carrousel_de_Washington.

- Tampoco se los puede asimilar a los espejismos que se perciben en el horizonte y que se consiguen explicar por condiciones atmosféricas particulares.

Por un lado, el concepto de alucinación colectiva no se puede aceptar en psiquiatría, en neurología, en psicoanálisis o en psicología clínica. No hay al respecto ni estudios, ni tesis, ni experimentación. Los científicos nunca constataron alucinaciones colectivas que afectasen a las multitudes.

En segundo lugar, las *«psicosis colectivas»* o *«contagios afectivos»*, siempre constatados en pequeños grupos, suelen ser el resultado del temor, en una situación tensa o angustiante, en general por la noche, pero nunca en pleno día, al mediodía, en una llanura como la de Cova da Iria, donde las fotos tomadas antes y durante el milagro no muestran ningún fenómeno de trance o de excitación particular.

En tercer lugar, sería necesario que el grupo de víctimas de una alucinación compartiese las mismas emociones y que un proceso de sugestión suficientemente poderoso pueda transmitirse entre sus miembros, lo que es absolutamente imposible en el caso de miles de personas diferentes, que podían ser creyentes o bien animadas por sentimientos de indiferencia, e incluso de franca hostilidad hacia la religión. Menos posible aún si tenemos en cuenta que algunas de ellas vieron el fenómeno a distancia, a varios kilómetros de Fátima, sin siquiera haber sido advertidas del milagro que iba a producirse.

Se encuentran registrados como ejemplos de *«psicosis colectivas»*:

El caso llamado del *«pan maldito»*:[588] en la noche del 24 al 25 de agosto de 1951, en el sur de Francia, en el Gard, la pequeña ciudad de Pont-Saint-Esprit vivió escenas de locura colectiva sumamente violentas, debidas a una intoxicación a base de cornezuelo de centeno, el principio activo del LSD. Pero la causa está perfectamente identificada, y las visiones de unos y otros difieren mucho.

---

588. https://es.wikipedia.org/wiki/Envenenamiento_masivo_en_Pont-Saint-Esprit_en_1951.

El caso del «*fantasma del cocinero*»: [589] en 1897, Edmund Parish cuenta que unos colegas marineros habían visto, estando juntos, al fantasma de su cocinero, quien había muerto unos días antes. No solo los marineros habían visto al fantasma, sino que lo habían visto caminar sobre el agua, con su cojera característica. El fantasma resultó ser un «*resto de barco naufragado, agitado de arriba abajo por las olas*». En este caso también, la causa está claramente identificada.

Así pues, en cada uno de estos casos, existe un motivo y una explicación.

Estamos muy lejos de los acontecimientos de Fátima, previstos con tres meses de antelación. [590]

Todo esto nos lleva a concluir que la alucinación colectiva no es una explicación posible a los acontecimientos del 13 de octubre de 1917 en Fátima.

5. Es una superchería

Es la única hipótesis compatible con el hecho de que el prodigio haya sido anunciado con antelación, y de que ese día no se haya constatado ningún acontecimiento natural que permita explicarlo. La superchería es de hecho la hipótesis más frecuentemente citada en los periódicos anticlericales.

Pero esta tesis no resiste al análisis. Semejante puesta en escena sería efectivamente imposible de realizar en medio del cielo. Todas las fotos y todos los testimonios concuerdan: ¡algo pasó en el cielo, más precisamente en el cénit del sol, en un momento en que el cielo había recobrado su claridad y su luz! Así pues, es efectivamente el único lugar en que es imposible organizar una superchería.

---

589. E. Parish, 311; citado en *Occult and Supernatural Phenomena*, D. H. Rawcliffe, Dover Publications, 1988, p. 115.

590. El hecho de que el milagro haya tenido lugar, para sorpresa de los participantes, a las 13:33 (que correspondía efectivamente al mediodía solar), si bien se esperaba para el mediodía, excluye toda posibilidad de sugestión.

Se sabe, por otro lado, que el fenómeno fue visto a una distancia de treinta y cuatro kilómetros por Afonso Lopes Vieira. Ahora bien, a esa distancia, un objeto situado a una elevación de 30 grados de ángulo se encuentra a 19 kilómetros de altura. No vemos qué engaño humano sería capaz de crear una ilusión a semejante altura, en 1917...

Además, en el caso de una mixtificación, los autores habrían empezado su espectáculo a las 12 h y no a las 13:33, ya que ignoraban, muy probablemente, las sutilezas del mediodía solar. Recordemos que al menos treinta mil personas asistieron al prodigio, entre los cuales muchos curiosos y personas no creyentes. ¿Qué truco podría haberse inventado para engañar a tanta gente? Esa imposibilidad es tan evidente que nadie presentó, nunca, la menor hipótesis para explicar un supuesto espectáculo íntegramente organizado.

Añadamos a estas razones las circunstancias que abogan, todas ellas, en contra la superchería: unos niños iletrados, un pueblo muy pobre, autoridades muy hostiles, el hecho de que, durante las décadas que siguieron, nadie aportó, nunca, el menor testimonio acerca de una superchería y que los tres principales testigos nunca variaron sus relatos. ¿Podemos imaginar a Lúcia pasando ochenta años en un convento para cubrir una mentira? Peor aún, ¿podemos imaginarla seguir engañando al papa en persona ochenta años más tarde?

6. Es un milagro

El campo de las hipótesis se ha reducido de manera considerable; y es, por lo tanto, la única posibilidad que queda. Las circunstancias de este milagro corresponden perfectamente a las que se pueden imaginar para semejante acontecimiento:

- un prodigio inexplicable,
- anunciado de antemano,
- por unos niños incultos,
- visto por una inmensa multitud,
- en medio de la hostilidad de quienes tenían el poder,
- con el objetivo de suscitar la fe.

Esta posibilidad, la única que queda, solo requiere de la existencia de Dios. El lector que nos haya acompañado hasta aquí tendrá que admitir que esta única condición no es una hipótesis insensata, muy al contrario.

IX. La repercusión actual de Fátima

Evocar la continuación moderna de la historia de Fátima dará más consistencia aún a su origen sobrenatural. Este prodigio, por extraordinario que fuera, no se quedó detenido en el tiempo, muy al contrario: sus repercusiones fueron mayores en el plano histórico.

Una de las peticiones de la Santa Virgen era que Rusia le fuera consagrada por el papa y los obispos. Esta petición fue conocida por el papa en 1942, pero no fue realizada en las formas solicitadas durante varios pontificados sucesivos.

Esto es lo que sabemos con certeza: el 13 de mayo de 1981, un asesino profesional, el turco Mehmet Ali Ağca, probablemente comanditado por la KGB, dispara al papa muy de cerca con una pistola de gran calibre. Inesperadamente, el soberano pontífice sobrevive a las heridas. Desde su cama de hospital, Juan Pablo II, impactado por la coincidencia de la fecha del atentado con la de la primera aparición de Fátima, pide que le lleven el texto del secreto, que dormía desde hacía años en el Vaticano. Y constata que la consagración reclamada por la Virgen en Fátima nunca se hizo de manera válida, cosa que le va a confirmar Lúcia durante su entrevista. Con toda su influencia, Juan Pablo II va a obtener el acuerdo de todos los obispos del mundo para realizar la petición mariana. La consagración de Rusia tendrá por fin lugar el 25 de marzo de 1984.

Se conoce lo que viene luego: un movimiento de reforma nace en Rusia (*glásnost* y *perestroika* de Mijaíl Gorbachov), una rebelión pacifica se levanta en Polonia (*Solidarnosc* de Lech Walesa) y, unos años más tarde, en 1989, el muro cae, provocando la desintegración de la URSS de manera pacífica.

Se puede creer o no en un vínculo entre esos hechos. Lo que es seguro es que Juan Pablo II estaba persuadido de ello, reforzando el aura de este acontecimiento fuera de lo común.

Una elección en conciencia

En nuestro panorama de pruebas de la existencia de Dios, este capítulo sobre Fátima no tenía nada de digresión pintoresca y exótica en el folklore religioso. ¡El acontecimiento que tuvo lugar en ese pequeño pueblo portugués es único y sin precedentes! Nunca se había visto algo semejante: el anuncio con antelación de un fenómeno prodigioso e inexplicable en el cielo, visible por todos y que se produce efectivamente en el lugar indicado y a la hora anunciada.

En Fátima, todo tuvo lugar a la luz del día, en el sentido propio como en el figurado: el país entero fue informado del prodigio por venir, los hechos se produjeron en pleno día, ante miles de testigos, ninguna superchería era posible. Dado el contexto político e ideológico del acontecimiento, toda otra hipótesis explicativa parece racionalmente imposible: por eso, la fuerza de convicción del milagro de Fátima sigue siendo tan poderosa, hoy, para nosotros, como lo fue para los testigos de la época.

Este milagro tuvo lugar para que la gente creyera. No subsiste ninguna sombra de duda en ese 13 de octubre excepcional. Todo fue expuesto y explicado en detalle. El sol no cegó los ojos de quienes lo vieron bailar: del mismo modo, descartando toda ceguera, la luz de Fátima puede permitir a cada lector hacer una elección lúcida y consciente.

21.

¿Acaso todo está permitido?

Después de esta incursión en un milagro cosmológico de resonancia bíblica, proponemos en este capítulo explorar una pista, sin duda menos espectacular, pero igual de importante, que conduce a detectar la existencia de un dios. Una vía experimental, podríamos decir. Pero no se preocupe, no pretendemos encontrar a Dios gracias a un microscopio o en el fondo de un tubo de ensayo. Le ofrecemos mucho mejor que eso: sentirlo en usted, oír el eco de su voz en el corazón de su conciencia (como se puede aún —en otro orden— percibir el eco del Big Bang original). Recordemos esta venerable sugerencia de san Agustín: *«No salgas afuera; vuelve a ti mismo. La verdad mora en el hombre interior»*. Pero ¿cómo se puede hacer una cosa semejante? Es muy simple: vamos a tratar de que preste atención a esa parte de usted mismo en que la voz de Dios se expresa, sin que la identifiquemos, en general, como su voz. Queremos hablar de nuestra alma, donde reside nuestra conciencia moral. Para ello, vamos a hacerle, estimado lector, dos preguntas con el objetivo de hacer reaccionar, si existe, esa conciencia moral inscrita en su alma.

Tal vez, aquí, algunos protesten: dirán que la moral no necesita a Dios para existir ni para ser conocida; o, al contrario: que ya que Dios no existe, no existe ninguna moral universal, que en este campo todo es relativo. Pero, en lugar de lanzarnos a una discusión filosófica abstracta y aburrida, le proponemos sumergirse en una situación real que podría hacer surgir, en su interior, un inexplicable grito.

Primera pregunta: ¿Acaso está permitido, con la reserva de una mayoría parlamentaria suficiente, matar en cámaras de gas a los judíos, restablecer la esclavitud, practicar la eutanasia de los ancianos, prolongar el derecho al aborto hasta los nueve meses, autorizar la pedofilia? ¿Sí o no? Sin duda contestará: «¡No, de ninguna manera, incluso si hubiese unanimidad en el Parlamento!».

Segunda pregunta: Si le propusieran cien millones de euros por apretar un botón que mataría, en la otra punta del planeta, a una familia numerosa que nunca vio, sabiendo que la impunidad y el secreto le están perfectamente garantizados, ¿qué haría? Y si prefiriese rechazar esa suma fabulosa que pondría solución a sus problemas económicos, ¿acaso sería capaz de decir por qué? ¿Acaso no es usted nada más que un animal evolucionado, tan solo un poco más que esos insectos a los que aplasta sin remordimientos durante el verano? ¿Acaso el planeta no cuenta con demasiados habitantes? ¿No iría incluso en el interés general reducir una población humana ya demasiado numerosa, cuando queda establecido sin lugar a dudas que es tóxica para el planeta? Además, ¿qué es una familia de menos en la otra punta del mundo cuando las guerras, los cataclismos y las epidemias matan de todos modos, cada día, miles de veces más?

Si, a pesar de ello, ha contestado: «¡Pues no, de ninguna manera!» a esas dos preguntas, tendrá que reflexionar sobre las razones de ese rechazo sorprendente, y, por lo tanto, sobre el origen de las normas morales que se imponen a su conciencia. ¿De dónde vienen? ¿De dónde viene la voz que nos ordena gritar: «¡no!»? Porque, si Dios no existe, tampoco existe el mal, y entonces todo está permitido.

Si Dios no existe, no existe el mal y todo está permitido

Efectivamente, si Dios no existe, todo está permitido. El cosmos es el único absoluto y no hay diferencia entre un hombre y un mosquito: no son sino subproductos temporales de la materia y de la energía. En ese caso, no hay ni bien ni mal, no hay valores morales objetivos: que se aplaste a un niño o a un mosquito no es nada más que la reorganización de la materia que los constituía.

A esta pregunta de la inexistencia del mal han aportado su respuesta numerosos pensadores. Empecemos por este fragmento de Dostoievski en *Los hermanos Karamázov*: «*¿Qué podemos hacer si resulta que*

Dios no existe? ¿Y si Rakitin tiene razón, y es una idea forjada por los hombres? Entonces, si de verdad no existe, el hombre es el señor de la tierra, del universo. ¡Espléndido! Pero ¿cómo va a ser virtuoso sin Dios? ¡Buena pregunta! [...] Rakitin se ríe. Rakitin dice que es posible amar a la humanidad aunque no exista Dios. [...] ¿Porque, dime, Alekséi, ¿qué es la virtud? Para mí la virtud es una cosa, para un chino otra distinta; de manera que es algo relativo. ¿O no? ¿O no es algo relativo? ¡Es una pregunta insidiosa! [...] Iván no tiene un Dios. [...] Entonces, ¿todo está permitido, ¿no es eso?».[591]

Sartre, en *El existencialismo es un humanismo*, puso de relieve la lógica profunda de ese razonamiento: «*Dostoievski había escrito: "Si Dios no existiera, todo estaría permitido". Este es el punto de partida del existencialismo. Efectivamente, todo está permitido si Dios no existe, y en consecuencia el hombre está abandonado, porque no encuentra ni en sí ni fuera de sí una posibilidad a la que agarrarse. No encuentra, ante todo, excusas.*

Si, en efecto, la existencia precede a la esencia, no se podrá jamás explicar por referencia a una naturaleza humana dada y fija; dicho de otro modo, no hay determinismo, el hombre es libre, el hombre es libertad. Si, por otro lado, Dios no existe, no encontramos frente a nosotros valores u órdenes que legitimen nuestra conducta. Así, no tenemos ni detrás ni delante de nosotros, en el dominio luminoso de los valores, ni justificaciones o excusas. Estamos solos, sin excusas.

Es lo que expresaré diciendo que el hombre está condenado a ser libre. Condenado, porque no se ha creado a sí mismo, y, sin embargo, por otro lado, libre, porque, una vez arrojado al mundo, es responsable de todo lo que hace. El existencialista [...] piensa pues que el hombre, sin ningún apoyo ni socorro, está condenado a cada instante a inventar al hombre».[592]

---

591. Fiódor Dostoievski, *Los hermanos Karamázov*. Alba Editorial, 2013.

592. Jean-Paul Sartre, *El existencialismo es un humanismo*. Traducción consultable en línea, https://www.ucm.es/data/cont/docs/241-2015-06-16-Sartre%20%20El_existencialismo_es_un_humanismo.pdf, p. 5.

Más cerca de nosotros, filósofos materialistas muy rigurosos, como Richard Taylor, llegan a la misma conclusión: *«En un mundo sin Dios, no puede haber, objetivamente, lo "bueno" o lo "malo", solo juicios subjetivos, cultural y personalmente relativos. Lo que significa que es imposible condenar la guerra, la opresión o el crimen, en tanto que malos. Tampoco podemos loar la fraternidad, la igualdad y el amor, en tanto que buenos. Porque, en un Universo sin Dios, el bien y el mal no existen, existe solo el hecho simple y crudo de la existencia, no hay nadie que pueda decir lo que es bueno o malo».*

Otro biólogo y especialista de la evolución, Richard Dawkins, escribe: *«En un universo de fuerzas físicas ciegas y de replicación genética, algunas personas sufrirán, otras serán afortunadas y no encontraremos ninguna moraleja o razón en ello, tampoco ninguna justicia. El universo que observamos tiene exactamente las propiedades que podríamos esperar si, en el origen, no hubiera ningún diseño, ninguna intención, ningún bien ni ningún mal, nada más que indiferencia ciega y despiadada».*[593]

Si, efectivamente, la totalidad de la realidad no es sino un inmenso amasijo de materia en movimiento en el vacío, no se ve de dónde podrían venir normas absolutas, reglas imperativas, una escala de valores sagrados... En tal hipótesis, no existe ninguna autoridad superior a la que estaríamos obligados a rendir cuentas. Si Dios no existe, cada uno de nosotros es su propio dios, lo que parece implicar que podemos «elegir nuestros propios valores».

En esta perspectiva, todos los modos de vida son igualmente válidos, porque no hay ningún criterio moral objetivo que permita jerarquizarlos. El único límite que se puede aceptar en lo que podemos elegir es la autonomía del «otro». Es lo que conduce a los utilitaristas a plantear como único fundamento de la moral pública el principio de inocuidad (*no harm principle*), según el cual cada uno puede hacer según le parezca, con la condición de que no cause un perjuicio al otro. El interés de cada

---

593. Richard Dawkins, *El río del Edén*, Debate, 2000.

individuo tiene el mismo peso en el cálculo del interés general. *«Cada cual cuenta por uno y nadie por más que uno»*, según la célebre frase de Jeremy Bentham.

Pero ¿dónde está escrito que esa verdad moral mínima sea absolutamente respetable? ¿En razón de qué? Los materialistas más radicales, de hecho, la cuestionaron: piensen en los regímenes comunistas, que aplicaron el principio de la «generación sacrificada», en virtud del cual es lícito hacer daño al otro con la esperanza de un bien colectivo futuro más grande.

Pero entonces, surge una pregunta:

Si el materialismo es verdadero, ¿por qué sentimos que hay prohibiciones?

Si no somos más que conjuntos de partículas perdidos en el Universo, ¿por qué sentimos semejantes prohibiciones? ¿Por qué otorgamos una dignidad intocable a nuestros congéneres?

Así pues, si usted está de acuerdo con la visión materialista, ¿por qué se negaría a apretar el botón? ¿Acaso no es el juego de la vida, a fin de cuentas? Si el materialismo es auténtico, efectivamente, no existen ni el bien ni el mal moral absolutos, sino solamente —como ocurre con los animales— fuertes y débiles, vencedores y vencidos, afortunados y desafortunados.

Dirá, en este punto, probablemente que siente un asco instintivo, una prohibición, una repulsión inmediata a la idea de cometer el acto que le proponíamos, que no hay nada filosófico o argumentable en ese rechazo: *que tiene que ver con el instinto*. De acuerdo, pero entonces, ¿de dónde viene ese instinto, de qué naturaleza es?

La biología darwiniana propone una explicación

Existe una respuesta compatible con el materialismo: es la de Darwin.

Se dirá que los sentimientos morales (que desembocan en la formulación de prohibiciones y de códigos, como los diez mandamientos o la ley de las Doce Tablas) fueron seleccionados por la evolución natural porque eran favorables a la reproducción de nuestro grupo, en este caso, de la especie humana. Que la compasión que sentimos hacia nuestros congéneres, que nos incita a evitarles situaciones desagradables, a cuidar de los más débiles, a actuar aplicando una regla de reciprocidad, es favorable a la cohesión y, por lo tanto, al fin y al cabo, a la supervivencia de nuestra especie como grupo. Por consiguiente, los grupos que estaban dotados de esta cualidad sobrevivieron mejor que los otros y se multiplicaron, de modo que esos instintos se generalizaron, hasta formar parte de nuestro patrimonio genético de base. Luego fueron formulados, elaborados, intelectualizados en las diferentes civilizaciones del mundo, siendo así que se encuentran casi las mismas leyes fundamentales en todos lados. Así se puede resumir, en unas palabras, la teoría sociobiológica de la moralidad. Nuestros sentimientos morales son una herencia de la larga historia de nuestra especie, como lo son los dientes, las cejas o el pulgar oponible. Michael Ruse, gran especialista del darwinismo, presenta las cosas de este modo: *«La moralidad, o más exactamente nuestra creencia en la moralidad, no es más que una adaptación surgida para realizar nuestros fines reproductivos. La base de la ética, por lo tanto, no reside en la voluntad de Dios...»*.[594] Así pues, creemos a ciegas que nuestros instintos morales nos revelan normas absolutas, pero, según esa teoría, son relativas a nuestra evolución de animales superiores. No revelan algo que sea absolutamente verdadero, sino simplemente lo que era más útil a la supervivencia de nuestro grupo. Los darwinianos precisan, por otro lado, que la ilusión de la objetividad es esencial a la eficacia de la moral biológica: *«La teoría darwiniana sostiene que la moralidad no funciona, lisa y llanamente, si no la creemos objetiva. Muestra que, en realidad, la moralidad depende de sentimientos subjetivos; pero muestra también que tenemos —y debemos tener— la ilusión de su objetividad»*.[595]

---

594. M. Ruse & E. O. Wilson, «The Evolution of Ethics», *New Scientist,* oct. 1985, vol. 108, p. 50.

595. M. Ruse, *Taking Darwin Seriously,* 1998, p. 253.

En resumidas cuentas, *«la ética, tal como la entendemos, es una ilusión que nos imponen nuestros genes para obligarnos a cooperar».*[596]

¿Es aceptable semejante explicación? ¿La acepta usted? ¿La considera compatible con lo que siente?

Usted puede, por supuesto, elegir renunciar al carácter absoluto de los valores morales. Pero ¿acaso se atreverá realmente a afirmar de buena fe —o sea, no solo a modo de desafío teórico— que el hecho de torturar a un niño por placer —del mismo modo que un gato lo hace naturalmente con un ratón— no es, objetivamente, un mal? ¿Y que se trata solamente de una prohibición relativa a la historia contingente de la evolución?

Si considera que es insoportable cometer ciertos actos, que existen acciones absolutamente malas, inconcebibles, si se niega, con todas sus fuerzas, a la idea de que su sentimiento de obligación interna pueda ser una simple ilusión darwiniana, entonces hay que sacar las consecuencias de ello. El rechazo categórico que usted siente cuando le proponemos apretar un botón para ganar cien millones no es un rechazo de prudencia, o el resultado de un mero cálculo (el temor a ir a la cárcel). Tampoco es una astucia de los genes, porque, a partir de ahora, conociendo esa inclinación genética del mismo modo que su origen, es usted capaz de liberarse de ella: se trata, efectivamente, del descubrimiento de una prohibición absoluta. Y, ya que hemos agotado las fuentes internas de la naturaleza física, no nos queda más que suponer una fuente exterior, *«de otro orden»*, como habría dicho Pascal. Pues bien, esa fuente de otro orden es nuestra alma. Y nuestra alma es el lugar en el que oímos esa voz. Nuestra alma no es, ella misma, esa voz. Porque lo que habla en nosotros, cuando de moral se trata, parece superarnos como individuos.

Del alma a Dios

Siguiendo esta lógica, resulta que nuestra alma, en última instancia, lleva la huella de un designio que nos supera. Espiritual y absoluta, encuentra

---

596. M. Ruse & E. O. Wilson, «The Evolution of Ethics», *New Scientist,* oct. 1985, vol. 108, p. 50.

necesariamente su origen en una causa espiritual y absoluta, trascendente al orden de las cosas físicas. Y los imperativos incondicionales que esa causa espiritual confirió a nuestra alma son el indicio de una finalidad, en sí, incondicional. La existencia tiene un sentido. Y no fue determinado por la evolución darwiniana ni por la sociedad. La causa espiritual, de la que nuestra alma es pariente, es la autora de ese sentido. Así, hemos llegado a la respuesta: si algunos actos provocan en nosotros rechazo, si usted retrocede de horror ante la idea de herir a un alma inocente, es porque la voz de Dios resuena en su alma. Y si tenemos que vivir a la altura de hombre o mujer, es porque Dios nos dio nuestra naturaleza para inscribirla en un designio mayor que nosotros mismos.

Últimas consideraciones

Antes de retirarse en sí mismo, le quedan dos últimas consideraciones a tener en cuenta. Si en el capítulo «¿Quién puede ser Jesús?» o en el de Fátima podía haber varias respuestas posibles, aquí no existen más que dos posibilidades: o bien cree que existe un bien y un mal absolutos, y entonces está obligado a creer en Dios, o bien se niega a creerlo y, por coherencia, tiene usted que asumir su materialismo darwiniano y todo lo que implica. Al fin y al cabo, si el mal no existe, entonces tampoco existe el bien; el amor, la fraternidad, el hecho de compartir, el perdón, nada de ello existe, solo cuentan el placer y nuestros instintos.

Finalmente, cada uno ante sí mismo

Sin haberlo dudado mucho, desde el principio usted negó la posibilidad de gasear a los judíos, de exterminar a los ancianos o de torturar a los niños; también rechazó cien millones por cometer un acto, sin embargo, sencillo.

Después de haber leído este capítulo, debe usted acudir a su propia experiencia y bajar hasta el fondo de su propia fortaleza interior. Tiene que escucharse, antes de emerger con una convicción: creyendo en el bien y en el mal, y, por lo tanto, en Dios; o bien creyendo en el materialismo darwiniano. Le toca a usted decidir, en alma y conciencia.

22.

Las pruebas filosóficas contraatacan

Cabe reconocerlo con honestidad: las pruebas filosóficas de la existencia de Dios nunca interesaron a mucha gente. Salvo a los filósofos, por supuesto...

Demasiado frías, abstractas, difíciles. Pero es por supuesto imposible ignorarlas en un libro que tiene como objeto las pruebas de la existencia de Dios. Que el lector nos perdone, por lo tanto, pero va a tener que conocerlas. Puede ser incluso que encuentre un pequeño beneficio en esta poción amarga.

La historia de estas pruebas es realmente triste: cuando todo el mundo creía en Dios, los filósofos no paraban de fabricar pruebas, pero no servían de mucho. Y ahora que la mayor parte de la gente no cree en Dios, pues, ¿saben qué? ¡Los filósofos piensan que dichas pruebas carecen de valor! Pero estamos exagerando un poco. Aún hay filósofos que quieren defenderlas. Pero son una minoría. Lo que no quiere decir que se equivoquen, dicho sea de paso. De hecho, vamos a tratar de mostrar que esos pocos, esos *happy few* tienen razón.

Pero, para empezar, repasemos rápidamente la historia de esas pruebas a través del tiempo.

Todo empezó en Grecia, en Atenas, bajo el sol del Ática

Estamos en el siglo IV antes de nuestra era. Platón (428-348 a. C.), el discípulo de Sócrates (470-399 a. C.), es el primer filósofo en poner por escrito una intuición prometida a un gran porvenir: más allá de la multitud de pequeñas divinidades que habitan los bosques, los montes y los mares, existe una divinidad suprema, un «alma del mundo», superior a todas las pequeñas almas que pueblan la naturaleza en el imaginario del paganismo. Pero Platón no se contenta con una intuición, sino que argumenta; el orden de las cosas y el hecho de que la inteligencia pueda penetrarlo gracias a la lógica y a las matemáticas lo llevan a concluir que existe necesariamente, por encima de todo lo que está organizado —y que evidentemente no se organizó solo— un gran organizador: el «Demiurgo» («artesano», en griego). Para realizar su obra, ese ser divino utilizó una especie de reserva inagotable de modelos, combinables al infinito: las «Ideas». En cuanto a la naturaleza de ese Demiurgo, Platón no nos dice gran cosa.

Pero su más célebre discípulo, Aristóteles, irá más lejos

Este último construyó un argumento mucho más sofisticado, que remonta hasta Dios a partir del movimiento. El argumento resumido rápidamente es el siguiente: todo lo que se mueve está movido; y como no se puede remontar indefinidamente de un motor movido a otro motor movido, hay que detenerse. Si algo cambia, es porque algo lo cambió. Pero, si la causa de ese cambio también es algo que cambia, hay que encontrar otra causa, y así sucesivamente. Ahora bien, dice Aristóteles, no se puede remontar así indefinidamente. La cadena se detiene forzosamente en algún momento. De lo contrario, no habría movimiento alguno. Es un poco como sucede con los vagones de un tren: si usted pregunta por qué el vagón se mueve, y le contestan que es a causa del vagón anterior, usted va a hacer la misma pregunta para el vagón en cuestión. Y si le contestan que hay un número infinito de vagones, usted dirá que es imposible: ¡hay necesariamente una locomotora! Es el argumento de Aristóteles. Salvo que no llega a una locomotora, sino a un «Primer Motor». Y no cualquiera: un motor... totalmente inmaterial. ¿Por qué? Pues porque los motores materiales no son nunca completamente automotores: siempre dependen de una energía que viene de otro lado, lo que no hace sino continuar la serie de las causas y de los efectos. El primer término de la serie de todos los movimientos del Universo, por lo tanto, no puede ser un motor material. Tiene que ser absolutamente inmaterial, o sea, en realidad *espiritual* (lo cual es a la vez inmaterial y activo, es lo que llamamos comúnmente un espíritu). Por eso mismo Aristóteles considera que esa primera causa es *pensante*. El Dios de Aristóteles es, por lo tanto, un ser completamente activo, sin ninguna pasividad, y que tiene por objeto principal de su pensamiento a sí mismo. Aristóteles lo llama el «Pensamiento del Pensamiento».

Después de Aristóteles, las ciudades griegas entran en decadencia y pronto caen bajo el yugo de Roma. La filosofía continúa, pero se interesa menos por la gran metafísica; se concentra en la cuestión de la felicidad individual en esta Tierra. Es la época del estoicismo, del epicureísmo, del escepticismo. El Dios de Platón y de Aristóteles ya no está de moda. Los estoicos identifican a Dios con la energía que circula por todas las cosas, los epicúreos aceptan que puede haber dioses, pero que lo mejor es no pensar en ello; en cuanto a los escépticos, pues, como su nombre indica, se niegan a afirmar lo que sea.

Pero bajo el Imperio romano, después del nacimiento de Jesucristo, vuelve el tema de las pruebas

El contexto es más favorable: el monoteísmo hebraico parte a la conquista del mundo, bajo la forma del cristianismo, mientras que el platonismo se renueva con ganas entre los paganos, que querrían que no ganase la partida el Dios de los cristianos. A partir de entonces, los filósofos reanudan sus estudios. Del lado de los neoplatónicos, Plotino (205-270), filósofo de Alejandría, intenta probar la existencia de un principio supremo totalmente propio del Universo, que llama «el Uno». A la diferencia del Dios de Aristóteles, el Uno de Plotino es tan puro que ni siquiera piensa. Se parece más bien a una fuente, infinitamente trascendente, de la que emanaría todo lo que es. Del lado de los cristianos, san Agustín (354-430), el gran convertido bereber, presenta una prueba original: parte de las verdades eternas y vale la pena que nos detengamos un instante en ella. Tomemos, por ejemplo: 2+2= 4 o A=A. Sabemos que estas dos proposiciones son verdaderas. Ahora bien, no solo son verdaderas cuando pensamos en ellas. Se trata de verdades que siempre lo fueron y que siempre lo serán. Son eternas, necesarias, inamovibles y no dependen absolutamente de nada. Se podría suprimir el mundo entero, pero siempre seguiría siendo verdad que 2+2= 4. Agustín formula entonces una pregunta simple: ¿dónde están las «cosas» que hacen que esas frases sean verdaderas? Cuando uno dice: «El gato está en el salón», las cosas que hacen que la frase sea verdadera son el gato, el salón y el hecho de que el primero, efectivamente, se encuentre en el segundo. En el caso de 2+2= 4, ¿cuáles son? No son cosas materiales. No son tampoco ideas de mi mente, porque, si yo no existiese, seguiría siendo verdad. Son pensamientos. Muy bien, pero ¿pensamientos de quién? Los pensamientos no se sostienen solos en el aire. No se puede tratar de los pensamientos de los hombres, porque, incluso sin los hombres, sería verdad que 2+2= 4. Solo hay una solución: hace falta un Pensador supremo, eterno, necesario, en el que residen todas las verdades eternas. ¡Es Dios! Con ese argumento, san Agustín hace entrar las «Ideas eternas» de Platón en el «Pensamiento del Pensamiento» de Aristóteles.

Después de san Agustín, cae el Imperio romano, la filosofía se refugia en los monasterios de Occidente y en las ciudades de Oriente Medio

En un primer momento, se trata sobre todo de copiar y de conservar los escritos de los antiguos filósofos. Se necesitó, por lo tanto, cierto tiempo antes de que, gracias a ese trabajo de transmisión, renaciera la creatividad filosófica. Y fue efectivamente el caso, a partir del siglo X. A la vez al oeste, entre los cristianos, y al este, entre los musulmanes. Lo que nos da, en Occidente, cantidad de nuevos argumentos: citaremos en particular el «argumento ontológico» de san Anselmo (1033-1109), benedictino italiano que llegó a ser arzobispo de Canterbury en 1093, quien intenta probar la existencia de Dios solo a partir de su definición. El argumento es tan difícil que pocas personas lo entienden. Pero no deja de ser interesante saber que dos de los más grandes lógicos que la Tierra haya conocido lo consideraban como válido: Leibniz (1646-1716) y Gödel (1906-1978).

Luego viene, en el siglo XIII, el gigante de la teología, santo Tomás de Aquino (1225-1274), quien propone «cinco vías» para llegar a la existencia de Dios

Cabe distinguir:

- la prueba por el movimiento, que se parece a la de Aristóteles;
- la prueba por las causas eficientes, que tiene la misma estructura que la anterior, pero que remplaza el movimiento por la existencia; todo lo que recibe la existencia está causado por otra cosa… pero no se puede continuar así hasta el infinito: hay que detenerse en un Existente no causado;
- la prueba por la contingencia, que muestra que el conjunto de todos los seres que tienen una explicación fuera de ellos mismos (contingentes) requiere la existencia de un ser cuya existencia sea absolutamente necesaria;
- la prueba por los grados de perfección, que tiene como objetivo mostrar que la existencia de cosas imperfectas supone la existencia de una perfección absoluta;
- y la prueba por las causas finales, que se basa en la consideración de los seres cuya orientación hacia un objetivo determinado no puede ser explicada por el azar.

Los otros filósofos de la Edad Media no harán sino perfeccionar y complicar a voluntad las pruebas de Anselmo y de santo Tomás de Aquino. Cabe recordar el nombre de quien logró la hazaña de combinar las dos: John Duns Scot (1266-1308), un escocés a quien se llamaba, a causa del refinamiento y de la dificultad de su pensamiento, el «Doctor sutil». Del lado de los musulmanes, cabe mencionar a dos grandes autores. Avicena (980-1037) y Al-Ghazali (1058-1111): el primero desarrolló argumentos muy potentes, que anuncian los de Duns Scot. El segundo, menos dotado para la abstracción pura que el primero, pero más hábil para convencer a las multitudes, perfeccionó un argumento sumamente original, fundado en el hecho de que el Universo tuvo forzosamente un inicio, y, por lo tanto, una causa primera fuera del tiempo. Lo veremos más adelante.

La Edad Media se termina de manera un tanto penoso

La filosofía de los teólogos escolásticos se vuelve tan complicada que ya nadie la entiende. Se percibe una sed de renovación.

Llega el Renacimiento, seguido del Clasicismo

En el Renacimiento, el interés se centra sobre todo en el Hombre. Época pobre en cuanto a las pruebas de la existencia de Dios. En el Clasicismo, en cambio, Dios vuelve con fuerza; de nuevo, los argumentos florecen de manera extraordinaria: Descartes, Malebranche, Leibniz, Clarke (el colaborador de Newton), todos ellos grandes sabios, producen cantidad de pruebas nuevas. Decimos «nuevas», pero son en realidad versiones modernizadas de argumentos antiguos, adaptados a los saberes de la época. Las pruebas son a partir de entonces tan numerosas y están tan bien desarrolladas que se empieza a clasificarlas por categorías: existen las pruebas *teleológicas* (que derivan de la prueba platónica del Demiurgo), las pruebas por *las ideas* (inspiradas en san Agustín), las pruebas *cosmológicas* (que parten de la existencia del mundo, siguiendo la línea de Aristóteles y santo Tomás), las pruebas puramente *a priori* (en línea directa de Anselmo). Todo esto está cuidadosamente registrado en los manuales de filosofía.

Pero, pronto, llega la catástrofe. Ese bello edificio bien organizado se agrieta, y luego se viene abajo

Tres razones lo explican.

La primera es que las ciencias experimentales —que nacieron en el siglo XVII— obtienen tal éxito que muchos filósofos se ponen a pensar, con razón o no, que la ciencia es finalmente la única fuente de conocimiento realmente fiable. Se empieza, por lo tanto, a dudar seriamente de la metafísica y de sus pretensiones para demostrar la existencia de realidades inmateriales por encima del mundo físico. En este punto, dos grandes escépticos marcaron la Historia: el escocés David Hume (1711-1776) y el prusiano Emmanuel Kant (1724-1804). Este último publicó la máquina de guerra más extraordinaria que se haya montado nunca contra las pruebas de la existencia de Dios: la *Crítica de la razón pura* (1781). En ese libro, se pretende demostrar que, cuando se trata de cuestiones metafísicas (Dios, el origen del mundo, el carácter infinito del tiempo, etc.), la razón es capaz de demostrar todo... y lo contrario.[597] En definitiva, el mensaje es clarísimo: las pruebas de la existencia de Dios no valen nada. Cuidado: Kant no llega a la conclusión del ateísmo. Solo afirma que es imposible demostrar la existencia de Dios, del mismo modo que es imposible demostrar su inexistencia. No obstante, Kant cree en Dios, pero no por el efecto de una prueba teórica: cree tan solo porque oye en sí mismo la voz del Deber, que supone, según él, la existencia de un «Comendador» suprahumano. Pero no lo afirma como una verdad. Solo como una convicción subjetiva.

Hay filósofos aún más radicales

Estos, llevados por su entusiasmo con respecto a las ciencias experimentales, llegan a pensar que no existe nada más que la materia moviéndose en el vacío: Diderot, d'Alembert, La Mettrie, d'Hollbach son los representantes de esta tendencia. Digámoslo sin ambages, esta vez se trata de un ateísmo puro y duro, que afirma claramente la inexistencia de Dios como una certeza. Esta actitud nunca había tenido buena prensa entre los filósofos, pero da lugar a las mejores horas de gloria de las «*Luces francesas*» (en Alemania y en Inglaterra, las *Luces* son más moderadas).

El tercer golpe duro contra la afirmación filosófica de la existencia de Dios lo dan los «pensadores de la sospecha», a finales del siglo XIX y a principios del siglo XX: Nietzsche, Marx y Freud. Su punto en común consiste en no criticar las pruebas en sí, sino en soslayar por completo la empresa que consiste en querer buscar pruebas, al considerar que toda preocupación metafísica traicionaría o bien el resentimiento hacia el mundo (Nietzsche), o bien el deseo de huir de una sociedad injusta (Marx), o bien la búsqueda neurótica de un padre (Freud). Estos filó-

---

597. *Crítica de la razón pura*, 1781, Taurus, 2019.

sofos no aportaron ninguna objeción técnica a los argumentos de los filósofos anteriores, pero convencieron a mucha gente de que había que estar o bien moralmente enfermo, o bien socialmente alienado, o bien obsesionado desde el punto de vista mental para ocuparse de ese tipo de problemas. Lo que disuadió a mucha gente.

Se podría pensar que, después de semejante ofensiva, no quedó nada de las pruebas de la existencia de Dios. Fue esto verdad durante cierto tiempo. Digamos dos siglos. Pero los teístas no habían dicho su última palabra. Desde los años 1960, primero en los Estados Unidos, luego en todo el mundo anglófono, y progresivamente en la Europa continental, la metafísica ha vivido un gran retorno. ¿Por qué?

Simplemente porque las objeciones de los ateos de los siglos XVIII y XIX no eran decisivas

En primer lugar, la «máquina de guerra» montada por Kant perdió mucha fuerza y prestigio: excelentes filósofos se esforzaron por mostrar que gran cantidad de sus argumentos no funcionaban; en particular, que es totalmente falso que la razón pueda demostrar todo y su contrario acerca de las grandes cuestiones metafísicas. Además, la ciencia ha mostrado desde Kant —gracias a Einstein— que se puede perfectamente razonar acerca del Universo considerado en su totalidad y, lo que es más, que el Universo tuvo muy probablemente un comienzo; lo que contradice totalmente las afirmaciones de Kant, según las cuales es imposible pronunciarse sobre esas cuestiones.

Luego, el cientificismo, según el cual no existe nada más que átomos en el vacío eterno, se encuentra hoy totalmente desacreditado; se trata de una vieja ideología del siglo XIX. Es falso que todo lo que existe sea explicable gracias a interacciones electroquímicas entre partículas elementales: la conciencia, por ejemplo, es irreductible a ese tipo de realidad, es de otra naturaleza. Supone propiedades que están fuera del alcance de la ciencia física matematizada.

En cuanto a los pensadores de la sospecha, durante mucho tiempo desanimaron tal vez a mucha gente de ocuparse de Dios, pero en realidad, no refutaron nada. ¡Que puedan existir motivos equivocados para creer en Dios (el resentimiento contra la existencia, el deseo de huir del mundo, la búsqueda de consuelo ante una sociedad injusta, la nostalgia de un padre ausente) no implica que Dios no exista! Y, sobre todo, todos esos motivos equivocados denunciados por los pensadores de la sospecha no anulan los buenos motivos que puede haber para creer en Dios. En resumidas cuentas, las críticas psicológicas, morales o sociológicas de la religión no tienen, en realidad, nada que ver con la cuestión de saber si Dios existe.

A partir de los años 1960, se puede decir que todas esas objeciones contra las pruebas de la existencia de Dios habían sido examinadas, evaluadas y finalmente consideradas como no decisivas. No quedaba más que volver a empezar de cero. Fue lo que ocurrió en Gran Bretaña y en Estados Unidos, donde una verdadera revolución silenciosa tuvo lugar en los departamentos de Filosofía durante los años 1960 y 1970. Muchos filósofos universitarios volvieron a la metafísica. No todos para probar la existencia de Dios, es verdad, pero al menos para reconocer que la pregunta merecía ser planteada. ¡De modo que nunca se escribieron tantos libros con el propósito de proponer pruebas filosóficas de la existencia de Dios como en nuestra época! Citemos algunos nombres contemporáneos: Peter Forrest, Alvin Plantinga, Richard Swinburne, William Craig, Alexander Pruss, Robert Koons, Edward Feser, Joshua Rasmussen, Robin Collins, David S. Oderberg, Emanuel Rutten...

Más allá de esta lista, hay que evocar la figura que simboliza por sí sola la especie de vuelco que se produjo en el medio filosófico anglosajón: se trata de Antony Flew (1923-2010). Ese filosofo fue, durante toda su carrera universitaria, el más enérgico defensor del ateísmo en el mundo filosófico anglosajón. Pero, en 2004, admitió públicamente que había cambiado finalmente de opinión: después de muchas resistencias, reconocía el alcance de los argumentos a los que se había resistido durante toda su vida. El factor determinante fue, según su testimonio, la revelación por los físicos, en los años 1970, del ajuste fino del Universo (ver capítulo 9 de este libro). Lo que supuso para él un nuevo examen de los argumentos filosóficos, y un auténtico vuelco. Así pues, declaró:

«Ahora creo que Dios existe. La ciencia atisba tres dimensiones de la naturaleza que apuntan hacia Dios. La primera es el hecho de que la naturaleza obedece a leyes. La segunda es la existencia de seres organizados y guiados por propósitos que surgieron de la materia. La tercera es la propia existencia de la naturaleza. Pero no es solo la ciencia la que me ha guiado. También me ha ayudado la reconsideración de los argumentos filosóficos clásicos».

Esta revolución progresiva es aún hoy minoritaria, primero, porque la filosofía sigue siendo una materia difícil, poco accesible para la mayoría de la gente; luego y, tal vez, sobre todo, porque las sociedades occidentales contemporáneas están totalmente laicizadas. Por lo que la idea de que la existencia de Dios se pueda probar podría turbar profundamente los fundamentos agnósticos del orden social contemporáneo. Algunos, de hecho, lo perciben perfectamente. De ahí el resurgimiento, simultáneo, de un ateísmo virulento bajo la pluma de autores que no son filósofos, como Richard Dawkins o Christopher Hitchens.

Pero esta historia de las pruebas filosóficas ya ha durado demasiado. Ahora hay que confrontarse a los argumentos en cuestión. Hemos elegido tres de ellos.

I. La suprema inteligencia

El primer argumento parte de un hecho que maravillaba a Platón, como también maravillaba a Einstein: el Universo es inteligible. Más precisamente, el universo físico es descriptible gracias a las matemáticas, hasta tal punto que parece literalmente «tejido». No solo las matemáticas permiten expresar las leyes de la mecánica o de la química, sino que ciertas teorías matemáticas desarrolladas libremente, sin ningún vínculo con la ciencia física, y según exigencias puramente formales, se revelan, décadas más tarde, proveedoras de las herramientas necesarias para la descripción del mundo. Los números complejos, los espacios de Hilbert, la teoría de grupos... Todas esas entidades matemáticas fueron descubiertas sin ninguna relación con la realidad física, pero luego ofrecieron a los científicos herramientas perfectamente adaptadas a la formalización de la física cuántica y de la relatividad. Precisemos lo siguiente: mientras nos atenemos a la aritmética elemental, se puede considerar que las matemáticas derivan simplemente de la realidad física; por lo tanto, no es sorprendente que la realidad corresponda a las matemáticas: ¡es que derivan de ella! Pero, cuando se trata de estructuras matemáticas infinitamente más complejas, elaboradas sin ningún vínculo con las manipulaciones concretas de la vida cotidiana (como el conteo o la agrimensura), la teoría empirista ya no funciona y estamos ante un verdadero enigma. Porque de esta correspondencia milagrosa no hay, aparentemente, otra explicación más que la *«dichosa coincidencia»*. Es lo que llevó a Eugene Wigner, premio Nobel de Física, a hablar en un capítulo[598] célebre de la *«irrazonable eficacia de las matemáticas»*. Sea cual sea la filosofía de las matemáticas que se adopte, nos encontramos efectivamente en un callejón sin salida: si se considera, con la escuela realista, que las matemáticas tienen un objeto real —entidades inmateriales y eternas—, no vemos por qué la realidad física, material y cambiante tendría que conformarse a ellas. Sobre todo, teniendo en cuenta que lo que caracteriza a las ideas inmateriales y eternas es el hecho de no tener eficacia causal. No actúan sobre el mundo. Existen aparte, simplemente. Ahora bien, si se considera, con la escuela convencionalista, que las matemáticas no son más que un lenguaje inventado por el hombre, una convención coherente pero que no describe nada real, no estamos mucho mejor: porque no vemos tampoco —tal vez aún menos— por qué la realidad se encontraría en acuerdo con ellas. En ambos casos, la correspondencia entre las investigaciones llevadas libremente por los matemáticos y la realidad física permanece inexplicable, salvo gracias a una coincidencia que raya en el milagro. Tal aporía apunta evidentemente hacia la única solución: que las formas matemáticas hayan determinado la formación misma del mundo, o sea, que el mundo haya sido concebido por una inteligencia. El matemático francés René Thom llegaba a la misma conclusión: *«Las matemáticas se encuentran no solo en el diseño rígido y*

---

598. Eugene Wigner (1902-1995), premio Nobel de Física en 1963, escribió en 1960, en su libro *Symmetries and Reflections*, un capítulo con un título explícito: «La irrazonable eficacia de las matemáticas en las ciencias naturales».

misterioso de las leyes físicas, sino también, de manera más oculta pero indubitable, en el juego infinito de la sucesión de las formas del mundo inanimado, en la aparición y en la destrucción de sus simetrías. Por eso la hipótesis de las Ideas platónicas conformando el Universo es la más natural y —filosóficamente— la más económica».[599]

Escuchemos también el testimonio del físico australianobritánico Paul Davies: *«La tentación de creer que el Universo es el producto de una especie de designio, la manifestación de un arbitraje matemático estéticamente sutil, es aplastante. Sospecho que una mayoría de físicos creen como yo que hay "algo detrás de todo esto"».*

El argumento es el siguiente:

1. Si el mundo no fue concebido por una inteligencia, la aplicabilidad de las matemáticas es una coincidencia.
2. Ahora bien, es muy improbable que la aplicabilidad de las matemáticas sea una coincidencia.
3. Por lo tanto, es muy probable que el mundo haya sido concebido por una inteligencia.

La primera proposición se demuestra por el callejón sin salida explicativo que hemos descrito: ni el empirismo, ni el realismo ni el convencionalismo funcionan. La segunda proposición deriva simplemente del sentido común. La conclusión es la consecuencia lógica.

Notemos de paso que la resolución del callejón sin salida también permite zanjar una duda entre las diferentes teorías de las matemáticas: los realistas se suelen preguntar «dónde» y «cómo» pueden existir las entidades matemáticas. Efectivamente, parece absurdo suponer que ciertas ideas existen en sí, suspendidas en el cielo inteligible, sin un pensador para pensarlas (una idea sin pensador es como una canción sin cantante). Ahora bien, si una inteligencia creó el mundo, la solución está al alcance de la mano: las ideas matemáticas existen en el intelecto

---

599. René Thom, *Apologie du Logos*, Hachette, 1990.

divino que las piensa. Por otro lado, si el mundo fue creado conforme-mente a ideas matemáticas, es evidente que la tesis convencionalista se viene abajo: las ideas matemáticas concebidas por los hombres no son convenciones arbitrarias, ni meras herramientas, ya que existen en el propio entendimiento divino. Entonces, los realistas tienen razón.

Para terminar, una pequeña clarificación acerca de la conclusión: po-dríamos objetar que la inteligencia que estamos llevados a postular no es forzosamente «Dios», en el sentido pleno del vocablo. Podría tratarse de una especie de «demiurgo», o sea, de un artesano supremo, organizador de una materia preexistente, del modo en que lo supone Platón en su diálogo titulado *Timeo*. En realidad, no es el caso, por el motivo siguiente: no existe materia no organizada de manera absoluta, absolutamente caótica; todo, incluso las últimas partículas elementales, se puede describir por medio de las matemáticas; en consecuencia, no existe nada que pueda existir independientemente de la acción de la inteligencia suprema. No hay «residuo». Lo único absolutamente informe no es una cosa, es la *nada*. Por consiguiente, todo sale de la inteligencia de la que hablamos. Por lo tanto, no es solo *formadora*, también es *creadora*.

Pasemos al segundo argumento.

II. Lo Único necesario

Este argumento parte de una pregunta tan simple como vertiginosa: *«¿Por qué hay algo en lugar de nada?»*. Observen que esta pregunta, tan im-pactante, es perfectamente legítima. En el plano puramente lógico, puede tener cabida sobre la base de un principio muy sólido, que se llama —desde Leibniz— el «principio de la razón suficiente». Dicho principio, que es el resorte de cualquier investigación, se enuncia de la manera siguiente: todo lo que existe tiene una explicación de su ser, o bien en sí mismo, o bien en otra cosa. Se puede notar que, si este principio fuese falso, tendríamos que vivir en un mundo caótico, imprevisible, donde toda clase de cosas surgirían sin explicación, en cualquier momento. Evidentemente, no es el caso. Por lo tanto, confortados por la experiencia, podemos aplicar ese principio sin reticencia alguna y preguntarnos por qué el Universo existe.

En este punto de la reflexión, considerando que la ciencia ha mostrado una excelente competencia para explicar los fenómenos, podríamos tener la tentación de confiarle la resolución de esta última pregunta. Razonaríamos entonces del siguiente modo: tomemos el Universo en un instante dado; la existencia del Universo en ese instante se explica por la del Universo en el instante precedente, mediante la aplicación de las leyes de la naturaleza. Ese estado precedente, por su parte, puede ser explicado a su vez por un estado precedente, y así sucesivamente, hasta el infinito. El Universo en toda su duración puede ser definido como la suma total de sus propios estados, y cada estado tiene una explicación en un estado precedente, por lo que todo estaría así explicado sin que sea necesario recurrir a una causa exterior. Nuestra gran pregunta metafísica perdería todo su fuelle y encontraría una solución al mismo tiempo.

Pero esa explicación no se sostiene.

Al remitir de este modo una causa a otra causa, hasta el infinito, no explicamos la existencia del Universo; explicamos tan solo sus transformaciones

Explicamos por qué, *admitiendo que un Universo existe*, se encuentra en tal o tal estado en los diversos momentos de su historia. Pero la pregunta fundamental —la de la existencia de la serie entera— queda abierta. La ciencia física no puede, por construcción, contestar a esta pregunta: trata, efectivamente, de todo lo que se encuentra dentro del Universo, pero admite necesariamente como un dato bruto la existencia misma del Universo. Una explicación científica de la existencia del Universo tendría que referirse a un estado precedente del Universo, o sea, presuponer esa existencia misma. De ese modo, se limitaría a retrasar el problema hasta un punto anterior, sin resolverlo. Hay que aceptar la evidencia: incluso si el Universo era eterno en el pasado, incluso si no tuvo comienzo, esta inmensa serie de causas y de efectos encadenados necesitaría una explicación.

Se razona entonces de la manera siguiente:

1. Todo lo que existe tiene una razón de ser en sí (cosa necesaria) o en otra cosa (cosa contingente).
2. Ahora bien, la totalidad de las cosas contingentes no puede tener su razón de ser en sí.
3. Por lo tanto, la totalidad de las cosas contingentes tiene su razón de ser en otra cosa.
4. Ahora bien, esa otra cosa es forzosamente una cosa necesaria.
5. Por lo tanto, la totalidad de las cosas contingentes tiene su razón de ser en un ser necesario.
6. Ahora bien, el Universo forma parte de la totalidad de las cosas contingentes.
7. Por lo tanto, el Universo tiene su razón de ser en un ser necesario.
8. Ahora bien, un ser necesario está desprovisto de todas las características propias de los seres contingentes: espacio-temporalidad, limitación cuantitativa, composición.
9. Por lo tanto, la totalidad de las cosas contingentes (entre ellas, el Universo) tiene su razón de ser en un ser no espacial, atemporal y simple. Lo llamaremos «Dios».

Como vemos, si se aceptan las ocho primeras proposiciones, la conclusión deriva de manera necesaria. Si se la quiere rechazar, hay que rechazar al menos una de las proposiciones en cuestión. Retomemos el razonamiento, paso a paso.

La proposición n.° 1 enuncia el principio de la razón: al mismo tiempo, define la diferencia entre las realidades necesarias (que tienen su explicación en sí mismas) y las realidades contingentes (que tienen su explicación en otra cosa). Cabe precisar aquí que, para distinguir entre las dos, se procede de la manera siguiente: nos preguntamos si es posible concebir de manera coherente que la cosa en cuestión haya sido diferente (por ejemplo, en otro mundo). Si es imposible, se trata de una cosa *necesaria*, que tiene su razón de ser en sí; si es posible, se trata de una cosa *contingente*, que tiene su razón de ser fuera de sí misma, en lo que se llama comúnmente una causa. Tomemos un ejemplo: es imposible concebir que «1+1= 2» sea falso, incluso en otro mundo. Parece, por lo tanto, que la realidad —inmaterial— descrita por esta proposición sea absolutamente necesaria, en sí. Lo mismo ocurre con las leyes de la lógica. Estas son las únicas realidades corrientemente accesibles que gozan de la necesidad absoluta. En cambio, si tomamos las frases «nací el 7 de mayo» o «la torre Eiffel mide 320 metros», o aun «el electrón tiene una masa de $9,109 \times 10^{-31}$ kg», vemos perfectamente que enuncian verdades contingentes. No hay, en efecto, ninguna dificultad para concebir que sea de otro modo. Describen hechos, ciertamente, pero no se ve ningún obstáculo lógico para que sea de otro modo. Habría podido nacer el 8 del mes de mayo, la torre Eiffel habría podido tener dos metros menos y —al menos en otro mundo— el electrón podría tener una masa diferente. Si no es el caso, es que hay una razón exterior, una causa. Aunque no se la conozca.

Las proposiciones n.° 2 a 5 son consecuencias lógicas de la primera: si reunimos en un gran paquete (¡gracias al pensamiento!) la totalidad de los seres contingentes (los que tienen una explicación fuera de sí mismos), se obtiene una gran entidad contingente, que tiene, por lo tanto, su explicación fuera de sí misma. Como contiene todos los seres contingentes, no puede ser explicada por un ser contingente. Por lo tanto, es forzosamente explicada por un ser necesario. Es coherente con lo que decíamos más arriba acerca de la seudoexplicación científica del Universo: una cadena infinita de seres contingentes no se explica por sí, porque es necesariamente contingente. Por lo tanto, hay que ir a buscar una causa exterior.

La proposición n.° 6 afirma que el Universo forma parte de la categoría de los seres contingentes. Algunos estarán tentados de objetar que, si las cosas compuestas son efectivamente contingentes (y necesitan causas), su materia constitutiva, a su vez, tiene su razón de ser en sí misma, y, por lo tanto, no necesita explicación exterior. Así pues, dirán que la materia-energía es el ser necesario que buscamos. La materia tendría que ser puesta en el mismo plano que las realidades matemáticas y lógicas. Es la tesis panteísta de Spinoza: «Dios es la Naturaleza». Por lo tanto, la búsqueda tendría que detenerse con el descubrimiento de la materia-energía. Pero es imposible. Porque la materia no lleva en sí su propia explicación: está, al contrario, marcada por todos los estigmas de la contingencia. Las mentes científicas lo reconocen: las características fundamentales de la materia no tienen ningún carácter de necesidad, o sea, que se puede perfectamente concebir, sin contradicción, que hubieran sido diferentes. Esto es lo que escribía al respecto el físico Steven Weinberg:

«Debo admitir que, cuando los físicos hayan ido tan lejos como se puede ir, cuando tengamos una teoría final, no tendremos un cuadro completamente satisfactorio del mundo, porque nos quedaremos siempre con la pregunta: "¿por qué?". ¿Por qué esta teoría y no otra? Por ejemplo, ¿por qué el mundo se describe gracias a la mecánica cuántica? La mecánica cuántica es parte de la ciencia física actual, que tendría que sobrevivir intacta en toda teoría futura, pero la mecánica cuántica no tiene nada que sea lógicamente inevitable: puedo perfectamente imaginar un universo gobernado por la mecánica newtoniana en lugar de la mecánica cuántica. Parece, por lo tanto, que hay un misterio irreductible que la ciencia no eliminará». [600]

Por consiguiente, debemos considerar que la materia fundamental del Universo es contingente: para que no lo sea, sería necesario que las proposiciones gracias a las cuales se la describe tengan la misma evidencia cegadora que las proposiciones de la lógica o de las matemáticas. Lo cual, a todas luces, no es el caso. La proposición «el electrón tiene una masa de $9,109 \times 10^{-31}$ kg» lo tiene todo de una proposición arbitraria, le falta cruelmente una explicación, contrariamente a «1+1= 2», que no requiere ninguna explicación particular, ya que la tiene en sí misma.

La proposición n.º 7 se limita a sacar la conclusión de las precedentes: si el Universo, considerado en su materia constitutiva, es contingente, entonces su existencia debe tener una explicación, y esta no puede residir de manera última sino en un ser necesario. Viendo perfilarse una conclusión que temen, habrá algunos que intentarán resistir a esta proposición. Dirán que el principio de la razón, si se aplica en el *interior* del Universo, no tiene que aplicarse al Universo tomado como un todo.

---

600. «A Designer Universe?», en Paul Kurtz, *Science and Religion: Are They Compatible?* Amherst, NY: Prometheus Books, 2003, p. 33.

Mantendrán entonces que la existencia del Universo no tiene explicación alguna. Ya no es la tesis de Spinoza, sino la de Sartre: se reconoce
que el Universo es contingente, pero se añade que es completamente
absurdo, que no tiene explicación alguna, de ningún tipo. El problema
esta vez es que para sostener esa tesis hay que hacer una excepción al
principio de la razón. Pero ¿cómo justificarla? La carga de la prueba
incumbe a quienes hacen excepciones. En general, invocan un motivo
muy simple: no puede haber explicación del Universo… porque no existe
nada fuera de él.

¿Cómo saben que no existe nada fuera del mundo físico? ¡Esto es precisamente de lo que se trata! El sentido común nos pide más bien mantener
las dos verdades más firmes: el Universo es contingente y el principio
de la razón suficiente es válido.

La conclusión entonces es inmediata: si el Universo existe, es simplemente que tiene una explicación causal fuera de él.

La proposición n.º 8 atrae nuestra atención sobre las características
bien particulares de la primera causa: ya que explica la totalidad de los
seres físicos, no puede ser física; es por lo tanto inmaterial. Noten bien
que, si la causa necesaria tuviese propiedades espaciotemporales, se
podrían formular respecto de ella todas las preguntas que se hacen a
propósito de la materia: «¿Por qué está determinada cuantitativamente
de esa manera, y no de otra?», etc. En fin, sería contingente. Esa causa
está, por lo tanto, libre de todo lo que hace que lo contingente necesite
una explicación externa: es inesperada, no tiene extensión, no tiene
determinación cuantitativa de ninguna especie, no depende de nada, no
tiene partes que la constituyan, no es finita (porque, ante toda magnitud
dada, se puede replicar «¿y por qué no otra?»). Dicho positivamente: no
tiene causa, es absolutamente simple, inmaterial, no es *esto* o *aquello*,
sino el ser absoluto, sin restricción. En realidad, si pudiéramos intuir
directamente la esencia de ese ser —lo que nos es imposible— debe-
ríamos tener la misma impresión de evidencia absoluta que cuando
consideramos una verdad lógica: no nos veríamos llevados a formular

la más mínima pregunta, porque nada podría ofrecer el menor asidero a una petición de explicación. Es toda la diferencia que existe entre lo arbitrario y la necesidad.

¿Por qué llamar «Dios» a semejante ser? Por dos razones: la primera es que la causa primera es inmaterial. Ahora bien, conocemos dos tipos de seres inmateriales: las abstracciones y los espíritus. Y la causa primera no puede ser una abstracción (como un número o bien una función matemática) por el simple motivo de que las abstracciones no tienen poder causal (no es el número 15 el que gana la partida, sino los quince jugadores del equipo). Ahora bien, la causa primera, como su nombre indica, tiene un poder causal; y no cualquiera. Tiene, por lo tanto, que ser algo análogo a un espíritu. De hecho, este punto es coherente con la conclusión del primer argumento. Además, se desprende de las características del ser necesario que es forzosamente *único*. Imaginemos por un momento que haya dos seres necesarios: ya que no son materiales, no podrían ser distinguidos de manera espaciotemporal. Sería, por lo tanto, necesario distinguirlos por su definición; pero es imposible, ya que es propio del ser necesario, precisamente, el ser la existencia sin definición, o sea, sin restricción, sin determinación particular, sin contorno que requiera una explicación exterior; en definitiva, el ser en su plenitud. Ahora bien, no puede haber dos maneras distintas de ser «el ser puro». Por lo tanto, si hubiese dos seres necesarios, serían absolutamente indiscernibles y, por lo tanto, serían... el mismo ser. Resumamos: la causa necesaria es un espíritu todopoderoso único. Difícilmente se puede hacer un retrato-robot más parecido a la figura comúnmente llamada «Dios».

Pasemos al tercer argumento.

III. El Creador del tiempo

Hemos dicho en el argumento precedente que, aunque fuese eterno, el Universo necesitaría una explicación exterior, capaz de explicar su origen. Después de todo, Dios habría podido crear perfectamente un mundo eterno, que dependiese eternamente de él. Pero ¿acaso estamos seguros de que el Universo pueda existir desde una eternidad? Esta pregunta merece ser formulada. Es el objeto del tercer argumento.

Ahora bien, si se reflexiona a fondo, resulta que el Universo no puede ser eterno, simplemente porque el pasado *no puede ser infinito*

Pensémoslo: si el pasado fuese infinito, el presente nunca habría acaecido.

El Universo seguiría atravesando un número infinito de etapas que preceden al presente. Porque, del mismo modo que es imposible alcanzar el infinito gracias a sumas sucesivas, partiendo de cero, es imposible alcanzar el cero partiendo de menos el infinito. ¿Cómo podríamos provenir de un lugar que es imposible alcanzar? Es incluso peor que eso: es imposible «partir de menos el infinito», ya que esta carrera ni siquiera tiene punto de partida. *«Provenir del infinito* —dice William Craig— *es como tratar de saltar fuera de un pozo sin fondo».* Es una operación que tiene la forma siguiente: $-\infty + 1 = -\infty$. No puede progresar. La conclusión se impone: el pasado es finito. Hubo, forzosamente, un comienzo radical. Habrán notado que este argumento no se funda en la astrofísica, la teoría del Big Bang ni nada por el estilo. El argumento es puramente filosófico. Consiste esencialmente en demostrar que la existencia de un pasado infinito se topa con imposibilidades lógicas y metafísicas. Además de la imposibilidad de realizar una travesía infinita, también se puede mostrar que un pasado infinito supone una cadena causal sin comienzo, y que tal cadena lleva a contradicciones irresolubles. Se puede proponer una experiencia de ejercicio mental para ilustrar esta última contradicción. Admitamos que el Universo se reduzca a dos partículas existentes desde un tiempo infinito: Alfa y Beta. Alfa vibra todos los segundos. Añadamos que una sola vibración de Alfa basta para hacer pasar Beta de un estado – a un estado +. Y esto, de manera definitiva. Observemos ahora la partícula Beta, en el instante t. En buena lógica, vamos a constatar que está en un estado + (ya que, sea cual sea el instante en que se mira, ya hubo un número infinito de vibraciones periódicas de Alfa). Pero una pregunta surge entonces: ¿gracias a qué vibración precisa Beta llegó a ese estado? ¿Gracias a la vibración que tuvo lugar en t-1? No, evidentemente, porque antes de la vibración en t-1, hubo una vibración en t-2. El problema es que esta anotación también vale para t-2, y, por lo tanto, para t-n. En realidad, tan lejos como se vaya, siempre tenemos que concluir que hay que retroceder una vez más. Llegamos entonces a una contradicción: Beta tiene que estar forzosamente en el estado +, pero ninguna vibración Alfa puede haberla puesto en ese estado. Es absurdo. Ahora bien, la absurdidad de esta situación es únicamente generada por el carácter infinito de la cadena causal. Se puede concluir que semejante cadena es imposible. Ningún fenómeno, ningún acontecimiento pueden tener una historia causal infinita.

La conclusión intermedia nos parece por lo tanto sólida: el tiempo empezó. Sin embargo, este simple hecho es vertiginoso...

Porque no estamos hablando del comienzo de algo que esté dentro del tiempo, sino del comienzo *del propio tiempo*, o sea, del comienzo radical. Hay que entenderlo bien: del mismo modo que es absurdo preguntar lo que hay «al norte del Polo Norte», es absurdo preguntar lo que hay «antes del tiempo». No hay un antes. Que el tiempo tenga un comienzo implica que toda realidad física espaciotemporal concebible (aquí, pongan todos los «multiversos» que quieran) tiene necesariamente un comienzo radical. O sea, un principio no precedido de ningún tipo de tiempo ni, por lo tanto, de ningún tipo de realidad espaciotemporal. ¿Quiere ello decir que todo surgió sin causa? ¡En absoluto! El principio de causalidad se aplica: todo lo que empieza a existir tiene una causa. Negarlo es optar por la magia y sostener que algo puede surgir de la nada. El Universo, por lo tanto, tiene una causa. Simplemente, esta causa no es banal: está fuera del tiempo (ya que es su causa), está fuera del espacio (todo lo que tiene extensión se mueve y todo lo que se mueve está en el tiempo), es infinitamente potente (ya que produjo la totalidad del mundo físico sin actuar sobre una materia preexistente). En definitiva, no actuó antes del primer instante del Universo, sino en *el primer instante* del Universo y permanece, ya que es atemporal.

El argumento se sintetiza de la manera siguiente:

1. Todo lo que empieza a existir tiene una causa.

2. Ahora bien, la totalidad de la realidad espaciotemporal empezó a existir.

3. Por lo tanto, la totalidad de la realidad espaciotemporal tiene una causa.

4. Si la totalidad de la realidad espaciotemporal tiene una causa, esa causa es atemporal, no espacial, sin causa e infinitamente potente.

5. Por lo tanto, la totalidad de la realidad espaciotemporal fue causada por un ser no espacial, atemporal, sin causa e infinitamente potente.

La proposición n.º 1 es evidente. La proposición n.º 2 se basa en la imposibilidad de atravesar un infinito real; la proposición n.º 3 es una consecuencia de las dos proposiciones precedentes; la proposición n.º 4 describe las propiedades necesarias de la causa en cuestión: la causa del tiempo no puede, so pena de contradicción, ser precedida por algo, sea lo que sea, ni estar ella misma en el tiempo. La conclusión se deriva de manera necesaria.

———

Hagamos un balance: dadas las pasiones que levanta el nombre de Dios, es bastante natural que sigan las controversias y que no se llegue a un acuerdo unánime de los filósofos acerca de estos tres argumentos. Pero grandes filósofos contemporáneos sostienen los argumentos que acabamos de exponer: citaremos, entre muchos otros, a David Oderberg, Joshua Rasmussen, Robert Koons y Alexander Pruss. Y lo que es más, esos argumentos convencieron a ateos rigurosos, dotados de fuertes exigencias intelectuales. Vale la pena leer, entre estos, el testimonio de un filósofo norteamericano contemporáneo, Edward Feser:

«No sé exactamente cuándo tuvo lugar el desencadenante. No fue un acontecimiento único, sino más bien una transformación gradual. Mientras daba unas clases acerca de las pruebas de la existencia de Dios y reflexionaba sobre el tema, en particular sobre el argumento cosmológico, primero pensé: "Esos argumentos no son buenos"; luego, me dije: "Esos argumentos son un poco mejores de lo que se dice habitualmente"; luego: "Esos argumentos son en verdad muy interesantes". Al final, fue como un golpe en la cabeza: "Pero, diantre, bien mirado, ¡esos argumentos son buenos!". ¡En el verano del 2001, me vi

tratando de convencer a mi cuñado, físico, de que el teísmo filosófico tenía fundamentos sólidos!».[601]

Si los tres argumentos que acabamos de presentar son válidos —y creemos que lo son— podemos concluir que el Universo, y de manera más general toda realidad contingente, conocida o desconocida por nosotros, tienen como causa un ser necesario, simple, único, inmaterial, atemporal, sin causa, infinitamente potente e inteligente. ¡No nos parece exagerado llamarlo «Dios»!

---

601. Ver https://edwardfeser.blogspot.com/2012/07/road-from-atheism.html

CONCLUSIÓN

23.

El materialismo:
una creencia irracional

El materialismo no ha sido siempre más que una creencia; ahora, es una creencia irracional. Siempre podrá existir la libre elección de un gran número de personas, pero será una elección desprovista de todo fundamento racional. Su principal razón de ser consistirá en aportar una justificación intelectual al individualismo y al rechazo de toda referencia moral.

Dado que las pruebas de la existencia de Dios presentadas aquí[602] son rabiosamente modernas, claras, racionales, multidisciplinarias, pueden confrontarse de manera objetiva con el Universo real y, además, son numerosas. Casi ninguna de ellas podría haber figurado en un elenco de pruebas del siglo XIX. ¡En este ámbito, hay que constatar que se han dado a lo largo del siglo pasado pasos de gigante! ¡Incluso nuestro conocimiento histórico de Jesús ha avanzado considerablemente en un siglo!

Se trata aquí de un hecho relevante. Aunque las mentes no hayan tomado aún la medida de ello, estamos asistiendo a un cambio completo de paradigma sobre la cuestión de las pruebas de la existencia de Dios. El título de la introducción de nuestro libro, «El albor de una revolución», podría, a primera vista, parecer audaz, incluso pretencioso. Al término de este libro, nuestro lector admitirá probablemente que no es nada exagerado.

Estas pruebas son claras

No hace falta ser un científico avezado para entender las ideas y los desafíos que se encuentran detrás de cada una de esas pruebas, ya se

---

602. Existen muchas otras...

trate de la existencia de un comienzo del Universo, de la realidad de su ajuste fino o del carácter improbable de la aparición de la vida o de las anomalías de la Historia presentadas en este libro.

Todas estas pruebas son universalmente inteligibles

Sea cual sea su ámbito de origen —cosmología, biología, matemáticas, filosofía, moral o historia (con el capítulo «¿Quién puede ser Jesús?» y el dedicado al milagro de Fátima)—, todas estas pruebas pertenecen al campo de la razón, del análisis y del juicio.

Las implicaciones teóricas de esas pruebas pueden ser confrontadas con el Universo real

Las pruebas que han sido sometidas al lector no son ni pruebas matemáticas ni pruebas experimentables. Pero, al igual que muchas otras teorías científicas aceptadas por todos, pertenecen a la categoría de las pruebas que pueden ser validadas gracias a la confrontación de sus implicaciones con el Universo real.

Estas pruebas son numerosas

¡Son incluso tan numerosas y variadas que, si las hubiésemos enumerado todas, el libro que tienen entre las manos tendría las dimensiones de una enciclopedia!

Estas pruebas provienen de diferentes campos del conocimiento

Existen libros sobre las pruebas vinculadas a la ciencia en relación con la existencia de Dios, otros sobre las pruebas filosóficas y otros también sobre las pruebas religiosas. La singularidad del nuestro es el haber ofrecido, de manera deliberada, un variado panorama en el que alternan cosmología, filosofía, moral, historia, milagros y enigmas históricos. Esta diversidad ha sido posible porque las pruebas de la existencia de Dios son tan numerosas que las hay, en verdad, en todos los campos.

Muchos de los que sostuvieron estas pruebas fueron perseguidos

La terrible persecución de los científicos rusos y alemanes que hemos relatado en el capítulo 8, «La novela negra del Big Bang», tendría que hacer suscitado interrogaciones y sospechas. Si la muerte térmica y la expansión del Universo no hubiesen sido consideradas como la prueba de un inicio del Universo y, por consiguiente, una prueba de la existencia de Dios, tal persecución nunca habría tenido lugar.

¿Qué enseñanzas el lector va a retener de este libro, una vez acabada la lectura?

A los creyentes, este libro les permitirá comprender hasta qué punto sus convicciones tienen fundamentos racionales sólidos, si bien nuestra época no deja de repetirles lo contrario. Este amplio conjunto de pruebas les dará las armas necesarias para responder a ese dictado de lo «intelectualmente correcto» que repite sin parar que la creencia en Dios pertenece al campo de lo irracional y que debe, por ello, limitarse a la esfera interior. Ahora bien, esto es totalmente falso. La verdad es incluso exactamente lo contrario: en efecto, la creencia irracional es más bien lo que supone el materialismo.

A los que se interrogan de manera esporádica acerca de la existencia o no de realidades espirituales o acerca de las razones por las cuales existe algo en lugar de nada, este libro les permitirá tomar conciencia de hasta qué punto la hipótesis materialista no es realista y, a la inversa, hasta qué punto la tesis teísta está fundada.

Finalmente, a los materialistas, que han tenido la paciencia y la valentía de leernos hasta el final, porque se esfuerzan por mantener su propia coherencia, este libro les permitirá tomar la medida del desafío al que se ven ahora confrontados. Dicho desafío no consiste, ciertamente, en refutar tal o tal prueba de la existencia de Dios presentadas en este libro, ¡sino todas aquellas que han sido presentadas al mismo tiempo! Porque si, en el campo de la lógica, una sola prueba válida basta para validar una tesis, a la inversa, para demostrar que una tesis es falsa (en el caso presente, la de la existencia de Dios), es necesario probar que todas las pruebas avanzadas son falsas.

Así pues, si quieren negar la existencia de Dios, no tendrán más opción que creer simultáneamente que:

- existe un número casi infinito de otros universos, distintos al nuestro, ya que este es hoy el único comodín posible que hay para escapar al problema del ajuste fino del Universo[603] (tendrán que creerlo firmemente, aunque no exista el menor indicio de ello, ni la menor prueba de dicha tesis);
- el primero de esos universos en número casi infinito no surgió de la nada;
- el salto de lo inerte a lo vivo pertenece al campo de las probabilidades aceptables;
- Jesús no es más que un aventurero que fracasó;
- las sorprendentes verdades de la Biblia se deben a un golpe de suerte;
- el destino del pueblo judío no es algo fuera de lo común;
- el milagro de Fátima es una superchería;
- el bien y el mal no existen y, por consiguiente, todo está permitido.

El materialista que se sintiese presa de vértigo ante la ingente cantidad de estas creencias obligatorias, tan numerosas como escabrosas y de las que nunca había tomado conciencia (él que pensaba simplemente que no era creyente, y que ahora se da cuenta de que en adelante tendrá que aceptarlas para seguir siendo coherente), probablemente haya dado un paso importante hacia la verdad.

Pues Dios creó al hombre para que este lo busque

Dios creó a los hombres *«para que busquen a Dios, por si, tal vez, palpando, puedan hallarlo, aunque es cierto que no está lejos de cada uno de nosotros»*. (Act 17, 27). Esta afirmación del apóstol Pablo es una incitación a la reflexión, como lo es también este libro.

---

603. Ni siquiera eso, puesto que los multiversos no hacen sino desplazar el problema del origen de nuestro Universo hasta el del origen de ese Universo «madre» de todos los demás universos. En realidad, el problema se desplaza, pero no se resuelve en modo alguno.

Para profundizar visite nuestra página web:

www.Dioslaciencialaspruebas.com

Los lectores que deseen reaccionar o formular preguntas
pueden hacerlo en nuestra página web, y les contestaremos.
Encontrarán, además, dos amplias secciones sobre
«Los errores de la Biblia que, en realidad, no lo son»
y «Las razones para creer en la inexistencia de Dios
según los materialistas», complementos de información,
referencias más precisas, otras citas y las actualidades
vinculadas a este libro, como la revista de prensa,
la agenda de eventos, vídeos, etc.

ANEXOS

Apéndice 1

Puntos de referencia cronológicos[604]

- -13 800 000 000 años: Big Bang — T= 0
- 10^{-43} segundos después del instante 0: aparición simultánea del tiempo, del espacio y de la materia/energía en un diámetro de 10^{-35} metros con una temperatura de 10^{32} grados
- entre 10^{-12} y 10^{-6} segundos: aparición de los quarks y de los electrones
- entre 10^{-6} y 10^{-4} segundos: aparición de los protones y de los neutrones
- entre 3 y 15 minutos: aparición del hidrógeno, del helio, del litio y del berilio
- -13 799 620 000 años: primera emisión de luz (CMB por *Cosmic Microwave Background* en inglés) de un Universo a 3000 kelvin
- -10 000 000 000 aproximadamente: creación de los átomos pesados en las estrellas de primera generación transformadas en supernovas al final de su vida
- -5 000 000 000: comienzo de la formación del Sol, estrella de tercera generación
- -4 540 000 000: formación de la Tierra
- -4 520 000 000: formación de la Luna
- -3 800 000 000: primera vida unicelular con ADN en medio acuático
- -2 100 000 000: aparición de la vida pluricelular en medio acuático
- -542 000 000: explosión cambriana en medio acuático con aparición de la casi totalidad de los planes conocidos de organización
- -480 000 000: aparición de las plantas terrestres
- -445 000 000: primera de las cinco grandes extinciones con desaparición de 85 % de las especies
- -400 000 000: aparición de los insectos
- -230 000 000: aparición de los dinosaurios
- -200 000 000: aparición de los mamíferos

604. Cuando la datación corresponde a un intervalo, damos una fecha media para mayor simplicidad y claridad.

- -150 000 000: aparición de los pájaros
- -65 000 000: extinción masiva del Cretácico-Terciario, con la desaparición de los dinosaurios
- -45 000 000: aparición de los monos
- -3 000 000: surgimiento del género *Homo*
- -300 000: primer *Homo sapiens sapiens*
- -15 000: primeros dibujos en las grutas de Lascaux
- -3500: invención de la escritura en Sumeria
- -2000: Abraham
- -1200: Moisés
- -1000: David
- -586: exilio de Israel en Babilonia
- -475: Confucio
- -450: Parménides enuncia el principio lógico según el cual *«nada surge de la nada absoluta»* y deduce de ello la eternidad del Universo y de la materia
- -428: Anaxágoras de Clazómenas enuncia que *«Nada nace ni perece, sino que hay mezcla y separación de las cosas que existen»*, principio que será retomado posteriormente por Lavoisier
- -400: Buda
- -384: Aristóteles deja una monumental obra, que sigue resultando inspiradora, sobre les conceptos de Dios, del alma y del conocimiento
- -333: Alejandro Magno
- -300: Euclides establece los fundamentos de la geometría
- -240: Eratóstenes evalúa correctamente el perímetro de la Tierra
- -50: Julio César
- -10: César Augusto
- -5: nacimiento de JESUCRISTO
- 150: Ptolomeo describe el movimiento de los astros
- 400: san Agustín
- 529: construcción del hospital por el emperador Justiniano
- 622: Mahoma funda el islam
- 800: primeras catedrales
- 1000: el papa Silvestre II impone el sistema decimal en Europa
- 1094: invención del reloj

- 1150: fundación de la Universidad de París
- 1150: primera fábrica industrial de papel en Europa, en Xàtiva (España)
- 1163: inicio de la construcción de Notre Dame de París
- 1250: santo Tomás de Aquino
- 1270: invención de los lentes
- 1347: Ockham enuncia el *«principio de parsimonia»* conocido como la «navaja de Ockham», que se resume en estos términos: *«Las hipótesis suficientes más simples son las más verosímiles»*
- 1450: invención de la imprenta
- 1492: Cristóbal Colón descubre América
- 1517: Lutero inicia la Reforma protestante
- 1543: Copérnico publica poco antes de su muerte *Sobre las revoluciones de las esferas celestes*
- 1582: el papa Gregorio XIII decide adoptar el calendario gregoriano
- 1609: Kepler enuncia las dos primeras leyes del movimiento de los planetas
- 1633: condena de Galileo
- 1663: invención del telescopio por James Gregory, puesto en práctica por Isaac Newton tres años más tarde
- 1687: Newton establece los fundamentos de la mecánica clásica y enuncia la ley de gravitación universal
- 1777: Lavoisier retoma la idea de Anaxágoras y la enuncia bajo la forma de un principio: *«Nada se pierde, nada se crea, todo se transforma»*
- 1787: Buffon estima la edad de la Tierra en 350 000 años
- 1800: Laplace establece el determinismo, el cual pretende que se puede prever el porvenir si se conocen las leyes físicas, así como la posición y la velocidad de todas las partículas
- 1805: Laplace contesta a Napoleón, que le pregunta: *«¿Cómo explicáis todo el sistema del mundo sin mencionar a Dios?»*, *«Sire, no he tenido necesidad de esa hipótesis»*
- 1809: Lamarck descubre la evolución y enuncia la teoría «transformista»
- 1824: Sadi Carnot trabaja en las máquinas térmicas y define la entropía
- 1838: descubrimiento de la antigua ciudad de Cafarnaún por Edward Robinson

- 1839: nacimiento de la teoría celular con Theodor Schwann, quien afirma que la célula es la estructura elemental de todos los seres vivos
- 1841: Richard Owen llama «dinosaurios» a los animales antiguos cuyos fósiles descubrió
- 1848: Marx y Engels publican el *Manifiesto del Partido Comunista*
- 1853: Arthur de Gobineau publica su *Ensayo sobre la desigualdad de las razas humanas*
- 1859: James Clerk Maxwell publica una teoría magistral del electromagnetismo, que tiene como consecuencia la existencia de ondas electromagnéticas, entre las cuales se encuentra la luz
- 1859: Charles Darwin publica *El origen de las especies por medio de la selección natural*
- 1860: Gustav Kirchhoff estudia el espectro de la luz y plantea el problema del «cuerpo negro»
- 1861: Louis Pasteur invalida el mito de la *«generación espontánea»*
- 1865: Clausius confirma a Carnot y enuncia el segundo principio de la termodinámica
- 1869: Mendeléiev publica la tabla periódica de los elementos
- 1869: Friedrich Miescher aísla la nucleína, esencial para la vida de todos los organismos
- 1870: Ernst Haeckel combate la idea de entropía, en nombre de sus ideas filosóficas
- 1878: Ludwig Boltzmann pone en pie las ecuaciones de la entropía; concluye que el Universo tuvo un comienzo y que en el origen estaba especialmente ordenado
- 1884: Gregor Mendel, monje católico, funda la genética con las *«leyes de Mendel»*, que definen la manera en que los genes se transmiten de generación en generación
- 1888: los filamentos descubiertos en 1875 por E. Strasburger y observados en 1879 por W. Flemming son bautizados «cromosomas» («cuerpos coloreados») por H. W. Waldeyer
- 1896: ley de Wien que enuncia que la longitud de la onda de la luz más potente, emitida por un cuerpo negro, es inversamente proporcional a su temperatura
- 1896: Freud publica sus primeros artículos sobre el psicoanálisis

- 1900: Max Planck define un *«cuanto de acción»* para explicar la radiación del cuerpo negro
- 1900: Henri Poincaré es el primero en publicar la fórmula «$E = mc^2$», retomada más tarde por Einstein
- 1902: Henri Poincaré publica *La ciencia y la hipótesis* y se interroga sobre el tiempo absoluto, el espacio absoluto, tomando como invariante absoluta la velocidad de la luz
- 1905: Albert Einstein publica su teoría de la relatividad restringida
- 1908: ensayos de Jean Perrin (premio Nobel en 1926) que demuestran la existencia del átomo
- 1911: Ernest Rutherford descubre el núcleo atómico
- 1916: descubrimiento de la constante de estructura fina que rige la fuerza electromagnética por Arnold Sommerfeld
- 1917: Albert Einstein publica su teoría de la relatividad general
- 1917: Freud publica su *Introducción al psicoanálisis*
- 1919: Arthur Eddington verifica la distorsión del espacio-tiempo durante un eclipse solar, según el ángulo predicho por Einstein
- 1920: Hermann Staudinger descubre las macromoléculas
- 1922: Alexander Friedmann, basándose en los trabajos de Einstein, publica una primera teoría del Universo en expansión
- 1923: descubrimiento del efecto Arthur Compton, que muestra que la luz también es un corpúsculo
- 1924: Louis de Broglie introduce las funciones de onda que van a permitir modelizar la realidad y postula la dualidad onda/corpúsculo, lo que significa asociar una onda a las partículas
- 1924: Wolfgang Pauli define el principio de exclusión en mecánica cuántica
- 1924: Edwin Hubble y Milton Humason demuestran que el cosmos es mucho más grande de lo que se imagina: el Universo no está compuesto de una sola galaxia, sino de una multitud de galaxias
- 1925: Erwin Schrödinger desarrolla la ecuación que permite determinar la onda de De Broglie
- 1926: invención de la palabra «fotón» por el químico Gilbert Lewis, para designar un cuanto o una partícula de luz, que no pesa nada y es a la vez *«onda y corpúsculo»*

- 1927: Werner Heisenberg define el *«principio de indeterminación»* en mecánica cuántica
- 1927: Georges Lemaître publica en los *Anales de la Sociedad Científica de Bruselas* un artículo sobre el origen del Universo en el que postula un *«átomo primitivo»*
- 1929: Hubble aporta, gracias a sus observaciones, la prueba de que el Universo es homogéneo, isótropo y se halla en expansión
- 1930: descubrimiento progresivo de la fuerza nuclear fuerte
- 1931: teoremas de incompletitud de Gödel, que demuestran los límites de las matemáticas y de la lógica, afirmando que todo sistema lógico contiene proposiciones verdaderas no demostrables
- 1931: Georges Lemaître completa sus trabajos y habla de un *«átomo primitivo»*
- 1931: Albert Einstein visita a Edwin Hubble en el monte Wilson y admite la expansión del Universo
- 1935: exposición de la paradoja EPR por Einstein-Podolsky-Rosen, la cual será resuelta por Alain Aspect
- 1936: Enrico Fermi descubre la interacción débil
- 1938: Lev Landau, futuro premio Nobel de Física (1962), alumno de Friedmann, es enviado a los campos de concentración soviéticos
- 1938: Matvéi Bronstein, alumno de Alexander Friedmann, es fusilado a los 36 años en Rusia por haber difundido ideas acerca del *«supuesto comienzo del Universo»*
- 1945: Gamow publica el libro *La creación del Universo*, que describe por vez primera un escenario de principio del mundo
- 1947: descubrimiento de los *Manuscritos del mar Muerto* en Qumrán
- 1949: Fred Hoyle se burla de las ideas de Lemaître en la radio de la BBC e inventa la expresión «Big Bang»
- 1949: George Gamow predice la radiación fósil del Universo
- 1949: el telescopio del monte Palomar es operacional
- 1953: sir Francis Crick y James Watson descubren la estructura en doble hélice del ADN y revolucionan la comprensión de la vida (premios Nobel de Medicina en 1962)
- 1956: Tjio y Levan descubren que el número de cromosomas humanos es 46

- 1960: concepción teórica del modelo oscilatorio del Universo, mantenida con insistencia para evitar la idea del comienzo absoluto que predice el modelo estándar del Big Bang
- 1964: descubrimiento de la interacción hiperdébil
- 1964: Arno Penzias y Robert Wilson, investigadores en la Bell Telephone Company, descuben por casualidad la radiación fósil a 2,7 kelvin (premios Nobel en 1978)
- 1969: Armstrong pisa la Luna
- 1973: Brandon Carter teoriza el principio antrópico
- 1977: Prigogine describe los sistemas caóticos a partir de las moléculas, abriendo la puerta a la idea de que ínfimas variaciones en lo indeterminado cuántico pueden cambiar el destino del Universo
- 1982: Alain Aspect, en Orsay, demuestra la realidad del entrelazamiento cuántico, que establece la existencia de interacciones instantáneas, más rápidas que la velocidad de la luz
- 1984: formalización de la teoría de cuerdas que conduce a múltiples tesis no validadas
- 1987: descubrimiento de la antigua ciudad de Betsaida, en Galilea
- 1992: George Smoot y el satélite COBE presentan el mapa del Universo primordial con un CMB a 2,725 kelvin en un equilibrio térmico casi perfecto, e ínfimas irregularidades, que explican la estructura del Universo actual (confirmación de la teoría del Big Bang)
- 1994: Arvind Borde y Alexander Vilenkin afirman la necesidad de un comienzo absoluto del Universo (artículo «Eternal Inflation and Initial Singularity» en *Physical Review Letters*)
- 1998: Saul Perlmutter, Brian Schmidt y Adam Riess demuestran de manera inesperada que la expansión del Universo se acelera, poniendo fin a la hipótesis de un Universo eternamente cíclico (Big Bounce) pasando de Big Bang a Big Crunch (premios Nobel de Física 2011)
- 2000: numerosos descubrimientos describen el ajuste fino del Universo
- 2003: primer mapa del genoma humano y de sus 25 000 genes, establecido el 14 de abril, después de 12 años de trabajo, por un centenar de investigadores

- 2003: teorema de Arvin Borde, Alan Guth y Alexander Vilenkin, que demuestra que no puede haber un pasado eterno y que existe forzosamente una singularidad inicial
- 2003: Simon Conway Morris, profesor en Cambridge, paleontólogo, habla de *«formas funcionales posibles predeterminadas desde el Big Bang»* en su libro *Life's solution (La solución de la vida)*
- 2004: descubrimiento en Jerusalén del estanque de la piscina de Siloé
- 2006: Smoot habla de *«el rostro de Dios»* al referirse al mapa del cielo en el primer instante en que emerge la luz, cuando recibe el Premio Nobel
- 2009: el Premio Nobel es atribuido a tres investigadores que demuestran *«cómo funciona el traductor (ribosoma) entre los dos lenguajes, el del ADN y el de las proteínas»*
- 2010: análisis por Svante Pääbo del ADN del hombre de Neandertal (entre 350 000 y 50 000 a. C.)
- 2012: se descubre el bosón de Higgs en el CERN

En un futuro lejano:

- 4 500 000 000 años: muerte del Sol
- Entre 1 000 000 000 000 y 100 000 000 000 000 años: fin de las estrellas, debido al agotamiento de la existencia de gas necesario para su formación (10^{12} a 10^{14} años)
- 10^{32} a 10^{34} años: desintegración de los protones en partículas más pequeñas, desaparición de los neutrones que, si están solitarios, solo tienen quince minutos de esperanza de vida
- 10^{100} años: muerte térmica del Universo dilatado y fin de toda actividad

Apéndice 2

Órdenes de magnitud en física

Órdenes de magnitud de lo infinitamente pequeño a lo infinitamente grande:

- $1,616 \times 10^{-35}$ m: longitud de Planck (más pequeño cuanto de tamaño posible)
- 10^{-15} m: núcleo atómico
- 10^{-10} m: átomo – el átomo es 100 000 veces más grande que su núcleo – una cabeza de alfiler contiene 70 000 millones de átomos
- 10^{-10} m: molécula de agua
- 10^{-9} m: nucleótido del ADN (A, C, G y T)
- 10^{-9} m: protoproteínas obtenidas por los ensayos de síntesis (Stanley Miller)
- 10^{-8} m a 10^{-9} m: las proteínas que son macromoléculas más o menos grandes, de unas decenas o centenares de ángstroms (10^{-10} m)
- 20×10^{-6} m (20 micras): 1 célula humana – compuesta a su vez de 176 000 miles de millones de moléculas (de las cuales 99 % de agua, lo que representa el 70 % del peso de la célula)
- 10^{-5} m = 0,01 mm: célula vegetal
- 10^{-4} m = 0,1 mm: ácaro
- 10^{-3} m = 1 mm: hormiga
- 10^{-1} m = 10 cm: teléfono móvil = mil millones de veces una molécula de agua en longitud
- 1 a 5 m: hombre / coche = mil millones de veces una proteína en longitud
- 2×10^{4} m = 20 km: diámetro de la región parisina = mil millones de veces la longitud de una célula
- 4×10^{7} m = 40 000 km: circunferencia de la Tierra
- $3,8 \times 10^{8}$ m = 380 000 km: distancia Tierra-Luna
- $1,5 \times 10^{11}$ m = 150 000 000 km: distancia Tierra-Sol
- 6×10^{12} m = 6 000 000 000 km: radio del sistema solar hasta Plutón

- 10^{16} m = 4,3 años luz: distancia de la primera estrella, Próxima Centauri
- 10^{21} m: diámetro de la Vía Láctea
- 10^{22} m: distancia de la Tierra a Andrómeda
- 10^{27} m o 95 000 millones de años-luz: tamaño del Universo

Órdenes de magnitud de las cantidades de lo infinitamente grande a lo infinitamente pequeño:

- 10^{11}: número de estrellas en nuestra galaxia, la Vía Láctea
- 10^{12}: número de galaxias en el Universo
- 10^{18}: número de insectos en la Tierra
- 10^{21}: número de moléculas H_2O en una gota de agua. Una gota son 0,05 ml
- 10^{23}: número de granos de arena en el Sahara[605]
- 10^{23}: número de estrellas en el Universo
- 10^{25}: número de gotas de agua en todos los mares y todos los océanos [606]
- 10^{30}: número de bacterias en la Tierra
- 10^{40}: a la vez relación entre el radio del cosmos y el del electrón y relación entre la fuerza de gravitación y la fuerza electromagnética (*«extraña coincidencia»*, según Paul Dirac)
- 10^{60}: número de veces el tiempo de Planck (10^{-43} segundos) desde el Big Bang (13 700 millones de años)
- 10^{80}: número de átomos en el Universo

---

605. El Sahara tiene aproximadamente una superficie de 1000 km por 1000 km, una profundidad de 50 m, lo que permite estimar, aproximadamente, que contiene 10^{23} granos de arena de 0,1 mm de radio.

606. El volumen de los océanos es del orden de 10^9 km³ y el de una gota de agua de 50 mm³.

Apéndice 3

Órdenes de magnitud en biología

Los diferentes componentes del cuerpo humano (en número de elementos):

- 7 000 000 000 000 000 000 000 000 000 (7×10^{27}) de átomos en el cuerpo humano, unos 60 elementos químicos diferentes. Casi el 99 % de la masa del cuerpo humano está formada por seis elementos: oxígeno, carbono, hidrógeno, nitrógeno, calcio y fósforo. Solo alrededor del 0,85 % está compuesto por otros cinco: potasio, azufre, sodio, cloro y magnesio
- 40 000 000 000 (4×10^{13}) aproximadamente de bacterias de 500 tipos diferentes
- 30 000 000 000 000 (3×10^{13}) de células de 200 tipos diferentes
- Entre las cuales unos 25 000 000 000 000 ($2,5 \times 10^{13}$) de glóbulos rojos que representan el 84 % de las células humanas
- Entre las cuales unas 85 000 000 000 ($8,5 \times 10^{10}$) de neuronas
- 3 000 000 000 (3×10^9) de pares de bases en el genoma humano o el maíz, lo que es poco comparado con la cebolla (16×10^9) o con la Paris japonica, una planta herbácea de Japón, que cuenta con 150 000 millones de pares de bases (150×10^9)[607]
- 20 000 genes
- 100 000 especies de moléculas diferentes
- 50 000 especies de proteínas diferentes
- 2000 enzimas diferentes

Los diferentes componentes de la célula humana:

- 176 000 000 000 000 ($1,76 \times 10^{14}$) de moléculas en cada célula de 20 micras

---

607. Es la «paradoja del valor -C». Ese «valor -C», que representa el tamaño de un genoma, no está correlacionado con la complejidad del organismo.

- Entre las cuales 174 000 000 000 000 ($1,74 \times 10^{14}$) de moléculas de agua (98,73 % de las moléculas de la célula son moléculas de agua = 65 % de la masa de la célula)
- Entre las cuales 1 310 000 000 000 ($1,3 \times 10^{12}$) de otras moléculas inorgánicas, o sea, 0,74 % de las moléculas de la célula
- 19 000 000 000 ($1,9 \times 10^{10}$) de proteínas de 5000 tipos diferentes en cada célula
- 50 000 000 (5×10^{7}) de moléculas de ARN en cada célula
- 23 pares de cromosomas
- 280 000 000 ($2,8 \times 10^{8}$) de moléculas de hemoglobina en 1 glóbulo rojo
- 574 aminoácidos en 1 molécula de hemoglobina

Los diferentes componentes de la bacteria más simple conocida (en sí ya muy compleja):

- 182 especies de proteínas diferentes para la *Candidatus Carsonella ruddii* descubierta en 2006
- 159 662 bases de nucleótidos en el más pequeño ADN desencriptado en esa bacteria
- 250 genes, como mínimo (estimación)

Número de átomos que constituyen las diferentes proteínas (siempre macromoléculas complejas):

- 551 739 átomos componen los 30 000 aminoácidos que constituyen la titina, la proteína más grande conocida en el ser humano
- 3000 átomos componen los 150 aminoácidos que constituyen la proteína más pequeña

Número de átomos y resultados obtenidos en los experimentos de laboratorio con el fin de recrear las condiciones de emergencia de la vida (Stanley Miller y otros experimentos equivalentes):

- 500 átomos para las protoproteínas obtenidas gracias a experimentos en laboratorio: unas decenas de aminoácidos comportan, cada uno, entre 10 y 40 átomos

- 13 aminoácidos sobre 22 fueron obtenidos en laboratorio a partir de sopas primitivas
- 1 de las 4 bases de nucleótidos fue obtenida en laboratorio a partir de sopas primitivas.

Glosario

Anisotropía: es isótropo lo que es uniforme en todas las direcciones. La anisotropía de la primera radiación del Universo designa las ínfimas variaciones que condicionan su desarrollo futuro.

Átomo primitivo: la hipótesis del átomo primitivo es el nombre del modelo cosmológico propuesto a principios de los años 1930 por el abad Georges Lemaître para describir la fase inicial de la historia del Universo. La noción de átomo es aquí alegórica y no implica ninguna similitud con el mundo de las partículas atómicas.

Big Bang: término inventado en los años 1950 en las ondas de la BBC por el astrofísico inglés Fred Hoyle para designar de manera irónica el concepto de explosión original del Universo.

Big Bounce: modelo cosmológico cíclico de Universo «fénix», que imagina una alternancia sin fin de Big Bang y de Big Crunch; el Big Crunch siendo inmediatamente seguido por un Big Bang, y, por lo tanto, asimilado a un rebote (bounce).

Big Crunch: modelo de evolución del Universo que termina en un colapso final, o sea, en una fase de contracción consecutiva a una fase de expansión, la cual, después de haber decelerado, se invierte, permitiendo tal vez un nuevo Big Bang.

Big Freeze o **Big Chill:** ver «Muerte térmica del Universo».

Big Rip: modelo cosmológico en el cual todas las estructuras del Universo, desde los cúmulos de galaxias hasta los átomos, son finalmente destruidas por una expansión cada vez más fuerte que distiende, disloca, desgarra, dilacera y finalmente aniquila toda estructura.

Cero absoluto: el cero absoluto es la temperatura más baja que pueda existir. Corresponde al límite bajo en la escala de temperatura termodinámica (-273,15 grados Celsius), o sea, el estado en que la entropía de un sistema alcanza su valor mínimo, marcado como 0. A esta temperatura, todas las moléculas están en reposo.

Ciencia: la ciencia es el conocimiento. Y como hay diferentes tipos de conocimiento, hay diferentes tipos de ciencias. Su punto común es el ser abordadas a través del «logos», o sea, de la racionalidad. Así pues, la cosmología es el logos aplicado al cosmos; la biología, es el logos aplicado a la vida; la arqueología, es el logos aplicado a la antigüedad; lo mismo en el caso de la geología, la psicología, la paleontología, la ecología, la oceanología, la oncología, la cardiología, la dermatología, la neurología, la farmacología, la climatología, la criminología, la futurología, la grafología, la epistemología, la etnología, la escatología, la teología, la ontología, la enología, la oftalmología, etc. El sentido de la palabra «ciencia» se ha ido haciendo cada vez más restrictivo, hasta llegar a los criterios de Popper, que pretenden excluir de la ciencia todo lo que no es «refutable». Pero la ciencia también es, ante todo, lo que practican concretamente los científicos, y es difícil reducir su campo de manera demasiado arbitraria.

Concordismo: posición que consiste en interpretar los textos sagrados de una religión para que concuerden con la ciencia. La calificación de «concordismo» es hoy una acusación y casi un insulto. Sin embargo, si una revelación divina es auténtica, tiene forzosamente que «concordar» con la ciencia, que, a su vez, habla también del mundo real. En este sentido, en su visión, el papa Juan Pablo II presentaba la razón y la revelación como las *«dos alas que llevan a la verdad»*, que es única. Pero, ya que, a priori, la revelación divina no afecta a la ciencia, ni a la historia, ni a la filosofía, es importante discernir lo que dice y lo que no dice, para evitar todo tipo de concordismo necio y fuera de lugar.

Constante cosmológica: parámetro relativo a la fuerza repulsiva que estira el Universo, agregado en 1917 por Albert Einstein a sus ecuaciones de la relatividad general de 1915, con el objetivo de que su teoría sea compatible con su convicción de un Universo estático.

Ante la evidencia de la expansión del Universo, Einstein suprimió este artificio, lamentando *«su error más grande»*. Sin embargo, en 1997, el descubrimiento de la aceleración del Universo obligó a introducir de nuevo esta constante cosmológica, que claramente existe, y que sigue siendo muy misteriosa.

Constante de estructura fina: constante sin dimensión que representa la relación de intensidad de la fuerza magnética y de la fuerza nuclear fuerte. Tiene un valor de aproximadamente 1/137, y se la representa habitualmente con el símbolo α. La fuerza electromagnética interviene en numerosos fenómenos físicos: en las interacciones entre la luz y la materia, en la física cuántica y en la fuerza electromagnética que fundamenta la cohesión de los átomos y de las moléculas, al «mantener» los electrones juntos.

Cosmogonía: teoría, modelo o relato mitológico que describe o explica la formación del Universo, de la Tierra, de los objetos celestes y del ser humano.

Cosmología: ciencia de las leyes físicas del Universo, de su estructura y de su formación.

Dark Era: la expresión «Edad oscura» es empleada por la historiografía anglófona para designar los siglos posteriores al final del Imperio romano, o, más generalmente, todo periodo considerado como funesto o negativo en la historia de un pueblo o de un país. Es utilizada, por extensión, para designar el periodo pasado entre la emisión de la radiación de fondo cósmico y la formación de las estrellas y el periodo futuro, después de la muerte de las estrellas.

Dios: que trasciende nuestro Universo, eterno y todopoderoso, no espacial, no temporal, no material, causa primera de todo lo que existe, según la definición de las filosofías y de las religiones clásicas.

Efecto túnel: efecto puramente cuántico, por el cual ciertas formas de ondas cuánticas pueden tener una probabilidad no nula de pasar a través de una barrera, mientras que el franqueamiento de la barrera es imposible en mecánica clásica.

Entropía: término forjado en 1865 por Rudolf Clausius a partir de una palabra griega que significa «transformación», para expresar el principio irreversible de la energía, del crecimiento del desorden y de la degradación de todo sistema cerrado dado a lo largo del tiempo. En la medida en que la entropía es correlativa al desorden, se la puede considerar, con Claude Shannon, padre fundador de la teoría de la información, como lo contrario de la información.

Epistemología: ámbito de la filosofía que estudia la teoría del conocimiento. Analiza, estudia y critica todas las ciencias, así como sus postulados, su origen lógico, su valor, su alcance, sus métodos y sus descubrimientos.

Espacio-tiempo: entidad matemática concebida en el marco de la teoría de la relatividad general de Einstein, combinando las tres dimensiones del espacio y la dimensión del tiempo. Remplaza la concepción clásica del espacio y del tiempo absolutos.

Espacio de Hilbert: espacio abstracto que constituye el marco de la mecánica cuántica. Propuestos por el matemático David Hilbert, estos espacios extienden los métodos clásicos de los espacios euclidianos (como el espacio usual de tres dimensiones) a espacios de dimensión infinita. Los estados cuánticos forman un espacio de Hilbert.

Espacio plano: la teoría de la relatividad postula que la geometría local del espacio se encuentra modificada por la gravedad. En un espacio plano, o «euclídeo», la suma de los ángulos de un triángulo es perfectamente igual a 180°. Un universo con curvatura positiva representa un universo esférico, o cerrado, en el que la suma de los ángulos de un triángulo es superior a 180°. Un universo con curvatura negativa es hiperbólico, o abierto, y la suma de los ángulos de un triángulo es inferior a 180°. ¿Y qué ocurre con el propio Universo a grandes escalas? ¿Acaso es «plano», o bien tiene una «curvatura», positiva (Universo esférico, cerrado) o negativa (Universo abierto, divergente)? Las últimas medidas del satélite Planck se inclinan claramente en favor de un Universo de curvatura muy levemente positiva, o sea, un universo esférico y cerrado, y parece difícil imaginar que sea de otro modo.

Fuerza nuclear débil o «**interacción débil**»: fuerza responsable de la desintegración radioactiva de los neutrones (radioactividad «beta») y que actúa sobre todas las categorías de fermiones elementales conocidas (electrones, quarks, neutrinos). Es una de las cuatro interacciones fundamentales de la naturaleza; las tres otras son la fuerza nuclear fuerte, la fuerza electromagnética y la fuerza gravitacional.

Fuerza nuclear fuerte o «**interacción fuerte**»: fuerza responsable de la cohesión del núcleo atómico, según el modelo estándar de la física de las partículas. Actúa a corta distancia para vincular los quarks entre ellos y constituir los protones y los neutrones. También mantiene los protones y los neutrones juntos para formar un núcleo atómico.

Incompletitud: los dos célebres teoremas de incompletitud demostrados por Kurt Gödel en 1931 marcaron un giro en la historia de la lógica, al aportar una respuesta negativa a la cuestión de la coherencia de las matemáticas planteada más de veinte años antes por el programa de Hilbert. Esos teoremas establecen que existe necesariamente en todo sistema lógico al menos una proposición verdadera no demostrable.

Interacción débil: ver «Fuerza nuclear débil».

Interacción fuerte: ver «Fuerza nuclear fuerte».

Kelvin: unidad del sistema internacional de medida de temperatura absoluta (símbolo K); cero kelvin correspondiendo a -273,15 grados Celsius, a saber, la más baja temperatura posible.

Logos: concepto muy complejo, utilizado desde los filósofos griegos, que significa a la vez el verbo, la palabra, el discurso, la razón, la racionalidad, el sentido, la inteligencia, las leyes, la lógica, la argumentación lógica, lo divino. Platón, Aristóteles, Newton, Leibniz y tantos otros no alzaban barreras entre ciencias, filosofía, metafísica o teología. La separación de los ámbitos solo existe desde el siglo XVI. La mayoría de los primeros filósofos griegos eran científicos. Trabajaban a partir del logos, y sus oponentes no eran ya los científicos, sino los poetas, que privilegiaban el pathos, o sea, el sentimiento, la emoción. En el mundo cristiano, el propio Dios es Logos (ver Jn 1, 1-14).

Muerte térmica del Universo: o Big Freeze, o Big Chill; es el destino aparentemente inexorable hacia el cual nuestro mundo va a evolucionar en un porvenir muy lejano, hasta hacer finalmente imposible todo proceso termodinámico que permita asegurar el movimiento o la vida (entropía máxima).

Multiversos: hipótesis a priori inverificable acerca de la existencia de universos múltiples o paralelos al nuestro, generados por mecanismos tales como la inflación y las membranas de la teoría de supercuerdas. El carácter científico de esta hipótesis es ampliamente cuestionado, ya que es absolutamente imposible verificar la teoría de manera directa, dado que esos universos imaginarios nos son en principio inaccesibles.

Ontología: parte de la filosofía también llamada «filosofía del ser» o «ciencia primera», la cual trata de la naturaleza del ser y de la significación de esta palabra.

Prueba ontológica: argumento que busca probar la existencia de Dios a partir de la definición misma de un ser perfecto. Expuesta por Boecio (siglo VI), desarrollada luego por san Anselmo de Canterbury (siglo XI), trabajada más tarde por Descartes (siglo XVII) y por Leibniz (siglo XVIII), fue criticada por Kant (siglo XVIII y numerosos filósofos, pero Gödel la reactualizó por medio del lenguaje matemático de la lógica modal (siglo XX); últimamente, ha sido verificada por las herramientas informáticas ultrapotentes de Christoph Benzmüller (siglo XXI).

Principio antrópico: expresión introducida por el astrofísico Brandon Carter en 1974 para describir los trabajos de Robert Dicke y de muchos otros científicos sobre el ajuste sumamente fino de los parámetros fundamentales del Universo (condiciones iniciales, constantes, leyes) que permite la posibilidad de la vida y de nuestra existencia. El principio antrópico es objeto de diferentes interpretaciones filosóficas en los debates públicos. También se suele distinguir el principio antrópico «débil», que, sin buscar explicación alguna, se limita a constatar que, sin esas múltiples optimizaciones, la vida no habría podido desarrollarse y desembocar en la humanidad, frente al principio antrópico «fuerte», que estima que, para que todas esas exigencias prodigiosas sean satisfechas, incluso la de la aparición de la humanidad, hacen necesariamente falta, en el origen, un programa y una voluntad. Pero no se pueden poner estas dos interpretaciones en el mismo plano, porque el principio antrópico «débil» no es más que una dimisión de la razón.

Radiación de fondo cosmológico: nombre dado a la primera radiación electromagnética emitida por el Universo, 380 000 años después del Big Bang. Corresponde a una radiación emitida por un cuerpo negro en equilibrio térmico a una temperatura de 2,725 kelvin, que proviene de todas las direcciones del cielo. Anticipada desde 1948 y descubierta por casualidad en 1964, corresponde a la imagen más antigua que se puede obtener del Universo, y presenta ínfimas variaciones de temperatura y de intensidad. Esas anisotropías detalladas desde el principio de los años 1990 permiten recoger cantidad de informaciones acerca de la estructura, la edad y la evolución del Universo.

Relatividad general: teoría sobre la gravitación publicada por Albert Einstein en 1917. Engloba y sustituye a la teoría de la gravitación universal de Isaac Newton, enunciando principalmente que la gravitación no es una fuerza, sino la manifestación de la curvatura del espacio-tiempo. Esta teoría predice efectos tales como la expansión del Universo, las ondas gravitacionales y los agujeros negros, verificados ulteriormente.

Relatividad restringida: teoría elaborada por Albert Einstein en 1905 a partir del principio según el cual la velocidad de la luz en el vacío tiene el mismo valor en todos los referenciales galileanos o inerciales. Las ecuaciones correspondientes llevan a previsiones de fenómenos que chocan con el sentido común (pero ninguna de esas previsiones ha sido invalidada por la experiencia), siendo uno de los más sorprendentes la desaceleración de los relojes en movimiento, lo que permitió concebir la experiencia de pensamiento que se suele llamar «paradoja de los gemelos». Los principios de la relatividad restringida, que ya se habían apuntado en los trabajos de Henri Poincaré en 1902, tienen un fuerte impacto filosófico: obligan a plantear de manera diferente la cuestión del tiempo y del espacio, eliminando toda posibilidad de existencia de un tiempo y de unas duraciones absolutos en el conjunto del Universo, tal como se pensaba desde Newton.

Ribosoma: complejo ribo-núcleo-proteico (o sea, compuesto de proteínas y de ARN) presente en las células eucariotas (con núcleo) y procariotas (sin núcleo). Su función es sintetizar las proteínas descodificando la información contenida en el ARN mensajero. El origen del ribosoma es uno de los enigmas mayores de la biología celular.

Segundo principio de la termodinámica: enunciado por Sadi Carnot en 1824, postula la irreversibilidad de los fenómenos físicos, particularmente durante los intercambios térmicos, y la noción de desorden que solo puede crecer durante una transformación real en un sistema cerrado. Desde entonces, dio lugar a numerosas generalizaciones y formulaciones sucesivas por parte de Clapeyron (1834), Clausius (1850), Lord Kelvin, Ludwig Boltzmann (1873) y Max Planck, desde el siglo XIX hasta nuestros días.

Singularidad inicial: la palabra «singularidad» describe el carácter singular de algo o de alguien. Aplicado al origen del Universo, designa el punto especial del espacio-tiempo en el cual las cantidades que describen la densidad masa-energía y la curvatura del espacio se vuelven infinitas y en el que las leyes físicas conocidas se desmoronan.

Índice onomástico

Índice de materias

Créditos fotográficos

Testimonios

Personalidades internacionales de todos los horizontes hablan del libro

JEAN STAUNE

Filósofo de las ciencias, matemático y paleontólogo, autor de *Notre existence a-t-elle un sens?* y de *Explorateurs de l'invisible.*

«UN EXTRAORDINARIO TRABAJO»

¡Pocos especialistas habrían podido imaginar que podían venderse en un año 200 000 ejemplares de un libro de esta extensión, tratando de un tema tan antiguo y debatido, a saber, el de la existencia de Dios!

Este libro ha generado numerosos debates en los medios más diversos. Se han publicado varios libros para tratar de refutarlo, pero, sobre todo, tuvo que enfrentarse a varios juicios de intenciones.

En primer lugar, un juicio por ilegitimidad: ¿ciencia y religión no son acaso dos «magisterios separados», para retomar la expresión del paleontólogo norteamericano Stephen Gould?

Luego, los adversarios del libro también aprovecharon el que fuera criticado por algunos teólogos. Del mismo modo que una dama inglesa distinguida habría dicho, ante los descubrimientos de Darwin, «descendemos del mono, pero, por piedad, que no se sepa», algunos cristianos tienen hoy por divisa: «Dios existe, pero por favor, que no se sepa».

Por otro lado, el gran público, así como muchos universitarios franceses, ya sean científicos o filósofos, ignoran que el campo «Ciencia y Religión» es una disciplina perfectamente estructurada y reconocida en las grandes universidades, ¡no solo en Estados Unidos (en donde siempre se sospecha la mezcla de la religión con la vida civil), sino también en Oxford y en Cambridge!

Por eso es muy importante que los lectores puedan acceder a ciertos testimonios de personalidades científicas implicadas en el debate entre Ciencia y Religión y que apoyan este libro, como también a testimonios de personalidades católicas, de representantes del judaísmo, del islam y de la francmasonería.

Esto demuestra la legitimidad y la credibilidad del extraordinario trabajo efectuado por Michel-Yves Bolloré y Olivier Bonnassies durante los tres años que les fueron necesarios para escribir este libro que enlaza con la gran tradición filosófica del Occidente.

«UN LIBRO NOTABLE»

Libro oportuno, muy interesante y fácil de leer, que argumenta de manera convincente acerca de la existencia de un Dios creador que, lejos de ser refutada por los conocimientos científicos del Universo, se basa por el contrario en ellos de manera racional. Contiene centenares de citas referenciadas que provienen de importantes científicos contemporáneos.

JOHN C. LENNOX

Profesor emérito de Matemáticas en la Universidad de Oxford. Autor de *Can Science explain Everything?* y de *Cosmic Chemistry: Do science and God mix?*

«UNA CREENCIA JUSTIFICADA»

ANDREW BRIGGS

Profesor de Física en la Universidad de Oxford, autor de *The Penultimate Curiosity* y *The Human Flourishing.*

Los sorprendentes avances de la ciencia y de la cosmología a lo largo del siglo pasado suscitan preguntas fundamentales acerca de nuestra existencia. ¿El Universo es un sistema causal cerrado o abierto? Los valores precisos, de manera tan notable, de tantos parámetros ¿serán meros hechos, no podremos acaso comprenderlos algún día de manera más profunda? ¿Por qué estamos aquí, la vida no tendrá una meta? Michel-Yves Bolloré y Olivier Bonnassies exploran de una manera muy legible y personal las respuestas a estas preguntas, que los llevan a una creencia en Dios justificada.

DENIS ALEXANDER

Investigador
en Biología en
Cambridge y director
emérito del Faraday
Institute for Science
and Religion de
Cambridge.

«VALIOSA CONTRIBUCIÓN AL DIÁLOGO ENTRE CIENCIA Y RELIGIÓN»

El libro trata con seriedad tanto de ciencia como de religión. Explora las vías en que estos dos campos de investigación pueden interactuar de manera positiva, pero no duda tampoco en abordar puntos que algunos lectores podrían considerar fastidiosos o incluso conflictivos. Doy mi aprobación a este libro: es perfectamente racional utilizar pruebas que se encuentran más allá de la ciencia para justificar nuestras creencias. Es una contribución valiosa al diálogo entre ciencia y religión y espero realmente que lectores que provienen de horizontes muy diferentes puedan encontrar en estas casi 600 páginas con qué estimular su reflexión e iniciar un diálogo fructífero.

«LA CIENCIA ACERCA AL HOMBRE A DIOS»

Percibir la ciencia como opuesta a la existencia de Dios es una idea profundamente ideológica que desafía un ejercicio sano de la razón. Como este libro muestra de manera notable, la ciencia basada en una búsqueda sincera de la verdad acerca al hombre a Dios, no lo aleja de él. Si numerosas cuestiones científicas siguen abiertas, como las que atañen al surgimiento de la vida en la materia y su carácter complejo, queda claro que las respuestas a esas preguntas no pueden dejar de lado la realidad de los «milagros» que nos rodean y que apuntan hacia la trascendencia.

LUC JAEGER

Profesor de Química
y de Bioquímica en
la Universidad de
California, Santa Barbara
(UCSB), especialista en el
ARN, en la complejidad
en los sistemas biológicos
y en los orígenes
de la vida.

«UNA INVITACIÓN A UNA RAZÓN MÁS AMPLIA»

CARDENAL ROBERT SARAH

Prefecto emérito
de la Congregación
para el Culto Divino
y la Disciplina de
los Sacramentos.

Este libro constituye una novedad. Muestra que ya no es «creíble» oponer ciencia y fe. Es lícito formularse la pregunta de Dios a partir de la ciencia. Los autores responden a expectativas a menudo ahogadas por un racionalismo que contamina la cultura. ¡Aceptemos que la ciencia pueda interrogarse sobre Dios! Todos tienen derecho a hablar de Dios con sus argumentos, ya se trate de un carbonero, de un astrofísico o... de un filósofo. El libro es una invitación a una razón más amplia y suscita admiración.

«UN TRABAJO COLOSAL»

MONSEÑOR ANDRÉ LÉONARD

Profesor de Filosofía en la
Universidad Católica de
Lovaina de 1974 a 1991;
obispo de Namur de 1991
a 2010; arzobispo de
Malinas-Bruselas de
2010 a 2015.

Un trabajo colosal del que celebro la documentación sólida, la pertinencia lógica y la preocupación pedagógica. Su éxito en librerías es plenamente merecido y me alegra profundamente, porque podrá derribar ese ateísmo de conveniencia que adormece tan a menudo la cultura contemporánea. Es verdad que, si bien las constantes del Universo y la precisión de su ajuste llevan, lógicamente, a pensar en una Inteligencia creadora, hay que reconocer que este Cosmos es desconcertante, a partir del momento en que solo puede desembocar en su extinción y en su muerte.

«UNA OBRA DE REFERENCIA»

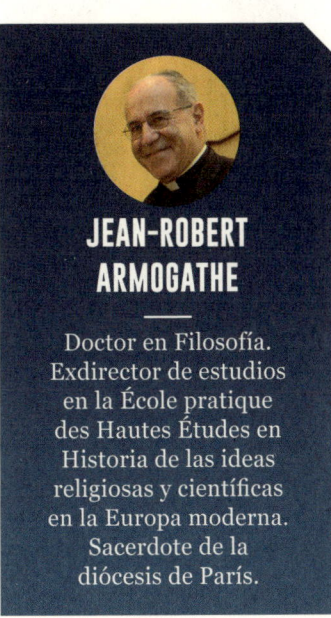

JEAN-ROBERT ARMOGATHE

—

Doctor en Filosofía. Exdirector de estudios en la École pratique des Hautes Études en Historia de las ideas religiosas y científicas en la Europa moderna. Sacerdote de la diócesis de París.

Debemos estar atentos a lo que puede ofrecernos este libro bien documentado y fácil de leer: la prueba de que el ateísmo no tiene fundamento científico. Los autores dan gran importancia al hecho de clarificar las demostraciones técnicas gracias a ejemplos en sociología de las ciencias, a menudo originales y siempre pertinentes. El «gran vuelco» que las ciencias operaron en el siglo XX confirió a la existencia de Dios un conjunto convergente de probabilidades sumamente convincentes: de ahora en adelante, legítimamente, no es irracional ni desprovisto de razón el creer en la existencia de un Dios creador. Una obra de referencia.

«EL ATEÍSMO AHORA HA DE SENTIRSE A LA DEFENSIVA»

RÉMI BRAGUE

—

Doctor enFfilosofía, profesor emérito de Filosofía en las Universidades Panthéon-Sorbonne (París I) y Ludwig-Maximilian (Múnich), miembro de la Academia Europea de Ciencias y Artes.

Este libro dice lo que hace y hace lo que dice. Ni más, ni menos. Muestra que la actitud agnóstica, e incluso atea, que hoy predomina en la mayoría de la gente bien posicionada, no es nada evidente. Al contrario, la«"Ciencia», sin abandonar su rechazo puramente metódico de hacer intervenir lo sobrenatural en su descripción del estado presente del Universo físico, permanece perpleja cuando tiene que rendir cuentas del origen del mundo, así como del origen de la vida. Ante su extrema improbabilidad, algunos científicos no creyentes dejan escapar adjetivos como «milagroso». Otros forjan hipótesis que solo sirven para evitar la tesis, cada vez más probable, de una aparición simultánea del tiempo, del espacio y de la materia-energía. El ateísmo ahora ha de sentirse a la defensiva.

«Parte de las principales conclusiones del ateísmo son probablemente falsas»

FRÉDÉRIC GUILLAUD

Diplomado en Filosofía, autor de numerosos libros como *Dieu existe, arguments philosophiques, Catholix reloaded: essai sur la vérité du christianisme* o *Par-delà le bien et le mal de Nietzsche*.

El gran mérito de este libro consiste en mostrar que parte de las principales conclusiones del ateísmo son probablemente falsas. El ateísmo, efectivamente, implica que el Universo sea eterno y que todo se explique en este mundo gracias a la combinación del azar y de la necesidad. Ahora bien, la ciencia misma, que durante mucho tiempo pareció confirmar esas dos predicciones observacionales, tiende ahora a desmentirlas. Choca efectivamente con los límites aparentemente insuperables y que la dejan en un aprieto creciente: la finitud del pasado y la improbabilidad de la vida. Seguramente —ique se tranquilicen los metafísicos profesionales!—, si el Universo fuese eterno y si la vida fuese resultado del azar, la filosofía siempre podría demostrar la existencia de Dios.

«Este libro hace revivir la metafísica más esencial»

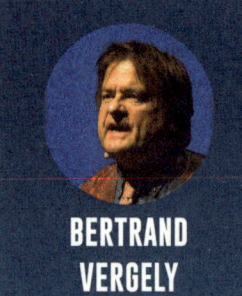

BERTRAND VERGELY

Diplomado en Filosofía, exprofesor de Sciences Po París, docente en clase preparatoria en el instituto de teología ortodoxa Saint-Serge.

Cuando enseño Filosofía, siempre enseño que Dios no es una idea débil y oscura, sino fuerte e inteligente. Para ello, muestro que es muy inteligente suponer un principio inteligente en la base de todo. Esto favorece la inteligencia. Resulta muy estimulante suponer un principio vivo en el corazón de todo lo que existe. Nos infunde vida. Por fin, es muy bello suponer un principio de belleza que lo atraviesa todo. Da ganas de vivir. El libro de Michel-Yves Bolloré y Olivier Bonnassies tiene el mérito de hacer revivir la cuestión metafísica más esencial.

DRA. STÉPHANIE READER

Doctora evangélica de la Universidad del Québec en Montréal, especialista en la muerte celular programada. Recibió la medalla del Gobernador general de Canadá. Profesora en el Institut de Théologie pour la Francophonie.

«¡UNA SÓLIDA DEMOSTRACIÓN DE LA EXISTENCIA DE UN DIOS CREADOR!»

La obra construye un puente entre dos perspectivas que, durante mucho tiempo, parecían opuestas. Esta obra demuestra que el pensamiento antinómico del saber y del creer, todavía ampliamente difundido en el siglo XXI, resulta ser un prejuicio y un mero lugar común. Este libro pone a la luz de manera notable y rigurosa de qué modo los avances científicos más recientes apuntan hacia un Dios creador. Admirablemente bien documentado, nos permite descubrir que numerosos científicos, entre los más célebres, promulgaban una armonía y una osmosis dinámica entre sus descubrimientos y la idea de un creador en el origen de todas las cosas. ¡A leer y releer, absolutamente!

«UN LIBRO QUE ES UN ACONTECIMIENTO»

DAVID REINHARC

Redactor en jefe adjunto de *Israël Magazine*, revista que dedicó su portada y un cuaderno especial a *Dios, la ciencia, las pruebas* en el n.º 252 de enero de 2022.

Este libro es un acontecimiento: está hoy a la cabeza de las ventas en Francia y suscita un amplio debate público sobre el tema de la existencia de Dios, a partir de los descubrimientos científicos de estos últimos cienaños. El libro, con un prólogo de Robert W. Wilson, premio Nobel de Física en 1997, ha concitado todo nuestro interés, aunque el Dios en el que creen no sea el Dios de Israel. [...] En un mundo cientifista, desencantado, en que los escolares nunca abrieron la Biblia, y mientras se hunde la Europa judeocristiana, nos sentimos felices, seamos creyentes o no, al ver ese deseo de trascendencia, y la cultura europea nutrida por el pensamiento humano que hay que preservar.

«UN "OLNI", UN "OBJETO LITERARIO NO IDENTIFICADO"»

Hemos dedicado un programa del «book club» de Beur FM para compartir con quienes nos escuchan un "OLNI", o sea, un «Objeto Literario No Identificado». Es el acontecimiento editorial de este fin de año. Es un libro que no habíamos visto, estaba fuera de alcance de los radares, pero llegó a ser número uno de ventas de ensayos en Francia. ¡Finalmente, Dios vende! Se sitúa en un punto de vista deísta. Nos gustó mucho ese libro. Pero también sentimos mucho dolor al leerlo. Mucho dolor hacia los ateos. La imagen del «gran vuelco» ¿no será demasiado violenta? La imagen del ajuste fino también es muy fuerte. Este libro es muy simple. Tiene casi 600 páginas y se lee como una novela, como un thriller. Hay pruebas científicas. Hay gente que fue asesinada por sus creencias. El Big Bang hizo estallar muchas creencias limitadoras para el ser humano. Todo lo que tiene un comienzo tiene una causa; como el Universo tiene un comienzo, el Universo tiene una causa. Es uno de los descubrimientos del libro, una de las pruebas. Es su idea central. Invitamos a todo el mundo a leer este libro, porque hay muchas, muchas cosas para encontrar en él y es muy interesante.

STEVE ABD AL KARIM Y PHILIPPE ROBICHON

Animadores del «book club», el programa que trata de libros «con quienes los escriben y quienes los leen» en la radio musulmana Beur FM, recibieron a Michel-Yves Bolloré y Olivier Bonnassies el 21 de noviembre de 2021 para un debate que tuvo gran repercusión.

BRUNO PINCHARD

Escritor y universitario francés, doctor y profesor de Filosofía, miembro activo de la Gran Logia Nacional Francesa (GLNF)

«EL MUNDO NO SOLO ES UN MECANISMO POTENTE, PERO ABSURDO, ES UN OBJETO PENSADO»

Incluso la francmasonería se interesa por el libro bajo la dirección de Michel-Yves Bolloré y Olivier Bonnassies, al menos la que no está adormecida bajo el dogmatismo de un escepticismo de conveniencia. Pero la francmasonería, que nació con Leibniz y con Newton, y siempre buscó qué mundo había puesto en nuestras manos la Inteligencia creadora, tenía que dialogar con los autores de esta investigación que ya marca un hito. Por supuesto, la ciencia no está en condiciones de probar la intervención en nuestras vidas de un Dios «vivo» que se revela a los hombres, pero una búsqueda llevada de manera honesta es capaz de reunir conjuntos de indicios que terminan por crear un efecto de convergencia: el mundo no solo es un mecanismo potente, pero absurdo, es un objeto pensado y eficaz según ciertas leyes, que a su vez provienen de una inteligencia superiormente ordenada. Nuestros espíritus, rebeldes por naturaleza, se ven derrotados por el mundo y cabe reconocer que hay que llamar a Dios el amo de este universo. El templo de la Gran Logia Nacional Francesa estaba lleno, éramos 500 para escuchar las palabras de Michel-Yves Bolloré, simple y directo, como siempre. Como orador nacional de la obediencia, yo hacía preguntas al conferenciante valiéndome de las anotaciones de nuestro gran predecesor, Blaise Pascal. El otro conferenciante invitado, el pastor Jacques-Noël Pérez, puntuaba sus explicaciones con las palabras cálidas de un hombre de fe. Hubo un momento de gracia bajo nuestro techo. ¡Gracias a los autores que, en el corazón de una de las más temibles crisis de la civilización terrestre, ayudan a alzar la cabeza hacia las estrellas y encuentran palabras simples para acompañar el cántico del Universo!

Agradecimientos

Este libro es el fruto de un trabajo colectivo realizado a lo largo de varios años. Cada capítulo integra los consejos y las correcciones de especialistas de cada campo abordado. Gracias a su ayuda, esta obra puede ofrecer al lector una compilación tan exacta, segura y al día como ha sido posible de las pruebas actuales de la existencia de Dios, tal como las desarrollamos en estas páginas. Les agradecemos infinitamente su ayuda inestimable.

Por su colaboración a la escritura de este libro:

Agnès Paulot, graduada de la École Normale Supérieure, quien fue a la vez nuestra pluma y consejera.

Por su colaboración en materia científica:

Jean-Robert Armogathe, graduado de la École Normale Supérieure, antiguo capellán de esa misma escuela, graduado en Letras, doctor en Filosofía, doctor y director de estudios emérito en la École Pratique des Hautes Études, miembro de la Academia Internacional de Historia de las Ciencias, de la Accademia Ambrosiana de Milano, cofundador y coordinador internacional de la revista *Communio*, que organizó y participó en grupos de relectura con sus corresponsales de la Academia de las Ciencias.

Vincent Berlizot, graduado de la École Polytechnique, especializado en epistemología de las ciencias.

Michael Denton, bioquímico, genetista médico, antiguo catedrático de la Universidad de Otago en Nueva Zelanda y antiguo director del laboratorio de Genética Humana del hospital Prince of Wales de Sydney, especialista mundial de las enfermedades genéticas oculares.

Yves Dupont, graduado de la École Normale Supérieure, graduado en Física, doctor en Física Teórica, profesor de segundo año en clases preparatorias a las grandes escuelas del Collège Stanislas de París.

Marc Godinot, director de estudios emérito de la École Pratique des Hautes Études en la sección Ciencias de la Vida y de la Tierra.

Jean-François Lambert, neurofisiólogo, investigador emérito de la Universidad Paris VIII.

Jean-Michel Olivereau, antiguo catedrático de Neurociencias de la Universidad Paris V, quien, durante los veinte últimos años, recabó y clasificó miles de citas de grandes científicos y nos permitió beneficiarnos de esa compilación. Le agradecemos muy especialmente ese trabajo irremplazable.

Pierre Perrier, físico, especialista en aerodinámica, miembro de las Academias de Ciencias y de las Academias de Tecnología de Francia y de los Estados Unidos.

Fabien Revol, biólogo, doctor en Filosofía y en Teología, investigador en la Universidad Católica de Lyon.

Rémi Sentis, graduado de la École Normale Supérieure, doctor en Ciencias, director de investigación emérito, presidente de la Asociación de los Científicos Cristianos, autor del libro: *Aux origines des sciences modernes. L'Église est-elle contre la science?*

Antoine Suarez, físico y filósofo, especialista en mecánica cuántica.

Por sus consejos sobre el conjunto del libro y por su colaboración en particular en el capítulo «¿En qué creía Gödel?»:

Jean Staune, fundador de la Universidad Interdisciplinaria de París (UIP), filósofo de las ciencias y ensayista, graduado en Paleontología, Matemáticas, Gestión, Ciencias Políticas y Económicas; autor de *Notre* *existence a-t-elle un sens? Au-delà de Darwin, Explorateurs de l'invisible,* que nos dedicó muchísimo tiempo. Se lo agradecemos especialmente.

Por su colaboración esencial en la redacción del capítulo «La novela negra del Big Bang»:

Igor y Grichka Bogdanov, respectivamente doctor en Física y doctor en Matemáticas, autores de numerosos libros, entre los cuales *Dieu et la science, Le Visage de Dieu, La Pensée de Dieu* y *La Fin du hasard.*

Por su colaboración en el capítulo sobre Fátima:

Doctor José Eduardo Franco, catedrático en la Universidad de Alberta y en la facultad de Letras de la Universidad de Lisboa.

Doctor João Diogo Loureiro, catedrático en la facultad de Letras de la Universidad de Lisboa.

Helena Jesus, investigadora en la Universidad Paris IV.

Por su colaboración esencial en el capítulo relativo a las pruebas filosóficas y en el capítulo titulado «¿Acaso todo está permitido?»:

Frédéric Guillaud, graduado de la École Normale Supérieure, graduado en Filosofía, autor de numerosos libros, entre los cuales *Dieu existe: arguments philosophiques y Catholix reloaded: essai sur la vérité du christianisme,* así como *Par-delà le bien et le mal de Nietzsche.*

Richard Bastien, periodista, economista y ensayista canadiense, autor de *Crépuscule du matérialisme* y de *Cinq défenseurs de la foi et de la raison.*

Por su colaboración en los capítulos sobre la Biblia y sobre el destino de los judíos:

Christophe Rico, director del Instituto Polis de Jerusalén, profesor de Lenguas Antiguas.

Charles Meyer, abogado en Bruselas y en Israel, vicepresidente de la Asociación France-Israël y de la Alianza Europea por Israel, autor de varios libros.

Por la investigación, las citas y las referencias:

Peter Bannister, antiguo colaborador de la Universidad Interdisciplinaria de París (UIP) y de la cátedra Ciencia y Religión de la Universidad Católica de Lyon. Presidente de la Asociación Ciencia y Sentido, animador de la página www.sciencesetreligions.com.

Alexis Congourdeau, profesor de Historia y fotógrafo, especialista de la historia de Jerusalén.

Patrick Sbalchiero, doctor en Historia, periodista, autor de unos veinte libros.

Por la edición y traducción del libro en lengua española:

Amalia Recondo, traductora del libro al español.

Juan Max Lacruz, editor de Funambulista y revisor de la traducción española.

Ricardo Cayuela Gally, editor de Ladera Norte.

Elvira Roca Barea, autora del prólogo de la edición española.

Por sus revisiones y correcciones terminológicas en español:

Frank Calduch, capellán de la Oakwood School, California.

Antoine Llebaria, astrofísico del Centre National de Recherche Scientifique.

Antonio Talavera Iniesta, astrofísico de la Agencia Espacial Europea.

Pedro Gómez Calzada, catedrático de Química de Universidad Complutense de Madrid.

Ascensión Cuesta, traductora.

Isabel Lacruz, traductora.

Por la composición en lengua española:

Caroline Hardouin, *Meilleur ouvrier de France* en grafismo e ilustradora.

Gian Luca Luisi, editor de mesa y maquetador de Editorial Funambulista.

Zac Diseño Gráfico, Aravaca, Madrid.

Cuarta reimpresión de

DIOS - LA CIENCIA - LAS PRUEBAS

Subótica, Serbia, diciembre de 2023